Experimente aus der Biologie

Herausgegeben von
B. P. Kremer und M. Keil

1

2

3

Sempé

Experimente aus der Biologie

Herausgegeben von
Bruno P. Kremer und Manfred Keil

VCH   Weinheim · New York · Basel · Cambridge

Herausgeber:

Dr. rer. nat. Bruno P. Kremer
Universität zu Köln
Institut für Naturwissenschaften
und ihre Didaktik
Abteilung für Biologie
Gronewaldstr. 2
D-5000 Köln 41

Prof. Dr. rer. nat. Manfred Keil
Staatliches Seminar für Schulpädagogik
Im Neuenheimer Feld 561
D-6900 Heidelberg

Das vorliegende Werk wurde sorgfältig erarbeitet. Dennoch übernehmen Autoren, Herausgeber und Verlag für die Richtigkeit von Angaben, Hinweisen und Ratschlägen sowie für eventuelle Druckfehler keine Haftung.

Lektorat: Iris Lasch
Herstellerische Betreuung: Dipl.-Wirt.-Ing. (FH) Hans-Jochen Schmitt

Cartoon Seite II aus:
Sempé, wie sag ich's meinen Kindern?
Ein Buch über den Umgang mit Kindern
© 1982 by Diogenes Verlag AG Zürich

Die Deutsche Bibliothek – CIP-Einheitsaufnahme:

Experimente aus der Biologie / hrsg. von Bruno P. Kremer und
Manfred Keil. – Weinheim ; New York ; Basel ; Cambridge :
VCH, 1993
  ISBN 3-527-30009-0
NE: Kremer, Bruno P. [Hrsg.]

Umschlaggestaltung: TWI, H. J. Weisbrod, D-6943 Birkenau
Druck: Colordruck, D-6906 Leimen
Bindung: Großbuchbinderei J. Schäffer, D-6718 Grünstadt
Printed in the Federal Republic of Germany.

© VCH Verlagsgesellschaft mbH, D-6940 Weinheim (Bundesrepublik Deutschland), 1993

Vertrieb:

VCH, Postfach 10 11 61, D-6940 Weinheim (Bundesrepublik Deutschland)

Schweiz: VCH Verlags-AG, Postfach, CH-4020 Basel (Schweiz)

Großbritannien und Irland: VCH Publishers (UK) Ltd., 8 Wellington Court, Cambridge CB1 1HZ (England)

USA und Canada: VCH Publishers, 220 East 23rd Street, New York, NY 10010–4606 (USA)

ISBN 3-527-30009-0

Inhalt

Experimente nach Sachgebieten

Experimente nach Versuchsobjekten

6 Der Mensch im Experiment

Das Experiment

„Wer die Wahrheit über die den Erscheinungen zugrundelie-
genden Gesetze will, muß sich des Experiments bedienen."

Roger Bacon (ca. 1214–1292)

Obwohl schon im 13. Jahrhundert von dem englischen
Theologen und Naturphilosophen Roger Bacon zum
Erfassen der Geheimnisse der Natur gefordert, führte
erst Galileo Galilei (1564–1642) das fragende, prü-
fende Experiment in die Naturwissenschaften ein. In
den biologischen Wissenschaften wurden Experimente als Erkenntnismethode erstmals bedeutungs-
voll bei der Entdeckung des Blutkreislaufs durch Wil-
liam Harvey (1578–1657; Veröffentlichung 1628:
*Exercitatio anatomica de motu cordis et sanguinis in
animalibus*), dann bei der Widerlegung einer Spon-
tanentstehung von Insekten aus Abfällen oder Unrat
durch Francesco Redi (1626–1698), der Erforschung
des Pflanzensaftstromes durch Stephen Hales
(1677–1761) sowie der Aufdeckung der Beziehungen
zwischen Blüten und Insekten durch Konrad Spren-
gel (1750–1816). Später wurde das Experiment zur
beherrschenden Methode in Physiologie, Genetik,
Biophysik und Molekularbiologie, und heute ist es als
wichtigstes Mittel zur empirischen Erkenntnisgewinnung in der biologischen Forschung nicht nur allgemein anerkannt, sondern generell üblich. Aber
auch in der Lehre hat es sich als ein wesentliches Element sowohl der Wissensvermittlung als auch der Einführung in die naturwissenschaftlichen Denk- und
Arbeitsweisen außerordentlich bewährt.

Was ist nun aber unter „Experiment" oder „Experimentieren" zu verstehen?

In der 4. Auflage von Meyers Konversations-Lexi-
kon (1890) ist unter dem entsprechenden Stichwort zu
lesen: „Experiment (lat. Probe, Versuch), dasjenige
Verfahren, bei welchem der Naturforscher selbstthä-
tig in den gewöhnlichen Gang der Naturerscheinun-
gen eingreift und nach seiner Willkür die Kräfte der
Natur mit- oder gegeneinander wirken läßt, wodurch
das Experiment von der Beobachtung, die es nur mit
von der Natur selbst eingeleiteten Erscheinungen zu
thun hat, unterscheidet. Die Experimente sind die
Fragen, welche der Naturforscher der Natur vorlegt,
und die, richtig gestellt, stets richtig beantwortet werden... Die großartigen Fortschritte, welche die
Naturwissenschaften in der neueren Zeit gemacht
haben, verdanken sie wesentlich der Anwendung des
Experiments, und so werden denn auch gegenwärtig
alle Disziplinen, die das Experiment fordern, mit Vor-
führung von Experimenten gelehrt."

Die fast acht Jahrzehnte jüngere Brockhaus Enzy-
klopädie (17. Auflage 1968) bringt folgende Erläuterungen: „Experiment (lat.), die künstliche Herbei-
führung und Abwandlung von Beobachtungsbedin-
gungen zur Gewinnung wissenschaftlicher Unterlagen (Verfahren zur Gewinnung >aktiver< Daten).
Das E. ist die wichtigste empirische Methode der
Naturwissenschaften. Von R. A. Fisher wurde in den
dreißiger Jahren die Experimentplanung (design of
experiments) entwickelt. Grundgedanke ist, die E. so
anzulegen, daß sie eine optimale statistische Auswertung ermöglichen (minimale Kosten bei größtmög-
licher Information). Sehr oft ist es zweckmäßig, E. in
der Weise anzulegen, daß sie Nullhypothesen verwer-
fen oder bestätigen können. Da die Versuchsobjekte
niemals vollkommen gleichartig sind, ist das Auftreten unkontrollierter Nebenfaktoren möglich..."

In der didaktischen Literatur ist folgende Definition weit verbreitet: Ein Experiment ist ein Eingriff in
die Natur unter genau definierten Bedingungen zum
Zweck der Gewinnung wissenschaftlicher Erkenntnisse.

Vielfach wird betont, daß ein Versuch im landläufi-
gen Sinn erst dann als ein Experiment zu gelten hat,
wenn man es streng durchgeplant hat und sein Ergebnis mit dem anderer, vergleichbarer Experimente und
mit dem bisher verfügbaren Wissen verbindet. Damit
sollte das Experiment auf der Grundlage des bisherigen Wissens neues Wissen oder gar neue Erkenntnisse hervorbringen. Theorie und Durchführung des
Experiments sollten daher in wechselseitiger Abhängigkeit stehen. Demnach wäre ein Experiment ohne
Theorie ein bloßes Herumprobieren, während eine
Theorie ohne Experiment Spekulation bliebe (vgl.
Klautke 1990).

In der Praxis des Unterrichtens ist das Experiment
sowohl an den Universitäten als auch in der Schule oftmals nur Anschauungsmittel – zur Veranschaulichung
eines naturwissenschaftlichen Sachverhaltes oder
Vorganges gibt man dem praktischen Versuch den
Vorrang vor der verbalen oder medialen Demonstration. Ein Einführungsexperiment soll der Motivation
dienen. Ein vermittelndes Experiment soll über die
Veranschaulichung gewisse Kenntnisse vermitteln,
während das bestätigende Experiment die Beweise
für die Richtigkeit einer schon bekannten Schlußfol-
gerung liefert.

Soll das Experiment nicht nur Wissen vermitteln,
sondern auch in die Denk- und Arbeitsweisen der Biologie als Naturwissenschaft einführen und somit dem
Prozeß empirisch-kausaler Erkenntnisgewinnung fol-

gen, muß es in ein wissenschaftliches Methodengefüge eingebunden werden. Die den empirischen Wissenschaften zugänglichen kausalanalytischen Methoden sind

- die „generalisierende" oder „reine Induktion" (beruhend auf dem Prinzip des Vergleichens und Anwendens von Fakten) sowie
- die „exakte Induktion" (mit dem prüfenden Experiment als Grundlage).

Den Begriff „exakte Induktion" stellt man heute vielfach in Frage, weil bei diesem Verfahren als wesentliches Element die aufgestellte Hypothese gilt, aus der deduktiv ein Experiment erschlossen wird. Eschenhagen et al. (1985) sprechen daher von der „hypothetisch-deduktiven Methode" (in Anlehnung an die erkenntnistheoretische Auffassung von Popper (1966), da die erwarteten Ergebnisse aus Hypothesen abgeleitet (die Experimente also deduktiv entwickelt) werden. Beim hypothetisch-deduktiven Verfahren spielt das Experiment als Mittel der Prüfung einer Hypothese eine besondere Rolle (s. Schema).

Exakte Induktion

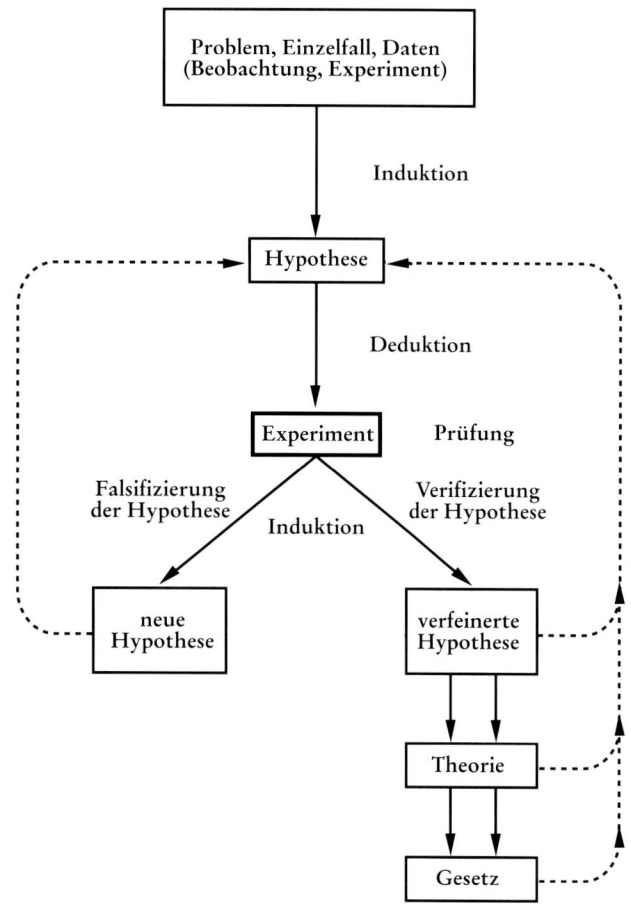

Verfahrensverlauf der exakten Induktion bzw. des hypothetisch-deduktiven Verfahrens (nach KLAUTKE 1990)

Von Falkenhausen (1971) definiert das Experiment durch die Folge: Beobachtung oder Frage, Hypothese, Versuch, Verifikation resp. Falsifikation. Nur Unterricht, der den Schülern diese Folge von Einzelschritten vermittelt (= experimenteller Unterricht), führt zum Verständnis des heute mit Abstand dominierenden Verfahrens der Erkenntnisgewinnung in der Fachwissenschaft Biologie und entspricht damit in besonderem Maße dem Beschluß der Kultusministerkonferenz vom 2. Dezember 1977, wonach der Unterricht in der Sekundarstufe II wissenschaftspropädeutisch ausgerichtet sein soll. Meyer (1987) begründet den hohen Stellenwert des Experiments auch unter pädagogischem Aspekt:

- Wenn Schüler experimentieren, sammeln sie Erfahrungen und lernen durch sinnliche Anschauung und konkretes Handeln.

  Im Sinne ganzheitlichen Arbeitens werden Kopf, Herz und Hand angesprochen. Die Schule erweist sich als ein Ort, an dem Schüler nicht nur aus Büchern lernen, sondern Fragen an die Natur stellen und versuchen, diese mit Mitteln der Naturwissenschaft Biologie zu beantworten.

  Das experimentelle Arbeiten erweist sich also als pädagogisch besonders wertvoll, weil die Zunahme des Wissens an die gleichzeitige Entwicklung von Fähigkeiten und Fertigkeiten gebunden ist.
- Beim experimentellen Arbeiten erleben Schüler die Genese des Wissens. Sie haben die Möglichkeit, den Werdegang des Wissens zu verfolgen und Wissenschaft zu durchschauen. Sie können sich damit ein eigenes sachgerechtes Urteil bilden.
- Den Schülern macht das experimentelle Arbeiten Freude. Wird es pädagogisch richtig eingesetzt, trägt es wesentlich dazu bei, daß die Schüler ihre Neugier, ihren Entdeckungsdrang und ihre Kreativität entfalten können.

Experimente sind in der aktuellen und lehrend-nachvollziehenden Wissenschaft unentbehrliche Schritte auf dem Weg zu objektiver Erkenntnis. Abgeleitete Daten machen eine Hypothese durchsichtig und überprüfbar. Kriterien der Überprüfung sind jeweils die kritische Beobachtung und das kontrollierende, befragende Experiment. Nur im Experiment werden die Bedingungen (oder bedingenden Sachverhalte) verwirklicht, unter denen ein bestimmter, in den Deduktionen der Hypothese vorausgesagter Sachverhalt beobachtbar sein sollte. Manchmal liefert die Natur selbst die zur Überprüfung nötigen Bedingungen. Viel häufiger muß man sie im Vorgriff entwickeln und ausschnitthaft Rahmenbedingungen setzen, unter denen die Natur befragt wird. Ob man nun mit den Ergebnissen eines Experiments befaßt ist oder nur beobachtet – stets vergleicht man die tatsächlichen Ereignisse (Sachverhalte) mit Deduktionen vorheriger Hypothesen, und beide versuchen wir in der Dimension der Sprache miteinander zur Deckung zu bringen.

In den bisher 22 erschienenen Jahrgängen hat *Biologie in unserer Zeit* weit über 100 erprobte und spannende Experimente oder Beobachtungsanregungen aus den wichtigsten Teilgebieten der Biologie veröffentlicht. Aus diesem Fundus haben wir für den vorliegenden Band insgesamt 35 besonders faszinierende Experimente ausgewählt. Dabei galten folgende Einzelkriterien:

- Das vorgeschlagene Experiment sollte möglichst originell und in diesem Zuschnitt noch nicht in den gängigen Praktikumsbüchern enthalten sein.
- Das betreffende Experiment sollte möglichst schulrelevant sein, sich primär für den Einsatz im Kursunterricht eignen oder umsetzbare, erweiterungsfähige Anregungen für Fach- bzw. Jahresarbeiten implizieren.

  Daher orientiert sich die Anordnung der Experimente in der Sachgebietsliste an den *Empfehlungen zur Gestaltung von Biologielehrplänen des Deutschen Vereins zur Förderung des mathematischen und naturwissenschaftlichen Unterrichts e. V.* (1991), die bundesweit breite Zustimmung gefunden haben.
- Die Versuchsobjekte sollten problemlos (und unter Berücksichtigung der Bundesartenschutzverordnung sowie anderer Naturschutzgesetze) beschaffbar sein.

  Wir haben uns bei der Auswahl darum bemüht, daß die verschiedenen Experimente schnell verfügbare Vertreter aller Organismenreiche von den Prokaryoten bis zum Menschen einschließen.
- Die einzelnen Experimente sollten in jedem Fall „unblutig" sein, Manipulationen an Wirbeltieren oder deren Entwicklungsstadien vermeiden und auch sonst die ethischen Normen für den Umgang mit Lebewesen berücksichtigen.
- Die Vorbereitungen sollten in überschaubarer Zeit und ohne erheblichen technischen Aufwand durchführbar sein. In einzelnen Fällen enthalten die Texte jedoch Anregungen für den Selbstbau kleiner Versuchsapparaturen oder von experimentellen Hilfsmitteln, die der Laborfachhandel in dieser Form nicht liefert.

Gerade die Biologie ist eine Naturwissenschaft, in der sich Sehen und Staunen, Lernen und Begreifen, Wissen und Verstehen gewiß nicht nur auf das Lesen von Zeitschriften und Büchern oder die Betrachtung von Dias, Filmen, Folien und Tafelbildern beschränken dürfen. *Learning by doing* ist gefragt, der praktische Umgang mit den Phänomenen des Lebens, auch wenn deren Fülle und Vielfalt oft nur in bescheidenen Ausschnitten der tatsächlichen Bandbreite erlebbar werden. So gesehen heißt Experiment in erster Linie gar nicht so sehr Versuch, sondern vor allem Erfahrung – mit Hand und Kopf, aber auch mit dem Gefühl.

Literatur

Deutscher Verein zur Förderung des mathematischen und naturwissenschaftlichen Unterrichts e. V.: Empfehlungen zur Gestaltung von Biologielehrplänen. MNU **44** (6), I-IV (1991).
Eschenhagen, D., Kattmann, U., Rodi, D.: Fachdidaktik Biologie. Aulis, Köln 1985.
Falkenhausen, E. von: Das Experiment im Biologieunterricht. MNU **24**, 108–111 (1971).
Klautke, S.: Das biologische Experiment – Didaktik und Praxis in der Lehrerausbildung. In: Killermann, W., Klautke, S.: Fachdidaktisches Studium in der Lehrerbildung/Biologie. Oldenbourg, München 1978.
Klautke, S.: Für und wider das Experiment im Biologieunterricht. In: Killermann, W., Staeck, L. (Hrsg.): Methoden des Biologieunterrichts. Aulis, Köln 1990.
Meyer, H.: Experimentelles Arbeiten im Biologieunterricht. Ergebnisse einer in Nordrhein-Westfalen durchgeführten empirischen Untersuchung. Friedrich-Forum 3. Seelze 1987.
Mohr, H.: Biologische Erkenntnis. Stuttgart 1981.
Moisl, F. (Hrsg.): Experimente. Unterricht Biologie 132 (1988).
Nachtigall, W.: Einführung in biologisches Denken und Arbeiten. Biologische Arbeitsbücher Bd. 15, 2. Aufl., Quelle & Meyer, Heidelberg 1978.
Popper, K.: Objektive Erkenntnis. Hamburg 1973.
Popper, K.: Logik der Forschung. 8. Aufl., Tübingen 1984.
Schneider, H. A. W.: Hypothese, Experiment, Theorie. Zum Selbstverständnis der Naturwissenschaft. Berlin 1978.
Ströker, E.: Einführung in die Wissenschaftstheorie. München 1973

Denken, Deuten, Dokumentieren

Die schriftliche Version des Experiments

„Alles sollte möglichst kurz gesagt werden, aber nicht kürzer."

Albert Einstein (1879–1955)

Experimentelles Vorgehen in Forschung und Lehre beschränkt sich bestimmt nicht nur auf operationales, technisches Handeln, auf die Beobachtung, Messung oder Bewertung. Ein Experiment bleibt unvollständig, solange die Ergebnisse nicht schriftlich festgelegt und damit für die Allgemeinheit zugänglich sind. Zum Versuch gehört also notwendigerweise die Dokumentation der Voraussetzungen, Vorgänge und Erfahrungen. Der Umgang auch mit dieser Seite des Wissenschaftsbetriebes ist beinahe ein integraler Bestandteil des Experimentierens, erfordert er doch zudem eine technisch präzise und objektivierende sprachliche Behandlung, die in Stil und Darstellung deutlich von der sonstigen Sprach- und Schriftpraxis abweicht.

Bei der schriftlichen Fixierung experimenteller Daten kommt es primär auf einen eleganten literarischen Stil gar nicht an. Gefordert sind allein Prägnanz, Eindeutigkeit, Kürze, Verständlichkeit und Nachvollziehbarkeit der Mitteilungen – fast eine nur auf die Numerik des Datenmaterials und seine Deutung fokussierende sprachliche Verpackung. Die Probleme, welche sich daraus ergeben, sind mitunter beträchtlich, geht es doch immerhin um den Transfer quantitativer Bezüge und Zusammenhänge in die (oft) ungleich komplexeren Begriffsgefüge der Sprache. Aber: Gedankliche Klarheit fördert auch die Klarheit des Schreibens, und umgekehrt.

Grundsätzlich sollte die berichtende Dokumentation eines Experiments nicht nur ein bloßes Protokoll der jeweiligen Resultate sein, sondern sich in Einführung, Untersuchungsmaterial und -methoden, Ergebnisteil und Auswertung (Diskussion) gliedern – ebenso wie es auch wissenschaftliche Originalveröffentlichungen nach weltweit akzeptiertem Standard handhaben. In dieser Reihenfolge organisiert man auch alle erforderlichen Literaturzitate, Tabellen, Graphiken oder sonstigen Verständigungsmittel, die der Dokumentation dienen. Begriffliche Kürze und Treffsicherheit sind erfahrungsgemäß weitaus schwieriger zu erreichen als umständlicher Wortreichtum („verbaler Verpackungsmüll"). Häufig verwenden Autoren wissenschaftlicher Texte das Passiv; die Darstellung erhält dadurch den Anschein größerer Objektivität (Intersubjektivität), liest sich aber nicht besonders glatt. Aktivkonstruktionen im Satzbau wirken viel lebendiger und sind meist auch deutlich kürzer. Komplexe Satzgefüge mit ständig neuen Abhängigkeiten und gedanklichen Verzweigungen sind für Verständnis und Nachvollzug wenig hilfreich. In einem guten Sachtext haben sie nichts zu suchen. Ein flüssiger Schreibstil, der sich angenehm liest, kommt auf jeden Fall mit kurzen Sätzen aus. Was im Experiment ablief und was dabei herauskam, schildert man im Imperfekt. Für die Erläuterung von Tabelleninhalten oder Graphiken (auch von zusammenfassenden Literaturzitaten) bietet sich das Präsens an.

Einleitung

Ein professionell wissenschaftlicher Kurzbericht oder eine knappe Notiz kommen nicht ohne knappe Einleitung aus, die den Leser mit Hintergrund, thematischem Zusammenhang oder der Zielsetzung des betreffenden Experiments vertraut machen. Zwei Fragen stehen dabei klar im Vordergrund: Warum ist das ausgesuchte Experiment von besonderer Bedeutung? Was wußte man bisher zum entsprechenden Problem?

Die thematische Hinführung zur Fragestellung sollte auf breiter Basis stehen, aber rasch zur Sache kommen, damit auch derjenige Leser sich für das behandelte Problem begeistern kann, der sich mit der Aufgabenstellung zuvor noch nicht beschäftigt hat. Ein paar wenige Zitate der wichtigsten (neueren) zusammenfassenden Literatur ermöglichen zudem die weitere Orientierung im betreffenden Themenfeld. Die Einleitung sollte auf keinen Fall auf methodische Einzelheiten eingehen oder gar Ergebnisse vorwegnehmen.

Material und Methoden

Versuche zu biologischen Fragestellungen verwenden üblicherweise biologische Objekte (Mikroorganismen, Pilze, Pflanzen, Tiere, Mensch). Artzugehörigkeit, Herkunft und Gewinnung des eingesetzten Versuchsmaterials sind daher unentbehrliche Angaben. Den weiteren versuchstechnischen Ablauf schildert man nur dann ausführlicher, wenn die Einzel- oder Teilexperimente irgendwo von einer bestehenden (zitierten) Arbeitsvorschrift abweichen – diese vielleicht vereinfachen, verbessern oder erweitern. In jedem Fall müssen die einzelnen (neuen) Arbeitsschritte so ausführlich dokumentiert werden, daß jeder das Experiment wiederholen und nachvollziehen kann. Die in diesem Band zusammengestellten Experimente geben aus Gründen der Einfachheit und Vollständigkeit vielfach die benötigten Geräte, Glaswaren und Chemikalien(mengen) an. In einer wissenschaftlichen Originalveröffentlichung sind solche Einzelheiten entbehrlich.

Ergebnisse
Die unkommentierte Kompilation quantitativer oder qualitativer Ergebnisse in Tabellen und Graphiken ist unerfreulich und für einen nachvollziehenden Leser überhaupt nicht hilfreich. Zusammenfassende Hinweise und Erläuterungen zum gewonnenen Datenschatz erleichtern den Einstieg in Qualität und Aussagen des jeweiligen Experiments. Es ist unnötig, alle Einzeldaten sowohl verbal als auch graphisch zu verarbeiten. Wenn man einen Sachverhalt in einem kurzen Satz zutreffend beschreiben kann, fällt die Entscheidung immer zugunsten des Wortes. Nur für komplexere Datengefüge sind Tabelle oder Diagramm das Darstellungsmittel der Wahl. Besonders auffällige oder ungewöhnliche Ergebnisse tauchen ausnahmsweise im Text und in der bildlichen Dokumentation auf. Vergleichswerte aus der Literatur haben im Ergebnisteil keinen Platz. Für die bewertende Interpretation und damit auch die Bezüge zu den Ergebnissen anderer Arbeitsgruppen bietet die anschließende Diskussion den passenden Rahmen.

Diskussion
Die Vorstellung der Versuchsdaten läßt ihre Bedeutung für ein bestimmtes theoretisches Konzept, für eine Hypothese oder die Fortentwicklung einer Theorie oft noch nicht hinreichend klar erkennen. Daher befaßt sich die Diskussion mit der Deutung der Daten und ihrer Einordnung in den Rahmen des bereits etablierten und gesicherten Wissens.

Ferner sollte sich die Diskussion auch mit einer kritischen Bewertung der Aussagegrenzen der verwendeten Methode befassen, mit eventuellen technischen Unzulänglichkeiten, systemischen Versuchsfehlern, statistischen Problemen oder anderen Schwierigkeiten. Der bewertende, diskutierende Teil ist nicht unbedingt der Platz, an dem man darüber lamentiert, was beim Experiment alles schief ging. Zu begründen wäre lediglich, warum man in solchen (in der täglichen Laborpraxis völlig normalen und durchaus häufigen) Problemfällen den Ansatz nicht einfach wiederholt oder modifiziert hat.

Die Diskussion endet damit, das herausgegriffene Problem (und den gewonnenen Kenntniszuwachs) in den allgemeinen fachlichen Kontext zurückzuführen und einzuklinken. Es wäre unklug, nur mit Schwierigkeiten, ungelösten Fragen oder den Fehlschlägen des eigenen Tuns zu schließen, denn beim Leser soll sich ja ein positives (aber durchaus kein beschönigendes oder kosmetisch verfälschtes) Bild von Ablauf und Ertrag des Experiments formieren.

Literaturverzeichnis
Hinweise auf verwendete Literatur, welche auf die Ergebnisse vorbereiten und sie ausdeuten helfen, sind ein integraler Bestandteil jeder schriftlichen Äußerung. Die Redlichkeit des experimentellen Arbeitens endet nicht bei der Wiedergabe graphisch oder tabellarisch aufbereiteter Ergebnisse. Literaturzitate müssen ebenso sorgfältig gehandhabt werden wie alle übrigen Mitteilungen des Ergebnisberichts. Die Art der Zitatgestaltung handhaben die zahlreichen Publikationsorgane etwas unterschiedlich. Innerhalb eines kommentierten Protokolls sollten sie auf jeden Fall einheitlich sein – vielleicht so, wie sie auch in der Zeitschrift *Biologie in unserer Zeit* erscheinen.

Literatur

Ebel, H. F., Bliefert, C.: Schreiben und Publizieren in den Naturwissenschaften. VCH Verlagsgesellschaft mbH, Weinheim 1990.
Lamprecht, J.: Biologische Forschung. Von der Planung bis zur Publikation. Parey, Hamburg und Berlin 1992.
Lobban, C. S.: Writing a laboratory report. In: Experimental Phycology (C. S. Lobban, D. J. Chapman, B. P. Kremer, Hrsg.). Cambridge University Press, Cambridge 1988.
Schneider, W.: Deutsch für Kenner – Die neue Stilkunde. Gruner + Jahr, Hamburg 1989.

Dietmar P. Becker

1. Eine Modellreaktion für biologische Oszillationen

1. Einleitung

Endogene Rhythmik ist – wie aus zahlreichen überzeugenden Belegen hervorgeht – eine fundamentale Eigenschaft lebender Systeme. Wegen der „Ganggenauigkeit", mit der sich diese zeitlichen Änderungen im allgemeinen äußern, wird dieses Phänomen auch als „biologische Uhr" bezeichnet*.

Die grundlegende Frage, *wie* diese biologische Uhr arbeitet, konnte trotz intensiver experimenteller Anstrengungen bisher noch nicht endgültig beantwortet werden. Sehr wahrscheinlich funktioniert sie aber nach dem gleichen Prinzip wie die vom Menschen geschaffenen Chronometer, nämlich mit Hilfe von Schwingungen. Eine Vielzahl solcher Oszillationen konnte bisher in subzellulären Systemen sowie in Einzellern, in Pflanzen und Tieren einschließlich dem Menschen nachgewiesen werden (vgl. u.a. [2, 9, 12, 13]).

Bereits frühzeitig wurde der Versuch unternommen, die komplexe physiologische Rhythmik zunächst auf einfache, leichter überschaubare *chemische* Systeme zu reduzieren. Bereits 1910 analysierte Lotka [10] die kinetischen Bedingungen für Oszillationen in homogenen und heterogenen Systemen. Bray [3] entdeckte 1921, daß es in einem Reaktionsgemisch aus Wasserstoffperoxid und Kaliumjodat in verdünnter Schwefelsäure zu einer Oszillation sowohl der Konzentration von Jod als auch der Sauerstoffentwicklung kommt, wenn bestimmte Konzentrationen der Reaktanden eingehalten werden.
Bisher wurde allerdings nur eine relativ geringe Anzahl von chemischen Oszillatoren (übrigens alle durch Zufall) gefunden (vgl. Gesamtübersicht [4]).

---

*Zur Gesamtthematik vgl. die Beiträge von E. Wagner, **biuz 5,** 171 (1975) und E. Bünning, **biuz 6,** 111 (1976).

Besonderes Interesse verdient in diesem Zusammenhang die sog. „*Belousov-Zhabotinsky*"-*Reaktion*. Sie ist in ihrer Art einzigartig, da hier je nach Versuchsbedingungen sowohl *zeitliche* als auch *räumliche* Oszillationen beobachtet werden können. Bei dieser Reaktion handelt es sich um die durch Cer-Ionen katalysierte Decarboxylierung von Malonsäure durch Bromat in schwefelsaurer Lösung (ohne Cer-Ionen wird Malonsäure durch Bromat in saurem Medium bei Zimmertemperatur praktisch nicht oxidiert). Es ist das Verdienst von Belousov [1], denjenigen Bereich der Anfangskonzentrationen der Reaktanden gefunden zu haben, bei dem das System spontan zu oszillieren beginnt. Die Oszillationen lassen sich sehr deutlich anhand der periodischen Konzentrationsänderungen der gelben Cer-Ionen beobachten (vgl. Abbildung 1). Durch Zugabe des

Redoxindikators Ferroin kommt es sogar – wie Abbildung 2 zeigt – zu einer drastischen Farboszillation zwischen rot und blau. Dies beruht darauf, daß der Ferroin-Indikator unter reduzierenden Bedingungen eine rote und unter oxidierenden Bedingungen eine blaue Farbe annimmt.

Die Netto-Reaktionsgleichung der durch Cer-Ionen katalysierten Oxidation von Malonsäure durch Bromat lautet nach Field [5]:

$$3\ H^{\oplus} + 3\ BrO_3^{\ominus} + 5\ CH_2(COOH)_2 \xrightarrow{Cer\text{-}Ionen} 3\ BrCH(COOH)_2 + 2\ HCOOH + 4\ CO_2 + 5\ H_2O.$$

Field *et al.* [6] haben einen detaillierten chemischen Mechanismus vorgeschlagen, mit dem sich sowohl die zeitlichen als auch die räumlichen Oszillationen erklären lassen.

Abb. 1. Zeitliche Oszillationen bei der Belousov-Zhabotinsky-Reaktion, erkennbar anhand des rhythmischen Valenzwechsels der Cer-Ionen zwischen Ce⁴⁺ (gelb) und Ce³⁺ (farblos).

Zaikin und Zhabotinsky [14] zeigten, daß mit dem gleichen System – durch Variation der Konzentrationsverhältnisse der Reaktanden – auch räumliche Oszillationen erzeugt werden können. Es kommt dabei zu ringförmigen, spiraligen oder auch komplizierter gebauten Strukturen, die sich als laufende Wellen ausbreiten. Es handelt sich dabei allerdings nicht um mechanische Wellen, sondern um chemische (Oxidations-) Wellen.

2. Versuchsdurchführung

a) Zeitliche Oszillationen

Die Zusammensetzung des Systems zur Demonstration zeitlicher Oszillationen der „Belousov-Zhabotinsky-Reaktion" ist in Tabelle 1 wiedergegeben (nach [5]).

Abb. 2. Zeitliche Oszillationen nach Zugabe des Redoxindikators Ferroin (s. Text). Infolge unzureichender Durchmischung befindet sich auf der linken Aufnahme der zentrale, stärker gerührte Bereich bereits in der nachfolgenden Phase. Die Stoppuhr soll einen Eindruck von der zeitlichen Dimension der Reaktion vermitteln.

Tabelle 1. Molare Konzentrationen der Reaktanden zur Erzeugung zeitlicher Oszillationen.

Reaktanden	Konzentrationsbereich		
	min. [M]	opt. [M]	max. [M]
$Ce(NH_4)_2 \cdot (NO_3)_5$	0,0001	0,002	0,01
$CH_2(COOH)_2$	0,0125	0,275	0,50
$NaBrO_3$	0,03	0,0625	0,0625
H_2SO_4	0,5	1,5	2,5

Für den in Abbildung 1 gezeigten Ansatz werden in einem Becherglas 4,292 g Malonsäure und 0,175 g Cerammoniumnitrat in 150 ml 1 M Schwefelsäure mit Hilfe eines Magnetrührers gelöst. Die Lösung ist zunächst gelb. Nach wenigen Minuten wird sie klar. Unmittelbar darauf werden 1,415 g Natriumbromat zugegeben, und es wird ständig weitergerührt. Die Lösung erscheint dann abwechselnd gelb, klar, gelb, klar usw. und oszilliert mit einer Periode von etwa einer Minute in Abhängigkeit von der Rührgeschwindigkeit, der Temperatur u.a. Faktoren. Sobald man wenige Milliliter der 0,025 M Ferroin-Lösung (1,10 Phenanthrolin-Eisen-Komplex) zusetzt, kommt es zu

dem in Abbildung 2 gezeigten oszillierenden Farbwechsel zwischen rot und blau (die käuflich erhältliche Ferroin-Lösung muß evtl., wie in 2. *b)* beschrieben, gereinigt werden).

b) Räumliche Oszillationen

Die Demonstration räumlicher Oszillationen wird anhand des von Winfree [13] angegebenen Ansatzes beschrieben: Zu 67 ml Wasser werden 2 ml konzentrierte Schwefelsäure und 5 g Natriumbromat zugegeben. Zu 6 ml dieser Lösung werden in einem Reagenzglas 0,5 ml Natriumbromid-Lösung (1 g/10 ml Wasser) und 1 ml Malonsäure (1 g/10 ml Wasser) beigemischt. Es muß nun gewartet werden, bis die gelbe Farbe des dabei gebildeten Broms verblaßt ist. Anschließend kann die 0,025 M Ferroin-Lösung zugesetzt werden. Nach der Originalvorschrift soll 1 ml dieser Lösung zugegeben werden. Mit dem von uns verwendeten Ferroin der Firma Fluka ließen sich nur dann räumliche Oszillationen erzeugen, wenn diese Menge auf etwa 0,25 ml reduziert wurde. Dies führt naturgemäß zu weniger deutlichen Farbeffekten. Bessere Ergebnisse erzielt man, wenn man 1 ml einer über einen Anionenaustauscher frisch gereinigten Ferroin-Lösung verwendet. Zuletzt erhält die Mischung einen Tropfen einer verdünnten Triton X-100-Lösung (1 g/1000 ml Wasser), die aufgrund ihrer hohen Oberflächenaktivität ein leichteres Ausbreiten

der Lösung auf dem Boden der Petrischale bewirkt. Der Inhalt des Reagenzglases wird gut gemischt und in eine Petrischale (90 mm Durchmesser) gegossen. Das Reaktionsgemisch soll den Boden der Schale max. 2 mm gleichmäßig hoch bedecken. Nach einer kurzen Wartezeit läßt sich die Propagation der Wellen beobachten. Die Wellen gehen von punktförmigen „Schrittmacherzentren" aus, wie sie in Abbildung 3 zu sehen sind. Die Wellen breiten sich dann in der in den Abbildungen 4 bis 9 gezeigten Weise mit einer Geschwindigkeit von ca. 5 mm pro Minute aus. Mittels Durchmischen der Lösung kann die Reaktion jeweils von neuem gestartet werden. Dabei lassen sich gleichzeitig die während der Reaktion gebildeten CO_2-Blasen durch Rühren entfernen.

3. Schlußbetrachtung

Die Belousov-Zhabotinsky-Reaktion bietet nicht nur ein faszinierendes Schauspiel, sondern sie liefert auch interessante Ansatzpunkte für theoretische Betrachtungen. Evolutionstheoretisch ist z.B. vorstellbar, daß ähnliche chemische Oszillatoren in Systemen, die Vorstufen des Lebens darstellten, eine wichtige Rolle spielten. In diesem Zusammenhang ist erwähnenswert, daß *Dictyostelium discoideum*, also ein Vertreter der unechten Schleimpilze (Acrasina), als das am eingehendsten untersuchte Beispiel für zeitlich-räumliche Oszillationen in zellulären Systemen gilt (bekanntlich

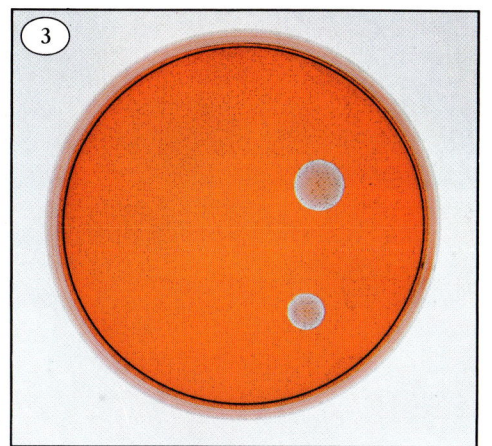

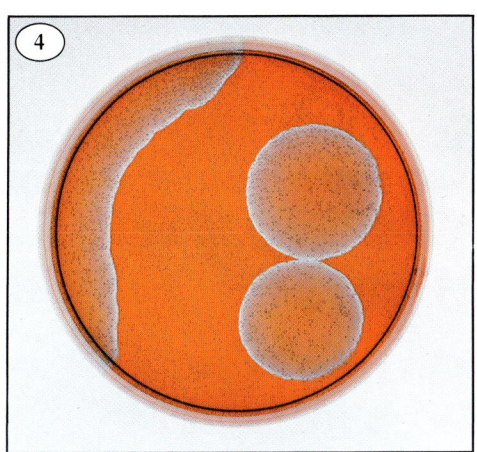

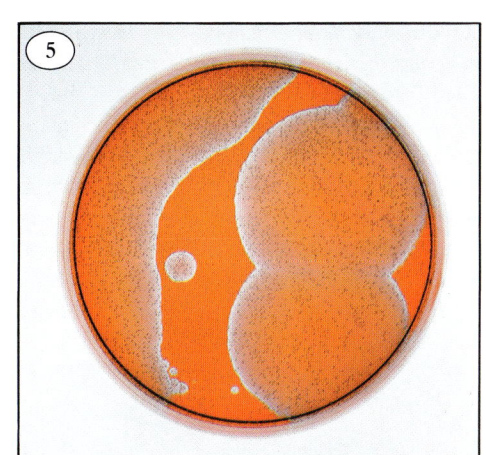

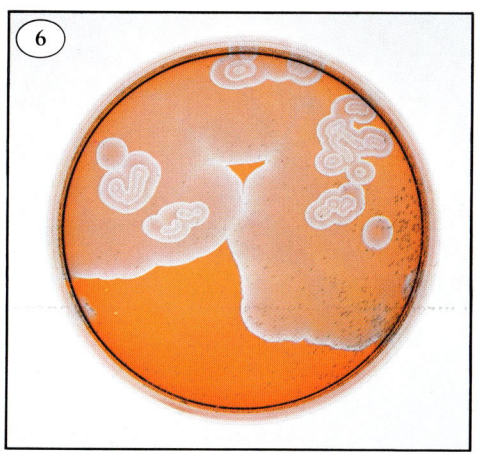

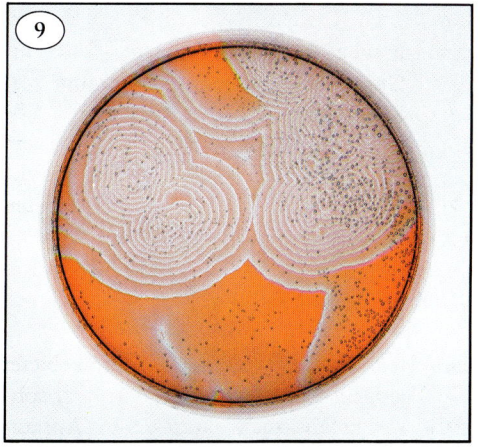

Abb. 10. Fortgeschrittene Phase einer räumlichen Oszillation. Ausgehend von einem fast zentral gelegenen „Schrittmacherzentrum" werden rhythmisch Oxidationsbanden abgegeben, die sich als konzentrische Wellen nach außen ausbreiten.

Verhalten. Dabei bedient sich dieser Schleimpilz des zyklischen Adenosinmonophosphats (c-AMP) als „Signal" (vgl. u.a. [7, 8, 11]).

Weitere Beispiele für die periodische Ausbreitung von chemischen Wellen finden sich sowohl auf niedrigerer, als auch auf höherer Organisationsstufe (vgl. u.a. [1, 9, 13]). Die Frage, ob all diesen Systemen der gleiche Wirkungsmechanismus zugrunde liegt – der sich möglicherweise von dem des hier vorgestellten chemischen Oszillators lediglich durch den Grad an Komplexität unterscheidet –, bedeutet sicher eine interessante Herausforderung an zukünftige Forschungstätigkeit.

Abb. 3–9. Verschiedene Phasen einer räumlichen Oszillation bei der Belousov-Zhabotinsky-Reaktion. Ausgehend von zwei zunächst punktförmigen Schrittmacherzentren breiten sich fortlaufende Oxidationswellen aus. Durch das Auftreten von sekundären Schrittmachern und solchen noch höheren Grades entstehen optisch sehr reizvolle Muster.

handelt es sich bei diesen Organismen um eine phylogenetisch sehr *alte* und ursprünglich gebliebene Organismengruppe). Das chemotaktische System, das bei *Dictyostelium discoideum* bewirkt, daß die zunächst lokal zufällig verteilten Einzelamöben sich zu einem „Aggregationsplasmodium" zusammenlagern und schließlich Fruchtkörper bilden, zeigt ein ausgeprägtes rhythmisches

Literatur

[1] Belousov, B.P.: Sb. Ref. Radiats. Med. za 1958, Medgiz, Moscow 1959.

[2] Boiteux, A., and B. Hess: Faraday Symp. Chem. Soc. **9**, 202 (1974).

[3] Bray, W.C.: J. Amer. Chem. Soc. **43**, 1262 (1921).

[4] Degn, H.: J. Chem. Educ. **49**, 302 (1972).

[5] Field, R. J.: J. Chem. Educ. **49**, 308 (1972).

[6] Field, R.J., E. Körös, and R.M. Noyes: J. Amer. Chem. Soc. **94**, 8649 (1972).

[7] Gerisch, G.: Wilhelm Roux' Arch. Entwicklungsmech. Org. **156**, 127 (1965).

[8] Gerisch, G., and B. Hess: Proc. Natl. Acad. Sci. USA. **71**, 2118 (1974).

[9] Hess, B., and A. Boiteux: Ann. Rev. Biochem. **40**, 237 (1971).

[10] Lotka, A.J.: J. Phys. Chem. Soc. **14**, 271 (1910).

[11] Malchow, D., and G. Gerisch: Proc. Natl. Acad. Sci. USA. **71**, 2423 (1974).

[12] Scheving, L.E.: Endeavour **125**, 66 (1976).

[13] Winfree, A.T.: Science **175**, 633 (1972).

[14] Zaikin, A.N., and A.M. Zhabotinsky: Nature **225**, 535 (1970).

Biologie in unserer Zeit **1977**, *7*, 156−158.

Sicherheit
ist die

Nummer 1
am
Arbeitsplatz.

Nicht
nur
im Labor.

köttermann

Überall dort, wo Gefahren-
quellen aufgrund der Auf-
gabenstellungen notwendi-
gerweise zum Arbeitsplatz
gehören, ihn also gefährden
können, gibt es nur eins:
Sicherheit. Nicht nur im Labor.
Sondern überall dort, wo
gefährliche Substanzen auf
engem Raum zusammen-
kommen. Dort müssen
optimale Aufbewahrungs-
und Lagermöglichkeiten
geschaffen werden.
Unsere Sicherheitsschränke
aus Stahl nach DIN 12925,

Teil 1 mit DAbF Ausnahme-
empfehlung z. B. schützen
brennbare Stoffe vor Feuer.
Sie besitzen Flammen-
sperren, selbstschließende
Brandschutz-Tellerventile,
automatisch verriegelnde
Türen und vieles mehr.
Unsere Sicherheitsschränke
sind maßgeschneidert für
jeden speziellen Zweck,
ob für Gasflaschen, Säuren,
Laugen oder andere Chemi-
kalien. Sie erfüllen härteste
Anforderungen an Tem-
peraturbeständigkeit und

Isolationsfähigkeit. Sie schließen ihren Inhalt hermetisch
von der Umgebung ab oder
sorgen für sachgerechte optimale Entlüftung. Und noch
etwas haben unsere Sicherheitsschränke gemeinsam:
Sie bestehen nicht nur aus
Stahl, sondern sind nahtlos
in das neue Systemlabor
integrierbar. Mit Sicherheit.

Köttermann GmbH & Co
3162 Uetze-Hänigsen
Telefon (0 5147) 7 60
Telefax (0 5147) 76 50

Hans-Heiner Bergmann
Hans-Wolfgang Helb

2. Vogelstimmen – wie lernt man sie kennen?

1. Einleitung

Wenn an einem sonnigen Februartag die ersten Kohlmeisen-Männchen ihr Lied erschallen lassen, hat kaum ein Naturfreund Schwierigkeiten, den einfachen Gesang dieser häufigen, schwarz-weiß-gelben Vögel zu erkennen (Abbildung 1). Bald aber vergrößert sich die Zahl der Sänger. Es treffen die Rückkehrer aus dem afrikanischen Winterquartier ein. Im Mai erreicht die Vielzahl der singenden Arten ihren Höhepunkt. Viele von ihnen singen im Laubwerk verborgen, so daß sie sich einer Bestimmung mit dem Auge entziehen.

Führt man zu dieser Zeit der vollen Gesangsaktivität Vogelstimmenexkursionen durch, so tritt immer wieder die Frage auf: Wie kann man Vogelstimmen so zuverlässig kennenlernen, daß man sie auch in einem Chor verschiedener Gesänge identifizieren kann? Manch einer stellt diese Frage aus der Erfahrung heraus, daß er jedes Frühjahr neu mit dem Erlernen der verschiedenen Stimmen beginnen muß. Wenn sich Schüler, Studierende und Lehrende sozusagen amtlich mit dieser Frage befassen, scheint es umso dringlicher, nach mitteilbaren und nachvollziehbaren Mitteln und Wegen zu suchen, wie man einerseits Vogelstimmenkenntnis ohne allzu großen Aufwand und mit motivierendem Erfolg erwerben, andererseits solche Kenntnis lehrend weitergeben kann.

Wir wollen im folgenden einige Verfahrensweisen nennen, die sowohl aus der eigenen Erfahrung des Lernenden als auch aus vieljähriger Praxis des Lehrens resultieren. Wir beschreiben damit zwar kein „Experiment"; wir sind jedoch überzeugt davon, daß auch und gerade das gekonnte Beobachten in freier Natur zum (Er-)Leben eines jeden Biologen in unserer Zeit gehört.

2. Methodische Grundregeln zum Erwerb von Vogelstimmenkenntnis

2.1 Begrenztes Angebot

Eine große Menge neuer akustischer Eindrücke kann in kurzer Zeit niemand verarbeiten. Daher besteht die erste Regel für den Anfänger darin, sich anfangs nicht zuviel vorzunehmen. Ein günstiger Ausgangspunkt ist es, nur wenige Arten, diese dafür eingehend zu studieren. Dabei wird sich der Schwerpunkt der Aufmerksamkeit allmählich von der rein visuellen zur akustischen Wahrnehmung hin verlagern. Den Einstieg an einem frühen Morgen im Mai zu versuchen, wäre nicht günstig. Man sollte im Winter oder im frühen Frühjahr beginnen, wenn nur wenige Arten zu hören sind. Geeignet ist ebenfalls das Ende der Brutperiode, wenn manche Vogelarten ihren Gesang schon eingestellt haben. In der Fortpflanzungszeit selbst hört man um die Mittagsstunden verhältnismäßig wenige Vögel singen.

Man kann dem übermäßigen Stimmenangebot auch ausweichen, indem man Lebensräume aufsucht, die eine relativ geringe Anzahl von Arten beherbergen. Hier empfehlen sich aufgelockert bebaute Zonen in menschlichen Siedlungen, wo z.B. Amsel, Kohl- und Blaumeise, Haussperling, Star und Türkentaube kennengelernt werden können. In unmittelbar an Ortschaften angrenzenden Bereichen wie Gärten und Stadtparks finden sich im Frühjahr Kleiber, Buchfink, Singdrossel, Zaunkönig, Heckenbraunelle, Großer Buntspecht und Zilpzalp. In der offenen Feldflur konzentrieren sich die ersten Erfahrungen auf die Feldlerche sowie auf Goldammer und Dorngrasmücke in den Hecken der Feldraine. Friedhöfe eignen sich zum ersten Kennenlernen von Vogelstimmen nicht, da sie sehr viele Arten beherbergen.

Mit der Ausweitung der Anforderungen an sich selbst, d.h. der Erfassung neuer Lebensräume und damit neuer Arten, sollte man vorsichtig sein und vielleicht bis zur nächsten Saison warten.

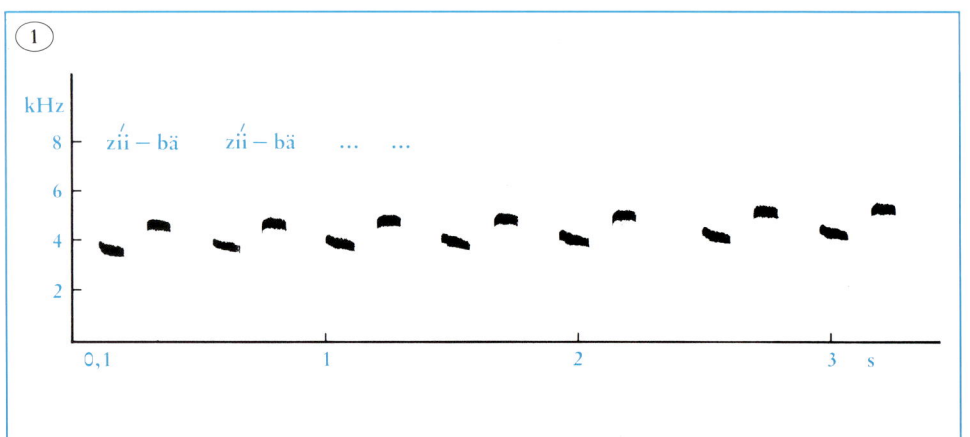

Abb. 1. Vogelstimmen schwarz auf weiß: Das *Sonagramm* eines Kohlmeisen-Gesangs *(Parus major)*. Ähnlich wie bei der Notenschrift sind hohe Töne oben und tiefe Töne unten abgebildet. Außerdem ist die Dauer des einzelnen Tons unmittelbar an seiner horizontalen Ausdehnung abzulesen. (Aufnahme: 17.2.1980, Kaiserslautern).

2.2 Wiederholung

Die Wiederholung als Grundprinzip der meisten Lernvorgänge ist gerade beim Ansprechen der Vogelstimmen sehr wesentlich. Bei häufigem und intensivem Zuhören gelingt es einem im allgemeinen, sich ein akustisch kompliziert zusammengesetztes Muster wie z.B. eine Buchfinkenstrophe so einzuprägen, daß man künftig auch andere Buchfinkenstrophen erkennen kann. Dabei stößt man schon bald auf ein neues Phänomen. Jeder Buchfink singt zwei bis sechs verschiedene Strophentypen. Die Strophen unterscheiden sich in den Elementfolgen und besonders in dem auffälligen Endschnörkel (Abbildung 2). Verschiedene Buchfinkenindividuen haben jeweils einen Satz unterschiedlicher Strophentypen. Dennoch sind sie alle nach ihrem Gesang als Angehörige der Art Buchfink zu erkennen. Ähnliches gilt für die meisten Singvogelarten. Es kommt also zunächst darauf an, sich die arttypischen Gesangsmerkmale einzuprägen.

2.3 Sprachliche Hilfsmittel

Das Wiedererkennen eines Reizmusters bzw. das Abrufen eines Gedächtnisinhaltes wird durch Verbindung mit einem anderen Gedächtnisinhalt wesentlich erleichtert. Daher ist es nützlich, wenn man für die Lautäußerungen der Vögel verbale Umschreibungen oder Beschreibungen zu finden versucht, die man sich zusätzlich zu dem akustischen Eindruck merkt.

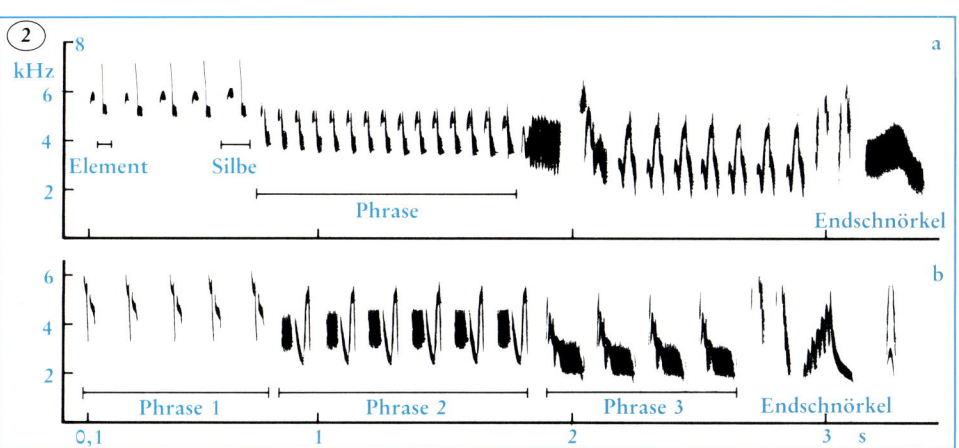

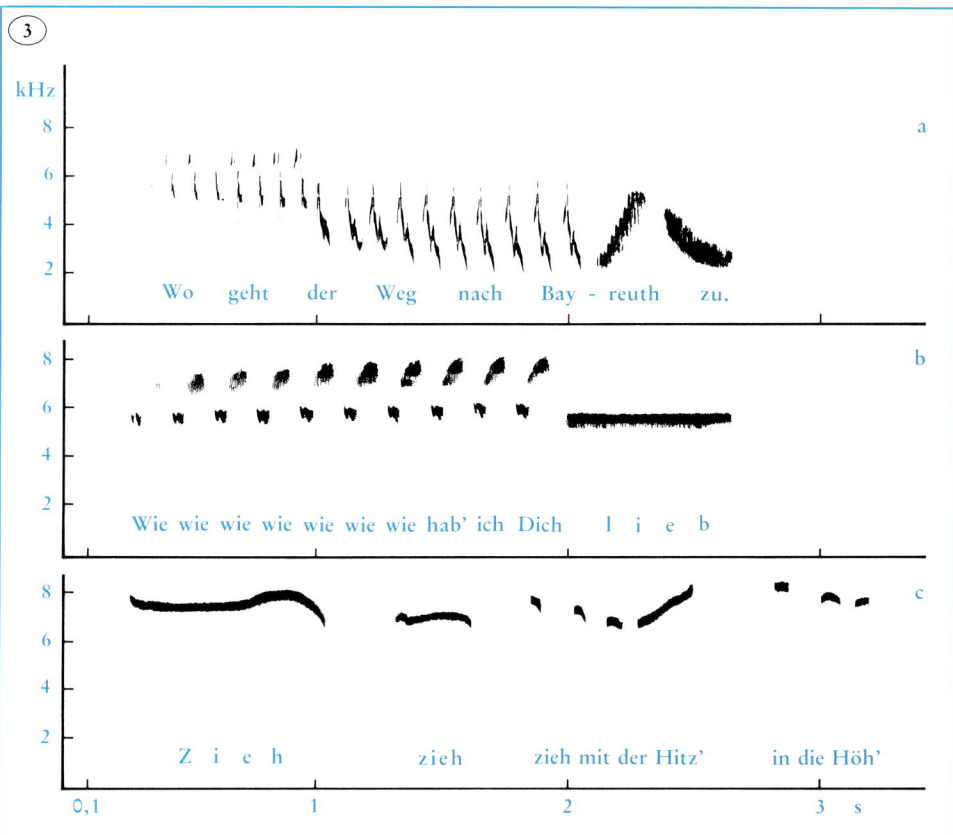

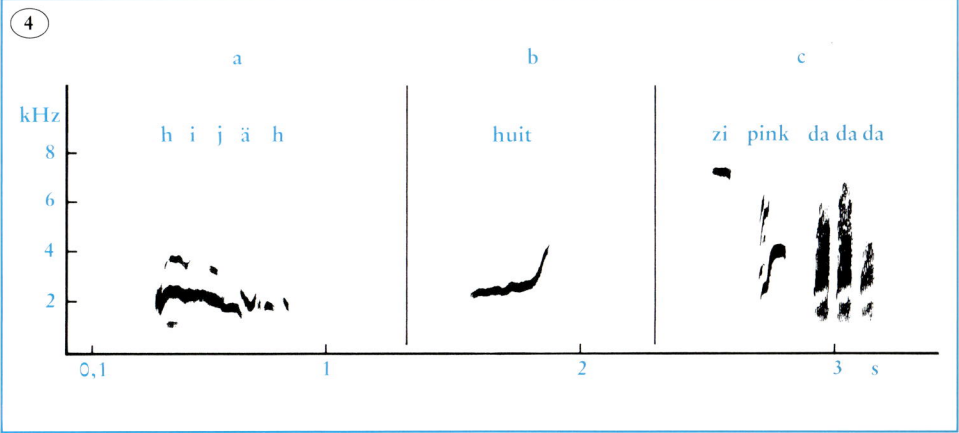

Abb. 2. Zwei verschiedene Strophentypen eines Buchfinken-Männchens *(Fringilla coelebs)* **im Sonagramm. (Aufnahme: 12.6.1974, Böchingen/Vorderpfalz).**

Abb. 3. Sonagramme von Singvogelstrophen mit Merksprüchen: a) Buchfink, *Fringilla coelebs* **(4.5.1974, Erlangen); b) Goldammer,** *Emberiza citrinella* **(26.7.1978, Rauschenberg bei Neustadt/ Aisch); c) Haselhuhn,** *Tetrastes bonasia* **(20.4.1974, Bialowieza/Polen).**

Abb. 4. Sonagramme von Vogelrufen: a) Mäusebussard, *Buteo buteo* **(16.8.1972, Mellnau bei Marburg/Lahn); b) Fitis,** *Phylloscopus trochilus* **(22.4.1977, Kaiserslautern); c) Kohlmeise,** *Parus major* **(15.5.1977, Marburg/Lahn).**

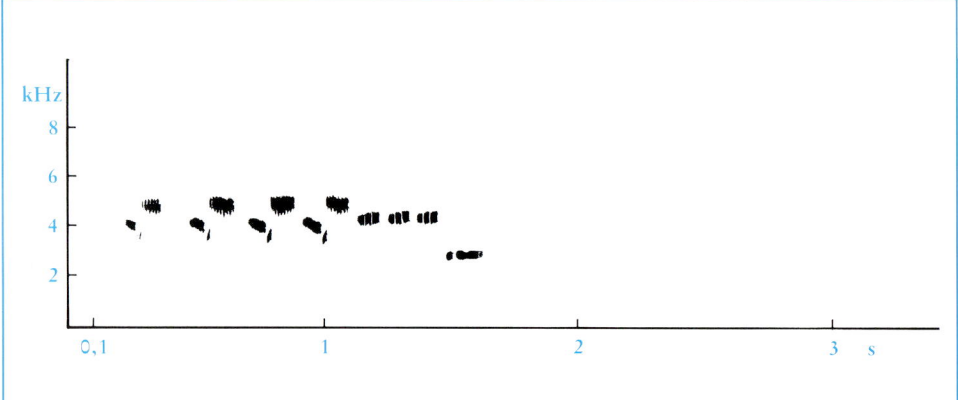

Der Ortolan *(Emberiza hortulana)* ist ein Beispiel aus der langen Reihe von europäischen Vogelarten oder überhaupt Tierarten, der in den letzten 20 Jahren fast unbemerkt aus unserer Fauna verschwindet. Seinen inzwischen erreichten Platz als hochgradig bestandsgefährdete Art verdankt er im wesentlichen den Biotopzerstörungen durch den Menschen. – Die Kenntnis seines Gesangs ist das entscheidende Hilfsmittel, um die Existenz der kleinen und weit gestreuten Populationen überhaupt noch feststellen zu können. Historischen Wert hat bereits die sonagraphisch dargestellte Strophe aus dem Gesang des Ortolans: Sie entstammt der einzigen Tonbandaufnahme aus der vorderpfälzischen Population überhaupt und bedeutet gleichzeitig das letzte Gesangsdialekt-Dokument (Aufnahme 9.6.1976 bei Neustadt/Weinstraße) des letzten dieser Population, die seit 1977 erloschen ist.

Foto: R. Siebrasse AFIAP/GDT
Sonagramm: H.-W. Helb

Unter *Umschreibungen* verstehen wir lautmalerische Wiedergaben des akustischen Eindrucks mit Hilfe der menschlichen Laut- bzw. Schriftsprache. In einigen Vogelnamen ist eine derartige Umschreibung schon vorgegeben: Kuckuck, Zilpzalp, Fink, Upupa (Wiedehopf). In anderen Fällen gibt es traditionell überlieferte Eselsbrücken in Form von Merksprüchen, wie z.B. beim Buchfinkenschlag (Abbildung 3a), bei der Strophe der Goldammer (Abbildung 3b) und dem „Spissen" des Haselhahns (Abbildung 3c). Verfügen wir nicht über solche vorgegebenen Hilfsmittel, so müssen wir sie uns selbst erarbeiten. Bei Rufen ist das oft nicht schwer, so z.B. beim „hijäh"-Ruf des Mäusebussards (Abbildung 4a), beim „huit" des Fitis (Abbildung 4b) oder einem Alarmruf „zi-pink-da-da-da" der Kohlmeise (Abbildung 4c). Gesänge sind umso schwieriger wiederzugeben, je komplizierter sie sind.

Hier empfiehlt sich ein anderes Verfahren. Man versucht, für die einzelnen Struktureigenschaften abstrakte *Beschreibungen* zu fin-

den. Der Buchfinkengesang, der uns nun schon bekannt ist (Abbildung 2; 3a) läßt sich folgendermaßen charakterisieren: In Abständen wiederholte gleichartige Strophen von 2 – 3 Sekunden Dauer; jede Strophe eine Folge

von mehreren in der Tonhöhe stufig abfallenden Trillern (= Phrasen), ein wieder ansteigender Schnörkel am Ende. – Dabei ist es sinnvoll, auch auf Eigenschaften wie Lautstärke, Klangfarbe, Gesangstempo und Mo-

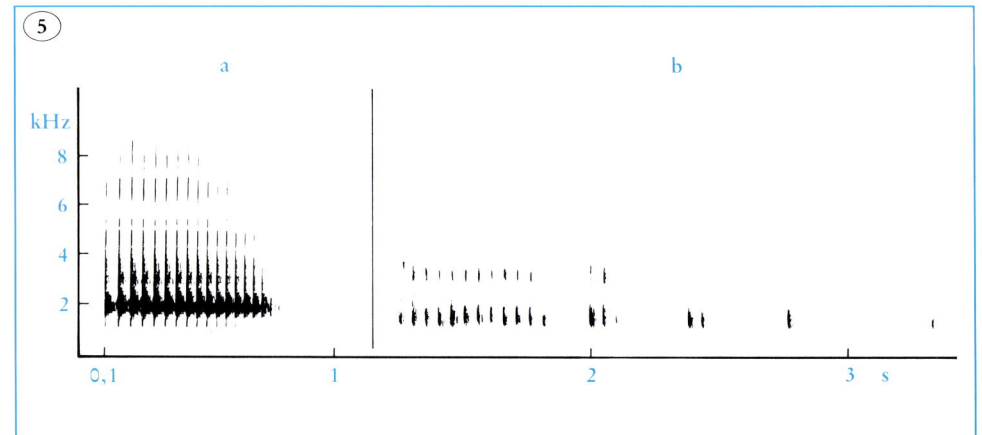

Abb. 5. Sonagramme instrumenteller Lautäußerungen bei Vögeln: a) Trommelwirbel des Großen Buntspechts, *Dendrocopos major*-♀ (11. 2. 1980, Kaiserslautern); b) Flügelschlag des Rebhuhns, *Perdix perdix* (19. 6. 1978, Kaiserslautern).

tivreichtum zu achten. Es ist förderlich, solche Beschreibungen unmittelbar nach der Beobachtung in einem Notizbuch schriftlich zu fixieren. Nützlich sind auch zusätzliche Notizen über das den Gesang begleitende Verhalten: Singt der Vogel im Flug wie die Feldlerche, von einer erhöhten Warte aus wie die Goldammer, oder versteckt im Laub der Bäume oder Büsche wie eine Gartengrasmücke?

Wesentliche Informationen zur Artbestimmung bezieht man nach einiger Erfahrung auch aus Eigenschaften des Lebensraums. Das führt zuweilen so weit, daß ein Kenner in Bestimmungsschwierigkeiten geraten kann, wenn ein Vogel während des Zuges in einem artuntypischen Lebensraum singt.

Nach den Notizen oder gleich während der Beobachtung wird man die Angaben in den Bestimmungsbüchern vergleichen. Dabei läßt sich rasch feststellen, daß sowohl Umschreibungen als auch Beschreibungen sehr verschieden ausfallen. Das kann seine Ursache darin haben, daß jeder subjektiv die Vogelstimmen etwas unterschiedlich hört bzw. bei der sprachlichen Wiedergabe mit unterschiedlichem Geschick vorgeht. Andererseits können die Vögel von Ort zu Ort unterschiedlich singen bzw. rufen, z.B. Dialekte ausbilden.

2.4 Akustische Hilfsmittel

Ein reiches Angebot von Schallplatten und Kassetten mit Vogelstimmen (Beispiele s.u.) ermöglicht es, die draußen gewonnenen Eindrücke zu Hause weiter zu vertiefen. Beim wiederholten Abspielen kann man die erarbeiteten Um- und Beschreibungen präzisieren und stabiler ins Gedächtnis aufnehmen. Verlangsamtes Abspielen ermöglicht es, die Zeitstruktur schneller Gesänge durchschaubar zu machen. Bei Tonbandwiedergaben bewährt sich eine Zeitdehnung auf ein Viertel der Bandlaufgeschwindigkeit. Dabei werden allerdings zugleich die Tonhöhen um zwei Oktaven heruntertransponiert. Tonband und Platte liefern zwar den akustischen Eindruck vollständig, nicht jedoch die Umweltsituation, den Typus von Lebensraum, den man, wie schon festgestellt, bewußt oder unbewußt beim Ansprechen einer Vogelstimme mit verarbeitet.

Eine nächste Stufe der Verwendung akustischer Hilfsmittel besteht darin, Tonaufnahmen auf Band oder Kassette zum unmittelbaren Vergleich im Freiland einzusetzen. Von hier aus ist es nur ein kurzer Schritt zur *Herstellung eigener Aufnahmen*. Für hochwertige Tonaufnahmen benötigt man eine anspruchsvolle Ausrüstung, die nicht leicht zu transportieren und zu handhaben ist. Das Wichtigste dabei ist außer dem netzunabhängigen Tonbandgerät bzw. Kassettenrecorder ein Parabolspiegel zum Mikrophon, der es durch seine Richt- und Sammelwirkung gestattet, auch leise und entfernte Lautäußerungen in genügender Qualität aufzunehmen.

Besonders als Lehrender kann man dieses Hilfsmittel vielseitig einsetzen. Als erstes ermöglicht man sich damit eine klare und relativ störungsfreie Dokumentation eines zu erklärenden Vogelgesangs. Durch wiederholtes, u.U. auch verlangsamtes Abspielen kann man auf Strukturmerkmale aufmerksam machen. Da die gespeicherten Aufnahmen ständig verfügbar sind, kann man sie auch jederzeit für Vergleiche einsetzen. Bei der Untersuchung eines singenden Vogels kann man gleichzeitig den Gesang einer verwandten, verwechselbaren Art vom Tonband vorspielen und so die Unterschiede verdeutlichen. Auf die gleiche Weise lassen sich Strophentypen eines Individuums, individuelle Gesangsunterschiede verschiedener Vögel und Vorbilder von Nachahmern demonstrieren.

Wenn man einem Männchen den eigenen Gesang vom Tonband vorspielt, so wird man die Erfahrung machen, daß der Vogel heftig auf die Wiedergabe reagiert. Er nähert sich der Schallquelle und beginnt, nach dem vermeintlichen Rivalen zu suchen. Nach kurzer Zeit geht er in den meisten Fällen seinerseits zu Gesang über, der häufig sehr intensiv vorgetragen wird. In dieser Situation kann man sich verschiedene Merkmale des Territorialverhaltens der Vögel vor Augen führen. Bei systematischem Vorgehen lassen sich aus der Reaktion auf die *Klangattrappe* die Grenzen des von seinem Inhaber verteidigten Territoriums erschließen. Da auch schweigende Individuen zur Reaktion angeregt werden, ist es möglich, auf diese Weise eine ganze Population und ihre Siedlungsstruktur zu ermitteln. Durch künstlich abgeänderte Attrappen gelingt es, anhand der abgestuften Reaktionen das akustische Arterkennen der Vögel zu untersuchen.

Damit sind wir über das Kennenlernen und Lehren der Kenntnis von Vogelstimmen hinaus zu Fragen ihrer Erforschung gelangt. Die Beantwortung solcher Fragen kann nicht nur aus vogelkundlicher oder bioakustischer Sicht, sondern allgemein biologisch von Bedeutung sein.

2.5 Visuelle Hilfsmittel

Da akustische Demonstrationen flüchtig sind und die verbalen Wiedergaben oft unvollkommen und subjektiv erscheinen, hat man sich schon seit sehr langer Zeit bemüht, Vogelstimmen schwarz auf weiß sichtbar und damit dauerhaft zu machen. Anfangs war die Notenschrift das einzige und dabei leider viel zu wenig plastische Instrument, um die komplexen Qualitäten von Vogelstimmen wiederzugeben. Unter mehreren weiteren Verfahren hat sich im Bereich der Forschung wie auch der Lehre seit 20 bis 30 Jahren das *Sonagramm* am meisten eingebürgert. Es stellt Tonhöhenverlauf und Klangqualitäten eines akustischen Signals als Funktion der Zeit dar. Hohe Töne erscheinen wie Noten weiter oben im Abbildungsfeld, tiefe Töne weiter unten nahe der Grundlinie. Auch Obertöne und geräuschhafte Qualitäten werden dargestellt. Die relative Lautstärke wird durch unterschiedliche Schwärzungsgrade repräsentiert.

Die Herstellung von Sonagrammen ist auf wenige wissenschaftliche Institutionen beschränkt. Sie haben bisher zur Illustration von Vogelstimmendarstellungen im wesentlichen in wissenschaftlichen Originalarbeiten und in Handbüchern Eingang gefunden, fehlen aber noch weitgehend in der populären Bestimmungsliteratur. Im Unterricht sind sie geeignet, in sehr eindrucksvoller Weise begleitend zur akustischen Wiedergabe von Tonsignalen eingesetzt zu werden. Dem Benutzer von Sonagrammen ist der Hinweis dienlich, beim Anhören eines Vogels wie Buchfink, Zilpzalp, Fitis oder Amsel das Sonagramm wie eine Partitur mitzulesen. Besonders beim verlangsamten Abspielen der Tonbeispiele kann man die hörbare Struktur im graphischen Schwarz-Weiß-Muster exakt nachverfolgen, was beim Lernenden immer wieder zu überraschten und zustimmenden Äußerungen führt.

Das Sonagramm als visuelles Hilfsmittel ist nicht nur auf Gesänge und Rufe anwendbar, sondern enthüllt auch die Feinheiten instrumenteller Lautäußerungen, wie z.B. beim Trommelwirbel des Großen Buntspechts mittels schneller Schnabelhiebe gegen abgestorbene Baumteile (Abbildung 5a) und beim Flügelschlag des flüchtenden Rebhuhns (Abbildung 5b).

2.6 Sonstige Medien

Nicht zuletzt aufgrund des sehr großen und noch stets wachsenden Interesses, das Vögel und ihre Gesänge in breiten Bevölkerungsschichten finden, hat sich auch das Angebot von allgemeinbildenden und Unterrichtsfilmen im Fernsehen und bei anderen damit befaßten Institutionen erhöht. Solche Darstellungen kombinieren visuellen Eindruck und Akustik in eindrucksvoller Weise. Sie sind geeignet, bereits Bekanntes festigen zu helfen und neue Anreize und Motivationen zum weiteren Kennenlernen von Vögeln und ihren Lautäußerungen zu schaffen.

3. Schrifttum, Schallplatten und Filme

Eine allgemein verständliche und kurz gefaßte Einführung in die Vogelstimmenkunde findet man in dem Buch von Thielcke (1970). Jellis (1977) stellt dieses Gebiet mit etwas anderen Schwerpunkten und unter Beifügung einer Vogelstimmen-Langspielplatte dar. – Das klassische „Exkursionsbuch zum Studium der Vogelstimmen", in vielen Auflagen von Voigt, zuletzt von Bezzel bearbeitet, ist jetzt beim Verlag vergriffen. Die Autoren dieses Artikels bereiten einen neuen Vogelstimmenführer für Europa mit sonagraphischen Illustrationen vor. – Die derzeit erscheinenden mehrbändigen Handbücher (Herausgeber Glutz, Bauer, Bezzel bzw. Cramp) gehen bei der Zusammenstellung des heutigen Kenntnisstandes auch auf die Lautäußerungen der einzelnen Vogelarten ein. Eine Übersicht über einige moderne Probleme bringt die Arbeit von Güttinger (1980). – Anleitungen für den Unterricht findet man z.B. in den Arbeiten von Bergmann (1979), Blume (1965) und Helb & Cruse (1980). Das Marktangebot an Vogelstimmenschallplatten ist sehr umfangreich. Einführungen in allgemeine Probleme mit Tonbeispielen gibt die von Thielcke bzw. Bergmann bearbeitete Serie. Alle anderen Platten bzw. Plattenserien stellen in der Regel mehr oder weniger systematisch geordnete Sammlungen von Vogelstimmen dar. Als besonders reichhaltig und

qualitätsvoll sei das aus 14 Langspielplatten bestehende und sehr gut dokumentierte Werk von Palmér & Boswall hervorgehoben.

Das Institut für den Wissenschaftlichen Film, Göttingen, verleiht für Unterrichtszwecke Filme, die einzelne Singvogelarten mit Originalton präsentieren.

Literatur

Bergmann, H.-H.: Lerndisposition – ein verhaltensbiologischer Begriff, erarbeitet am Beispiel des Gesangslernens der Vögel. MNU **32**, 237–244 (1979).

Berthold, P., E. Bezzel und G. Thielcke: Praktische Vogelkunde. 2. Auflage. Kilda-Verlag, Greven, 1980.

Blume, D.: Revierverhalten der Vögel als Unterrichtsthema – Ein Beitrag zu Fragen des Elementaren, des Exemplarischen und der didaktischen Analyse. Biologie-Unterricht 1 (4), 29–48 (1965).

Cramp, S. (Hrsg.): Handbook of the Birds of Europe, the Middle East and North Africa. Oxford University Press, 1977 ff.

Glutz von Blotzheim, U. N., K. M. Bauer und E. Bezzel (Hrsg.): Handbuch der Vögel Mitteleuropas. Akademische Verlagsgesellschaft, Wiesbaden, 1966 ff.

Güttinger, H. R.: Angeboren oder erlernt – was die Vögel singen. Bild der Wissenschaft **17** (2), 50–60 (1980).

Helb, H.-W. und H. Cruse: Territorialverhalten bei Vögeln. In: Falk, H. und P. Sitte (Hrsg.): Experimente aus der Biologie, 163–173. Verlag Chemie, Weinheim, 1980.

Jellis, R.: Bird Sounds and Their Meaning. British Broadcasting Corporation, London, 1977.

Thielcke, G.: Vogelstimmen. Springer-Verlag, Berlin, 1970.

Voigt, A.: Exkursionsbuch zum Studium der Vogelstimmen. 12. Aufl., bearbeitet von E. Bezzel. Quelle & Meyer, Heidelberg, 1961.

Schallplatten

Kosmophon: Stimmen einheimischer Vögel. Franckh'sche Verlagshandlung, Stuttgart.

Palmér, S. und J. Boswall: A field guide to the bird songs of Britain and Europe. Sveriges Radio, Stockholm (1969-1972).

Roché, J.-C.: Guide sonore des oiseaux d'Europe. Aubenas-les-Alpes.

Thielcke, G. und H.-H. Bergmann: Biologie der Vogelstimmen I – IV. Ernst Klett-Verlag, Stuttgart.

Filme

Arendt, E. und H. Schweiger: Encyclopaedia cinematographica. Institut für den Wissenschaftlichen Film, Göttingen. Verschiedene Einheiten.

Biologie in unserer Zeit **1980**, *10*, 154–158.

Michael Boppré

3. Sexuallockstoff beim Seidenspinner

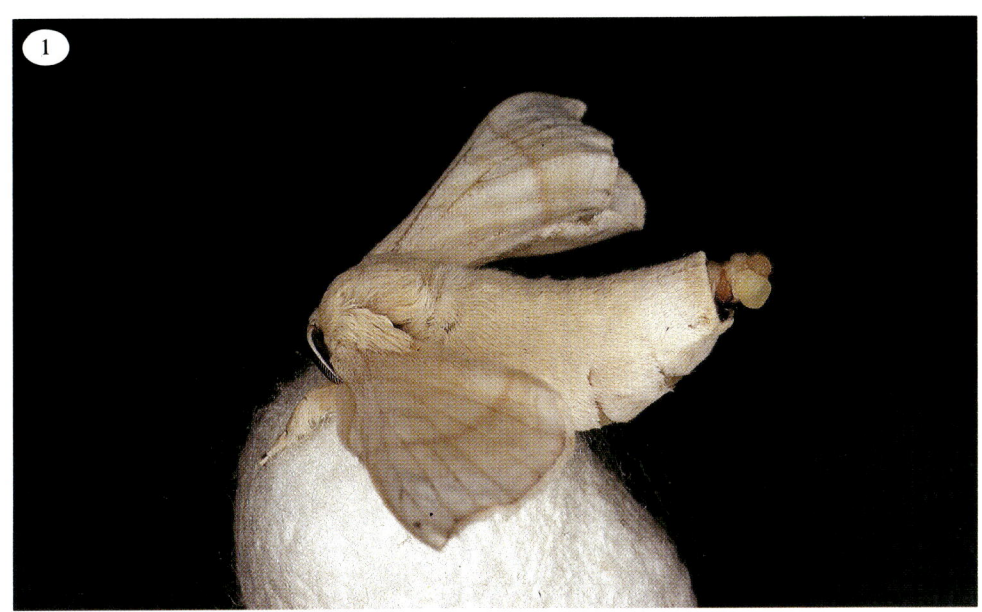

Abb. 1. Weibchen des Seidenspinners Bombyx mori in Lockstellung auf einem Kokon. Am Hinterleib sind die Duftdrüsen („sacculi laterales") ausgestreckt.

1. Die Rolle der Sexuallockstoffe bei Nachtfaltern

Bei Nachtfaltern und vielen anderen Insektengruppen finden sich die Geschlechter mit Hilfe von Duftstoffen, welche die Männchen zur Paarung zu den Weibchen locken. Von einer Hinterleibsdrüse sondern die Weibchen ein flüchtiges Sekret in die Luft ab, Riechrezeptoren auf den männlichen Fühlern nehmen diesen Duft wahr, und bei den Männchen wird ein gegen den Wind orientierter Flug zur Duftquelle sowie Sexualverhalten ausgelöst. Solche Sexuallockstoffe bewirken unter natürlichen Bedingungen eine artspezifische Anlockung der Männchen. Es sind demnach chemische Signalsubstanzen, die der innerartlichen Kommunikation dienen, sogenannte Pheromone (vgl. biuz 7/6, 161, 1977).

Chemisch handelt es sich bei den Sexualpheromonen der Nachtfalter vorwiegend um einfach oder doppelt ungesättigte aliphatische Alkohole, Acetate und Aldehyde, und viele Faltergruppen verwenden Moleküle mit sehr ähnlichen Strukturen als Signalstoffe. Daß von den Weibchen dennoch nur Männchen der eigenen Art angelockt werden, erklärt sich zunächst durch die große Spezifität der männlichen Riechrezeptoren (s.u.). Die Pheromone sind oft auch Mischungen verschiedener Substanzen, deren qualitative und/oder quantitative Zusammensetzung arttypisch ist; schließlich bilden zusätzliche (chemische und andere) Signale sowie ökologische Faktoren Schranken zwischen den Arten.

Pheromone gewinnen mehr und mehr an praktischer Bedeutung bei der Kontrolle von Schadinsekten-Populationen sowohl in

der Land- und Forstwirtschaft als auch im Vorratsschutz (vgl. J. P. Vité, dieses Heft, S. 112–119): Der Einsatz von Pheromonen eröffnet die Möglichkeit – ohne die Umwelt zu belasten –, meist sehr spezifisch die Fortpflanzungsrate von Schädlingen zu reduzieren, indem man den normalen chemischen Kommunikationsprozeß stört. Zur Bekämpfung von Nachtfaltern bieten sich unter anderen folgende Methoden an:

– Wegfangen der Männchen mittels pheromon-beköderter Fallen.
– Desorientieren („verwirren") der Männchen durch großflächiges Ausbringen von weiblichen Lockstoffen; die Männchen können die Weibchen nicht mehr lokalisieren.
– Inaktivieren der Männchen durch den Einsatz von Duftstoffen, welche das Sexualverhalten hemmen; solche Inhibitoren werden bei einigen Arten nach der Kopulation von den Weibchen abgegeben und verhindern den Anflug weiterer Männchen.

2. Chemische Kommunikation am Beispiel von Bombyx mori

Für Experimente zur Demonstration der Kommunikation mit Sexuallockstoffen bei Nachtfaltern eignet sich besonders gut das relativ einfache Pheromonsystem des domestizierten Seidenspinners Bombyx mori L., vor allem deshalb, weil die Weibchen dieser Art unabhängig von äußeren Bedingungen ständig locken und weil durch die Flugunfähigkeit der Falter die Beobachtung ihres Verhaltens erleichtert ist. – Aus diesen Gründen wurde für die folgende kurze Darstellung der Grundlagen der chemischen Kommunikation und für die anschließend angeregten Experimente das Beispiel Bombyx gewählt.

Bald nach dem Schlüpfen aus der Puppe strecken Bombyx-Weibchen zwischen dem

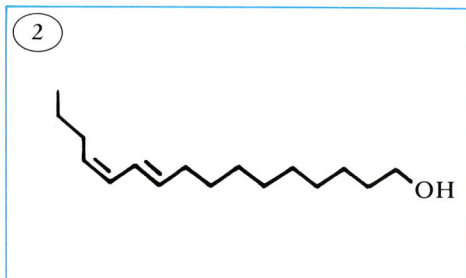

Abb. 2. Molekülstruktur des Lockstoffes „Bombykol" (10-trans, 12-cis, Hexadecadien-1-ol).

8. und 9. Hinterleibssegment paarige Säckchen aus (Abbildung 1). Diese drüsigen Intersegmentalhäute (sog. *„sacculi laterales"*) sezernieren den Lockstoff (vgl. [12]), dessen chemische Struktur von Butenandt und Mitarbeitern [1] aus einem Extrakt von 500 000 Weibchendrüsen bestimmt wurde: trans-10, cis-12, Hexadecadien-1-ol (= *„Bombykol"*, Abbildung 2).

Als Riechorgane dienen die Fühler (Antennen), welche dicht mit Riechhaaren besetzt sind (Abbildung 3). Beim Männchen befinden sich auf jeder Antenne ca. 17 000 etwa 100 μm lange „Sensilla trichodea" [13, 14], welche bereits bei schwacher Vergrößerung unter dem Mikroskop sichtbar sind. Jedes dieser Haare enthält zwei Sinneszellausläufer (Abbildung 4), wovon jeweils einer auf die Rezeption des weiblichen Sexuallockstoffs spezialisiert ist [7, 8] (die Riechhaare auf den weiblichen Antennen können Bombykol nicht wahrnehmen). Die Duftmoleküle werden von den Antennen aus der Luft herausgefiltert und diffundieren durch zahlreiche Poren in der Sensillenwand in das Innere der Haare; dort lösen sie an den Sinneszellen Nervenimpulse aus, die zum Gehirn geleitet werden.

Abb. 3. Männchen von Bombyx mori mit aufgerichteten Antennen. b) Teilansicht einer männlichen Antenne von Bombyx mori (Aufnahme mit dem Rasterelektronenmikroskop). Vergrößerung ca. 800fach.

Besondere Beachtung verdient die Empfindlichkeit und die Spezifität dieses Kommunikationssystems. Bereits 1000 Moleküle Bombykol pro cm³ Luft lösen das Flügelschwirren (typische Verhaltensreaktion auf Reizung mit Sexuallockstoff, s.u.) der Männchen aus [2]. Anders ausgedrückt: „Die Verdampfung von 1 kg Bombykol würde den Luftraum über der Bundesrepublik so mit diesem Lockstoff erfüllen, daß nahe der Erdoberfläche immer noch jeder Kubikzentimeter 1000 Moleküle enthielte"

[9]. Obwohl sich in den Duftdrüsen der Weibchen nur weniger als 1 μg Bombykol befinden, würde diese Menge wegen der Sensitivität der männlichen Riechrezeptoren theoretisch allerdings ausreichen, um 10^{13} *Bombyx*-Männchen zu erregen!

Bombyx-Männchen reagieren jedoch *nur* auf Bombykol mit dieser hohen Empfindlichkeit. Bereits geringe Veränderungen der Molekülstruktur verringern die Sensitivität drastisch. So wirken zum Beispiel die geo-

metrischen Isomeren des Bombykols, im Verhaltenstest in gleicher Konzentration angeboten, bereits 1000 mal schlechter [6]; Stoffe mit anderer Struktur werden überhaupt nicht wahrgenommen.

Der Lockstoff der Weibchen wird mit der Luft transportiert und löst bei den Männchen eine Kette von Verhaltensweisen aus (vgl. [10, 11]):
1. Flügelschwirren,
2. Schwirrtanz,

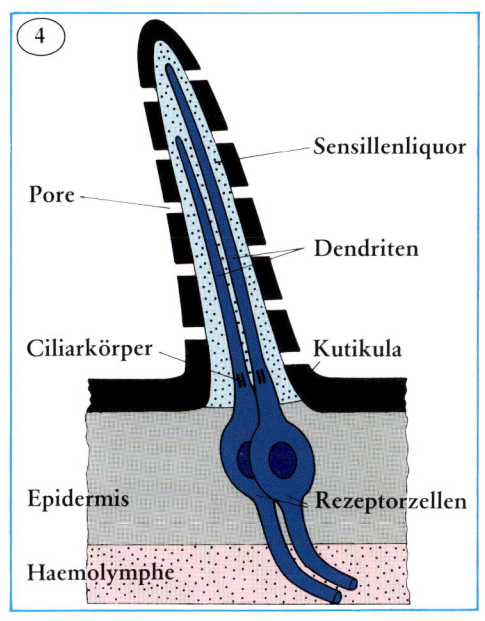

Abb. 4. Stark schematisierte Darstellung eines Insekten-Riechhaares (nach [8], vgl. [13, 14]).

3. Orientierungslauf zur Bombykol-Quelle,
4. Kopulationsverhalten.

Bei der Orientierung der Männchen zur Duftquelle sind die Windrichtung sowie zeitliche und räumliche Gradienten der Duftkonzentration die entscheidenden Parameter [3, 10, 11]. In einem künstlichen Duftfeld ohne räumliche und zeitliche Konzentrationsunterschiede orientieren sich die Falter zum Wind (anemotaktische Reaktion). Sie bewegen sich in einem Winkel von 30–50° windaufwärts, wobei sich die Vorzeichen dieser Winkel in unregelmäßigen zeitlichen Abständen ohne erkennbaren äußeren Anlaß ändern: es resultiert ein Zick-Zack-Lauf. Demgegenüber sind im natürlich vorkommenden Duftfeld zusätzlich zur Anemotaxis chemische Orientierungsmechanismen beteiligt.

1. Nehmen die Riechrezeptoren eine Abnahme der Duftkonzentration wahr, so wird eine Änderung des Laufwinkelvorzeichens wahrscheinlicher.

2. Sind die räumlichen Unterschiede in der Duftkonzentration so groß, daß beide Antennen unterschiedlich stark erregt werden, so wendet sich das Tier solange zur stärker erregten Seite, bis beide Antennen gleiche Reizkonzentrationen melden (tropotaktische Reaktion).

In der Laufspur sind manchmal Schleifen zu beobachten, die in der Regel mit einer Windabwärtsdrehung beginnen. Sie sind durch plötzliche starke Abnahmen der Duftkonzentration (z. B. am Rande der Duftfahne oder bei starken Turbulenzen) ausgelöst.

Auch Tiere mit nur einer Antenne finden zur Duftquelle. Allerdings ist die tropotaktische Reaktion gestört, da von der amputierten Antenne keine Erregung gemeldet werden kann. Es resultiert ein unregelmäßiger Lauf am Rande der Duftfahne; rechtsamputierte Falter nähern sich von der linken Seite der Duftquelle, linksamputierte von rechts. Durch das Fehlen der Erregung eines Fühlers sowie durch starke räumliche Konzentrationseinbrüche am Rande der Duftfahne treten besonders häufig Schleifen auf.

3. Anregungen für Experimente

Für die Durchführung von Experimenten zur Demonstration der chemischen Kommunikation bei *Bombyx** sind keine besonderen Apparate nötig: Man beobachtet das Verhalten der Männchen in einer „Arena", zum Beispiel auf einem mit Filterpapier bedeckten Tisch, über den ein leichter Luftstrom streicht. Der Luftstrom kann durch einen Föhn erzeugt werden, wobei die Breite der Strömung durch Vorsetzen von Röhren verschiedener Länge und Durchmesser, die Windgeschwindigkeit durch Vorschalten eines Spannungsreglers verändert werden kann. Für die Tests bringt man eine Reizquelle (z. B. ein lockendes Weibchen) in den Luftstrom ein und in einiger Entfernung windabwärts ein Männchen, dessen Verhalten beobachtet wird (vgl. Abbildung 5).

Die große Sensitivität der männlichen Falter für den Lockstoff zwingt jedoch zu „sau-

---

```
5
```

10 cm

Abb. 5. Laufspuren von fünf Bombyx-Männchen zu einer Reizquelle (hier ein lockendes Weibchen). S: Startort; Pfeile deuten Windrichtung an; —: intakte Männchen; ----: einseitig fühleramputierte Männchen (oben: rechts amputiert, unten: links amputiert). Die hier protokollierten Tests wurden mit dem im Text beschriebenen einfachen Versuchsaufbau in einem durchlüfteten Zimmer durchgeführt; sie sind deshalb nicht frei von Störeinflüssen (verwirbelter Luftstrom u. ä.).

---

* Puppen und Eier von *Bombyx mori* (leichte Zucht mit Maulbeerblättern!) werden öfters in der Zeitschrift „Insektenbörse" (Alfred Kernen Verlag, Schloß-Str. 80, 7000 Stuttgart 1) angeboten. In den Sommermonaten liefert auch Herr H. Rösner, Pellenzstr. 4, D-5442 Mending, Lebendmaterial. – Die kurzlebigen Falter nehmen keine Nahrung auf; in einer mit angefeuchtetem Fließpapier ausgelegten Petrischale können sie mehrere Tage lang im Kühlschrank gehalten werden.

berem" Arbeiten. Das heißt, es ist notwendig darauf zu achten, daß die Arena und alle in den Tests verwendeten Gefäße etc. nicht mit Bombykol kontaminiert und die Testmännchen vor dem Experiment nicht mit Bombykol in Kontakt gekommen sind. Es ist daher auch empfehlenswert, die Puppen nach dem Geschlecht zu sortieren (Abbildung 6) und Männchen und Weibchen in getrennten Räumen (am besten unter einem Abzug oder im Freien) schlüpfen zu lassen. Außerdem sollten die Versuche in einem gut durchlüftbaren Raum durchgeführt werden.

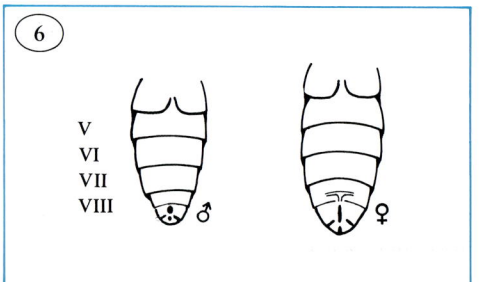

Abb. 6. Stark schematisierte Darstellung des Sexualdimorphismus von Bombyx Puppen (gilt auch für andere Arten). Betrachtet man die Puppen von der Bauchseite, so finden sich zwischen dem Ende der Flügelscheiden und den Markierungen der späteren After- und Geschlechtsöffnungen beim Männchen vier, beim Weibchen nur drei freie Segmente. Weibliche Puppen sind auch größer und schwerer als männliche.

In Tabelle 1 sind Grundversuche zusammengestellt, welche zeigen,

a) daß keine optischen (Test 1), sondern chemische Reize (Test 2), welche von den weiblichen *sacculi laterales* ausgehen (Test 3, 4), das Sexualverhalten der Männchen auslösen,
b) daß die Männchen das Pheromon mit ihren Antennen wahrnehmen (Test 5) und
c) daß die Fühler bei der Orientierung der Falter eine Rolle spielen.

Die in der Tabelle angeregte Testserie kann leicht durch weitergehende Versuche ergänzt werden. Unter anderem bietet es sich an, Wahlversuche zwischen zwei Reizquellen durchzuführen (Weibchen im Glas –

Tabelle 1. Zusammenstellung von Grundversuchen zur chemischen Kommunikation bei Bombyx.

Test	Reizquelle	Behandlung der Test-männchen	beobachtbares Verhalten der Testmännchen	Schlußfolgerungen
1	lockendes Weibchen in durchsichtigem, aber luftdicht schließendem Gefäß	keine	keine Reaktion	Sexualverhalten wird nicht durch optische Reize ausgelöst
2	lockendes Weibchen in undurchsichtigem, aber durchlöchertem Gefäß		Flügelschwirren, Lauf gegen den Wind, Kopulationsversuche	Sexualverhalten wird durch chemische Reize ausgelöst
3	Filterpapier, mit dem „sacculi laterales" abgewischt wurden			chemische Reize gehen von „sacculi laterales" aus
4	abpräparierte „sacculi laterales"			
5	wie bei 3 oder 4	beide Fühler amputiert	keine Reaktion	Fühler dienen der Erkennung der chemischen Signale
6		ein Fühler amputiert	ähnlich wie mit zwei Fühlern, aber unregelmäßigerer Lauf	Fühler dienen der Orientierung zur Reizquelle

Weibchen frei; eine Drüse – mehrere Drüsen; verschiedene Konzentrationen eines Heptan-Drüsenextraktes, u.ä.).

Aufschlußreich sind auch vergleichende Tests zur Orientierung der Falter zur Duftquelle. So kann man den Einfluß unter-

schiedlicher Fühleramputation, der Windgeschwindigkeit und/oder von Störungen des Duftfeldes durch Seitenwind oder Verwirbelung (Hindernisse zwischen Reizquelle und Testmännchen legen!) untersuchen, die Entfernung Startort – Reizquelle und Reizquelle – Föhn verändern oder Männchen in unterschiedlichen Winkeln zur Windrichtung in das Duftfeld einbringen. Zum Protokollieren und späteren Auswerten von Orientierungsversuchen bietet es sich an, die Laufspuren mit einem Stift nachzuzeichnen (vgl. Abbildung 5).

Die hier behandelten Experimente mit *Bombyx* können nur als Anregung für Versuche zur chemischen Kommunikation verstanden werden. Es lassen sich leicht weiterführende Versuche entwickeln. Auch Freilandtests sind möglich: Man kann unbefruchtete Nachtfalterweibchen aus Zuchten in Käfigen mit einer Reuse ins Freiland ausbringen und so Männchen ködern. Bei tagaktiven Nachtfalterarten (z.B. *Aglia tau, Saturnia pavonia, Lymantria dispar*) kann man dabei die Orientierung der an*fliegenden* Männchen beobachten. – Schließlich sei noch darauf hingewiesen, daß für Schulversuche zur chemischen Kommunikation auch die Spurpheromone der Ameisen ein interessantes System darstellen (vgl. [5]).

Weiterführende Literaturangaben

[1] Butenandt, A., R. Beckmann und E. Hecker: Über den Sexuallockstoff des Seidenspinners *Bombyx mori*. Reindarstellung und Konstitution. Z. Naturforsch. **14b**, 283–284, 1959.

[2] Kaissling, K. E., und E. Priesner: Die Riechschwelle des Seidenspinners. Naturwiss. **57**, 23–28, 1970.

[3] Kramer, E.: Orientation of the male silkmoth to the sex attractant bombykol. In: Olfaction and Taste V, Academic Press, NY, San Francisco, London, 1975.

[4] Priesner, E.: Artspezifität und Funktion einiger Insektenpheromone. Fortschr. Zool. **22**, 49–135, 1973.

[5] Hangartner, W.: Spezifität und Inaktivierung des Spurpheromons von *Lasius fuliginosus* Latr. und Orientierung der Arbeiterinnen im Duftfeld. Z. vergl. Physiol. **57**, 103–136, 1967.

[6] Schneider, D., B. C. Block, J. Boeckh und E. Priesner: Die Reaktion der männlichen Seidenspinner auf Bombykol und seine Isomeren: Elektroantennogramm und Verhalten. Z. vergl. Physiol. **54**, 192–209, 1967.

[7] Schneider, D.: Olfactory Receptors for the sexual attractant (bombykol) of the silk moth. In: The Neuroscience, Second Study Programme. F. O. Schmitt (Hrsg.), Rockefeller University Press, New York, 1970.

[8] Schneider, D.: The sex-attractant receptor of moths. Sci. Amer. **231** (1), 28–35, 1974.

[9] Schneider, D.: Kommunikation mit chemischen Signalen. Jhb. der Max-Planck-Ges. (München), 1975, S. 19–35.

[10] Schwinck, I.: Experimentelle Untersuchungen über Geruchssinn und Strömungswahrnehmungen in der Orientierung bei Nachtschmetterlingen. Z. vergl. Physiol. **37**, 19–56, 1954.

[11] Schwinck, I.: Weitere Untersuchungen zur Frage der Geruchsorientierung der Nachtschmetterlinge: Partielle Fühleramputation bei Spinnermännchen, insbesondere am Seidenspinner *Bombyx mori*. Z. vergl. Physiol. **37**, 439–458, 1955.

[12] Steinbrecht, R. A.: Die Abhängigkeit der Lockwirkung des Sexualduftorgans weiblicher Seidenspinner *(Bombyx mori)* von Alter und Kopulation. Z. vergl. Physiol. **48**, 341–356, 1964.

[13] Steinbrecht, R. A.: Zur Morphometrie der Antenne des Seidenspinners *Bombyx mori* L.: Zahl und Verteilung der Riechsensillen (Insecta, Lepidoptera). Z. Morph. Tiere **68**, 93–126, 1970.

[14] Steinbrecht, R. A.: Der Feinbau olfaktorischer Sensillen des Seidenspinners (Insecta, Lepidoptera). Z. Zellforsch. **139**, 533–565, 1973.

Biologie in unserer Zeit 1978, *8*, 120–123.

Michael Böttger
Christian Rensch

4. Über die Mühsal, sich vom Boden zu ernähren

1

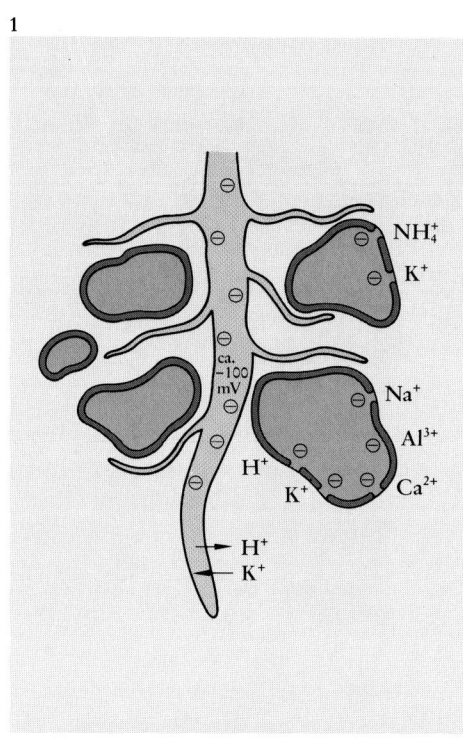

Abb. 1. Zur Aufnahme der Mineralsalze ist grundsätzlich die gesamte Oberfläche der Pflanze fähig (Blattdüngung). Doch nur die Wurzel ist ständig mit den Mineralsalzen des Bodens in Berührung. Sie und insbesondere die Wurzelhärchen sind die eigentlichen Organe der Salzaufnahme. Durch die Tätigkeit einer elektrogenen Pumpe lädt sich die Wurzel bei gleichzeitiger Ansäuerung des Bodens negativ auf. Für je ein Proton nimmt die Pflanze ein einwertiges Kation auf.

Pflanzen können die im Erdreich vorhandenen Nährstoffe nicht einfach passiv aufnehmen. Durch aktive Prozesse bewirken sie im Boden Veränderungen, die ihnen die Nährstoffe „mundgerecht" vorbereiten oder die Elemente in eine transportable Form überführen. Neben diesem unten beschriebenen Mechanismus ist aber auch der tägliche durch das Wurzelwachstum neu erschlossene Bodenraum von großer Bedeutung für die Nährstoffversorgung. So kann z. B. das Wurzelsystem einer Maispflanze während der Hauptvegetationsphase täglich rund 3 km wachsen und damit eine kaum vorstellbare Menge an Bodenpartikeln erreichen.

Der aktive Prozeß

Die Pflanze transportiert Säure-Ionen in die Rhizosphäre und erzeugt damit einen chemischen Gradienten. Zwar sind im geringen Maße auch organische Säuren wie Zitronen- und Oxalsäure daran beteiligt, aber der weitaus größte Teil sind Wasserstoff-Ionen (Protonen). Der pH-Wert im Cytoplasma der Wurzelzelle liegt ungefähr bei pH 7, die Rhizosphäre kann aktiv bis auf pH 3 und niedriger angesäuert werden. Damit erzeugt die Pflanze also einen 10 000fachen chemischen Gradienten. Dieser Gradient stellt eine Energieform dar, zu deren Aufbau von der Pflanze Energie in anderer Form verbraucht wird. Man hat errechnet, daß zwischen 10–30 % des Energiehaushaltes einer Zelle nur dazu dient, diesen Gradienten aufrecht zu erhalten. Man könnte sich nun vorstellen, daß, wenn dieser Gradient erst einmal geschaffen ist, die Pflanzenzelle ihn nur noch für ihre Zwecke auszunutzen braucht. Doch dem ist nicht so, denn die Plasmamembran ist nicht absolut undurchlässig für Ionen [1]. Die Protonen, die unter Energieaufwand nach außen transportiert worden sind, fließen zu einem gewissen Grad passiv entlang dem Konzentrationsgefälle wieder zurück. Dies kann man mit den Schiffen von Kolumbus vergleichen, welche mehrere Löcher im Rumpf unter der Wasseroberfläche gehabt haben. Um nach Amerika zu kommen, mußte unter Energieauf-

wand ständig Wasser aus dem Rumpf gepumpt werden. Natürlich fließt um so mehr Wasser herein, je tiefer das Schiff liegt, sprich je steiler der Gradient ist. Der Energieaufwand für das Pumpen aber wird mit zunehmender Höhendifferenz größer. Wie die Wasserpumpe hat auch die Protonenpumpe eine Höhengrenze. Diese maximal erreichbare Differenz beträgt für die Wurzelzelle ca. 4 pH-Einheiten. Bevor wir auf diese Schwierigkeiten näher eingehen, muß man sich klarmachen, daß mit jedem transportierten Proton nicht nur eine chemische Substanz, sondern auch eine positive Ladung befördert wird. Der Transport positiver Wasserstoff-Ionen vom Cytoplasma in die Rhizosphäre lädt die Zelle negativ auf. Dieses Potential beträgt ca. −100 mV. Es entsteht also durch die Tätigkeit der Zelle nicht nur ein chemischer, sondern auch ein elektrischer Gradient. Man faßt beides zusammen und spricht vom elektrochemischen Gradienten. Wozu dient nun dieser elektrochemische Gradient?

Die Nährstoffe im Boden

Die Nährstoffe sind keinesfalls alle im Bodenwasser gelöst, sondern kommen auch an Bodenpartikel gebunden oder in schwerlöslicher Form vor. Der Sinn der Ansäuerung ist nun die Überführung der Nährstoffe in die lösliche Form beziehungsweise ihre Ablösung von den Bodenpartikeln, um sie pflanzenverfügbar zu machen. Betrachten wir zunächst die positiv geladenen Ionen, also die Kationen (Abbildung 1).

Aufnahme der Kationen

Ohne auf die komplizierte Struktur des Bodens einzugehen, kann man vereinfacht sagen, daß die Bodenpartikel negativ aufgeladen sind. Dies beruht unter anderem auf Fehlstellen im Kristallgitter der Silikate, in denen das vierfach positive Silizium-Ion durch das nur dreifach positive Aluminium-Ion ersetzt ist. Dadurch kommt es zu einer negativen Überschußladung am Kristall, und an diese binden sich elektrostatisch Kationen wie Kalium, Ammonium und Calcium. Je höher die Anzahl der Fehlstellen und je besser der Zugang zu solchen negativen Ladungsstellen ist, desto mehr Kationen können gebunden werden. Der Zugang hängt von der Oberfläche ab, daher wächst die Bindungskapazität mit der Feinkörnigkeit der Bodenpartikel. Werden nun von der Pflanze Protonen abgegeben, so diffundieren diese in Sekundenschnelle zu den Bindungsstellen des Bodens. H^+-Ionen sind sehr klein und sehr beweglich. Zudem konzentrieren sie ihre Ladung auf engstem Raum und können so, weil sie besser in die Lücken passen, z. B. Kalium- und Ammonium-Ionen aus ihren Stellungen verdrängen. Die Nährstoffe sind nun frei beweglich im Bodenwasser und könnten von der Pflanze aufgenommen werden.

Der Aufnahmemechanismus

Da die Konzentration der Nährstoffe im Boden in der Regel niedriger ist als in der Pflanze, müssen die Kationen gegen ein Konzentrationsgefälle, also unter Aufwand von Energie aufgenommen werden. Oben hatten wir bereits gesagt, daß bei dem Transport von positiven Wasserstoff-Ionen durch die Membran in die Rhizosphäre nicht nur ein chemischer, sondern auch ein elektrischer Gradient entsteht. Dieses negative Potential von ca. -100 mV stellt die Triebkraft zur Aufnahme positiv geladener Ionen dar. Jedes aufgenommene Kation wie z. B. Ca^{2+} oder K^+ vermindert das Membranpotential und damit die Triebfeder der Aufnahme. Die Tätigkeit der Pumpe, im folgenden als elektrogene Pumpe bezeichnet, erhält die Triebkraft und verhindert damit das Zusammenbrechen des Membranpotentials.

Funktionsweise der elektrogenen Pumpe

Von den Mitochondrien und Chloroplasten ist bekannt, daß ein pH-Gradient über einer Membran zu einer ATP-Synthese ausgenützt

wird. Die Struktur dieser ATPase (besser ATP-Synthetase) ist in allen ihren Untereinheiten inzwischen sehr gut beschrieben worden. Im Umkehrschluß wird nun vermutet, daß der pH-Gradient durch ATP-Hydrolyse erzeugt wird. Diese im Plasmalemma sitzende ATPase kann durch spezifische Inhibitoren wie z. B. Vanadat gehemmt werden. Über die Struktur dieser ATPase ist allerdings noch wenig bekannt. Noch unklarere Vorstellungen hat man vom Bau einer zweiten Pumpe, die Protonen unter Umständen elektroneutral in die Rhizosphäre transportiert [2]. Als Elektronen- und Protonenquelle der Zelle wird NADH oder NADPH vermutet [3]. Unklar ist auch noch die Verknüpfung der beiden Pumpsysteme, nämlich der ATPase und der NAD(P)H-Oxidase. Wegen der zentralen Bedeutung der Pumpe für Pflanzenernährung und Stofftransport beschäftigen sich zahlreiche Arbeitsgruppen in aller Welt mit dem Problem der Ionentranslokation. Das Schema (Abbildung 2) verdeutlicht die Situation am Beispiel der Eisenaufnahme: Eine Pumpe transportiert Elektronen und Protonen, also positive und negative Ladung, gleichzeitig auf die Plasmalemma-Außenseite. Das ist ernährungsphysiologisch auch sinnvoll, denn durch das Elektron wird das dreiwertige zum zweiwertigen Eisen reduziert, und nur diese Form kann von den Pflanzen aufgenommen werden. Eisen bildet im Boden mit Phosphaten schwerlösliche Salze oder auch Oxide, die sich bei niedrigem pH-Wert besser lösen. Ansäuerung und Reduktion von Eisen treten verstärkt bei Pflanzen auf, die eine sogenannte Eisenchlorose, also durch Eisenmangel erzeugte Chlorophylldefekte zeigen [4]. Aber auch bei normal ernährten Pflanzen kann man diesen Elektronentransfer über das Plasmalemma messen oder sogar sichtbar machen. Dazu bietet man dem Gewebe einen Elektronenakzeptor an, der nicht von der Pflanze aufgenommen wird. Dieser Elektronenakzeptor muß ein hohes Redoxpotential besitzen, da sonst die Elektronen auf den Sauerstoff übertragen

werden. Zum weiteren darf bei der Reduktion kein H^+ frei werden, da sonst eine Protonensekretion durch die Pflanzen vorgetäuscht wird, falls man diese gleichzeitig messen würde. Diese Eigenschaft erfüllt Kaliumhexacyanoferrat (rotes Blutlaugensalz).

Versuche

(a) Sichtbarmachung des Elektronentransportes

Zur Sichtbarmachung des Elektronentransportes auf die Wurzeloberfläche kann man sich folgende Reaktion zunutze machen:

$$(Fe^{III}(CN)_6)^{3-} + e^- \longrightarrow (Fe^{II}(CN)_6)^{4-}$$
(rotes Blutlaugensalz) (gelbes Blutlaugensalz)

und

$$(Fe^{II}(CN)_6)^{4-} + Fe^{III} \longrightarrow (Fe^{III}Fe^{II}(CN)_6)^-$$
(gelbes Blutlaugensalz) (Berliner Blau)

Das Berliner (oder Turnbulls) Blau bildet einen intensiv blau gefärbten Farbkomplex, der unlöslich ist.

Durchführung: In 150 ml Aqua dest. werden 1,0 g Agar kalt eingerührt und auf einem Magnetrührer auf 100 °C erhitzt. Dann läßt man den Agar auf 40 °C abkühlen und gibt 294 mg $CaCl_2 \cdot 2\,H_2O$, 149 mg KCl und 33 mg rotes Blutlaugensalz dazu. Dazu fügt man 54 mg $FeCl_3$ (gelöst in 10 ml Aqua dest.) und 40 ml eines 0,1 M Citratpuffers (z. B. Merck pH 3 Bestellnr. 9434) der mit 0,1 M KOH auf pH 3,5 eingestellt wurde. Am besten verwendet man junge Keimlinge mit geraden Wurzeln. Gut eignen sich junge Maispflanzen oder andere Getreidearten. Die Körner werden zwischen feuchtem Papier (z. B. von Handtuchrollen) ausgelegt, und die Keimlinge sind

2

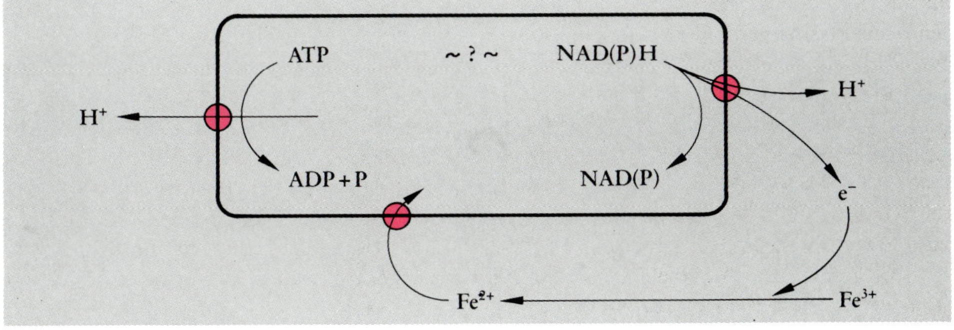

Abb. 2. Entstehung eines elektrochemischen Gradienten. ATP spaltende Enzyme (ATPasen) pumpen H^+ nach außen (links). Auch durch Redoxreaktionen (rechts) können Protonen translokiert werden, wobei häufig Fe^{3+} zu Fe^{2+} reduziert und letzteres durch die Planze aufgenommen wird. Unter bestimmten Umständen oxidiert die Pflanze sogar Fe^{2+} zu Fe^{3+}, um sich etwa in schlecht durchlüfteten Böden (wo viel Fe^{2+} vorliegt) vor einer Eisenvergiftung zu schützen. Das Fragezeichen soll die noch unbekannte Verknüpfung zwischen NAD(P)H-Oxidation und ATP-Hydrolyse symbolisieren.

3a

3b

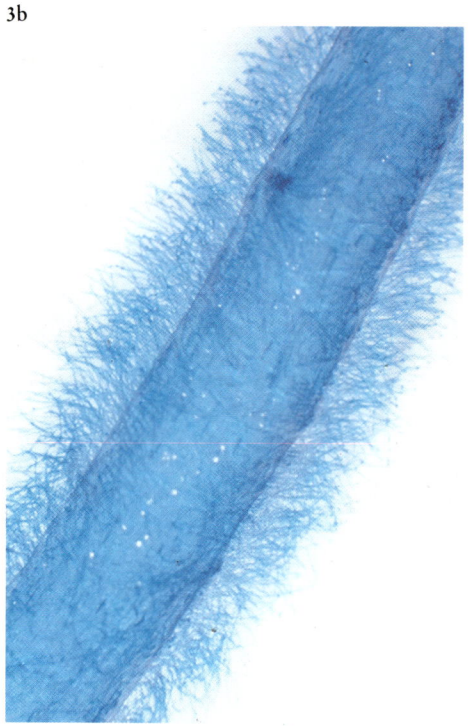

3c

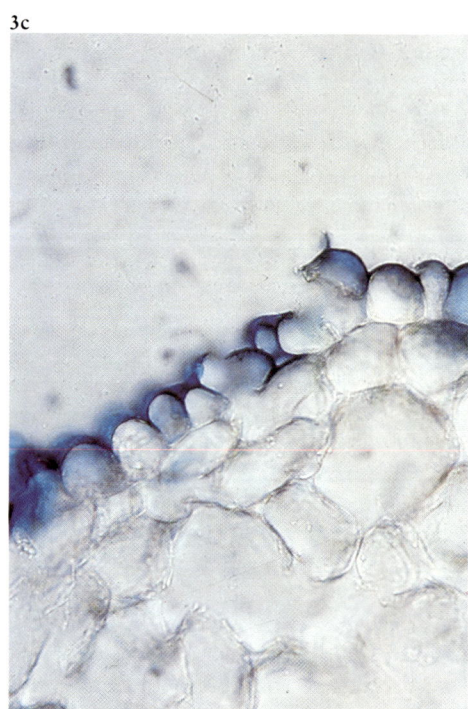

4

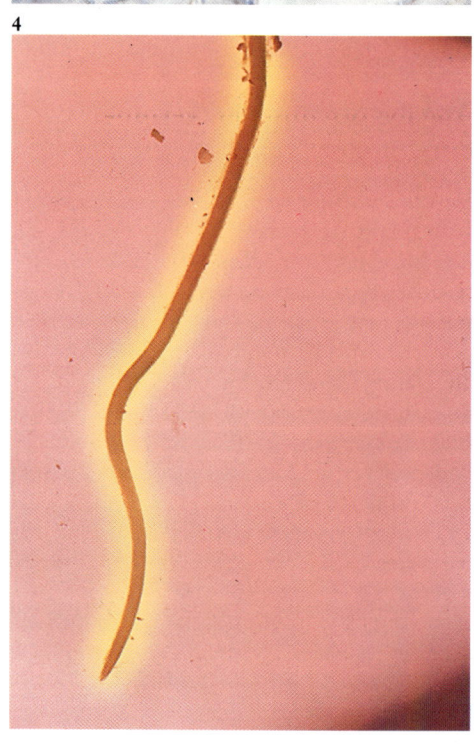

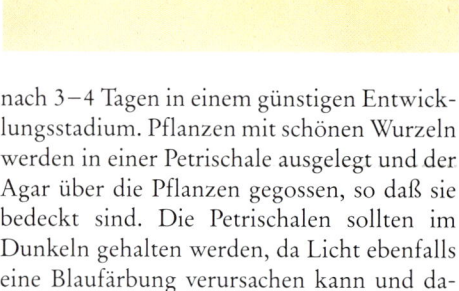

nach 3–4 Tagen in einem günstigen Entwicklungsstadium. Pflanzen mit schönen Wurzeln werden in einer Petrischale ausgelegt und der Agar über die Pflanzen gegossen, so daß sie bedeckt sind. Die Petrischalen sollten im Dunkeln gehalten werden, da Licht ebenfalls eine Blaufärbung verursachen kann und damit der Kontrast sinkt.

Die Färbung ist nach 2 h gut sichtbar und der Kontrast hält sich länger als 24 h, wenn die Petrischale im Dunkeln gehalten wird. Die Wurzel wächst sogar im Agar weiter, was auf physiologische Bedingungen schließen läßt. Insbesondere Kalyptra und die Region nach der Streckungszone der Wurzel sind intensiv gefärbt (Abbildung 3a). Man kann im Binokular erkennen, daß auch auf den Wurzelhaaren das Reaktionsprodukt lokalisiert ist. Die Wurzelhaare sehen allerdings durch Wärmeschock des Agars leicht deformiert aus (Abbildung 3b). Im Querschnitt durch eine Wurzel sieht man die intensive Färbung der Rhizodermis, aber auch Zellwände des Zentralzylinders sind blau gefärbt (Abbildung 3c). Die angegebene Menge reicht für vier Petrischalen.

Auch oberirdische Pflanzenteile können verwendet werden, denn die elektrogene Pumpe ist nicht nur für die Nährstoffaufnahme verantwortlich, sondern bewirkt auch den Transport von Nährstoffen zwischen den Zellen und den Gewebsteilen [5, 6]. So werden Photosyntheseprodukte von den Blättern in

Abb. 3. Bildung von Berliner Blau durch Elektronentransport nach außen. a) Stark gefärbt ist die Kalyptra. Diese verschleimende Haube stellt einen Schutz und gleichzeitig ein Gleitmittel des Vegetationskegels zum Durchdringen des Bodens dar. Beim Verschleimen der Zellen werden Substanzen frei, die rotes Blutlaugensalz reduzieren. b) Die Wurzelhaarzone, der eigentliche Ort der Ionenaufnahme, färbt sich erst einige Zeit später (ca. 1 h). c) Im Querschnitt erkennt man deutlich eine Färbung der äußersten Zellschicht der Wurzel, die sogenannte Rhizodermis. Blutlaugensalz kann nicht in das Zellinnere eindringen und so entsteht die Färbung in der Zellwand. In den dünnen Wänden der Wurzelrinde und des Zentralzylinders ist die Färbung weniger gut zu erkennen.

Abb. 4. Der pH-Indikator Bromkresolpurpur macht die Ansäuerung durch die Wurzel sichtbar.

Früchte und andere Reserveorgane ebenfalls mit Hilfe von Protonen verfrachtet (vgl. [7]). Oberirdische Pflanzenteile müssen sich aber gegen Vertrocknung schützen. Dies geschieht mit einem besonderen Überzug, der Kutikula, und einer Imprägnierung der Zellwände mit Kutin, einem polymeren Ester aus ungesättigten und gesättigten Fettsäuren sowie Hydroxyfettsäuren. Solche Ester sind aber hervorragende Isolatoren und lassen weder

Protonen noch Elektronen auf die Organoberfläche durch. Will man die Redoxaktivität von oberirdischen Pflanzenteilen sichtbar machen, so muß die Epidermis zuvor mit einem Schleifmittel aufgerauht werden. Dazu wird Siliziumcarbid (Mesh 800 bis 1200) mit Wasser zu einer Paste verrührt und das Pflanzenmaterial mit Hilfe von Fingern und Paste durch zehnmaliges Überstreichen vorsichtig aufgerauht. Damit verbessert man die Leitfähigkeit deutlich. Die Kutikula wird nur teilweise entfernt, die kutinisierten Schichten der Epidermis aber überhaupt nicht. Daher muß für Versuche mit oberirdischen Organen die 10fache Menge an rotem Blutlaugensalz und die dreifache Menge an $FeCl_3$ verwendet werden.

(b) Sichtbarmachung der Protonensekretion

Wie in Versuch (a) werden 200 ml einer 0,5 % Agarlösung mit Kaliumchlorid und Calciumchlorid hergestellt. Der noch 40 °C warmen Lösung wird 10 mg Bromkresolpurpur hinzugefügt und der pH-Wert auf 6,1 eingestellt. Der noch flüssige Agar wird in dünner Schicht in Petrischalen gegossen und die Wurzeln vor dem Erstarren hineingelegt. Die bald auftretende und sich weiter verstärkende gelbe Farbe in der Umgebung der Wurzeln zeigt einen pH-Wert von unter 4,3 an (Abbildung 4). Mischungen von rotem Blutlaugensalz und Bromkresolblau sollten vermieden werden, da der pH-Indikator den Redoxindikator reduziert.

Abgabe organischer Verbindungen durch die Wurzel

Es sollte erwähnt werden, daß die Nährstoffverfügbarkeit in der Rhizosphäre noch über die Abgabe von niedermolekularen organischen Verbindungen durch die Wurzel erhöht werden kann [8]. Dabei handelt es sich um organische Säuren, Aminosäuren und Phenole, die Nährstoffe durch Komplexbildung in eine lösliche Form überführen. So wird nach Ausscheidung von Zitronensäure ein Eisen-Phosphor-Citrat-Komplex gebildet, der von der Wurzel aufgenommen wird (Abbildung 6). Dieser Vorgang stellt eine bedeutsame Variante der Nährstoffmobilisierung dar: intensive chemische Extraktion eines kleinen Bodenvolumens anstelle starker Vergrößerung der Rhizosphäre durch Wurzelwachstum.

Eine weitere Ausscheidung der Wurzel mit beachtlicher ökologischer Bedeutung ist die sogenannte Mucilage. Es wird von der Wurzelspitze abgegeben und besteht aus Polysacchariden und Polyuronsäuren und dient unter anderem als Schmiermittel zum Schutz des Vegetationskegels der Wurzel. Gleichzeitig kann diese Mucilage den Boden entgiften, indem es z. B. toxische Aluminium-Ionen bindet. Dies spielt insbesonders in sauren Böden eine Rolle. Insgesamt werden von der Wurzel bis zu 30 % der von den oberirdischen Teilen gewonnenen Photosyntheseprodukte als or-

ganische Substanz abgegeben. Das entspricht innerhalb eines Jahres bei einer einjährigen Pflanze 100–300 % des Wurzeltrockengewichtes.

Diese nieder- und höhermolekularen Wurzelexsudate sowie die abgestorbenen Wurzelhaare stellen eine hervorragende Ernährungsquelle für Mikroorganismen dar, so daß in der Rhizosphäre bis zu fünfzigmal mehr Bakterien leben als in wurzelfernen Zonen. Der Einfluß der Bakterien auf die Ernährungssituation der Pflanze ist sehr zwiespältig. So wird durch bakterielle Tätigkeit die Sauerstoffsituation im Boden verschlechtert, die CO_2-Versorgung oberirdischer Teile hingegen verbessert. Eine starke Nährstoffmobilisierung liegt vor, wenn durch den Abbau von Zuckern organische Säuren entstehen. Andererseits können Bakterien insbesondere Phosphate zu einem ganz erheblichen Teil als Phytate festlegen.

Zusammenfassend kann man festhalten, daß die Wurzeln zu ihrem Substrat, dem Boden, eine ganz innige wechselseitige Beziehung haben und daß jeder Eingriff des Menschen, sei es Ansäuerung durch sauren Regen, sei es Aufkalkung oder künstliche Düngung, eine unübersehbare Verschiebung der komplizierten Nährstoffdynamik in der Rhizosphäre verursacht.

Literatur

[1] A. Hager, R. Frenzel, D. Laible (1980) ATP-dependent proton transport into vesicles of microsomal membranes of *Zea mays* coleoptiles. Z. Naturforsch. C **35**, 783–793.

[2] M. Böttger, M. Bigdon, H. J. Soll (1985) Proton translocation in corn coleoptiles: ATPase or redox chain. Planta **163**, 376–380.

[3] M. Böttger, H. Lüthen (1986) Possible linkage between NADH-oxidation and proton secretion in *Zea mays* L. roots. J. Exp. Bot. **37**, 666–675.

[4] F. Bienfait, R. J. Bino, A. M. v. d. Bliek, J. F. Duivenvoorden, J. M. Fontaine (1983) Characterisation of ferric reducing activity in roots of Fe-deficient *Phaseolus vulgaris*. Physiol. Plant. **59**, 196–202.

[5] E. Komor (1977) Sucrose uptake by cotyledons of *Ricinus communis* L.: Character-

istics, mechanism, and regulation. Planta **137**, 119–131.

[6] K. D. Jung, U. Lüttge, E. Fischer (1982) Uptake of neutral and acidic amino acids by *Lemna gibba* correlated with the H^+-electrochemical gradient at the plasmalemma. Physiol. Plant. **55**, 351–355.

[7] W. Tanner (1985) Ionenströme und Substratflüsse. BIUZ **15**, 8–15.

[8] H. Marschner (1985) Nährstoffdynamik in der Rhizosphäre. Ber. Deutsch. Bot. Ges. **98**, 291–309.

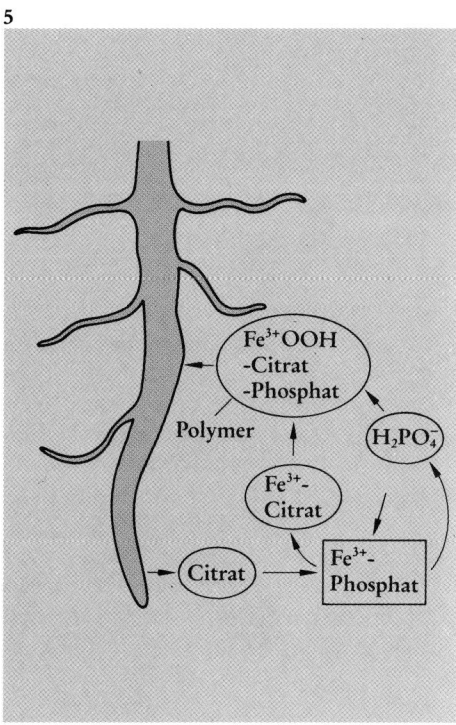

5

Abb. 5. Chemische Extraktion des Bodens durch Ausscheidung von Citrat. Das unlösliche Eisenphosphat wird gelöst, reduziert und als Komplex aufgenommen.

Biologie in unserer Zeit **1987**, *17*, 153–156.

Olaf Breidbach
Joachim Marx

5. Neuronen in Blau

Methylenblau als ein Marker für Insektennervenzellen

Die Insekten sind eine Tiergruppe mit einem hochkomplexen Verhalten, das von einem entsprechend komplex organisierten Nervengewebe gesteuert wird. Für eine neurobiologische Analyse zeigt das Insektennervensystem gegenüber dem Gehirn eines Wirbeltieres einen großen Vorteil: Das Insektennervengewebe ist in seiner Struktur zwar hochgradig diversifiziert, jedoch besitzt dies Nervengewebe innerhalb einer Art, und zum Teil auch darüber hinaus, einen äußerst konstanten Bauplan [11].

Modell Insektenneuron

Im Insektennervengewebe lassen sich einzelne Nervenzellen identifizieren. Diese Zellen finden sich bei allen Individuen einer Art mit der gleichen Struktur an der gleichen Stelle wieder. Diese „Konstanz" der neuronalen Organisation zeigt sich sowohl bei den zentralen Hirnstrukturen wie auch in dem Muster der peripheren sensorischen Neuronen. Die hochgradige Konstanz im Gewebsaufbau eines Insekts erlaubt es, eine ganze Reihe von Fragen zur Funktion und Genese eines komplex strukturierten Nervensystems in einer sehr präzisen Weise, nämlich auf der Ebene von Einzelzellen, anzugehen [2].

Schon beim neuroanatomischen Vorgehen werden Aspekte der funktionellen Organisation des Insektennervengewebes verständlich: Wir können fragen, wie einzelne identifizierte Zellen sich nach etwaigen experimentellen Eingriffen oder aber in der Individualentwicklung einer Art verändern – etwa in der Metamorphose eines Käfers oder eines Schmetterlings. Zudem können wir den Ver-

Abb. 1. Sensorisches Beinneuron des Mehlkäfers *(Tenebrio molitor)* im metathorakalen Ganglion, 1%ige Methylenblaulösung in AAF (vgl. Text), Vergr. 750 ×.

Abb. 2. Innervation des Labiums („Unterlippe") der Termite *Reticulitermes santonensis* (Methylenblauinjektion, Verfahren 2); die einzelnen sensorischen Neuronen lassen sich den entsprechenden Haarsensillen zuordnen; die Aufnahme zeigt einen Teilbereich des Labialpalpus (Teil des Labiums) der Termite, vgl. Abb. 8, Vergr. 750 ×.

Abb. 3. Sensorische Neuronen der Termite *Reticulitermes santonensis* im Bereich des mesothorakalen Trochanters (Beingelenk); die Färbelösung wurde an der Insertionsstelle des Beines injiziert, Methylenblau, 5%ig (Verfahren 2), Vergr. 750 ×.

Abb. 4. Innervation der Styli (Hinterleibsanhänge) von *Reticulitermes santonensis*, Methylenblau, 5%ig (Verfahren 2), Vergr. 750 ×.

Abb. 5. Innervation der Mandibel von *Reticulitermes* nach Injektion von 4%iger Methylenblaulösung in den dorsolateralen Kopfbereich; Vergr. 750 ×.

Abb. 6. Detail von Abb. 5, Methylenblaupräparation (4%ig) einer Mandibel. Die Aufnahme läßt einzelne sensorische Neuronen erkennen; Vergr. 750 ×.

1
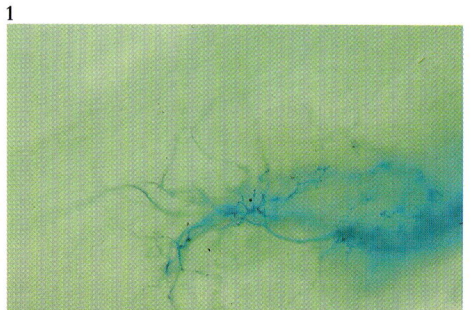

2
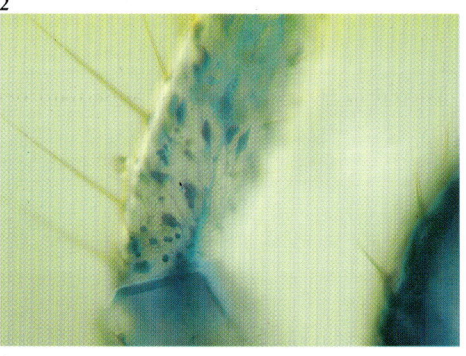

3

4
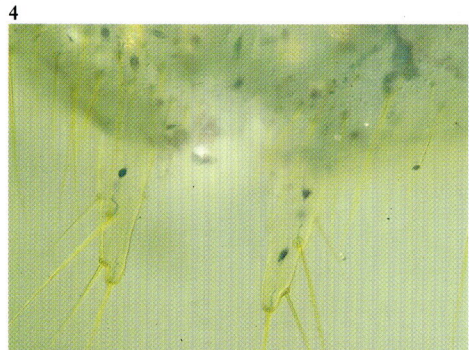

5

6

änderungen der Strukturen einzelner Nervenzellgruppen über die Evolution einer Tiergruppe nachspüren. Damit wird das Studium des Insektennervensystems auch über den engeren Rahmen einer speziell zoologischen Beschreibung interessant.

Die Analyse des Insektennervengewebes vermag auch grundsätzliche Fragestellungen der neurobiologischen Forschung aufzurollen. Das Insekt bietet hier ein auf Grund der Präzision und Überschaubarkeit seiner Organisation wichtiges Modell für entsprechende, eben auch übergreifend über den engeren Rahmen dieser Organismengruppe interessante Fragen.

Neben der Golgi-Technik [3, 4, 5] bot die Methylenblautechnik eine der ersten Methoden zur Charakterisierung der zellulären Struktur des Insektennervengewebes [8, 14, 15]. Diese ersten Arbeiten besitzen schon einen Standard, der auch in heutigen neuroanatomischen Arbeiten kaum übertroffen wird. Dennoch gehört die Methylenblautechnik – trotz verschiedener Versuche, sie zu standardisieren [6, 12] – zumindest außerhalb der UdSSR [9] zu den nur noch selten angewandten Methoden.

Problematisch ist an dieser Technik, daß sie nur Zufallsfärbungen ermöglicht. Hierin gleicht sie der Golgi-Färbung. Allerdings – und dies ist gegenüber der Golgi-Färbung ein Vorteil – erlaubt diese Technik, mit Totalpräparaten zu arbeiten. Durch eine neuere Färbungsvariante können nun einige Probleme bei der Standardisierung der Methylenblaumethode umgangen werden [1]. Damit wird diese einfache, ohne apparativen Aufwand durchzuführende Methylenblaumethode speziell für eine vergleichende Untersuchung des Insektennervengewebes interessant. So ist

es möglich, sich auch ohne aufwendige Vorversuche über die Grundbaucharakteristika des Nervengewebes verschiedener Insektengruppen zu orientieren.

Eine leichte Variation der Methode erlaubt die Darstellung sensorischer Neuronen. Der Vorteil dieser Technik gegenüber der speziell an größeren Insekten etablierten Kobalttechnik [7] ist vor allem die sehr viel einfachere Präparation. Damit ist ein zweiter Vorteil verbunden: Die Technik ist auch bei sehr kleinen Insekten anwendbar, die so als Ganztierpräparate behandelt werden können.

Die Färbetechnik

Das Verfahren ist – zumindest im Prinzip – sehr einfach: Das Nervengewebe eines Tieres wird mit Methylenblau getränkt, das Präparat wird dann kurz gelagert und in Ammonium-Heptamolybdat fixiert. Danach wird das Gewebe entwässert, in Xylol aufgehellt und eingebettet. Wir erprobten die Methylenblaufärbung an Käfern (*Tenebrio molitor*), Schmetterlingen (*Ephestia kuehniella*) und an Termiten (*Reticulitermes santonensis*).

Material

Chemikalien:

Methylenblau (Firma Merck)
Ammoniumhepta-Molybdat (12 %, in wäßriger Lösung)

Fixativ (AAF) (100 ml Aethanol, 10 ml 40 % Formaldehyde, 8 ml Essigsäure)
Alkohol, Xylol, Eindeckmedium (Depex; Serva, Neu-Ulm)

Geräte:

Einmalspritze mit Kanüle
Glaskapillaren
Präparationsbesteck
Glasgefäße
Binokular, Mikroskop

Darstellung von zentralen Neuronen

Methylenblau wird im Fixativ (AAF) gelöst (1–4%ige Konzentration) und mittels der Einmalspritze in die Körperhöhle des Insektes injiziert (bei der Larve von *Tenebrio* 20 µl – 60 µl). Die Tiere werden dann bei 4 °C für 4 h inkubiert. Darauf wird ein Teil der Kutikula der Objekte entfernt, und die Präparate werden über Nacht bei 4 °C in der Ammonium-Heptamolybdat-Lösung fixiert. Schließlich wird das Nervengewebe herauspräpariert, über Alkohol dehydriert und über Xylol als Totalpräparat in das Eindeckmedium überführt.

Resultat dieser Methode sind einzelne dunkelblau gefärbte Neuronen vor einem weiß bis hellblau gefärbten Hintergrund. Diese Präparate sind – bei Lagerung im Dunkeln – jahrelang haltbar. Kritisch für die Methode ist

7

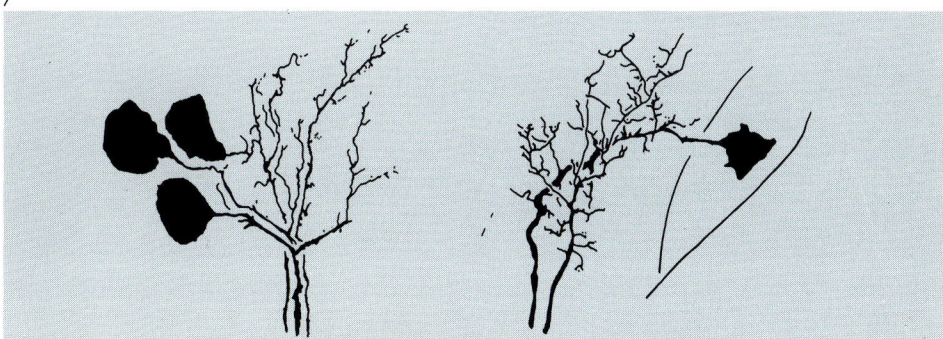

Abb. 7. Motoneuronen des Mehlkäfers (*Tenebrio molitor*), die die ventrale Längsmuskulatur innervieren: HRP (Meerrettichperoxidase)- und Methylenblaupräparation; die Meerrettichperoxidase wurde in den Beinmuskel injiziert; die Färbung erfolgt retrograd, durch Aufnahme des Farbstoffes durch das Neuron; beide Färbungen zeigen eine vergleichbare Auflösungsqualität.

8

Abb. 8. Camera lucida-Zeichnung des Labialpalpus; N: afferenter Nerv, S: Sensillen, Pfeil: sensorische Neuronen; vgl. Abb. 2.

die Konzentration des Ammonium-Heptamolybdats. Variation der Methylenblaukonzentration innerhalb der vorgegebenen Toleranzen ist zu empfehlen. Niedrige Methylenblaukonzentration zeigt wenige dunkel gefärbte Neuronen vor einem hellen Hintergrund; dabei färben sich besonders ab- und aufsteigende Interneuronen. Erhöhung der Methylenblaukonzentration führt zur Färbung von motorischen Neuronen, verstärkt aber auch die Hintergrundfärbung.

Der Injektions„ort" bestimmt den Bereich einer optimalen Färbung, Verletzung des Nervengewebes bei der Injektion führt zu einer präferentiellen Anfärbung von Nervenzellen im Läsionsbereich. Die Färbung bleibt dennoch eine Zufallsfärbung; für eine mehr als orientierende Kartierung von Neuronen ist demnach – wie bei der Golgi-Färbung – eine entsprechende Anzahl von Individuen zu präparieren.

Die gleiche Technik wurde verwandt, um sensorische Neuronen in den Flügelanlagen der Puppe des Mehlkäfers *(Tenebrio)* zu kartieren. Hierzu wurde Methylenblau – wie beschrieben – in die Hämolymphe der Puppen injiziert. Nach der entsprechenden Behandlung wurden die Flügelanlagen abgetrennt, dehydriert und als Totalpräparate via Xylol in Depex eingebettet.

Präparation sensorischer Neuronen

Neben zentralen Neuronen lassen sich auch periphere sensorische Neuronen darstellen. Zacharuk [13] konnte mit einer entsprechenden Methylenblaumethode die Kopfsensorik von Schnellkäferlarven darstellen. Sanes & Hildebrand [10] charakterisierten mit dieser Technik die Metamorphose der antennalen Sensorik eines Schmetterlings, des Tabakschwärmers *(Manduca sexta)*.

Im vorliegenden Experiment wurde die Methylenblautechnik zur Untersuchung der Sensorik von *Reticulitermes santonensis*, einer in Südwestfrankreich beheimateten Termite, angewandt. Vergleichbare Resultate wurden auch an der Puppe des Mehlkäfers *Tenebrio molitor* erzielt.

Die Termite *Reticulitermes santonensis* ist ein sehr kleines Insekt. Vorteilhaft an diesem Insekt ist, daß es eine nur gering pigmentierte Kutikula besitzt. Damit sind Ganztierpräparationen möglich. Bei stärker pigmentierten

Organismen sollte das Methylenblau direkt nach einer Häutung – vor Aushärten und der damit verbundenen Pigmentierung der Kutikula – injiziert werden.

Die Tiere werden durch Kühlung auf 5 °C (2 h) betäubt. Das Methylenblau wird mittels einer einfachen, handgezogenen Mikropipette (Pasteurpipette, Siederöhrchen) injiziert. Die Positionierung der Injektion sowie die Menge der injizierten Farbstofflösung beeinflussen den Bereich der optimalen Färbung. Entsprechend sind sie jedem Objekt individuell anzupassen. So ist die Kanüle für eine Imprägnierung der Sensorik der Mundwerkzeuge von dorsal in die Kopfkapsel einzuführen. Es erwies sich als günstig, die Kanüle fest zu arretieren und die Injektion während eines Zeitraums von 6 h 2- bis 3mal zu wiederholen. Der Färbeverlauf ist hierbei unter dem Mikroskop zu kontrollieren. Nach Erreichen der optimalen Färbung wird das Tier für 12–16 h bei 5 °C in 12%iger (wäßriger) Ammonium-Heptamolybdat-Lösung fixiert. Anschließend wird das Fixativ gründlich (!) mit Aqua dest. ausgewaschen. Der interessierende Bereich wird abgetrennt, und das an der Kutikula anliegende Fettgewebe wird entfernt. Danach wird das Präparat dehydriert (3 × 3 Minuten in 100%igen Alkohol, da niederprozentige Alkohole den Farbstoff aus dem Gewebe herauslösen) und über Xylol in Depex überführt. Das Ergebnis einer gelungenen Färbung sind dunkelblau gefärbte Neuronen, die sich den einzelnen sensorischen Organen zuordnen lassen.

Literatur

[1] O. Breidbach (1987) A rapid methylene blue staining procedure for the ventral nerve cord of holometabolous insects – Stain Technol. **62**, 369–372.
[2] O. Breidbach (1988) Die Verpuppung des Gehirns/Modell Käferhirn. Kölner Universitätsverlag.
[3] S. R. Cajal (1909) Nota sobre la estructura de la retina de la mosca – Trabajos del Laboratorio de Investigaciones Biológica de la Universidad de Madrid 7, 217–257.
[4] S. R. Cajal, D. Sanchez y Sanchez (1915) Contribución al conocimiento de los centros nerviosos de los insectos – Trabajos del Laboratorio de Investigaciones Biológicas de la Universidad de Madrid 13, 1–168.
[5] K. F. Fischbach & C. R. Goetz (1981) Das Experiment. Ein Blick ins Fliegenhirn. Golgi gefärbte Nervenzellen bei *Drosophila* – **BIUZ 11**, 183–187.
[6] G. F. Meyer (1955) Vergleichende Untersuchungen mit der supravitalen Methylenblaufärbung am Nervensystem wirbelloser Tiere – Zool. Jb. Anat. 74, 340–400.
[7] A. Mücke & R. Lakes (1988) Das Experiment. Darstellung von Sinnesorganen und peripheren Nerven bei Insekten – **BIUZ 2**, 58–61.
[8] J. Orlov (1924) Die Innervation des Darmes der Insekten – Z. Wiss. Zool. **122**, 452–502.
[9] S. I. Plotnikowa & G. A. Nevmyvaka (1980) The Methylene Blue Technique: Classic and Recent Applications to the Insect Nervous System. In: Neuroanatomical Techniques N. J. Strausfeld & T. A. Miller (Hrsg.). Springer Verlag, New York, Heidelberg, Berlin.
[10] J. R. Sanes & J. G. Hildebrand (1975) Nerves in the Antennae of Pupal *Manduca sexta* Johanssen (Lepidoptera: Sphingidae). Wilhelm Roux's Archiv **178**, 781–78.
[11] N. J. Strausfeld (1976) Atlas of an insect brain. Springer Verlag, Berlin, New York.
[12] M. Stark, K. N. Smalley and E. C. Rowe (1969) Methylene blue staining of axons in the ventral nerve cord of insects. Stain Technol. **44**, 97–102.
[13] R. Y. Zacharuk (1962) Sense organs of the head of some elateridae (Celeoptera): Their distribution, structure and innervation. J. Morph., **111**, 35–42.
[14] A. A. Zarwarzin (1912) Histologische Studien über Insekten, 2. Das sensible Nervensystem der Aeshnalarven. Z. Wiss. Zool. **122**, 323–424.
[15] A. A. Zarwarzin (1924) Histologische Studien über Insekten, 6. Zur Morphologie der Nervenzentren, das Bauchmark der Insekten, ein Beitrag zur vergleichenden Histologie. Z. Wiss. Zool. **122**, 323–424.

Biologie in unserer Zeit **1989**, *19*, 59–61.

Armin Burger
Bernhard Wolf

6. Bestimmung der Generationszeit von *Bacillus subtilus*

Bakterien kommen in allen Lebensräumen der Erde vor. Aus der Sicht des Menschen sind einige nicht nur als Bodenorganismen, für die Produktion von Milchprodukten usw., sondern auch als Erreger schwerer Infektionskrankheiten von Bedeutung. Bakterien haben die kürzeste Generationszeit (minimal ca. 20 Minuten) und damit die höchste Vermehrungsrate aller Organismen. Wenn man von einer Generationszeit von nur 30 Minuten ausgeht, können in 24 Stunden unter günstigen Bedingungen aus einer Bakterienzelle $2^{48} = 2,815 \times 10^{14}$ (= 281 475 Milliarden) Bakterien entstehen. Dies ist mit ein Grund für den schnellen Verlauf bakterieller Infektionskrankheiten (vgl. dazu BIUZ **11**/1, 1–6 [1981]), aber auch dafür, daß Bakterien prädestinierte Forschungsobjekte der Genetik geworden sind. Die Forschung führt in vielen Bereichen – u.a. Ökologie, Molekulargenetik, Medizin, Hygiene, Lebensmittelkontrolle – zwangsläufig zur Beschäftigung mit Bakterien. Mikrobiologie ist ein Kapitel vieler Lehrpläne im Fach Biologie, besonders in den Leistungskursen der reformierten Oberstufe. Dementsprechend gibt es eine große Zahl von Veröffentlichungen über mikrobiologische Versuche (vgl. z.B. [2, 6, 7, 8]). Viele von ihnen setzen allerdings ein hohes Maß an theoretischem Wissen voraus, sind experimentell schwierig und damit im Unterricht nicht immer durchführbar, oder erfordern einfach viel Zeit für die Materialbeschaffung. Der im folgenden beschriebene Versuch ist experimentell bewußt sehr einfach gehalten und kann mit käuflichen Materialien durchgeführt werden. Lediglich die Beherrschung grundlegender bakteriologischer Techniken wie Sterilisieren, steriles Arbeiten, Gießen von Agarplatten usw. werden hier vorausgesetzt (vgl. allenfalls [1, 3, 4, 5, 8]).

1. Material

Bacillus subtilis Spore Suspension (10 x 1 ml, Nr. 932611), sowie Antibiotic Medium 3 (Bouillon), von Biotest Serum Institut, Postfach 730260, D-6000 Frankfurt/M. 73.
Formalin 35%.
Magnetrührer, heizbar mit Thermostat.
Kristallisierschale, passend zum Magnetrührer;
2 Rührmagnete.
Erlenmeyerkolben, 300 ml Enghals mit vier Schikanen und Wattestopfen.
Thoma-Zählkammer.
1 ml Pipetten, Pipettenbüchse;
Reagenzgläser ohne Rand mit Aluminiumkappen.
Kleiner Autoklav.
Photometer (λ ca. 660 nm).

2. Vorbereitung

Der für die Bakterienkultur benötigte Erlenmeyerkolben mit vier Schikanen kann vom Glasbläser hergestellt werden. Dazu wird am unteren gewölbten Rand des Kolbens an vier Seiten je eine Einbuchtung eingedrückt, so daß der Innenraum des Kolbens vier Vorsprünge aufweist. So ergeben sich beim Rühren (oder Schütteln) der Nährlösung Turbulenzen, die den Gasaustausch erleichtern. Den Wattestopfen stellt man sich selbst her. Dazu legt man auf die Öffnung des Kolbens eine doppelte, rechteckige Lage Gaze. In diese wird ein lockerer Bausch Watte gedrückt. Die vier Enden der Gaze werden über der Watte verknotet. Der Stopfen sollte nicht zu satt, aber auch nicht zu locker sitzen und um ca. 3 – 4 cm aus dem Gefäß herausragen. In den so vorbereiteten Kolben gibt man 150 ml Antibiotic Medium 3 und einen Rührmagneten. Der Wattestopfen wird mit einer Alu-Folie umschlossen und das ganze Kulturgefäß 30 Minuten bei 121°C autoklaviert. (Vor Versuchsbeginn wird die Alu-Folie entfernt.) Bei den Pipetten wird in das Mundstück locker etwas Watte gestopft. Die Pipetten (in einer Pipettenbüchse) und die mit Alu-Kappen verschlossenen Reagenzgläser werden 3 Stunden bei 180°C im Trockenschrank sterilisiert.

3. Versuchsaufbau und Durchführung

Die Kristallisierschale mit Rührmagnet wird halb voll mit Wasser gefüllt, und die Temperatur am regelbaren Magnetrührer auf 37°C bzw. 41°C einreguliert. Der vorbereitete Erlenmeyerkolben wird so weit in die Kristallisierschale eingehängt, daß beide Rührmagnete einwandfrei laufen, und der Wasserstand über der Nährlösung steht. Die Rührfrequenz wird auf ca. 400 Umdrehungen pro Minute eingestellt. Nach Erreichen des Temperaturausgleichs (am besten den Abend zuvor schon laufen lassen), wird mit einer Ampulle (1 ml) Bacillus subtilis Spore Suspension beimpft (Versuchsapparatur: Abbildung 1).

Abb. 1. Aufbau der Apparatur zur Vermehrung von *Bacillus subtilis.*

Zu Beginn des Versuchs und danach alle 20 oder 30 Minuten wird je 0,9 ml Bakterienkultur in 0,1 ml Formalinlösung einpipettiert (Reagenzgläser mit Alu-Kappen). Nach ca. 2 – 3 Minuten kann mit einer Pasteur-Pipette die Thoma-Zählkammer beschickt werden. Die Auszählung erfolgt unter dem Mikroskop mit dem 40er Objektiv (vgl. [1]). Sporen erscheinen als kleine, kreisrunde, stark lichtbrechende Kügelchen, Bakterien als mehr oder weniger lange Stäbchen. Nicht vollständig voneinander getrennte Bakterien werden als ein Bakterium gezählt. Bei mehr als 30 bis 50 Bakterien pro Großquadrat der Zählkammer sollte die Probe mit physiologischer Kochsalzlösung oder Nährbouillon 1:5 bis 1:10 verdünnt werden.

Bei 37°C beginnt die Sporenkeimung ca. 60 Minuten nach Versuchsbeginn. Die Teilung der Bakterien setzt nach weiteren 60 Minuten ein. Etwa eineinhalb Stunden lang befindet sich die Kultur in der Logarithmischen Wachstumsphase. Ab einem Bakterientiter von 9×10^7 Bakterien/ml geht die Kultur unter diesen Bedingungen in die stationäre Wachstumsphase über. Der maximale Titer von 2×10^8 ist nach ca. 6 Stunden erreicht.

Bei 41°C läuft die Vermehrung etwas schneller ab.

Die Generationszeit kann aus dem logarithmischen Teil der Wachstumskurve berechnet werden. Sie beträgt bei 41°C 20 und bei 37°C 26 Minuten (vgl. Abbildung 2).

Parallel zur Zählung des Bakterientiters kann mit einem Photometer die Extinktion E der Kultur bei $\lambda = 660$ nm bestimmt werden. Als Leerwert dient Antibiotic Bouillon. Wird die Extinktion größer als E = 0,6, so muß vor der Messung mit Antibiotic Bouillon verdünnt werden. Die Extinktion ist abhängig von der Zahl, der Größe und den Zellinhaltsstoffen der Bakterien. Unter genau standardisierten Bedingungen kann man jedoch, nach Aufstellen einer ersten Eichkurve, von den Extinktionswerten allein auf den Bakterientiter schließen, ohne weitere Zählungen in der Thomakammer vorzunehmen [1]. Für Kulturen bei 37°C und 41°C erhält man dabei identische Kurven (Abbildung 3).

Mit einer Vollnährlösung kann man einen höheren Bakterientiter erreichen. Für unsere Versuche wurde jedoch Antibiotic Medium 3 verwendet, da man dieses unter Zusatz von Antibiotic Agar auch zur Bestimmung von Antibiogrammen bzw. zum Nachweis von Antibiotica verwenden kann. Der hier verwendete Stamm von *Bacillus subtilis* ist völlig gefahrlos. Er wird u.a. als Testorganismus zum Nachweis von Antibiotica in Lebensmitteln und Patientenmaterial verwendet.

4. Bau eines einfachen Photometers

Sollte kein Photometer zur Hand sein, so lassen sich mit dem abgebildeten Gerät (Abbildung 4) auf einfache Weise Wachstumskurven von Bakterien aufnehmen, aber auch Trübungsmessungen und colorimetrische Untersuchungen durchführen. Anstelle eines aufwendigen optischen Systems werden Leuchtdioden mit den im Schaltplan angegebenen optischen Werten eingesetzt (Abbildung 5). Die transmittierten Lichtmengen werden mit einer Photodiode in ein elektrisches Signal übersetzt und können mit jedem Laborschreiber (Innenwiderstand größer als 500 kΩ) registriert werden. Es kann auch ein Analog-Demonstrationsvoltmeter oder ein einfaches Digitalvoltmeter benützt werden. Die maximale Ausgangsspannung entspricht dabei der Extinktion E = 0. Die Extinktion E

3
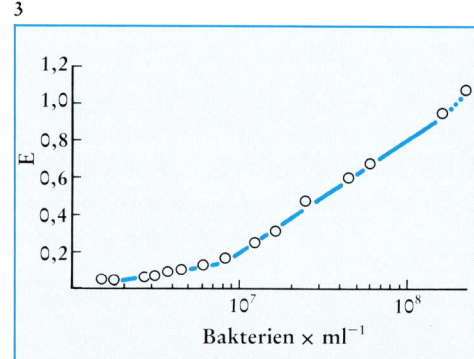

Abb. 3. Abhängigkeit der Extinktion E (optische Dichte) vom Bakterientiter. Gemessen wurde bei $\lambda = 660$ nm; Schichtdicke d = 1 cm. Für Bakterien, die bei 37°C und bei 41°C kultiviert wurden, erhält man dieselbe Kurve. Der Knick in der Kurve bei einem Bakterientiter von 10^7 Bakterien/ml ergibt sich durch den speziellen Wachstums-Teilungs-Rhythmus in der Kultur. Bis 10^7 Bakterien/ml wachsen die Bakterien zuerst zu langen Stäbchen heran, bevor sie sich teilen. Ab 10^7 Bakterien/ml sind fast nur noch kurze Stäbchen vorhanden. Ab einer Extinktion von E = 0,2 kann nach Aufstellen einer Eichkurve bei absolut gleichbleibenden Versuchsbedingungen der Bakterientiter allein durch Messen der Extinktion ermittelt werden.

4

Abb. 4. Einfaches, selbstgebautes Photometer.

ergibt sich numerisch aus $E = {}_{10}\log U_0/U$, wobei U_0 die Ausgangsspannung bei offenem Strahlengang, und U die gemessene Spannung ist. (Zum Bau eines einfachen Logarithmierverstärkers vgl. [9].) Von diesem System lassen sich leicht Klassensätze anfertigen, so daß beispielsweise immer zwei Schüler gemeinsam eine Kinetik aufnehmen können.

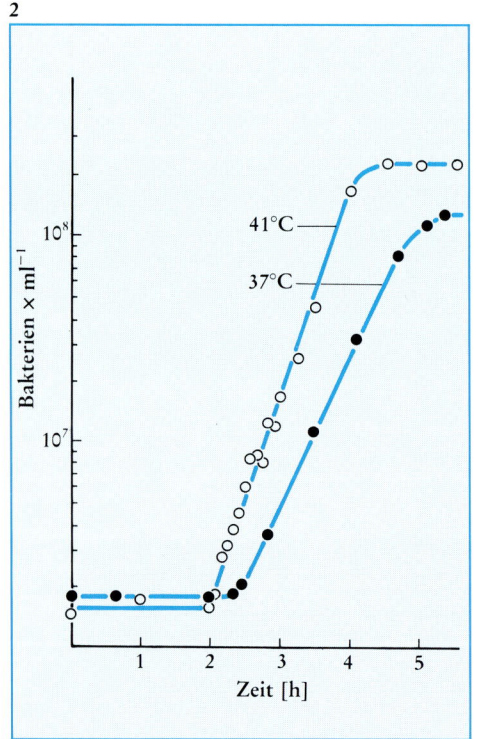

Abb. 2. Vermehrungskurven von *Bacillus subtilis*.

Literatur

[1] Drews, G.: Mikrobiologisches Praktikum. Springer Verlag, Berlin 1976.

[2] Hafner, L.: Die bakterizide Wirkung der UV-Strahlung – ein Versuch zur Molekularbiologie. Der mathemat. u. naturwiss. Unterricht **31**, 367–370 [1978].

[3] Hütter, L. A.: Wasser und Wasseruntersuchung. Diesterweg-Salle-Sauerländer, Frankfurt, Aarau 1979.

[4] Schlegel, H. G.: Allgemeine Mikrobiologie. Georg Thieme, Stuttgart 1974.

[5] Schlösser, K.: Experimentelle Genetik. Quelle u. Meyer, Heidelberg 1971.

[6] Schneider, V., Schwarz, B.: Bakteriologische Untersuchung von Milch und Milchprodukten als Einstieg in die Behandlung der Bakterien im Biologieunterricht in der Sekundarstufe I. Der mathemat. u. naturwiss. Unterricht **28**, 491–497 [1975].

[7] Schumann, W.: Erzeugung von auxotrophen *E. coli*-Mutanten mit dem temperenten Phagen Mu. BIUZ **8**, 188–192 [1978].

[8] Schwarzmaier, W., Dietle, H.: Bakteriologisches Praktikum. Aug. Hedinger K. G., Heiligenwiesen 26, D-7000 Stuttgart 60.

[9] Applikationsmitteilung der Firma ANALOG-DEVICES, D-8000 München, 1978.

Biologie in unserer Zeit **1982**, *12*, 59–61.

5

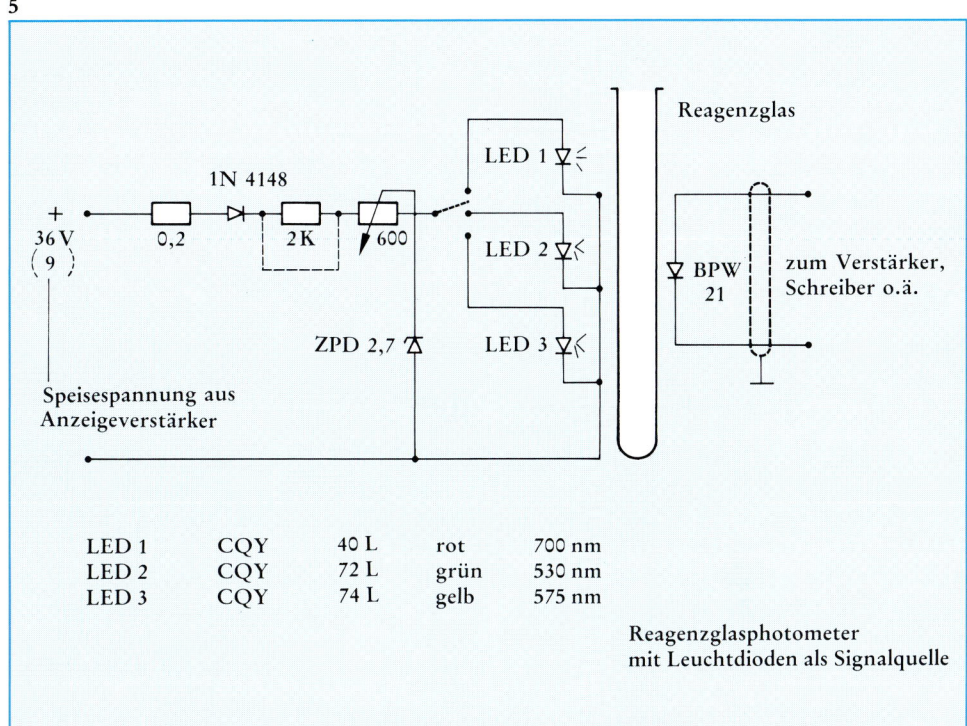

Abb. 5. Schaltplan zum Bau des Photometers.

Christoph von
Campenhausen

7. Trichromatische Theorie des Farbensehens

Bedeutung des Experiments für das Verständnis des Farbensehens

Abbildung 1 zeigt links eine Scheibe mit bunten Sektoren und in der Mitte dieselbe Scheibe, wie sie bei schneller Rotation aussieht. Rechts sind die im folgenden verwendeten Farbbezeichnungen angegeben. Die Farben des äußeren Rings B, G und R, sind nicht dieselben wie die des inneren Bereichs K, L, M und S. Nur bei ganz bestimmten Einstellungen der variablen Sektorgrößen entstehen außen und innen dieselben Mischfarben.

Wie groß muß man die Sektoren einstellen, um dieses Ergebnis zu bekommen? – Das Experiment zeigt, daß man die Lösung für alle Kombinationen von Sektorgrößen rechnerisch gewinnen kann, wenn man bestimmte Eingangsdaten für die Rechnung hat. Diese findet man experimentell. Man benötigt dazu kein Lichtmeßgerät, sondern nur eine farbentüchtige Versuchsperson. Diese muß bei drei bestimmten Einstellungen der inneren Scheibe durch Versuch und Irrtum die äußeren Sektorgrößen finden, die bei schneller Rotation zur gleichen Mischfarbe führen. Danach kann man die Einstellung für alle anderen Farben rechnerisch vorhersagen.

Was hier zu demonstrieren ist, ist die Grundlage einer der ältesten Theorien der Biophysik: der trichromatischen Theorie des Farbensehens. Sie wurde angelegt von Isaak Newton (1704) und ausgearbeitet im 19. Jahrhundert durch H. v. Helmholtz sowie J. C. Maxwell. Die physiologische Erklärung ist die Drei-Rezeptoren-Theorie, die man auch als Young-Helmholtzsche Theorie des Farbensehens bezeichnet. Diese ist heute für den Menschen allgemein akzeptiert und hat im Jahre 1986 ihre molekularbiologische Bestätigung gefunden [4].

Der Stand der Erkenntnis [1,2] sei hier nur im Telegrammstil mitgeteilt. In der menschlichen Netzhaut gibt es drei Arten von Lichtsinneszellen (Zapfen), die sich durch die Absorptionsspektren ihrer visuellen Pigmente

unterscheiden (Abbildung 2a). Die Stäbchen, vierte Rezeptorart, sind beim Tagessehen nicht beteiligt und werden deshalb hier auch nicht berücksichtigt. Je nach der spektralen Zusammensetzung des Lichtes absorbieren die drei Zapfenarten jeweils verschieden viele Lichtquanten und sind folglich verschieden stark erregt. Jeder Kombination von Erregungsstärken in den drei Zapfenarten entspricht eine bestimmte Farbempfindung. Man kann sich das graphisch mit Hilfe der Abbildung 2b deutlich machen. Auf den Achsen sei aufgetragen, wieviele Lichtquanten bei einem bestimmten Lichtreiz im Blau-, Grün- und Rot-Zapfen absorbiert werden. Jedem Punkt in diesem Rezeptorraum entspricht eine Kombination von Erregungsstärken und somit auch eine Farbe F.

Woher weiß man nun, daß es gerade drei Arten von Zapfen gibt? Die Antwort gibt die Trichromatische Theorie, und diese beruht auf unserem Experiment: Jede beliebige Farbe F ist durch Variation von drei Variablen nachzumischen. Die Variablen sind in unserem Experiment die Größen der drei Farbsektoren. Wenn man zur Herstellung der Farben somit nur drei Variablen braucht, dann braucht das Auge auch nicht mehr, um die Farbinformation zu verschlüsseln. Die Variablen im Auge sind die Erregungsstärken der drei Zapfenarten. Hätte der Mensch vier verschiedene Zapfenarten, wie der Goldfisch [5], so brauchte man vier Variablen, um alle Farben zu erzeugen. Bei einem Dichromaten, beispielsweise einem Rot-Grün-Blinden, der nur zwei funktionsfähige Zapfenarten besitzt, reichen dagegen zwei Variablen aus.

Gesucht ist nun der experimentelle Beweis dafür, daß man jede Farbe mit drei Variablen herstellen kann. Wir nutzen mit der Farbscheibe eine alte Methode, mit der J. C. Maxwell seinen Beweis für die Trichromatische Theorie begründete.

Theorie des Versuchs

Da hier nur nachgewiesen werden soll, daß

man mit drei Farbreizen jede Farbempfindung erzeugen kann, können wir alle Einzelheiten über das visuelle System vorübergehend vergessen und uns darauf beschränken, mit der inneren Scheibe eine beliebige Farbe F zu erzeugen und diese im Außenbereich nachzumischen, indem wir die Anteile der Farben B, G und R variieren. Wenn das für alle Farben F möglich ist, ist die Theorie bestätigt. Weil man aber nie sicher sein kann, daß man alle möglichen Fälle geprüft hat, empfiehlt sich ein anderer Weg. Man formuliert die Trichromatische Theorie mathematisch (Gleichung 1) und benutzt die mathematische Beziehung für quantitative Vorhersagen. Lassen sich diese experimentell bestätigen, so hat man die Theorie in allgemeiner Form begründet. Sie könnte auch jetzt noch falsch sein, und zwar dann, wenn sich zeigen ließe, daß die Vorhersagen nicht immer richtig sind. Das ist in jüngster Zeit für das Farbensehen des Goldfisches [5] geschehen, der eine vierte Zapfenart besitzt. Für den Menschen aber hat sich die Trichromatische Theorie bewährt, was auch der hier vorgestellte Versuch bestätigt.

Für die mathematische Betrachtung wird jetzt der Farbraum eingeführt, Abbildung 3. Die Größen der drei Farbsektoren a_1, a_2 und a_3 im Außenbereich der Scheibe werden in einem dreidimensionalen Diagramm aufgetragen, Abbildung 3a. Eine beliebige Farbe F im Farbraum kann man als Vektor F auffassen, der aus drei Teilvektoren der Längen a_1, a_2 und a_3 hervorgegangen ist:

$$a_1B + a_2G + a_3R = F \qquad (1)$$

Die Gültigkeit dieser Gleichung ist experimentell zu prüfen. Die mathematische Definition einer Farbe als Vektor ist seit Erwin Schrödinger (1920) üblich und erleichtert die Überlegung.

Wir können selbstverständlich mit der Farbscheibe nicht alle möglichen Farben erzeugen. Wenn es aber gelingt, die Gültigkeit der Trichromatischen Theorie für einen Teilbe-

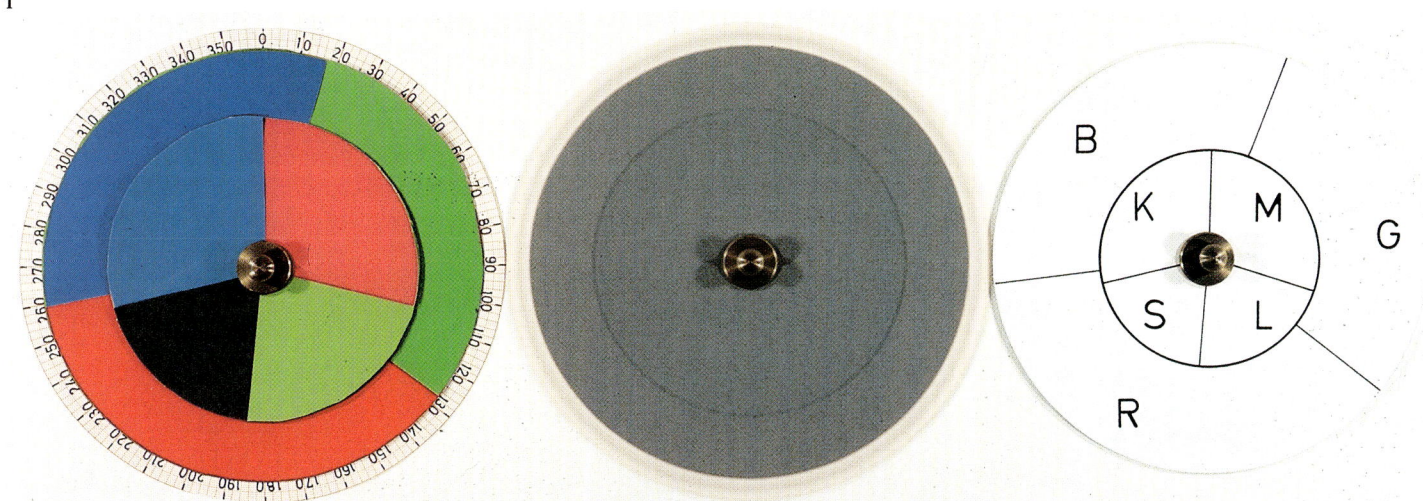

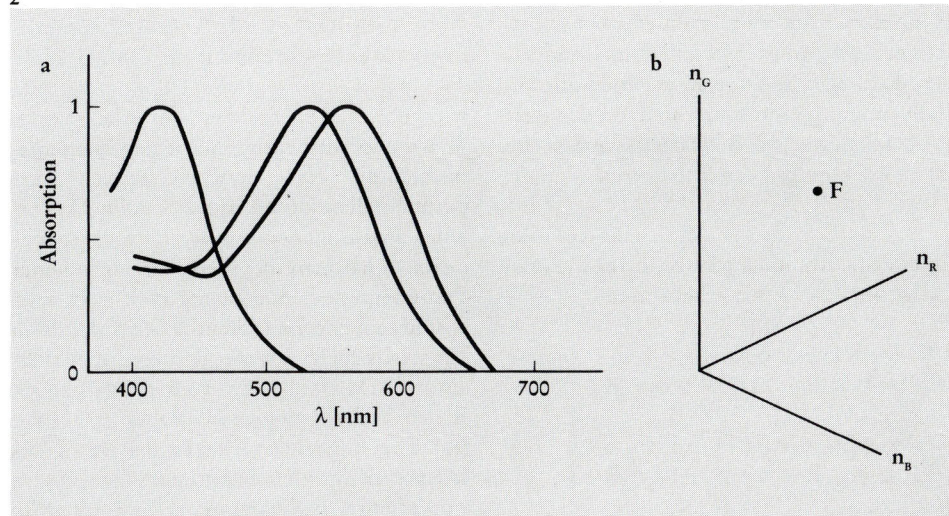

Abb. 1. Links: Farbscheibe mit variablen Sektoren. Mitte: Dieselbe Farbscheibe, wie sie bei schneller Rotation aussieht. Rechts: Abkürzungen der Farbnamen.

Abb. 2. Spektrale Absorptionsfunktionen der visuellen Pigmente der drei Zapfenarten (a). Dreidimensionale Darstellung für die Zahlen n_B, n_G, n_R der in den drei Zapfenarten absorbierten Lichtquanten (b). Jeder Farbempfindung entspricht eine Kombination dieser Zahlen und damit ein Punkt F im Diagramm.

reich der möglichen Farben experimentell zu bestätigen, so kann man danach prüfen, ob die Aussage allgemein gilt.

Mit der äußeren Farbscheibe kann man nur die Farben erzeugen, die in der Dreiecksfläche BGR des Farbraumes, Abbildung 3b, liegen, weil die Sektoren der Farben B, G und R zusammen immer 360 Winkelgrad groß sind. Die Summe $a_1 + a_2 + a_3 = 360$ Grad = konstant, und das bedeutet, daß man durch Variation der Teilvektoren mit den Längen a_1, a_2 und a_3 nur Farbvektoren F erzeugen kann, die in einer bestimmten Dreiecksebene enden. Farben mit längerem Vektor F wären heller, mit kürzerem F dunkler. Auch derartige Farben könnte man mit der Farbscheibe erzeugen, indem man die Beleuchtungsstärke erhöht bzw. erniedrigt. Aber das soll zunächst nicht gemacht werden.

Eine zweite Beschränkung ist durch die Wahl der Farbpapiere gegeben. Sind diese hochge-

sättigt und voneinander sehr verschieden, wie B, G und R in Abbildung 1a, so kann man viele verschiedene Farben ermischen. Sind sie dagegen einander ähnlicher, wie Rot, Orange und Gelb, so ist die Zahl möglicher Mischfarben kleiner, und in diesem speziellen Fall könnte man beispielsweise kein Blau oder Grün mit ihnen herstellen.

Die innere Scheibe benutzen wir, um eine beliebige Farbe F zu erzeugen, die mit den äußeren Farbsektoren nachzumischen ist. Das sollte nach der Theorie möglich sein, und zwar experimentell, aber, wenn die Theorie richtig ist, auch durch Rechnung. Zunächst soll geklärt werden, wie eine Farbe F, die man innen mit K, L, M und S hergestellt hat, umzurechnen ist in die Gleichung (1), die für den Farbraum BGR aufgestellt wurde.

Dazu eine Vorbemerkung. So willkürlich wie die Wahl der Farben B, G und R, ist auch die gewählte Rechtwinkeligkeit des Farbraums

in Abbildung 3a, b. Wenn wir uns einmal darauf festgelegt haben, müssen wir auch die Farben der inneren Scheibe mit Hilfe des rechtwinkeligen Farbraums definieren. Wie man das macht, soll gleich erklärt werden. Nehmen wir zunächst an, die Farbvektoren der inneren Scheibe seien K, L und M in Abbildung 3b, so könnte man die damit erzeugte Farbe folgendermaßen definieren:

$$b_1K + b_2L + b_3M = F \qquad (2)$$

Das ist in Abbildung 3c graphisch demonstriert. Durch die Farben der inneren Scheibe wäre jetzt ein schiefwinkeliges Koordinatensystem festgelegt. Wenn die Farbe F mit den inneren Farben vorgegeben ist, d. h. b_1, b_2 und b_3 sind bekannt, dann sollen für diese Farbe F die Anteile a_1, a_2 und a_3 für die äußeren Sektoren ausgerechnet werden. Das ist die Aufgabe.

Jetzt soll erklärt werden, wie man die Farben der inneren Scheibe (K, L, M) in dem Farbraum definiert, der durch die äußeren Farben (B, G, R) gegeben ist. Zunächst muß klarge-

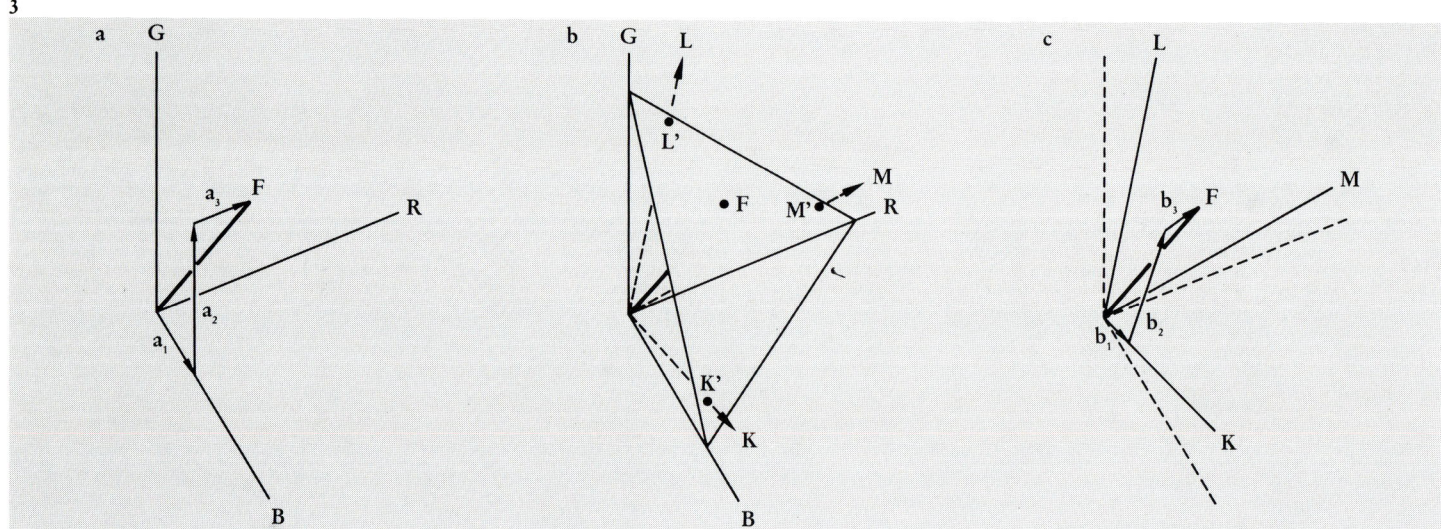

stellt werden, daß wir für unser Experiment innen nur Farben brauchen können, die in der Dreiecksebene BGR liegen, weil sie sonst, wie gesagt, mit den äußeren Farben nicht nachmischbar wären. Für die innere Scheibe sind mit Absicht hellere Farben gewählt worden, mit der Folge, daß die Farbvektoren K, L und M die Dreiecksfläche durchstoßen. Mit einem experimentellen Trick kann man nun K, L und M verkürzen, so daß sie ebenfalls in der Dreiecksebene enden. Wir kombinieren die Farben K, L und M jeweils mit einem schwarzen Sektor S, dessen Größe c so bemessen wird, daß die Farben gerade richtig abgedunkelt werden. So wird aus den zu langen Farbvektoren K, L, M die eingekürzten K', L' und M':

$$K' = (1 - c_1) K + c_1 S$$
$$L' = (1 - c_2) L + c_2 S \qquad (3)$$
$$M' = (1 - c_3) M + c_3 S$$

In der Abbildung 1 entspricht der schwarze S-Sektor der Summe der einzelnen Sektoren:

$$c_1 + c_2 + c_3 = c.$$

Die Achsen K', L' und M' lassen sich im BGR-Raum folgendermaßen beschreiben:

$$K' = (1 - c_1) K + c_1 S$$
$$\quad = a_{11} B + a_{12} G + a_{13} R$$

$$L' = (1 - c_2) L + c_2 S$$
$$\quad = a_{21} B + a_{22} G + a_{23} R \qquad (4a)$$

$$M' = (1 - c_3) M + c_3 S$$
$$\quad = a_{31} B + a_{32} G + a_{33} R$$

Die Koeffizienten a_{11} bis a_{33} sowie c_1 bis c_3 lassen sich bestimmen, wenn man auf der

mittleren Scheibe jeweils nur eine der Farben K oder L oder M vorgibt und dann die Größe der Sektoren c und a nach der Methode von Versuch und Irrtum sucht, so daß bei schneller Umdrehung auf der Scheibe außen und innen dieselbe Farbe sichtbar wird.

Stellt man nun in der Mitte eine beliebige Farbe ein, d. h. man gibt b_1, b_2 und b_3 von Gleichung (2) vor, so erhält man:

$$b_1 K' = b_1 (1 - c_1) K + b_1 c_1 S$$
$$\quad\quad = b_1 a_{11} B + b_1 a_{12} G + b_1 a_{13} R$$

$$b_2 L' = b_2 (1 - c_2) L + b_2 c_2 S$$
$$\quad\quad = b_2 a_{21} B + b_2 a_{22} G + b_2 a_{23} R \qquad (4b)$$

$$b_3 M' = b_3 (1 - c_3) M + b_3 c_3 S$$
$$\quad\quad = b_3 a_{31} B + b_3 a_{32} G + b_3 a_{33} R$$

Durch Ausmultiplizieren erhält man:

$$b_1 K' = d_{11} B + d_{12} G + d_{13} R$$
$$b_2 L' = d_{21} B + d_{22} G + d_{23} R \qquad (4c)$$
$$b_3 M' = d_{31} B + d_{32} G + d_{33} R$$

Mit diesen Gleichungen hat man alles, was man braucht, um die Gleichung (2) in die Gleichung (1) umzurechnen. Man muß nur (4c) in (2) einsetzen. Dabei ist zu beachten, daß an Stelle von K, L, M jetzt K', L' und M' getreten sind. Man erhält:

$$(d_{11} + d_{21} + d_{31}) B + (d_{12} + d_{22} + d_{32}) G$$
$$+ (d_{13} + d_{23} + d_{33}) R = F \qquad (5)$$

und das ist die Gleichung (1), wobei gilt:

$$a_1 = d_{11} + d_{21} + d_{31}$$
$$a_2 = d_{12} + d_{22} + d_{32} \qquad (6)$$
$$a_3 = d_{13} + d_{23} + d_{33}$$

Abb. 3. Illustration zur Koordinatentransformation. Beschreibung im Text.

Wenn man also einmal die Koeffizienten c_1 bis c_3 und a_{11} bis a_{33} der Gleichungen (4a) experimentell bestimmt hat, dann kann man für jede Farbe F auf der inneren Scheibe, gegeben durch b_1, b_2 und b_3, die gleich aussehende Farbe F im Außenbereich, gegeben durch a_1, a_2 und a_3, ausrechnen, auf der Scheibe einstellen und prüfen, ob die Vorhersage stimmt. Damit ist dann die Trichromatische Theorie in der Formulierung von Gleichung (1) bestätigt. Die Allgemeingültigkeit der Beziehung könnte man prüfen, indem man den Versuch mit anderen Farbpapieren wiederholt. Man kann auch einfach die Beleuchtungsintensität variieren, d. h. den Versuch bei helleren oder dunkleren Farben wiederholen.

Mit diesem Versuch hätte man gleich noch nachgeprüft, ob die Linearität der Gleichung (1) allgemein gilt. Veränderung der Beleuchtungsstärke bedeutet, daß man in Gleichung (1) und (2) alle Glieder rechts und links vom Gleichheitszeichen mit demselben Faktor multipliziert. Wenn die Farbmischungen unter diesen Bedingungen immer noch exakt vorhergesagt werden können, hat man einen Beweis dafür, daß die Linearität eine richtige Annahme ist. Das ist wiederum eine wichtige Voraussetzung für die Young-Helmholtzsche Theorie, nach der, wie eingangs gesagt, die Zahl der absorbierten Lichtquanten entscheidet, welche Farbe gesehen wird. Wenn die einzelnen Zapfen wirklich unabhängig voneinander die absorbierten Lichtquanten „zählen", dann und nur dann ist die Linearität der Gleichung (1) und die graphische Darstellung der Farben als Vektor gerechtfertigt.

4

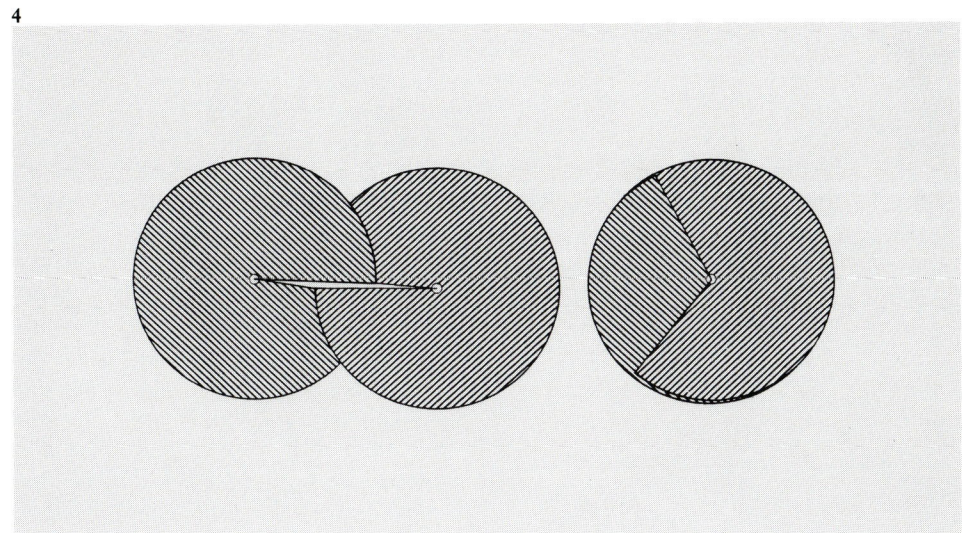

Anhang

Was hier mit minimalem mathematischem Aufwand gezeigt wurde, kann auch als Beispiel für Koordinatentransformationen mit Hilfe der Matrizenrechnung genutzt werden [6]. Gleichung (4a) ist dann:

$$\begin{pmatrix} K' \\ L' \\ M' \end{pmatrix} = A \cdot \begin{pmatrix} B \\ G \\ R \end{pmatrix} \text{ mit } A = \begin{pmatrix} a_{11} & a_{12} & a_{13} \\ a_{21} & a_{22} & a_{23} \\ a_{31} & a_{32} & a_{33} \end{pmatrix} \qquad (4'a)$$

und die gestellte Aufgabe lautet dann

$$A^T \cdot \begin{pmatrix} b_1 \\ b_2 \\ b_3 \end{pmatrix} = \begin{pmatrix} a_1 \\ a_2 \\ a_3 \end{pmatrix}$$

Technische Anweisungen

Jede Vorrichtung, die eine Scheibe in sehr schnelle Rotation versetzt, eine Handkurbel mit Übersetzung oder ein Elektromotor sind geeignet. Beides ist mit Spielzeugbaukästen (z. B. Fischertechnik) herstellbar. Ein geeigneter Motor ist bei [3] zu beziehen. Wenn der Durchmesser der Scheiben größer als 20 cm ist, braucht man einen stärkeren Motor.

Je heller die Beleuchtung, desto schneller muß sich die Scheibe drehen, damit die Verschmelzung eintritt. Wenn die Umdrehungsgeschwindigkeit nicht ausreicht, so drehe man die Scheibe vom Licht weg oder reduziere die Beleuchtungsstärke auf eine andere Weise ein wenig. Man vermeide nach Möglichkeit künstliche Lichtquellen, insbesondere Leuchtstoffröhren, weil dann auf der Scheibe stroboskopische Effekte auftreten können.

Für den Außenbereich wähle man hochgesättigte, möglichst nicht glänzende Farbpapiere mit sehr verschiedenen Farben aus. Man stecke sie nach Abbildung 4 ineinander, und zwar so, daß sie bei der gewählten Drehrichtung anliegen und nicht durch die Luft aufgeblättert werden. Für die innere Scheibe braucht man Farben, die (a) heller und (b) weniger gesättigt sind. Wenn die äußeren Papiere gewählt sind, kann man innen nur Farben verwenden, welche die Gleichung (4a) erfüllen. Wenn keine befriedigende Einstellung möglich ist, dann liegt die Farbe K, L oder M nicht in dem Dreieck, auf das wir uns nach der Wahl von R, G und B beschränken müssen. Es kann sehr viel Zeit kosten, bis man die richtigen Papiere gefunden hat. Darum sollen hier Farbpapiere genannt werden, HKS-

Abb. 4. Herstellung der Sektorscheibe aus (1).

Papiere der Firmen Hostmann-Steinberg und K + E Druckfarben, die von der Firma Schmincke & Co. über Fachgeschäfte für Graphik-Material vertrieben werden. Geeignet sind folgende Papiere: HKS 44 (B), 65 (G) und 23 (R) sowie 46 (K), 67 (L), 24 (M) sowie 93 (S).

Zum Ablesen der Winkelgrößen stecke man als erstes eine Scheibe mit Polarkoordinaten auf die Achse, die so groß sein muß, daß sie über die Farbscheiben hinausragt, wie in Abbildung 1.

Schließlich braucht man für die erste Einstellung nach Gleichung (4a) viel Zeit und Geduld. Man sollte beim Verändern der Sektorgrößen nicht ermüden. Wenn man seines Farbabgleichs nicht sicher ist, betrachte man die Scheibe aus verschiedenen Abständen. Die Beleuchtung aber sollte während eines Experiments gleich bleiben.

Anmerkung

Wenn man bei einer Beleuchtung zu einem befriedigenden Farbabgleich gelangt ist, kann es passieren, daß dieselbe Einstellung bei einer anderen Beleuchtung falsch zu sein scheint. Das ist zu erwarten, weil die Farbreize, die von den Farbpapieren abgestrahlt werden, ihrer spektralen Zusammensetzung nach auch von dem Beleuchtungsspektrum abhängen. Die Koeffizienten der Gleichung (4a) gelten deshalb nur für eine Auswahl von Farbpapieren bei einer bestimmten Beleuchtung.

Literatur

[1] C. v. Campenhausen (1981) Die Sinne des Menschen, 2 Bde., Thieme, Stuttgart.
[2] C. v. Campenhausen (1989) Farbensehen und Helligkeitskonstanz. Math. Naturwiss. Unterr. (MNU), **42**, 143–152.
[3] Leybold-Didaktik (1988) SVN Schulversuche Sinnesphysiologie. Leybold AG, Leybold-Str. 1, 5030 Hürth.
[4] J. Nathans (1989) Gene für das Farbensehen. Spektrum d. Wiss. **4**, 68–75.
[5] C. Neumeyer (1988) Das Farbensehen des Goldfisches. Thieme, Stuttgart.
[6] M. Richter (1978) Farbmetrik. Kap. 4 in: L. Bergmann, C. Schaefer (H. Gobrecht, Hrsg.) Lehrbuch der Experimentalphysik, Bd. III, Optik, Springer, Berlin.

Biologie in unserer Zeit **1989**, *19*, 205–208.

Holla Cruse
Jürgen Storrer

8. Versuche zum Ultrakurzzeitgedächtnis

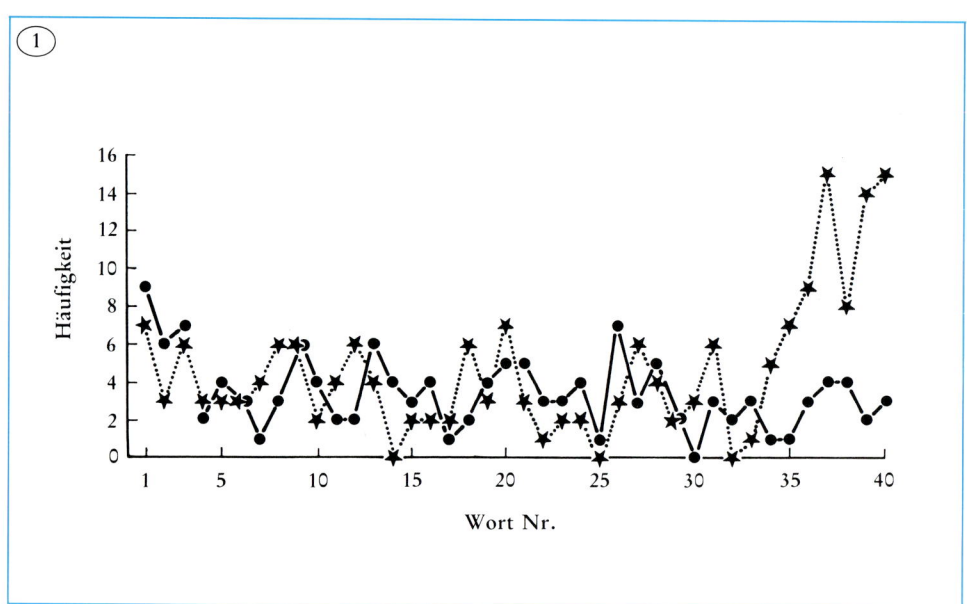

Abb. 1. Die Zahl der Versuchspersonen, die sich an das jeweilige Wort (Abszisse) noch erinnern konnten (n = 16). Die Wörter wurden direkt nach Ende des Vorlesens (Sterne) oder nach einer zusätzlichen Wartezeit von 20 Sekunden (Punkte) notiert.

Man nimmt heute an, daß das menschliche Gedächtnis aus drei Bereichen besteht, die im Schrifttum mit den verschiedensten Begriffen belegt werden. Hier sollen die Begriffe Ultrakurzzeit-, Kurzzeit- und Langzeitgedächtnis verwandt werden. Sie entsprechen den ebenfalls häufig verwandten Begriffen Sekunden-, Minuten- und Langzeitgedächtnis (siehe z.B. [2]). Während Untersuchungen des Kurzzeit- und des Langzeitgedächtnisses bei Menschen oder Tieren mit hohem zeitlichem und apparativem Aufwand verbunden sind, gibt es für die Untersuchung des Ultrakurzzeitgedächtnisses auch sehr einfache Experimente. Das im folgenden geschilderte Experiment, das von Atkinson und Shiffrin [1] beschrieben wurde, besitzt eine Reihe von besonderen Vorteilen. Durchführung und Auswer-

tung eines Experimentes dauern etwa 15 Minuten, so daß es innerhalb einer Schulstunde ausgeführt werden kann. Außer einer Uhr mit Sekundenzeiger werden keine Geräte benötigt. Alle Schüler der Klasse können gleichzeitig an dem Experiment beteiligt werden. Je größer die Zahl der Teilnehmer ist, desto geringer ist die Streuung der Mittelwerte. Da die Schüler selbst Untersuchungsobjekt sind, lassen sie sich leicht motivieren.

Vor der Durchführung des Experimentes empfiehlt es sich, im Unterricht als qualitativen Hinweis auf die Existenz eines Ultrakurzzeitgedächtnisses die Erscheinung der sogenannten *retrograden Amnesie* zu besprechen. Erleidet ein Patient durch einen Unfall eine Gehirnerschütterung, so ist häufig die Erinnerung an die Zeit vor dem Unfall verblaßt. Ein derartiger Gedächtnisverlust von größenordnungsmäßig etwa zehn Sekunden kann auch durch Vergiftungen, zum Beispiel durch Kohlenmonoxid, oder bei Durchblutungsstörungen des Gehirns hervorgerufen werden. Man findet also eine Gedächtnislücke, die sich über einen Zeitraum von etwa zehn Sekunden erstreckt, währenddessen ei-

gentlich gar nichts Unphysiologisches passiert ist. Der Unfall trat ja erst am Ende dieses Zeitraumes auf. Dieser Befund wird so gedeutet, daß die Sinneseindrücke zunächst in einen Ultrakurzzeitspeicher aufgenommen, dort etwa zehn Sekunden aufbewahrt und dann erst in einen Bereich überführt werden, in dem die Eindrücke längere Zeit gespeichert werden. Die Schädigung des Gehirns hat also bewirkt, daß diese Überführung unterbleibt und der Inhalt des Ultrakurzzeitgedächtnisses gelöscht wird. Diese Hypothese kann durch Experimente unterstützt werden, die folgendermaßen durchzuführen sind.

Der Versuchsleiter (Lehrer) liest den Versuchspersonen (Schüler) 40 verschiedene Wörter vor, nachdem er sie vorher aufgefordert hat, sich möglichst viele dieser Wörter zu merken. Es muß darauf hingewiesen werden, daß dabei die Reihenfolge der Wörter keine Rolle spielt. Nachdem das letzte Wort vorgelesen ist, soll sich jede Versuchsperson die Wörter notieren, an die sie sich erinnern kann. Hierfür soll genügend Zeit (1 bis 2 Minuten) zur Verfügung stehen. Zur graphischen Auswertung werden die Wörter in der Reihenfolge, in der sie vorgelesen wurden, auf der Tafel oder auf einer vorbereiteten Folie auf der Abszisse aufgetragen. Für jedes Wort wird dann die Zahl der Personen bestimmt, die sich an dieses Wort erinnert haben. Diese Häufigkeit wird auf der Ordinate aufgetragen (siehe Abbildung 1).

Die Erfahrung zeigt, daß es sinnvoll ist, das Experiment mit einem Vorversuch zu beginnen, um die Versuchspersonen mit dem Versuchsablauf vertraut zu machen. Um Zeit zu sparen, reicht es aus, diesen Vorversuch mit nur 20 Wörtern durchzuführen und auf die graphische Auswertung zu verzichten. Für das Gelingen des Experimentes ist es sehr wichtig, daß beim Vorlesen der Wörter eine konstante Vorlesegeschwindigkeit eingehalten wird. Am einfachsten gelingt dies, wenn während des Vorlesens ein Metronom läuft oder wenn ein Helfer mit einer Uhr den Sekundentakt mit einem Bleistift auf den Tisch klopft. Für die ersten Versuche sollte die Vorlesegeschwindigkeit 1 Wort je Sekunde betragen.

In der Tabelle 1 sind 20 Wörter für den Versuch sowie 2 mal 40 Wörter für zwei weitere Versuche angegeben. Falls weitere Wortlisten aufgestellt werden, muß darauf geachtet werden, daß sich kein Wort wiederholt. Das Beispiel eines typischen Versuchsergebnisses ist in Abbildung 1 (Sterne) dargestellt. Abgesehen von einer etwas erhöhten Häufigkeit bei den ersten zwei bis drei Wörtern, dem sogenannten pr-Effekt (*"primacy effect"*), werden im wesentlichen die letzten acht bis zwölf Wörter behalten. Wie läßt sich dieses Ergebnis deuten? Man könnte annehmen, daß hier die Auswirkung zweier Speichertypen zu erkennen sind. Das gute Erinnern der letzten zehn Wörter könnte man dem Ultrakurzzeitgedächtnis zuschreiben. Die wesentlich schlechtere Erinnerung an die ersten 30 Wörter könnte auf einen Teil des Gedächtnisses zurückzuführen sein, der Inhalte längere Zeit speichern kann. Diese Hypothese wird durch folgendes Ergebnis unterstützt. Man wiederholt das Experiment mit einer neuen Wortliste. Nach dem Ende des Vorlesens dürfen die Versuchspersonen die erinnerten Wörter nicht sofort, sondern erst nach einer gewissen Zeit, z.B. nach 20 Sekunden aufschreiben. Um zu verhindern, daß die Versuchspersonen das Ergebnis verfälschen, indem sie während dieser Wartezeit die Wörter ständig wiederholen, müssen sie in dieser Zeit Kopfrechenaufgaben lösen, wie sie in Tabelle 2 angegeben sind. Das Ergebnis eines derartigen Versuches ist in Abbildung 1 (Punkte) dargestellt. Es zeigt sich, daß der pr-Effekt sowie die schwache Erinnerung an die übrigen Wörter noch ebenso vorhanden ist wie im ersten Versuch, daß aber die erhöhte Erinnerung an die letzten zehn Wörter verloren gegangen ist. Dies spricht für die oben genannte Vermutung, daß hier ein Gedächtnisbereich erfaßt wurde, dessen Inhalte längere Zeit gespeichert werden. Je kürzer die Pause zwischen Ende des Vorlesens und Notieren der Wörter gewählt wird, desto deutlicher tritt die Wirkung des Ultrakurzzeitgedächtnisses zutage. Nach einer Pause von mindestens 20 Sekunden ist offenbar der Inhalt des Ultrakurzzeitgedächtnisses gelöscht. Der Unterschied der Ergebnisse wird noch deutlicher, wenn man zur Auswertung nur diejenigen erinnerten Wörter verwendet, welche die Versuchspersonen gleich zu Beginn des Aufschreibens (also nicht erst nach längerem Nachdenken) erinnert haben. So kann man zum Beispiel nur die ersten fünf notierten Wörter jeder Versuchsperson zur graphischen Auswertung heranziehen.

Tabelle 1

Vorversuch

Antenne	Zucker
Messer	Blatt
Auto	Sand
Statue	Tisch
Dose	Ballon
Kugel	Spitze
Euter	Baum
Stuhl	Wolke
Liebe	Gras
Uhr	Dach

Versuch I

Kasten	Mantel	Blei	Stab
Farbe	Kamin	Rad	Hose
Blase	Hammer	Strumpf	Licht
Sonne	Träne	Kaktus	Teer
Teich	Pinsel	Puppe	Flasche
Zelt	Gondel	Griff	Tinte
Teppich	Morgen	Rasen	Oma
Kopf	Zweig	Seife	Vorhang
Tusche	Decke	Wald	Sommer
Gummi	Ton	Wind	Berg

Versuch II

Zeiger	Plastik	Dolch	Krug
Nebel	Staub	Boden	Zange
Finger	Lippe	Wasser	Salz
Seil	Buch	Rose	Lampe
Blitz	Mist	Hut	Waage
Hemd	Heft	Knopf	Schrank
Stein	Ziegel	Haar	Handtuch
Turm	Band	Maus	Klavier
Himmel	Kreis	Pantoffel	Fenster
Faden	Ring	Feder	Ofen

Tabelle 2

82 − 5; 13 x 7; 8 : 4; 16 − 3; 20 : 5; 52 − 8; 77 + 12; 28 : 4; 44 x 3; 26 : 2; 92 − 11.

Offen ist dabei noch die Frage, ob dieses Ultrakurzzeitgedächtnis Speicherplatz für zehn Wörter besitzt (das heißt, ein elftes Wort könnte nur aufgenommen werden, wenn eines der ersten zehn gespeicherten Wörter gelöscht würde) oder ob es Speicherplätze für mehr als zehn Wörter besitzt, jeder einzelne Speicherplatz aber nach zehn Sekunden gelöscht wird. Zwischen beiden Möglichkeiten kann man unterscheiden, wenn man das Experiment mit veränderter Vorlesegeschwindigkeit wiederholt. Gibt man etwa nur jede zweite Sekunde ein Wort an, so dürften im zweiten Fall (Erinnerung an die letzten 10 Sekunden) nur die letzten fünf Wörter erinnert werden. Bei der ersten Möglichkeit (Speicherplatz für zehn Wörter) müßte sich dasselbe Resultat wie in Abbildung 1 (Sterne) ergeben. Dies ist auch tatsächlich der Fall. Das Experiment ist allerdings deshalb etwas schwieriger durchzuführen, weil die Versuchspersonen in den relativ langen Pausen zwischen den einzelnen Wörtern genügend Zeit haben, sich eigene Lernstrategien auszudenken (siehe hierzu [3]). Dies ist zwar an sich interessant, kann aber die Ergebnisse dieses Versuches stark beeinflussen, so daß eine eindeutige Aussage nur nach Mittelung über eine große Zahl von Versuchspersonen erhalten werden kann.

Eine grundsätzliche didaktische Schwierigkeit bei der Durchführung dieses Experimentes liegt darin, daß der Sinn der Versuche mit den Versuchspersonen erst nach dem Versuch besprochen, also nicht vorher erarbeitet werden kann. Das Ergebnis kann nämlich sehr leicht (bewußt oder unbewußt) verfälscht werden, wenn die Versuchspersonen das zu erwartende Ergebnis bereits kennen. Es ist deshalb besser, diesen dritten Versuch nur herzuleiten und das Ergebnis zu schildern.

Die auf Grund dieses dritten Experimentes getroffene Aussage kann durch die Schilderung eines weiteren, ebenfalls schwieriger durchzuführenden Experimentes untermauert werden. Verlängert man die Zeit zwischen Beendigung des Vorlesens und Beginn des Aufschreibens nicht, wie oben erwähnt, durch zwischengeschaltetes Kopfrechnen, sondern durch die Aufgabe, das Auftreten eines Tones zu erkennen, der nur relativ schwer aus einem akustischen Untergrundgeräusch herauszuhören ist, so erhält man ein ganz anderes Ergebnis. Im Mittel sind die

zehn letzten Begriffe auch nach 40 Sekunden noch nicht vergessen. Es ist damit also direkt gezeigt, daß die Speicherinhalte dieses Ultrakurzzeitgedächtnisses auch nach mindestens vierzig Sekunden nicht von selbst verschwunden sind. Das Experiment wird dadurch ermöglicht, daß offenbar für diese Aufgabe der Signalerkennung anders als für die Kopfrechenaufgaben gar keine oder sehr wenige Speicherplätze des Ultrakurzzeitgedächtnisses benötigt werden.

Wie in Abbildung 1 zu sehen ist, wird durch die Kopfrechenaufgaben lediglich der letzte Teil der Kurve beeinflußt. Die größere Häufigkeit der Erinnerung an die ersten zwei bis drei Wörter sowie eine konstante, wenn auch geringe Häufigkeit der Erinnerung an alle folgenden Wörter wird dadurch nicht verändert. Man kann annehmen, daß diese Wörter deshalb erinnert werden, weil sie bereits in das Kurzzeit- oder Langzeitgedächtnis eingedrungen sind. Damit erhebt sich die Frage, ob aus diesen Experimenten Vermutungen über die Art des Übergangs der Information vom Ultrakurzzeitgedächtnis in den nachfolgenden Speicher angestellt werden können. In der Tat könnte man den pr-Effekt durch die Annahme erklären, daß die Aufnahme eines Wortes in den nachfolgenden Speicher davon abhängt, wie lange dieses Wort auf den nachfolgenden Speicher einwirken kann. Die ersten Wörter der Serie haben eine relativ bessere Möglichkeit, auf den folgenden Speicher einzuwirken, da am Anfang noch wenig „Konkurrenzwörter" im Ultrakurzzeitspeicher vorliegen.

Allerdings ist es nicht nur die Zeitdauer, sondern auch die Stärke der Assoziationen, mit denen das Wort für die Versuchsperson behaftet ist. Dieser Effekt kann im Experiment dadurch verdeutlicht werden, daß im ersten Versuch (Abbildung 1) in mittlerer Position (also etwa Wort Nr. 20) ein Wort gewählt wird, das für viele Versuchspersonen mit starken Assoziationen verknüpft ist. Die Erinnerungsrate dieses Wortes wird sehr hoch sein.

Abschließend soll noch darauf hingewiesen werden, daß der Satz „das Ultrakurzzeitgedächtnis besitzt Speicherplätze für zehn Wörter" nicht unbedingt so verstanden werden muß, daß hier ein separater Speicher vorliegt, in den diese Wörter selbst eingespeichert vorliegen. Es ist eher anzunehmen, daß

die Wörter selbst im Langzeitspeicher abgelegt sind, und daß im Ultrakurzzeitgedächtnis nur die Information darüber gespeichert ist, an welcher Stelle im Langzeitspeicher die einzelnen Begriffe zu finden sind.

Literatur

[1] Atkinson, R. C. and R. M. Shiffrin: The control of short-term memory. Sci. Amer. **225**, Nr. 2, 82–90 (1971).

[2] Cruse, H.: Untersuchungen und Hypothesen zur Funktion des Gedächtnisses. Naturw. Rdschau **31**, 1–12 (1978).

[3] Vester, F.: Denken, Lernen, Vergessen. Deutsche Verlags-Anstalt, Stuttgart 1975.

Biologie in unserer Zeit **1980**, *10*, 191–193.

Holla Cruse

9. Lernversuche am Menschen

Ein wichtiger Bereich der Ethologie, nämlich derjenige, der sich mit der Untersuchung des *Lernverhaltens* bei Tieren und Menschen befaßt, findet vor allem deshalb nur schwer Eingang in den Schulunterricht, weil einfache Experimente zur Veranschaulichung dieses Stoffes kaum bekannt sind. Im folgenden soll daher ein sowohl vom materiellen als auch vom zeitlichen Aufwand her sehr einfaches Experiment zur quantitativen Untersuchung eines Lernvorgangs beschrieben werden. Dieses Experiment hat dabei den methodischen wie didaktischen Vorteil, daß es an Menschen durchgeführt werden kann. Ein weiterer Vorteil des Experimentes liegt darin, daß es sich gut dafür eignet, bei der Erarbeitung des Versuchsplanes die Fähigkeit zu fördern, methodische Ansätze kritisch beurteilen sowie unterschiedliche Methoden gegeneinander abwägen zu können.

Die apparativen Voraussetzungen sind gering: Neben einer Stoppuhr, Bleistift und Papier wird eine Augenbinde benötigt, die aber auch, für die Versuchsperson bequemer, durch eine gänzlich schwarz lackierte Laborbrille ersetzt werden kann. Das Kernstück der Versuchsanordnung bildet ein *Labyrinth*, das aus einer Metall-, Kunststoff- oder Sperrholzplatte (je nach Material 2–5 mm dick) leicht selbst hergestellt werden kann. In diese Platte werden als Anfangs- und Endpunkt des Labyrinthes zwei Löcher gebohrt (Durchmesser 5–10 mm), die durch ausgesägte Schlitze (Breite 4–5 mm) miteinander verbunden sind. In Abbildung 1 ist als Beispiel ein derartiges Labyrinth dargestellt. (Durch Umdrehen der Platte erhält man ein zweites, zum ersten spiegelbildliches Labyrinth). Neben der Versuchsperson wird noch eine zweite Person als Protokollführer benötigt.

Die Aufgabe der Versuchsperson bei der Ausführung des Experimentes besteht darin, mit verbundenen Augen das vor ihr flach auf dem Tisch liegende Labyrinth mit einem Bleistift möglichst fehlerfrei, das heißt, auf dem kürzesten Wege vom Anfangspunkt bis zum Endpunkt zu durchfahren. Zu Beginn jedes neuen Durchgangs setzt der Protokollführer die Bleistiftspitze der Versuchsperson wieder in den Startpunkt. (Unter das Labyrinth kann ein Blatt Papier gelegt werden, wenn man den Weg der Versuchsperson zu Demonstrationszwecken aufzeichnen will).

Vor dem Versuchsbeginn muß die Frage diskutiert werden, auf welche Weise der Lernerfolg quantitativ erfaßt werden soll. Drei einfache Möglichkeiten kommen in Frage:

1. Es werden für jeden Durchgang die *Zahl der Fehler* F registriert, die dadurch gemacht werden, daß die Versuchsperson an einer Verzweigungsstelle des Labyrinthes in einen blinden Ast gerät. Ebenso könnte man natürlich die Zahl der richtigen Entscheidungen bestimmen.

2. Es wird mit Hilfe einer Stoppuhr die *Zeit* gemessen, die für jeden Durchgang gebraucht wird.

3. *Beide* Meßmethoden, Zählen der Fehler sowie Messen der Zeit, werden gleichzeitig für jeden Durchgang angewandt.

Sind diese drei Meßmethoden gleichwertig oder gibt es Unterschiede? Man könnte vermuten, daß mit Methode 1 etwas anderes als mit Methode 2 und 3 gemessen wird, da sich die Versuchsperson auf Grund der verschiedenen Methoden in unterschiedlichen psychologischen Zuständen befinden könnte. Bei der ersten Methode wird nämlich von der Versuchsperson nur verlangt, möglichst wenige Fehler zu machen, wobei sie die Geschwindigkeit völlig frei wählen kann, während die Versuchsperson bei der zweiten und dritten Methode außerdem noch unter *Zeitdruck* gesetzt wird. Man kann daher nicht von vornherein sagen, ob diese zusätzliche

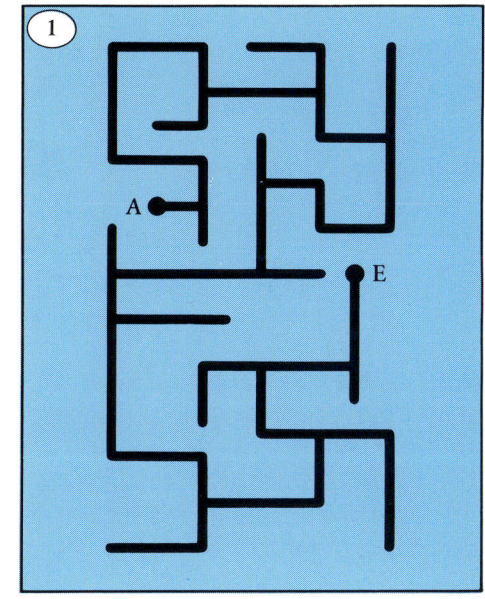

Belastung etwa den Lernerfolg verringert oder zum Beispiel über einen Zwang zu höherer Konzentration vielleicht erhöht. Aber auch wenn dieser Unterschied keine Rolle spielen sollte, sind Methode 1 und Methode 2 nicht miteinander vergleichbar, da mit den beiden Methoden ja ganz verschiedene Meßgrößen erfaßt werden, die auch unter sonst gleichen Voraussetzungen einen unterschiedlichen Zeitverlauf des Lernvorganges zeigen könnten.

Der durch die verschiedenen Meßmethoden hervorgerufene Unterschied läßt sich einfach mit Hilfe der Methode 3 bestimmen, da hier beide Meßmethoden (Auszählen der Fehler und Messen der Zeit) unter sonst konstanten Bedingungen getestet werden. Die Ergebnisse eines auf diese Weise durchgeführten Experimentes sind in Abbildung 2 angegeben. Die Meßwerte werden in Form einer sogenannten *Lernkurve* dargestellt, indem auf der Abszisse die Anzahl der fortlaufend numerierten

Durchgänge, auf der Ordinate die Meßgröße (Zahl der falschen Entscheidungen F oder gemessene Zeit) aufgetragen werden. Die Ergebnisse für die Messung der Fehlerzahl sind als Punkte, die für die Messung der Zeit als Kreuze eingezeichnet. (Die Zeit für die Durchführung der in Abbildung 2 dargestellten Messungen, die von Studenten des tierphysiologischen Großpraktikums der Universität Kaiserslautern durchgeführt wurden, betrug etwa 30 min.) Die Lernkurven gliedern sich nach dieser Darstellungsweise in einen ansteigenden und in einen horizontalen Ast. Der vom ansteigenden Ast bezeichnete Bereich wird *Lernphase*, der vom horizontalen Ast bezeichnete Bereich *Kannphase oder Lernplateau* genannt. Nach Erreichen des Lernplateaus tritt keine meßbare Verbesserung der Lernleistung mehr auf. Abbildung 2 zeigt, wie sehr eine Aussage über die Beendigung der Lernphase von der Wahl der Meßmethode abhängen kann, da das Lernplateau gemessen durch das Auszählen der Fehler schon etwa nach dem 10. Durchgang, gemessen nach der Zeit aber erst etwa nach dem 25. Durchgang oder noch später erreicht wird. Man muß daher aus diesem Ergebnis den Schluß ziehen, daß, wie oben vermutet, beide Meßmethoden keineswegs vergleichbar sind, sondern daß offenbar mit beiden Methoden zwei verschiedene Lernvorgänge gemessen werden. Eine mögliche Deutung wäre die, daß mit der Messung der Fehlerzahl das Lernen der Form des Labyrinthes, also der Abspeicherung seiner

geometrischen Form im Gedächtnis, gemessen wird, während bei der Messung der Zeit außerdem noch ein motorisches Lernen gemessen wird. Damit ist gemeint, daß während dieses Lernvorganges das genaue Steuerprogramm für die entsprechende Muskulatur noch verbessert wird. Dieser Prozeß würde nach dieser Vermutung noch andauern, nachdem das Lernen der geometrischen Form des Labyrinthes schon abgeschlossen ist. Eine andere Deutungsmöglichkeit wäre beispielsweise die, daß mit der Methode des Auszählens der Fehler nur die Reihenfolge der nacheinander notwendigen Rechts-Links-Entscheidungen, mit der Methode der Zeitmessung noch zusätzlich das Lernen der Abstände zwischen den einzelnen Verzweigungen gemessen wird. Beherrscht man nämlich die richtige Reihenfolge, so macht man zwar keine Fehler mehr, braucht aber zum Auffinden der Verzweigungsstellen längere Zeit, als wenn der Abstand ebenfalls bekannt ist.

Zu diesen und eventuell anderen Deutungsmöglichkeiten können weitere Experimente ausgedacht und durchgeführt werden. Im folgenden soll noch diskutiert werden, wie die oben ausgesprochene Vermutung, daß der durch die Meßmethoden 2 und 3 im Gegensatz zu Meßmethode 1 zusätzlich erzeugte Zeitdruck einen Einfluß auf den Lernerfolg ausüben könnte, untersucht werden kann. Dies darf nicht durch einen Vergleich der Ergebnisse der Methode 1 mit

denen der Methode 2 geschehen. Mit beiden Methoden werden nämlich, wie bereits festgestellt, *verschiedene* Vorgänge gemessen, die auch unter sonst gleichen Voraussetzungen einen unterschiedlichen Zeitverlauf zeigen. Eine Untersuchung des Einflusses des zusätzlichen Zeitdruckes ist aber möglich, wenn die Ergebnisse der Methode 1, also bei Messung der Zahl der Fehler ohne Zeitdruck, verglichen werden mit der Messung der Zahl der unter Zeitdruck erreichten Fehler, also mit den nach der dritten Methode gewonnenen Ergebnissen. Möglich ist aber auch, jedesmal gleichzeitig beide Meßmethoden anzuwenden (Methode 3), einmal der Versuchsperson aber mitzuteilen, daß eine möglichst geringe Fehlerzahl erreicht werden soll, während im zweiten Experiment eine möglichst geringe Durchgangszeit gefordert wird. Ein Einfluß des Zeitdruckes muß sich dann in einem unterschiedlichen Verlauf entweder der beiden „Fehlerkurven" beider Experimente oder der beiden „Zeitkurven" beider Experimente auswirken. Der Vergleich zweier Lernkurven kann sowohl an Hand der Lerngeschwindigkeit (das heißt der Steilheit der Lernkurve in der Anfangsphase) oder der *Zeit* bis zum Erreichen des Plateaus einerseits wie auch an Hand der je nach Versuchsbedingungen erreichten *Höhe* des Plateaus geschehen. Mißt man sowohl „Fehlerkurve" als auch „Zeitkurve", und ändern sich beide in beiden Experimenten nicht gleichsinnig, so bedeutet dies, daß der Zeitdruck auf die beiden mit den verschiedenen Meßmethoden erfaßten Lernvorgänge verschieden einwirkt. Man kann mit diesem Experiment also weiteres Material für die Diskussion der oben genannten Hypothesen erhalten.

Offen blieb bisher noch, wie diese beiden eben erwähnten Experimente tatsächlich durchgeführt werden können. Es ist nicht möglich, beide Experimente hintereinander mit einer Versuchsperson an demselben Labyrinth durchzuführen, da sich der Lernvorgang des ersten Experimentes auch nach längerer Wartezeit auf den Verlauf der Lernkurve des zweiten Experimentes auswirkt. Man kann den Versuch jedoch so durch-

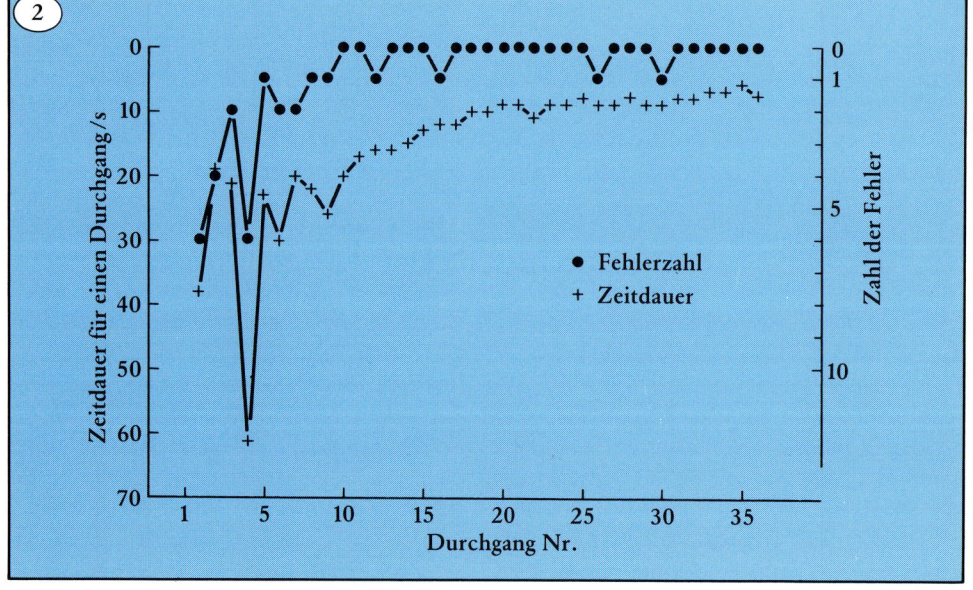

Abb. 2. Zwei mit dem in Abbildung 1 dargestellten Labyrinth erhaltene Lernkurven.

führen, daß man entweder zwei verschiedene Versuchspersonen an demselben Labyrinth oder aber eine Versuchsperson an zwei verschiedenen Labyrinthen testet. Aber auch diese beiden Methoden können nicht ohne weiteres angewandt werden. Testet man zwei Versuchspersonen an demselben Labyrinth, so können Unterschiede in den Lernkurven auch durch individuelle Verschiedenheit der beiden Versuchspersonen zustandekommen. Man kann das Problem dadurch umgehen, daß man mit Hilfe einer größeren Zahl von Versuchspersonen die individuellen Unterschiede herausmittelt. Will man dagegen mit einer Versuchsperson zwei verschiedene Labyrinthe testen, so können dabei gleich zwei störende Faktoren auftreten. Einmal kann ein Unterschied in den Lernkurven dadurch zustande kommen, daß beide Labyrinthe verschieden schwierig zu erlernen sind. Außerdem ist es aber möglich, daß die Versuchsperson das zweite Labyrinth stets schneller lernt als das erste, daß sie also sozusagen das Lernen eines Labyrinthes lernt. Die erste Schwierigkeit kann man da-

durch umgehen, daß nur solche Labyrinthe für diesen Versuch verwandt werden, bei denen sich in einem Vorversuch ergeben hat, daß beide denselben Schwierigkeitsgrad besitzen. Die zweite Schwierigkeit kann dadurch ausgeschaltet werden, daß die beiden Labyrinthe nicht nur von einer, sondern von zwei Versuchspersonen, aber jeweils in verschiedener zeitlicher Reihenfolge verwandt werden. Man kann dann die vier auf diese Weise erhaltenen „Fehlerkurven" vergleichen, indem jeweils die zu einem Labyrinth gehörenden zusammengefaßt werden, und dann Unterschiede zwischen diesen Mittelwerten betrachtet werden. Etwa vorhandene Unterschiede sind dann auf einen Einfluß des Zeitdruckes auf den mit der Methode der Fehlermessung erfaßten Lernvorgang zurückzuführen. Dieselbe Überlegung kann entsprechend für einen Unterschied bei den „Zeitkurven" angestellt werden. Die in diesem und dem letzten Abschnitt erwähnten Versuche sind sicherlich zu aufwendig, um im normalen Unterricht durchgeführt werden zu können. Ihre Beschreibung ist daher

nur als Anregung für eine vertiefende Diskussion dieser Probleme gedacht.

Abschließend soll noch darauf hingewiesen werden, daß ein großer Teil der Experimente, mit denen Fragen zur Funktion des Gedächtnisses untersucht werden, auf der hier besprochenen Versuchsanordnung beruht. Allerdings wird für Tierexperimente häufig ein sehr einfaches Labyrinth benützt, das nur eine Verzweigungsstelle besitzt (siehe z. B. [1]).

Literatur

[1] Domagk, G. F.: Theorien und Experimente zur Gedächtnisspeicherung. Chemie in unserer Zeit **7**, 1–8 (1973).

Biologie in unserer Zeit **1976**, *6*, 183–185.

Heinz Falk

10. Guttation

In den frühen Morgenstunden kann man an manchen Tagen bei feuchter Witterung an den Blattspitzen von Gräsern und den Blatträndern anderer Pflanzen Flüssigkeitstropfen hängen sehen, die wie Tau aussehen. In Wirklichkeit handelt es sich jedoch um „Guttationstropfen", die von den Pflanzen unter bestimmten Bedingungen durch eigens dafür vorgebildete Öffnungen (Hydathoden) ausgepreßt werden. Diese Erscheinung ist schon 1887 von dem Pflanzenphysiologen Burgerstein unter dem Namen „Guttation" (lat. gutta, Tropfen) wissenschaftlich beschrieben worden. Dennoch ist die Frage nach dem Mechanismus dieser Flüssigkeitsausscheidung bis heute nicht endgültig beantwortet. Wie man vorgehen kann, um etwas über die verschiedenen guttationsbeeinflussenden Faktoren herauszubekommen, soll in unserem Experiment gezeigt werden. Zugleich werden wir dabei aber auch einen Einblick in die Schwierigkeiten gewinnen, die sich bei der Interpretation anscheinend klarer Versuchsergebnisse einstellen können.

Fragen wir uns zunächst, unter welchen atmosphärischen Bedingungen Guttation überhaupt stattfindet, dann erhalten wir die Antwort aus Messungen der relativen Luftfeuchtigkeit in der Umgebung guttierender Pflanzen. Sie lautet: nahe 100%. Diese Bedingung muß also im Experiment zuerst einmal verwirklicht werden. Dazu richtet man — entsprechend der Abbildung 1a — eine „feuchte Kammer" ein, in der sich nach einiger Zeit von selbst Wasserdampf-Sättigung einstellt. Bei der angegebenen Versuchsanordnung haben wir nun die Möglichkeit, gleich 2 Parameter, die einen Einfluß auf die Guttation ausüben könnten, zu prüfen:
A. die Versorgung der Pflanzen mit Nährstoffen,
B. die für die Energiegewinnung wichtige Atmung des Wurzelgewebes.
Hierzu setzen wir 4 verschiedene Varianten der Versuchsbedingungen ein (vgl. Abbildung 1b):

1. Durchlüftung des Substrats bei ausreichender Versorgung der Wurzeln mit mineralischen Nährstoffen,

2. Substratdurchlüftung ohne gleichzeitige Versorgung mit Nährstoffen,

3. Ausreichende Nährstoffversorgung ohne Substratdurchlüftung,

4. Weder Versorgung mit Nährstoffen noch Substratdurchlüftung.

Zur Nährstoffversorgung wählen wir die von Knop angegebene wäßrige Lösung folgender Zusammensetzung, die aus konzen-

Salz	Formel	Konzentration der Stammlösung (%)	In eine Literflasche einmessen (ml)
Calciumnitrat	$Ca(NO_3)_2.4H_2O$	10.0 %ig	10
Kaliumnitrat	KNO_3	2.5 %ig	10
Primäres Kaliumphosphat	KH_2PO_4	2.5 %ig	10
Magnesiumsulfat	$MgSO_4.7H_2O$	2.5 %ig	10
Destilliertes Wasser	H_2O	—	zu 1000 ml auffüllen
Eisenchlorid	$FeCl_3.6H_2O$	5.0 %ig	1 Tropfen

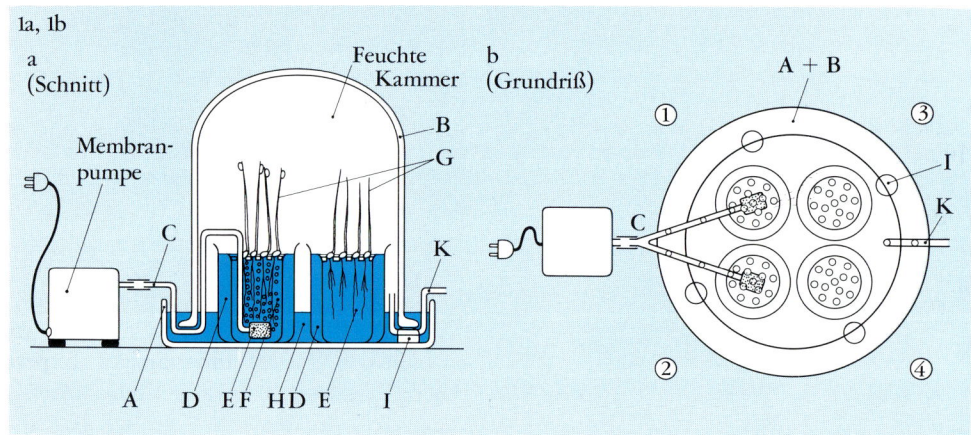

Abb. 1. Versuchsanordnung zur Guttation. a. Seitenansicht. Die Bezeichnungen bedeuten: A große Glasschale, B Glasglocke, C gebogene Glasröhrchen zur Belüftung, D 250 ml Bechergläser, E 100 ml Bechergläser, F Sinterklötzchen zur Belüftung, G Weizenkeimlinge, H Wasser, I Gummiauflage für Glasglocke, K Glasrohr zum Druckausgleich. b. Ansicht von oben. Füllung der Gläser: (1) Nährlösung und Belüftung, (2) dest. Wasser und Belüftung, (3) Nährlösung ohne Belüftung, (4) dest. Wasser ohne Belüftung.

trierten (Stamm-) Lösungen der in der Tabelle aufgeführten Salze zusammenpipettiert und mit destilliertem Wasser zu 1 l verdünnt wird.

Zwei der Gläser werden mit dieser Nährlösung, zwei mit vorher gekochtem und abgekühltem destilliertem Wasser gefüllt und jeweils eines von beiden mit Belüftung versehen (Aquarienpumpe; Sinterklötzchen. wie sie für Aquarienbelüftung verwendet werden). Als Versuchspflanzen dienen Weizenkeimlinge (ca. 100), die etwa 5—6 Tage vorher in einer hohen, bedeckten Schale auf feuchtem Filterpapier zum Keimen gebracht wurden. Für den Versuch wählt man diejenigen Pflänzchen aus, bei denen das erste Blatt gerade aus der röhrenförmigen Keimscheide (Coleoptile) hervorkommt. Die gekeimten Weizenkörner werden mit wenig Watte umwickelt und in 4 mit Löchern versehene Cellon- (bzw. Plexiglas-)Scheiben eingesetzt (z. B. 13 Löcher pro Scheibe). Die Scheiben mit den Keimlingen legt man auf die 100 ml-Bechergläser (vgl. Abbildung 1a, b). Das Flüssigkeitsniveau in den Gläsern soll die Unterseite der Scheiben gerade erreichen (evtl. nachfüllen). Nun schaltet man die Pumpe ein und reguliert den Druck so, daß die Flüssigkeit in den beiden Gläsern von kleinen Blasen gleichmäßig durchperlt wird. Zuletzt wird die Glasglocke aufgesetzt.

Nach kurzer Zeit sind in der Regel an den Spitzen der Keimlinge Guttationstropfen

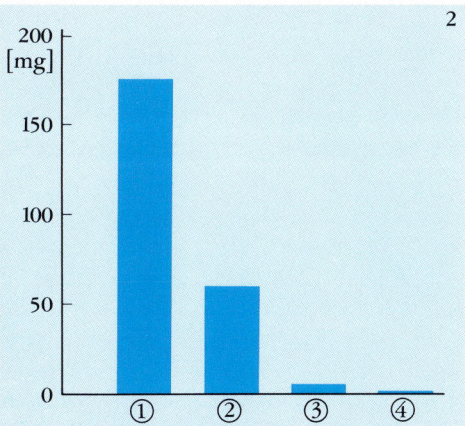

Abb. 2. Gewicht der von 13 Keimlingen innerhalb von 10 Stdn. abgegebenen Guttationsflüssigkeit (1), (2), (3), (4) wie Abbildung 1 b.

sichtbar. Die Zahl der guttierenden Pflanzen — für jedes Glas getrennt — zeigt bereits Unterschiede in der Intensität der Guttation, auch die Größe der Guttationstropfen wird unterschiedlich sein.

Hat man eine empfindliche Waage (mg-Graduierung), die eine schnelle Gewichtsablesung erlaubt (z. B. Torsionswaage o.ä.), dann läßt sich das Experiment nach einigen Stunden noch besser quantifizieren: Vorher lufttrocken gewogene Filterpapierstreifen dienen zum Aufsaugen der Guttationstropfen von allen guttierenden Pflanzen jeweils eines Glases. Sie werden sofort gewogen (Verdunstungsverluste möglichst klein halten!). Aus der Gewichtsdifferenz zwischen feuchtem und trockenem Papier ergibt sich die Menge der abgegebenen Guttationsflüssigkeit.

Wie das Ergebnis eines solchen Experiments aussehen kann, zeigt Abbildung 2. Man erkennt, daß die Guttation am intensivsten bei der Anordnung (1) vor sich geht und einen klaren positiven Einfluß der Durchlüftung auch bei (2) noch aufweist.

Was läßt sich nun aus unserem Experiment ablesen? Zunächst kann man aus dem stärker ins Gewicht fallenden guttationsfördernden Einfluß der Substratbelüftung schließen, daß ein wesentlicher Faktor die *Atmungsaktivität* der Wurzel ist. Was aber heißt dies für den Mechanismus der Guttation? Da die Wasserleitbahnen der Pflanze aus *toten* Elementen bestehen, die keinerlei Stoffwechselaktivität entwickeln können, ist diese Aktivität woanders zu suchen. Manche Forscher haben angenommen, daß die die Leitbahnen umgebenden Zellen unter Verwendung von Atmungsenergie — nach Art einer Drüse — aktiv Wasser in die Leitelemente abgeben, so daß in diesen ein Druck entsteht. Dadurch könnte das Wasser dann aus den mit den Leitbahnen in Verbindung stehenden Hydathoden ausgepreßt werden. Aufgrund andersartiger Experimente konnte tatsächlich gesichert werden, daß die Leitelemente bei guttierenden Pflanzen unter Druck stehen („Wurzeldruck"). Dennoch lassen sich gegen die Hypothese eines solchen „aktiven Wassertransports" Bedenken anmelden. Die auch in unserem Experiment zum Ausdruck kommende klare Abhängigkeit der Guttation von der zusätzlichen Gegenwart von

Salzen im umgebenden Milieu der Wurzeln legt einen anderen Mechanismus nahe: Unter Energieaufwand (Atmung) werden Salzionen in der Wurzel aktiv von Zelle zu Zelle nach innen transportiert („gepumpt") und schließlich in den Leitelementen angereichert. Dadurch wird ein Konzentrationsgefälle von innen nach außen in der Wurzel aufgebaut, an dem entlang Wassermoleküle nun rein passiv, allein infolge der Gesetze der Osmose, von außen nach innen in die Leitelemente einwandern können. Auch in diesem Fall würde hier ein Druck resultieren. Es spricht vieles dafür, daß der zuletzt genannte Mechanismus zutrifft. Gewisse Schwierigkeiten existieren allerdings auch bei dieser Deutung. Wir sehen also, daß unser Experiment keinen eindeutigen Aufschluß über den *Mechanismus* der Guttation zu geben vermag. Dennoch ist die schrittweise Gewinnung von Fakten — wie sie in unserem Beispiel vorgeführt wurde — ein Charakteristikum biologischer Forschungsarbeit. Durch weitere Experimente, deren Ansatz sich aus den Resultaten der früheren ergibt, wird ein Problem immer weiter eingegrenzt, bis die Lösung gefunden ist.

Biologie in unserer Zeit **1971**, *1*, 30—31.

Karl-Friedrich Fischbach
Claudia R. Götz

11. Ein Blick ins Fliegengehirn:

Golgi-gefärbte Nervenzellen bei *Drosophila*

Die Erforschung des Gehirns gehört zu den aufregendsten Kapiteln der modernen Biologie und ist ein Beitrag zur Selbsterkenntnis des Menschen. Es zeigt sich, wie so oft auch hier, daß die Aufklärung von grundlegenden biologischen Prinzipien am erfolgreichsten an relativ einfachen Modellsystemen durchzuführen ist. Solch ein einfaches Modellsystem ist z.B. das Gehirn der kleinen Taufliege *Drosophila melanogaster* [1–3]. Wegen ihrer relativ kurzen Generationszeit und leichten Züchtbarkeit stellt sie seit etwa 70 Jahren das klassische Objekt der Genetik dar. Die Gehirnforschung kann sich den angesammelten Wissensschatz der *Drosophila*-Genetik zunutze machen und verfügt damit über ein einzigartiges, bei anderen Tierarten oft nur schwer zugängliches Hilfsmittel: Die Mutantenanalyse.

Beide miteinander verzahnten Aspekte der Gehirnforschung, Gehirnentwicklung und Gehirnfunktion, werden mit der Mutantenanalyse zugänglich. Durch Punktmutationen im Genom kann der morphogenetische Prozeß, der das Gehirn entstehen läßt, gestört werden. Durch solche Eingriffe lernen wir etwas über die Spielregeln, welche die Gehirnentwicklung leiten. Interessant genug ist schon die Beobachtung, daß Punktmutationen, die sich auf die Gehirnstruktur auswirken, das Gehirn manchmal nur lokal und funktionell begrenzt schädigen. Es existieren z.B. sehgestörte Mutanten mit Defekten in den optischen Ganglien, aber mit normalem, funktionstüchtigem Riechsystem, d.h. bis zu einem gewissen Grade sind die Entwicklungsprozesse, die zur Ausbildung der Funktionssysteme führen, genetisch voneinander unabhängig. Dies ist die experimentelle Rechtfertigung für den Einsatz der Mutantenanalyse bei der Erforschung von Struktur-Funktionsbeziehungen. Mit Hilfe der Genetik kann das Fliegengehirn auf natürliche Weise, seinem Bauplan entsprechend, in funktionelle und strukturelle Untereinheiten zerlegt und schrittweise vereinfacht werden.

Eine Zuordnung von Struktur und Funktion ergibt sich dann aus dem umfassenden Vergleich zwischen Wildtyp und Mutante.

An dieser Stelle kann auf die bisherigen Ergebnisse der *Drosophila*-Gehirnforschung nur exemplarisch eingegangen werden. Hierbei wollen wir einen Blick auf die Gehirnstruktur selbst, auf ihre Komplexität und Schönheit werfen. Dazu beschreiben wir die Golgi-Colonnier Methode, eine der zahlreichen Varianten der Golgi-Färbung von Nervenzellen [4]. Die gewählte Variante liefert bei *Drosophila* zuverlässig Ergebnisse und ist problemlos (bei entsprechender Zeitplanung auch in einem Kurs der reformierten Oberstufe) durchführbar. Damit kann der Blick in das Fliegengehirn durch eigene Untersuchungen vertieft werden. In der Tatsache, daß die Golgi-Methode im wesentlichen zu zufälliger Anfärbung immer wieder anderer Nervenzellen oder Gruppen von Nervenzellen führt, liegt ein wissenschaftlicher Nachteil, aber auch ein ästhetischer Reiz: Jedes neue Golgi-Präparat ist eine Entdeckungsreise, der mit Spannung entgegen gesehen werden darf.

1. Die Golgi-Methode

Als Versuchstiere dienen 1–3 Tage alte Männchen und/oder Weibchen von *Drosophila melanogaster*. Ein Versuchsansatz sollte mindestens 50 Tiere umfassen. Als interessante, leicht zugängliche Mutante kann *sine oculis* (ohne Komplexaugen und Ocellen) verwendet werden (bei den Autoren erhältlich).

1. Tag: Präparieren und Fixieren in Dichromat

1.1. Fixierlösung herstellen: Gemisch aus 25% Glutaraldehyd (1 Volumenanteil) und 2,5% Kaliumdichromat (3 Volumenanteile). Endvolumen 10–20 ml.

1.2. Herstellung feiner Glassplitter (fakultativ s. Schritt 1.4). Objektträger über Bunsenbrenner erhitzen, durch Kälteschock (kaltes Wasser) zersplittern. Grobe Splitter aussieben, feine verwenden.

1.3. Tiere (nicht alle auf einmal) relativ stark mit Äther betäuben.

1.4. Fakultativ: Betäubte Tiere zusammen mit feinen Glassplittern kräftig 30 s mit Reagenzglasschüttler schütteln. Dies führt zu feinverteilten Verletzungen der Cuticula, durch die die Färbelösungen besser eindringen können.

1.5. Den immer noch betäubten Tieren mit scharfer Rasierklinge den Rüssel und die Antennen entfernen, eventuell auch die Augen abkappen.

1.6. Tiere mit neuer Rasierklinge dekapitieren und Köpfe *sofort* in Fixierlösung überführen.

1.7. Köpfe über 7 Tage im Dunkeln bei 20°C in Fixierlösung stehen lassen. Köpfe untertauchen, notfalls mit Schaumgummistopfen nachhelfen.

7. Tag: Färben mit Silbernitrat

7.1. Mehrere Reagenzgläschen mit 0,75% frischer Silbernitratlösung ansetzen.

7.2. Köpfe aus Fixierlösung in möglichst wenig Volumen mit Pasteurpipette aufnehmen und in 0,75% Silbernitrat überführen. Es tritt ein roter Niederschlag auf. Nach leichtem Schütteln Köpfe wieder in Pasteurpipette aufnehmen und in frisches Silbernitrat überführen. Solange wiederholen, bis kein roter Niederschlag mehr auftritt.

7.3. Köpfe in Silbernitrat über 7 Tage im Dunkeln bei 20°C stehen lassen. *Merke:* Die Schritte 1.7. – 7.3. können wiederholt werden. Die Wartezeit wird durch eine viel reichhaltigere Färbung von Zellen belohnt („Massengolgi").

14. Tag: Entwässern mit dem Ziel der Einbettung in Kunstharz (Dauerpräparate)

14.1. Durcupan-Mischung aus den vier Komponenten A/M, B, C, D mit den Bestellnummern Merck Nr. 44610/44611–44614 im Gewichtsverhältnis 22:18:1:2 herstellen.

14.2. Köpfe nacheinander je 10 min in 30%, 50%, 70% Äthanol überführen, dann 2x10 min in 100% Äthanol und schließlich 10 min in getrocknetes Äthanol bringen.

14.3. Köpfe 2x30 min in Propylenoxid (sehr giftig, unter Abzug arbeiten). 60 min in Propylenoxid/Durcupan-Gemisch (Volumenverhältnis 3:1), 60 min in Propylenoxid/Durcupan-Gemisch (Volumenverhältnis 1:1), über Nacht Propylenoxid/Durcupan-Gemisch (Volumenverhältnis 1:3). Gefäße offen lassen, damit Propylenoxid verdunsten kann.

15. Tag: 2x1h in Durcupan, dann Einbettung der Köpfe in Durcupan-Gemisch, 3 h bei Zimmertemperatur stehen lassen, dann 12 h in 45°C und schließlich 48 h in 65°C belassen (Brutschrank).

Eingebettete Köpfe können beliebig lange aufbewahrt werden. Um Schnittpräparate herzustellen, werden sie mit einer Laubsäge zugetrimmt und 35 µm dick geschnitten (falls vorhanden mit Mikrotom, für dicke Schnitte ist auch ein äußerst scharfes Rasiermesser ausreichend). Ganze Köpfe können unter dem Mikroskop betrachtet werden, wenn die äußere schwarze Kristallschicht wegpoliert worden ist. Die Einbettung auf dem Objektträger geschieht am besten wieder mit Durcupan. Die Schnittpräparate sind jahrelang haltbar.

2. Ergebnisse

Die vorliegende Arbeit kann wegen der gebotenen Kürze kein umfassendes Bild des Fliegengehirns liefern. Die dargestellte Information soll jedoch den Laien in die Lage versetzen, eine erste grobe Zuordnung Golgigefärbter Zellen zu Gehirnuntergliederungen vornehmen zu können (s. auch [5]).

Abbildung 1 zeigt eine schematische Aufsicht des Fliegengehirns. Im Gegensatz zum Bau des Wirbeltiergehirns sind im Insektengehirn die Zellkörper der Nervenzellen peripher angeordnet und jeweils nur über einen dünnen Zellkörperfaden mit den eigentlichen nervösen Strukturen im sogenannten *Neuropil* verknüpft. Die Untergliederung des Neuropils spiegelt die Hauptaufgabe des Insektengehirns wider, die Aufnahme und die Verarbeitung der Information, die von den Sinnesorganen des Kopfes bereitgestellt wird. Die wichtigsten Sinnesorgane des Kopfes sind die Komplexaugen und die Antennen. Letztere tragen die Geruchssinneszellen, aber auch mechanorezeptive Elemente, welche der Fliege z.B. die Messung der Windrichtung erlauben. Im folgenden werden wir diejenigen Hirnzentren näher betrachten, die entweder den Komplexaugen oder den Antennen nachgeschaltet sind.

2.1. Die optischen Ganglien

Unterhalb der Komplexaugen liegen die optischen Ganglien, Lamina, Medulla und Lobula-Komplex (bestehend aus Lobula und Lobula-Platte). Dem Aufbau der Komplexaugen aus vielen einzelnen Facetten (Ommatidien) entspricht die Gliederung vor allem von Lamina und Medulla in Neuroommatidien (*Cartridges* und Säulen genannt). Eine Cartridge in der Lamina erhält aus der Retina des Komplexauges acht Rezeptoraxone, welche alle Information vom gleichen Punkt im Sehfeld mitbringen. Nur sechs dieser Axone enden in der Lamina und machen hier synaptischen Kontakt zu nachgeschalteten Zellen, z.B. zu den Monopolarzellen L1-L3 (Abbildung 2b), aber auch zu der einen T1-Zelle pro Cartridge (Abbildung 2a). Zwei Rezeptoraxone, diejenigen der zentralen Sehzellen eines Ommatidiums, projizieren zusammen mit den Cartridge-Elementen der Lamina in eine Säule der Medulla (Abbildung 2a-d, f, i). Hierbei entspricht eine vordere Cartridge einer Säule in der hinteren Medulla, d.h. es kommt zu einer Faserüberkreu-

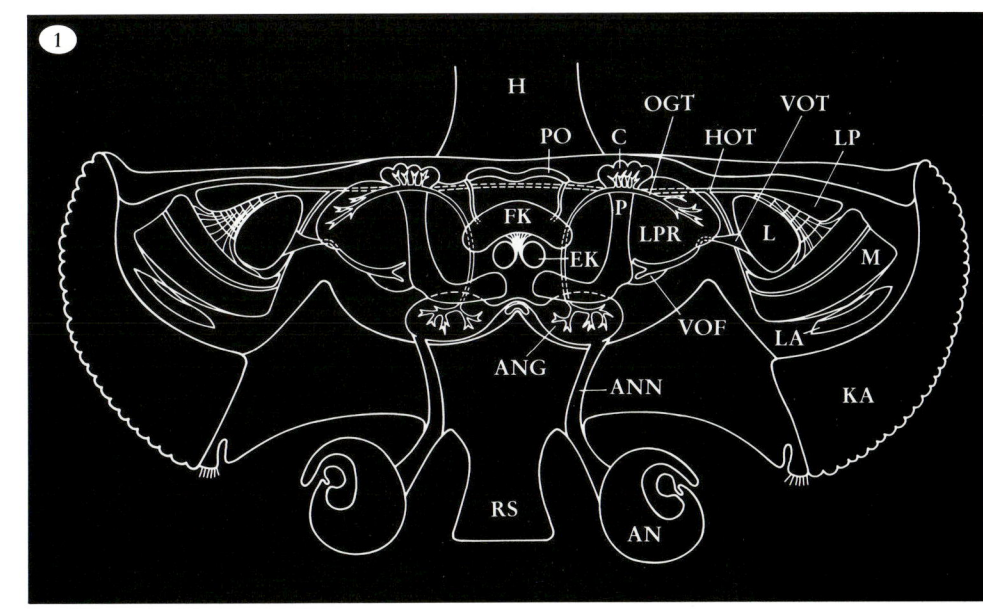

Abb. 1. Schema eines Fliegengehirns, von oben gesehen. AN, Antennen; ANN, Antennennerv; ANG, Antennenganglion; C, Calyx = Hut des Pilzkörpers; EK, Ellipsoidkörper; FK, Fächerförmiger Körper; H, Hals; HOT, Hinterer Optischer Trakt; KA, Komplexauge; L, Lobula; LA, Lamina; LP, Lobula-Platte; LPR, Laterales Protocerebrum; M, Medulla; OGT, Olfactorio-Globularis Trakt; P, Pilzkörper; PO, Pons; RS, Rüssel; VOF, Vorderer Optischer Focus; VOT, Vorderer Optischer Trakt.

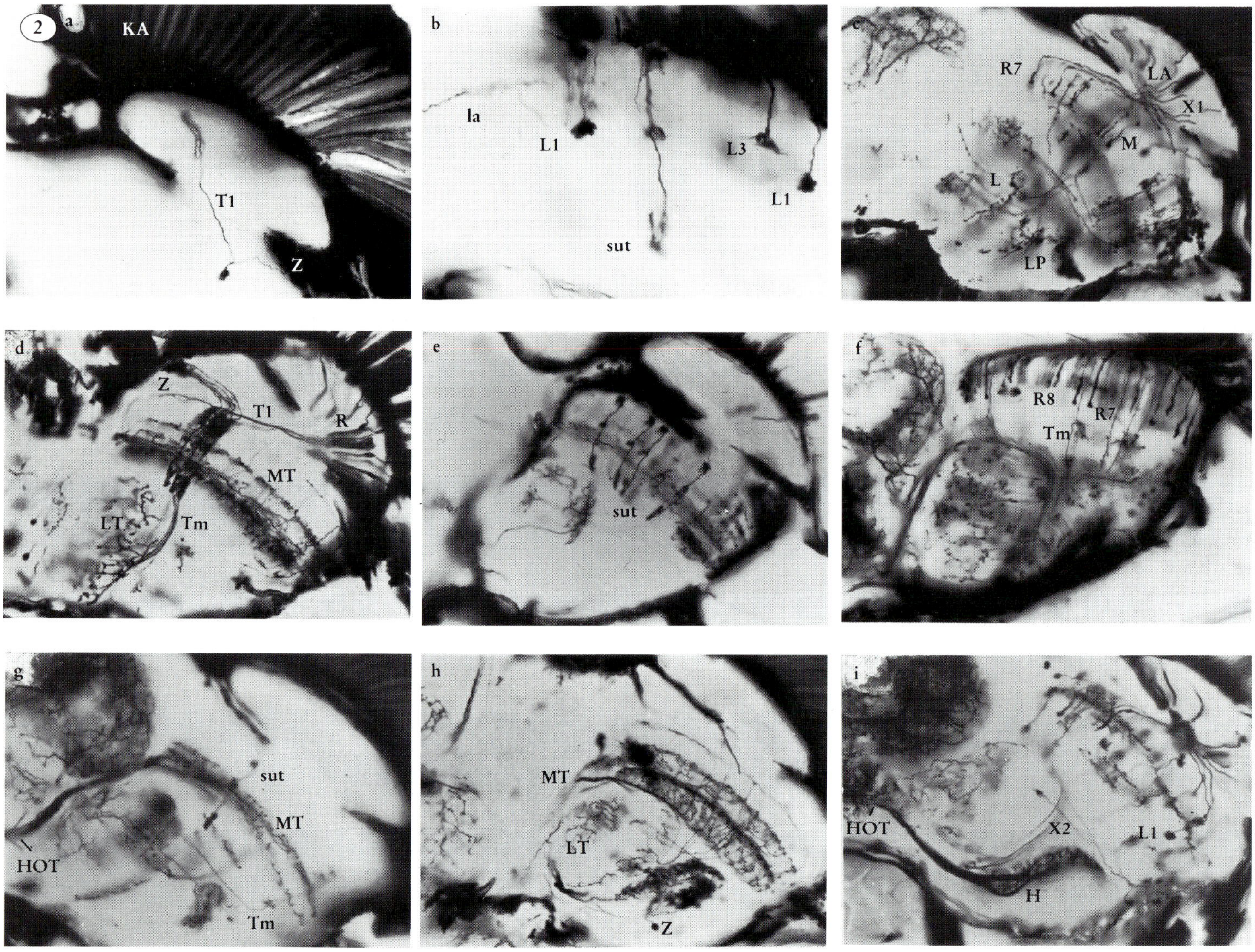

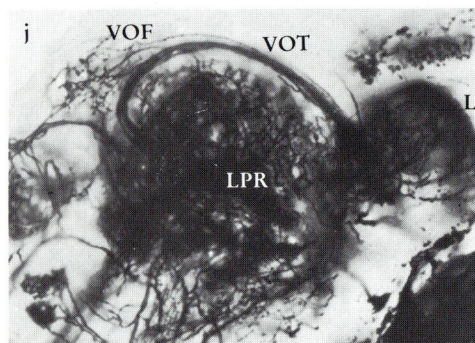

Abb. 2. Beispiele für Nervenzellen in den optischen Ganglien von *Drosophila melanogaster*. a) T1-Zelle, verbindet eine Cartridge der Lamina mit einer Säule der Medulla. b) Medulla-Endigungen der Lamina-Monopolarzellen L1 und L3, sowie zwei Medulla-Zellen: la und sut. c-i) Massengolgi-Präparate der optischen Ganglien. Die hochgeordnete Struktur enthält zwei grundverschiedene Zellklassen, deren dendritische oder telodendritische Verzweigungen senkrecht zueinander ausgebildet sind; nämlich einerseits Säulenelemente, z.B. T1, L1, L3, sut, Transmedulla-Zellen (Tm) und die keulenartigen Endigungen der kurzen (R) wie der langen (R7, R8) Rezeptoraxone der Lichtsinneszellen in der Lamina bzw. der Medulla und andererseits hierzu tangential abgreifende Elemente, verschiedene Medulla(MT)- und Lobula (LT)-Tangentialzellen und z.B. auch die dicken Horizontalzellen der Lobula-Platte (H). j) Der Vordere Optische Trakt, der u.a. die Lobula mit dem Lateralen Protocerebrum und dem Vorderen Optischen Focus verbindet. – X1, erstes optisches Chiasma; X2, zweites optisches Chiasma; Z, Zellkörper; sonstige Abkürzungen wie in Abbildung 1. Vergrößerung in b) 800 fach, sonst einheitlich 320 fach.

zung, dem 1. optischen Chiasma (Abbildung 2c, d, i). Die Medulla ist das an Zellformen reichste optische Ganglion (über 100 Zelltypen). Entsprechend variabel ist ihr Erscheinungsbild in Golgi-Färbungen (Abbildung 2b-i), die trotzdem wesentliche Gesetzmäßigkeiten erkennen lassen. Neben den Säulenelementen sind auch hierzu rechtwinklig verlaufende (tangentiale) Zellen ausgebildet (Abbildung 2d, g, h). Diese anatomische Strukturierung entspricht der funktionellen Notwendigkeit, die Punkt-für-Punkt-Auswertung des Sehfeldes für eine Analyse von z.B. Gestalt und Größe der in ihm befindlichen Objekte zusammenzufassen. Die Säulenelemente der Medulla ziehen durch das 2. optische Chiasma (Abbildung 2c, d, f, i) in die Lobula und/oder in die Lobula-Platte, wobei die Nachbarschaftsbeziehungen zwischen den visuellen Säulen erhalten bleiben. Aus dem Lobula-Komplex projizieren Kleinfeld- und Großfeld-Tangentialzellen in zahlreichen Nerventrakten ins Zentralhirn. Zwei dieser Trakte, der vordere und der hintere, sind exemplarisch in Abbildung 1 festgehalten (s. auch Abbildung 2g, i, j). Es ist ziemlich sicher, daß die verschiedenen optischen Nerven verschiedene Informationen mit sich führen, also eine räumliche Separierung der Wahrnehmungsqualitäten im Fliegengehirn vorliegt. Die Fliege ist *kein* Reflexautomat. Ob ein visueller Reiz ein spezielles Verhalten oder ein anderes in einem bestimmten Moment auslöst, hängt von dem Erregungszustand des Zentralhirns ab und davon, was sonst noch für Information, z.B. an den Antennen, ansteht.

2.2. Das Riechsystem

Die Riechzellen einer Fliegenantenne senden ihre Axone über den Antennennerv in das Antennenganglion der jeweiligen Seite (mechano-rezeptive Fasern im Antennennerv ziehen an dem Antennenganglion vorbei und projizieren in weiter hinten gelegene, ventrale Gebiete des Zentralhirns). Die beiden Antennenganglien sind über eine Kommissur verbunden (Abbildung 1). Über den Olfaktorio-Globularis Trakt (OGT, Abbildung 3) wird die vorverarbeitete Geruchsinformation weitergeleitet, und zwar sendet jede in diesem Trakt verlaufende Faser einen Seitenast in den Hut der Pilzkörper, den *Calyx*, und zieht dann weiter ins laterale Protocerebrum, einen Neuropilbereich des Zentralhirns, in dem auch viele Fasern aus den optischen

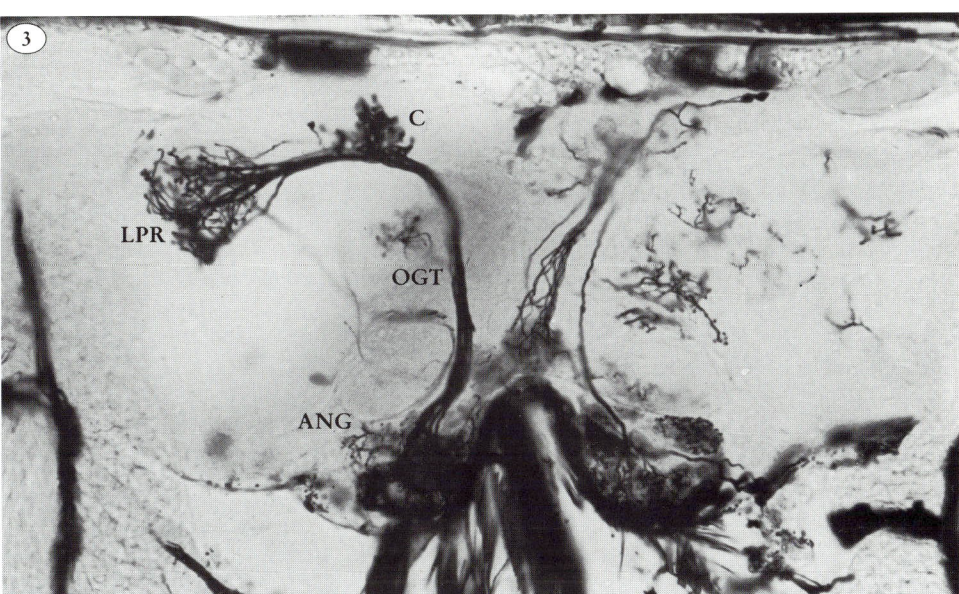

Abb. 3. Zentralhirn von *Drosophila melanogaster* mit Antennenganglien und Olfaktorio-Globularis-Trakt einseitig in voller Länge. Die Verzweigungen der hierin verlaufenden Zellen in der Calyxregion und im lateralen Protocerebrum sind gut sichtbar. Abkürzungen wie in Abbildung 1. Vergrößerung 275 fach.

Abb. 4. Zentralhirn der *sine-oculis*-Mutante von *Drosophila melanogaster*. Es zeigt sehr schön die normal aussehenden Pilzkörper sowie den Zentralkomplex mit fächerförmigem Körper und Ellipsoidkörper. Abkürzungen wie in Abbildung 1. Vergrößerung 275 fach.

Ganglien enden. Die Tatsache, daß eine Kopie der Geruchsinformation die Haupteingangsinformation für die Pilzkörper bildet, ist in seiner funktionellen Bedeutung noch unverstanden. Die auffälligen pilzähnlichen

Gebilde des Insektengehirns (Abbildung 4) erhalten ihre Form durch viele tausend Nervenzellen ähnlicher Gestalt, welche im Hutbereich die Endkolben der OGT-Fasern umhüllen und dann parallel als Pilzkörperstiel das ganze Zentralhirnneuropil durchziehen. Eine Struktur des Zentralhirns, die vermutlich sowohl optische als auch olfaktorische Information erhält, ist der *Zentralkomplex* (Abbildung 4), bestehend aus fächerförmigem Körper und Ellipsoidkörper. Es liegt die Vermutung nahe, daß er als unpaares Gebilde im Zentrum des Gehirns wichtige Aufgaben bei der Abstimmung der Gehirnhemisphären zu erfüllen hat.

2.3. Die *sine oculis*-Mutante

Die *sine oculis (so)*-Mutante soll als Beispiel für den Nutzen der Mutantenanalyse in der Hirnforschung erwähnt werden. Augenlose *so*-Mutanten stellen ein „natürliches Experiment" dar, in dem der Einfluß des fehlenden Sinnesorgans auf die übrige Gehirnstruktur studiert werden kann. Abbildung 4 zeigt das Zentralhirn von *so*. Es ist in den allermeisten Einzelheiten dem des Wildtyps sehr ähnlich (Abbildung 1). Erwartungsgemäß sind es vor allem die optischen Ganglien, welche drastische Veränderungen erfahren haben (Abbildung 5a). Hierbei ist eine deutliche Abschwächung der Anomalien von peripher nach zentral feststellbar: Die Lamina fehlt völlig. Die Medulla ist, besonders in ihrem distalen Teil, sehr stark reduziert. Ihr Neuropil besteht z.T. aus bizarren Verzweigungen von Nervenzellen, die sich häufig trotzdem klassifizieren lassen. So sind z.B. die meisten Medulla-Tangentialzellen und damit auch der Hintere Optische Trakt ausgebildet.

Andere Neurone in der Medulla besitzen sogar mehr oder weniger ihre normale Gestalt, z.B. einige Tm- und T-Zellen. Einen in dieser Hinsicht noch normaleren Eindruck hinterlassen Lobula und Lobula-Platte. Sie enthalten viele mit wildtypischen Zellen eindeutig homologisierbare Neurone, die auch eine der Lobula eigene Periodizität sichtbar werden lassen (z.B. Abbildung 5b). Die *sine oculis*-Mutante demonstriert hiermit, daß der Aufbau der optischen Ganglien aus periodischen Untereinheiten nicht völlig von der Periodizität der Komplexaugen aufgestempelt ist, sondern zum Teil eine autonome Eigenschaft ihres Entstehungsprozesses darstellt.

(Wir danken Prof. Dr. M. Heisenberg für die kritische Durchsicht des Manuskripts).

Literatur

[1] Fischbach, K. F., and M. Heisenberg: Structural brain mutant of *Drosophila melanogaster* with reduced cell number in the medulla cortex and with normal optomotor yaw response. Proc. Nat. Acad. Sci. USA **78**, 1105–1109 (1981).

[2] Heisenberg, M., R. Wonneberger and R. Wolf: optomotor-blind[H31], a *Drosophila* mutant of the lobula plate giant neurons. J. comp. Physiol. **124**, 287–296 (1978).

[3] Heisenberg, M., and K. Böhl: Isolation of anatomical brain mutants of *Drosophila* by histological means. Z. Naturforsch. **34c**, 143–147 (1979).

[4] Strausfeld, N. J.: The Golgi-Method: Its Application to the Insect Nervous System and the Phenomenon of Stochastic Impregnation. In: Neuroanatomical Techniques (Strausfeld, N. J., and T. A. Miller, eds.) Springer-Verlag, New York – Heidelberg – Berlin, 1980.

[5] Strausfeld, N. J.: Atlas of an Insect Brain. Springer-Verlag, New York – Heidelberg – Berlin, 1976.

Biologie in unserer Zeit **1981**, *11*, 183–187.

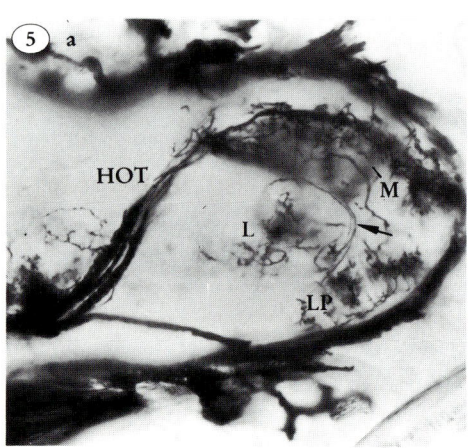
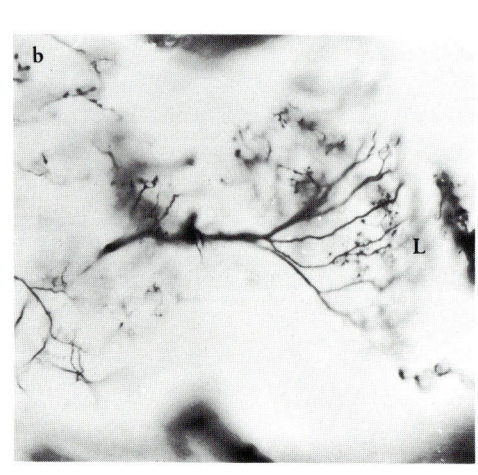

Abb. 5. Nervenzellen in den Rudimenten der optischen Ganglien augenloser *sine oculis*-Mutanten. a) Zellen in Medulla, Lobula und Lobula-Platte. Der Hintere Optische Trakt ist ausgebildet und die Medulla mit Verzweigungen der Medulla-Tangentialzellen angefüllt. Es verlaufen auch Fasern im zweiten optischen Chiasma, welche von Säulenelementen stammen (Pfeil). **b)** Fächerförmige Lobula-Tangentialzelle. Sie spiegelt die auch noch in der augenlosen Mutante periodisch geordnete Struktur der Lobula wider. Abkürzungen wie in Abbildung 1. Vergrößerungen 320 fach.

Donat-P. Häder

12. Bewegungssteuerung von Blaualgen durch Licht

Fädige Blaualgen – wie z. B. die Gattung *Phormidium* – bilden mattenartige Überzüge auf dem Boden flacher Pfützen, Tümpel oder langsam fließender Bäche [1]. Diese photosynthetischen Organismen sind für ein optimales Wachstum auf einen engen Lichtintensitätsbereich angewiesen. Bei zu starker Lichteinstrahlung werden die photosynthetischen Pigmente – Chlorophyll a, Carotinoide und Phycobiline – ausgebleicht und bei zu geringer Bestrahlung geraten die Organismen in eine Energiemangelsituation.

Zur ökologischen Anpassung an die sich ändernden Lichtverhältnisse verwenden die beweglichen Blaualgen eine recht einfache, aber sehr wirkungsvolle Steuerung [2]: plötzliche Änderungen der Lichtintensität wie beim Eintauchen in eine Schattenzone oder ein sehr helles Lichtfeld induzieren eine Bewegungsumkehr, wobei die Filamente auf ihrer ursprünglichen Bahn zurückkriechen [4, 6]. Diese Umkehrreaktionen, die durch Änderungen der Bestrahlungsstärke ausgelöst werden, bezeichnet man als photophobische Reaktionen [3].

Für die Photoperzeption benutzen diese Blaualgen die photosynthetischen Pigmente, wie das Aktionsspektrum beweist. Die Steuerung der Bewegungsumkehr erfolgt durch elektrische Potentialänderungen. Das intrazelluläre elektrische Potential wird durch ein Ungleichgewicht von Ionenkonzentrationen zwischen innen und außen hervorgerufen; das Cytoplasma ist negativ gegenüber der Außenwelt. Bei Belichtung werden über die Photosynthese Protonen aus dem Cytoplasma in die Thylakoide (konzentrisch angeordnete, in sich geschlossene Vesikel) transportiert, so daß im Licht das intrazelluläre Potential noch negativer wird. Wenn das Vorderende in eine Schattenzone eintaucht, bricht dieser lichtinduzierte Protonengradient zusammen und das Cytoplasma wird depolarisiert.

Solche Potentialänderungen könnten die Bewegungsumkehr steuern, jedoch ist hier schon

theoretisch eine Signalverstärkung zu fordern, da bereits sehr geringe Intensitätsänderungen phobische Reaktionen auslösen können. Diese biologische Verstärkung elektrischer Signale beruht auf spannungsgesteuerten Ionenflüssen durch die Membran. Solche Mechanismen, die wie die Verstärkung in einem Transistor arbeiten, finden sich bei allen Erregungsvorgängen in Prokaryoten, Pflanzen und Tieren. Die verantwortlichen Strukturen sind Kanäle in der Cytoplasmamembran, die zwei entscheidende Eigenschaften besitzen: zum einen lassen sie sehr selektiv nur bestimmte Ionen passieren, und zum anderen kann ihr Öffnungszustand durch eine kleine elektrische Potentialänderung beeinflußt werden.

Solche Änderungen des elektrischen Potentials treten beim Aufbau und Zusammenbruch des Protonengradienten über der Thylakoidmembran auf. Bei *Phormidium* konnte gezeigt werden, daß bei einer Verdunklung des Vorderendes Ca^{++}-Kanäle öffnen und ein massiver Ca^{++}-Einstrom das elektrische Potential des Cytoplasmas teilweise zusammenbrechen läßt [5]. Dieser Einstrom folgt einem Gradienten, der vorher durch energieabhängige Pumpen aufgebaut worden ist.

Durch diesen Mechanismus wird der elektrische Potentialgradient zwischen dem Vorder- und Hinterende umgekehrt, der die Bewegungsrichtung diktiert. Das jeweilige Vorderende ist um etwa 10 mV negativer als das Hinterende [7].

Die Fäden bewegen sich gleitend; sie besitzen weder Geißeln noch Cilien. Sie sezernieren eine Schleimschicht (Abbildung 1a) aus fibrillärem Material, in dem sie hin- und herkriechen. Dieses Schleimrohr haftet am Substrat fest. Es wird von allen Zellen produziert und damit nach hinten immer dicker. Beim Verlassen kollabiert das Schleimrohr und wird durch die Rotation der Fäden um die Längsachse tordiert (Abbildung 1b).

Die Kultur der Blaualgen ist sehr einfach. Man

kann sie in Petrischalen auf einem mineralischen Medium anziehen, das in 1 l folgende Substanzen enthält (nach Piper):

0,8 g KNO$_3$
0,2 g K$_2$HPO$_4$ x 3 H$_2$O
0,2 g Ca(NO$_3$)$_2$ x 4 H$_2$O
0,2 g MgSO$_4$ x 7 H$_2$O
3,5 g Agar Agar.

Das Medium wird aufgekocht und je 20 ml in die Schalen gefüllt. Nach dem Erstarren kann man es mit einem Membranfilter (Sartorius, 0,2 μm, 90 mm ⌀) abdecken; das erleichtert das Ernten der Algen nach etwa fünf Tagen. Die Algen werden im Zentrum angeimpft und bei Raumtemperatur im Schwachlicht gehalten (Tageslicht, Glühlampen oder Leuchtstoffröhren). Direkte Sonneneinstrahlung sollte ver-

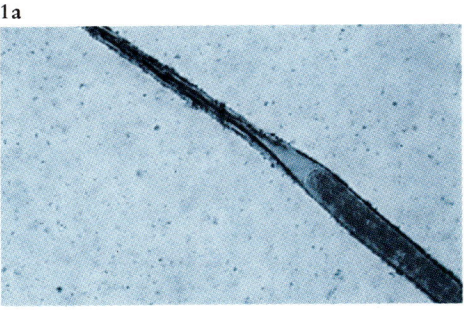

1a

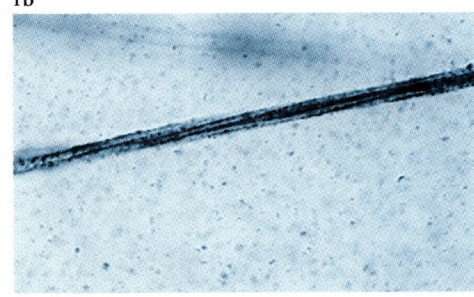

1b

Abb. 1. Die mit Tuschepartikeln angefärbte Schleimschicht kollabiert beim Herauskriechen der *Phormidium*-Trichome (a) und wird durch die Rotation der Fäden tordiert (b).

2

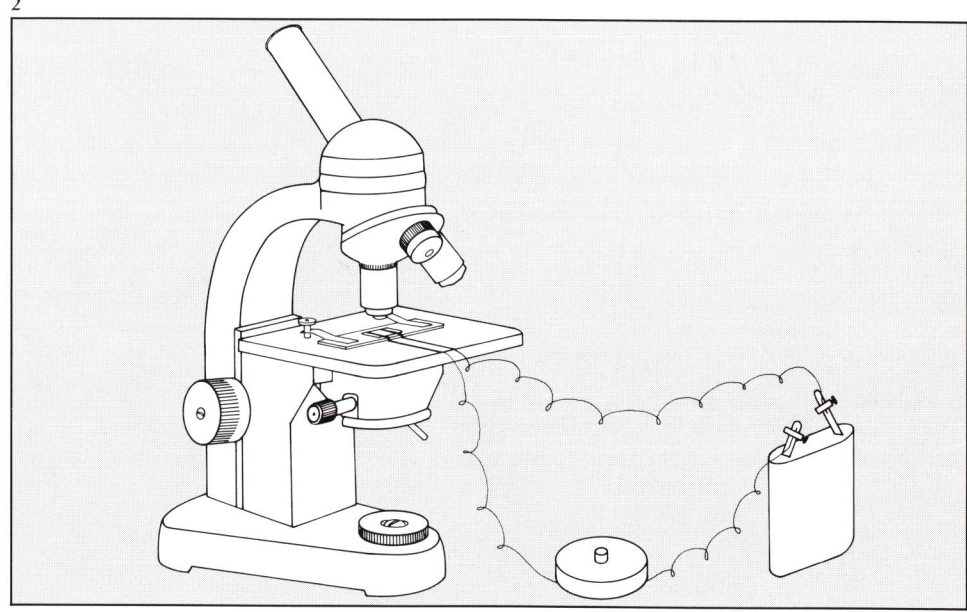

3

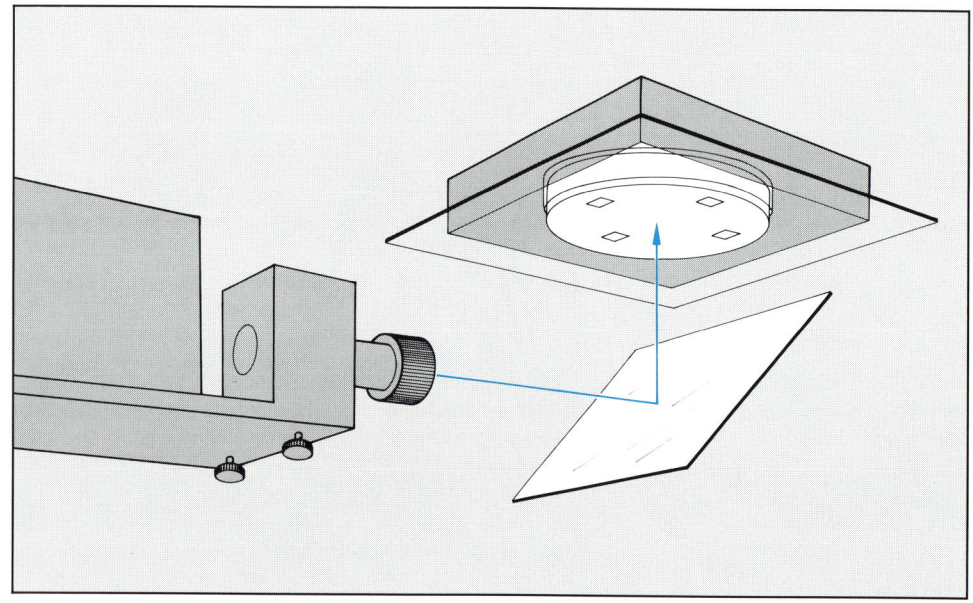

Abb. 2. Die Bewegung der Algen wird unter dem Mikroskop verfolgt. Über Drahtelektroden läßt sich ein externes elektrisches Feld anlegen.

Abb. 3. Aufbau zur Ansammlung von Algen in Lichtfeldern. Die Blaualgen sind homogen in einem Agar verteilt und werden von unten mit einem Muster bestrahlt, das von einem Diaprojektor beleuchtet wird. Statt des Musters im Boden des Dunkelkastens kann man ein photographisches Negativ in die Diaebene einlegen und in die Ebene der Organismen projizieren.

Tusche eintaucht und im Präparat verrührt. Zu hohe Tuschekonzentrationen wirken wegen des zugesetzten Phenols toxisch, und außerdem wird das Präparat zu dunkel.

Photophobische Reaktionen kann man unter dem Mikroskop direkt beobachten oder durch Populationsmethoden nachweisen.

Experiment 2:
Photophobische Reaktionen

Die Umkehr der Bewegungsrichtung kann sowohl durch zeitliche als auch durch räumliche Änderungen der Lichtintensität nachgewiesen werden. Wenn man nach einer Adaptationszeit von mehreren Minuten die Intensität des Beobachtungslichtes plötzlich herabsetzt, indem man z. B. ein Neutralglasfilter mit einer Transmission von etwa 10% (oder ein dunkles Sonnenbrillenglas) in den Strahlengang einschiebt, beobachtet man, daß die meisten Organismen nach einer Verzögerungszeit von einigen Sekunden bis zu etwa zwei Minuten anhalten und nach kurzem Halt die Richtung umkehren. Je größer die Intensitätsabnahme ist, desto mehr Organismen reagieren und desto kürzer ist die Reaktionszeit. Die Ausgangsintensität des Beobachtungslichtes sollte nicht zu hoch sein, da das Reaktionsoptimum bei etwa 2000 lx liegt. Die Algen werden wesentlich sensibler, wenn man sie über Nacht vorverdunkelt hat.

Räumliche Intensitätsunterschiede lassen sich dadurch herstellen, daß man die Leuchtfeldblende des Mikroskops in der Objektebene scharf abbildet. Ein Organismus, der von außen in das Lichtfeld hineinkriecht, reagiert

mieden werden. Die Lichtintensität sollte etwa 500 lx betragen. Falls kein Luxmeter zur Verfügung steht, kann man auch einen Kamera-Belichtungsmesser einsetzen: Wenn man gegen eine mit 500 lx bestrahlte Fläche mißt und auf 21 DIN (100 ASA) einstellt, mißt man bei Blende 8 eine Verschlußzeit von 1/15 Sekunde.

Experiment 1:
Bewegung der Blaualgen

Die Bewegung der Blaualgen läßt sich leicht unter dem Mikroskop demonstrieren. Wenn man die Fäden auf einen Objektträger in etwas

Flüssigkeit bringt und ein paar Minuten wartet, bis sich die Schleimscheiden am Glas angeheftet haben, beobachtet man das gleitende Vorwärtskriechen. *Phormidium uncinatum* erreicht dabei eine mittlere Geschwindigkeit von 175 µm pro Minute. Häufig liegen mehrere Fäden parallel, die in die gleiche oder entgegengesetzte Richtung kriechen. Bei stärkerer Vergrößerung erkennt man die Rotation um die Längsachse, die artspezifisch ist: *Phormidium* rotiert in Bewegungsrichtung gesehen gegen den Uhrzeigersinn. Die Bildung der Schleimscheide läßt sich gut nachweisen, indem man etwas Zeichentusche zusetzt. Dabei genügt es, wenn man eine Nadelspitze in die nicht. Erst wenn er versucht, das Lichtfeld wieder zu verlassen, kommt es zu einer phobischen Umkehrreaktion. Wie tief der Algenfaden in das Dunkelfeld hineinkriecht, hängt von seiner Länge ab; es muß ein gewisser Prozentsatz der Zellen verdunkelt werden.

Experiment 3:
Elektrische Steuerung der Bewegungs-richtung

Da die Bewegungsrichtung durch ein elektrisches Potential zwischen Vorder- und Hinterende diktiert wird, kann man die Bewegung von außen her manipulieren. Wenn man zwei Elektroden (Silber- oder Platindrähte) unter dem Deckglas befestigt und über einen Schalter mit einer Gleichspannungsquelle (4,5 V Batterie) verbindet, kann man durch Einschalten der Spannung bei den Organismen eine Umkehr induzieren, die parallel zu den elektrischen Feldlinien auf die Anode zukriechen (Abbildung 2).

Experiment 4:
Ansammlung in Lichtfeldern

Da die Fäden nur beim Verlassen eines nicht zu hellen Lichtfeldes mit einer Bewegungsumkehr reagieren, nicht aber beim Eintritt, sammeln sich im Laufe der Zeit immer mehr Organismen an. Dieses Phänomen kann man ausnutzen, um beliebige Ansammlungsmuster zu erzeugen.
Die Algen werden geerntet und in einem Homogenisator mit rotierenden Messern in kürzere Stücke geteilt; man kann sie auch mit einer Rasierklinge auf einer Glasplatte zerkleinern. Je kürzer die Fadenstücke sind, desto schärfer werden die produzierten Ansammlungen. Jeweils 20 ml 0,1% Wasseragar werden bis zur Lösung erhitzt und auf 40° abgekühlt. Nun vermischt man die Algen gleichmäßig und gießt den Agar luftblasenfrei in Petrischalen, wo er erstarrt. Die Menge des Algenmaterials läßt sich schwer quantitativ erfassen. Als Richtwert können 0,7 g Algen pro Schale gelten, die man vor dem Wiegen 1 Minute lang abtropfen läßt. Nach Verdunklung über Nacht werden die Schalen in Dunkelkästen gesetzt und durch das Muster im Boden belichtet (Abbildung 3). Ein Diaprojektor liefert einen recht gut parallelen Strahlengang, den man mit einem Spiegel nach oben umlenken kann. Die Lichtintensität ist nicht sehr kritisch; Werte um einige 1000 lx geben gute Resultate.

4

Abb. 4. Photographisches Positiv aus trockenen fixierten Blaualgen, die sich in den hellen Zonen des projizierten Negativs angesammelt haben. Das Bild zeigt die „Todesspirale" einer Berg- und Talbahn in einem Freizeitpark.

Man kann auch ein photographisches Negativ in die homogene Suspension der Algen projizieren. Dazu wird das Negativ wie ein Dia gerahmt, in den Diahalter des Projektors gesetzt und auf die Algenschicht scharf gestellt. Da die Algen selbst auf schwache Intensitätsunterschiede reagieren, lassen sich sogar Halbtonaufnahmen sehr gut darstellen. Für die Demonstrationsaufnahme (Abbildung 4) wurden 28000 lx eingestrahlt (vor Einschieben des Negativs gemessen). Bei dieser Beleuchtungsstärke zeigt der Belichtungsmesser Blende 22 und eine Verschlußzeit von 1/500 Sekunde an (21 DIN), wenn man die Kamera im Abstand des Objekts direkt auf den Projektor richtet.

Zur Fixierung der erhaltenen Bilder kann man nach etwa 12 h vorsichtig den Deckel der Petrischalen abnehmen und den Agar austrocknen lassen. Die Algen werden dabei einfach in ihrer Position eingetrocknet. Damit der trocknende Agarfilm nicht reißt, empfiehlt es sich, die Schale vor dem Gießen mit einer Spur Glycerin einzureiben. Diese Bilder halten sich, besonders wenn sie vor Ausbleichen geschützt werden, mehrere Jahre.

Die Blaualgen (*Phormidium uncinatum*) können bei der Sammlung von Algenkulturen, Prof. Dr. U. G. Schlösser, Pflanzenphysiologi-sches Institut der Universität, Nikolausberger Weg 18, D-3400 Göttingen, oder vom Autor bezogen werden.

Literatur

[1] Carr, N. G., B. A. Whitton (Hrsg.) (1982) Botanical Monographs, Band 19, Blackwell Scientific Publications, Oxford.

[2] Castenholz, R. W. (1982) Botanical Monographs (N. G. Carr, B. A. Whitton Hrsg.) Band 19, 413–439.

[3] Diehn, B., M. Feinleib, W. Haupt, E. Hildebrand, F. Lenci, W. Nultsch (1977) Photochem. Photobiol. **26**, 559–560.

[4] Häder, D.-P. (1979) In: Encyclopedia of Plant Physiology, Vol. 7 (W. Haupt, M. E. Feinleib Hrsg.) Springer-Verlag, Heidelberg.

[5] Häder, D.-P. (1982) Arch. Microbiol. **131**, 77–80.

[6] Häder, D.-P. (1984) BIUZ **14**, 78–83.

[7] Murvanidze, G. V., A. N. Glagolev (1982) J. Bacteriol. **150**, 239–244.

Biologie in unserer Zeit **1985**, *15*, 27–29.

Peter Hagemann

13. Osmose und Turgor

Grundlegend für das Verständnis der osmotischen Verhältnisse von Pflanzenzellen ist die Gleichung

$$S = O - W \qquad (1)$$

wo S = Saugkraft der Vakuole*, O = osmotischer Wert des Zellsaftes und W = Wanddruck bedeuten. Diese Beziehung wird dynamisch durch das Höflersche Zustandsdiagramm illustriert (Abbildung 1). Experimentell lassen sich S und O messen, W berechnen sowie qualitativ veranschaulichen:

Versuch 1: Osmotischer Wert einer Pflanzenzelle (Brauner, 1932). Maßgebend für diesen Versuch ist die Tatsache, daß für die Beschreibung osmotisch wirksamer Lösungen die Gasgesetze anwendbar sind, im vorliegenden Fall insbesondere das Boyle-Mariottesche Gesetz: Für eine bestimmte Gasmenge (= Menge an osmotisch wirksamen Teilchen) ist bei konstanter Temperatur das Produkt aus (osmotischem) Druck und Volumen konstant. Es gilt also:

$$c_0 \cdot V_0 = c_p \cdot V_p \qquad (2)$$

wo c_0 = osmotischer Wert des Zellsaftes einer Zelle, V_0 = deren Volumen (exakt: Vakuolenvolumen), c_p = osmotischer Wert derselben Zelle im plasmolysierten Zustand, V_p = Volumen der plasmolysierten Vakuole bedeuten. Der gesuchte osmotische Wert der unplasmolysierten Zelle ist demnach:

$$c_0 = \frac{c_p \cdot V_p}{V_0} \qquad (3)$$

---

*Dabei handelt es sich allerdings um einen *Druck*, nicht um eine Kraft. Manche Autoren sprechen daher von „Sog" bzw. „Saugspannung".

In Gleichung (3) ist c_p bekannt, nämlich im Gleichgewichtszustand gleich der Konzentration des Plasmolytikums. Die Volumina lassen sich an zylindrischen, plasmaarmen Zellen mit dem Meßokular leicht ermitteln (Abbildung 2): Das Anfangsvolumen ist der Zylinder mit dem Radius $\frac{B}{2}$ und der Höhe H:

$$V_0 = \left(\frac{B}{2}\right)^2 \cdot \pi \cdot H \qquad (4)$$

Das Endvolumen setzt sich zusammen aus dem Zylinder mit demselben Radius und der Höhe L — B plus den beiden Halbkugeln mit dem Radius $\frac{B}{2}$:

$$V_p = \left(\frac{B}{2}\right)^2 \cdot \pi \cdot (L - B) + \frac{4}{3}\left(\frac{B}{2}\right)^3 \cdot \pi \qquad (5)$$

Durch Einsetzen von (4) und (5) in (3) ergibt sich:

$$c_0 = c_p \frac{L - \frac{B}{3}}{H} \qquad (3a)$$

Der Versuch wird mit *Spirogyra*, am besten mit einer einbändigen Rasse durchgeführt. Einige Fäden werden auf einen Objektträger gebracht, das überschüssige Wasser wird abgetupft und die Zellen mit 0,6-m Rohrzuckerlösung plasmolysiert (Abbildung 3). Nach ca. 20 min mißt man die relativen Dimensionen (in Teilstrichen) an einigen Zellen desselben Fadens und trägt sie in eine Wertetabelle ein (Tabelle 1). Die in mol/l erhaltenen Werte wurden mittels Tabelle 2 in Atmosphären umgerechnet.

Die Kenntnis des osmotischen Wertes ist vor allem in der Oekologie wichtig, da er eine wesentliche Rolle im Leben der Einzelpflanze wie auch für die Pflanzengesellschaften spielt. Praktisch wird diese Größe freilich aus verschiedenen Gründen nicht mit der beschriebenen Methode („Plasmo-

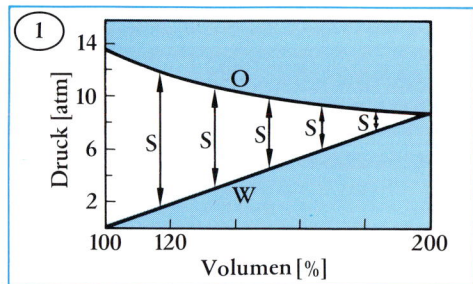

Abb. 1. Änderung der osmotischen Zustandsgrößen bei der Wasseraufnahme. Die Modellzelle ist links im Zustand der Grenzplasmolyse, rechts voll turgeszent (aus Mohr).

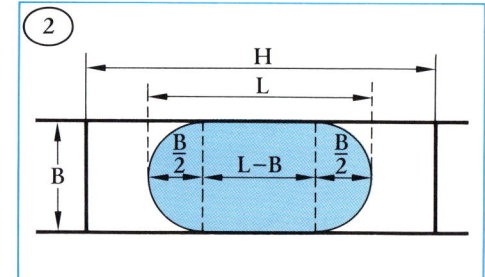

Abb. 2. Geometrie einer zylindrischen Zelle im unplasmolysierten und plasmolysierten Zustand.

metrie", nach Karl Höfler, 1918) gemessen, sondern meist mit Hilfe der Gefrierpunktserniedrigung. Eine 1-molale wässerige Lösung einer nicht dissoziierenden Substanz hat einen Gefrierpunkt von —1,86°C. Diese Gefrierpunktserniedrigung ist *nur von der Zahl*, nicht aber von der Art der gelösten Teilchen abhängig. Deshalb kann aus der genauen Messung der Gefrierpunktserniedrigung von Zellsäften deren Konzentration an osmotisch aktiven Teilchen ermittelt werden (*Kryoskopie*).

Versuch 2: Saugkraftmessung. Eine Zelle kann aus der umgebenden Lösung dann

Tabelle 1. Wertetabelle zur Ermittlung des osmotischen Wertes von Spirogyra-Zellen.

Zelle	H	B	L	c_o	
	(in Teilstrichen)			(mol/l)	(atm)
1	25	9	19	0,38	10,5
2	29	9	22	0,39	10,8
3	28	9	21	0,38	10,5
4	26	9	20	0,39	10,8
5	26	9	19	0,37	10,2

Tabelle 2. Osmotische Werte von Rohrzuckerlösungen, Umrechnung molarer Konzentrationen in Atmosphärenwerte (vereinfacht nach Steubing, 1965).

mol/l	atm	mol/l	atm
0,01	0,3	0,50	14,3
5	1,3	5	16,0
0,10	2,6	0,60	17,8
5	4,0	5	19,6
0,20	5,3	0,70	21,5
5	6,7	5	23,6
0,30	8,1	0,80	25,5
5	9,6	5	27,6
0,40	11,1	0,90	29,7
5	12,7	5	32.1
		1,00	34,6

Wasser aufnehmen, wenn deren osmotischer Wert geringer ist als die Saugkraft der Zelle. Umgekehrt gibt die Zelle an eine hypertonische Außenlösung Wasser ab. Im ersten Fall vergrößert die Zelle durch die Wasseraufnahme Masse und Volumen, im zweiten Fall nehmen diese Größen ab. Durch Einbringen der Zelle in eine Reihe von Lösungen steigender Konzentration kann experimentell diejenige gefunden werden, in der keine Volumenänderung stattfindet; ihr osmotischer Wert entspricht der Saugkraft der Zelle.

Der Versuch läßt sich besonders elegant im Makromaßstab als Messung von Längenänderungen durchführen (verändert nach Brauner, 1932): Man stellt aus einer 1-m Rohrzuckerlösung (342 g Saccharose pro 1 Lösung) eine Konzentrationsreihe von 0,2, 0,4, 0,6, 0,8 und 1,0 mol/l in 100-ml-Bechergläsern her und bereitet zusätzlich 2 Bechergläser mit aqua dem. vor. Aus einer großen Kartoffelknolle sticht man mit einem Korkbohrer 7 Gewebezylinder aus und bringt sie auf gleiche Länge (40—60 mm). Jeder Zylinder wird in eines der Bechergläser gebracht, der eine Ansatz in reinem Wasser wird 10 min zum Sieden erhitzt. Nach 6 h mißt man die Länge der Zylinder. Einige haben sich ausgedehnt, andere sind geschrumpft (Abbildung 4).

Der hitze-inaktivierte Zylinder weist eine unveränderte Länge auf. Das zeigt, daß die Wasserverschiebungen nur in der lebenden Zelle ablaufen, d. h. intakte Plasmamembranen voraussetzen. Die Zylinder in den Lösungen von 0,6 mol/l und konzentrierter sind nicht nur geschrumpft, sondern auch schlaff geworden. Hier ist offenbar in den Zellen Plasmolyse eingetreten, der Wanddruck ist W = 0. Dieser „Mangelversuch" illustriert das wichtigste Fertigungsprinzip der krautigen Pflanze: Die Festigkeit des aufgepumpten Fußballs, wobei die mit Salzlösung gefüllte Vakuole der aufgepumpten Blase gleicht und die mehr oder weniger starre Zellwand der prallen Lederhülle analog ist. — Die Ermittlung der Saugkraft erfolgt grafisch, indem man in einem Diagramm die gemessenen Längenänderungen aufträgt und abliest, bei welcher Konzentration keine Änderung eingetreten ist (Abbildung 5). Die Saugkraft beträgt beim dargestellten Versuch (Zylinderlänge = 40 mm) 0,26 mol/l bzw. 7,0 atm (Tabelle 2).

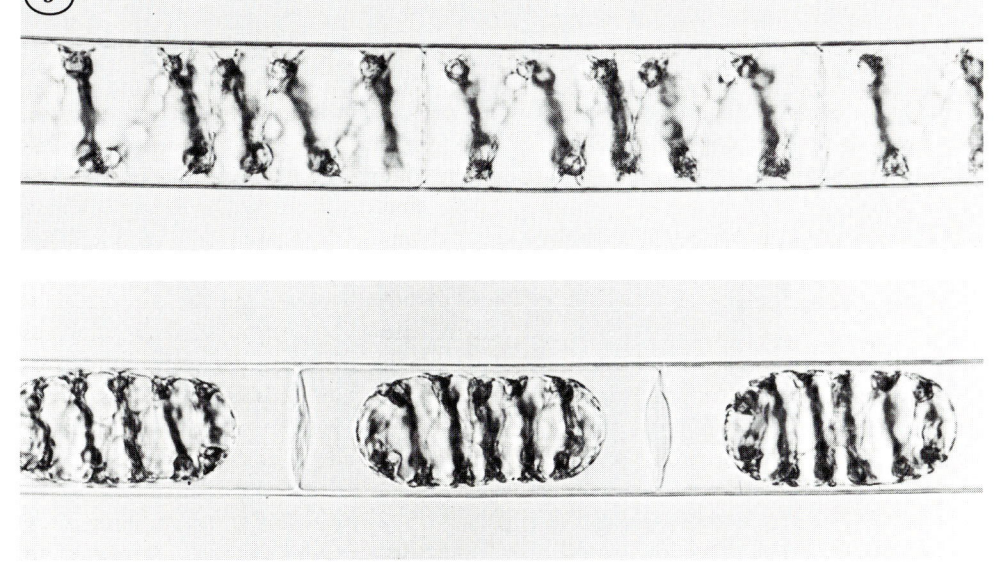

Abb. 3. Spirogyra-Zellen unplasmolysiert (oben) und nach Plasmolyse in 0,6-m Saccharose (unten).

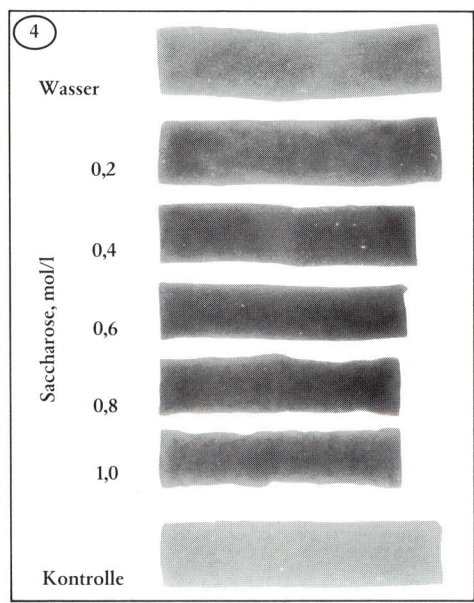

Abb. 4. Kartoffelzylinder nach 6-stündiger Inkubation (Kontrolle hitzeinaktiviert).

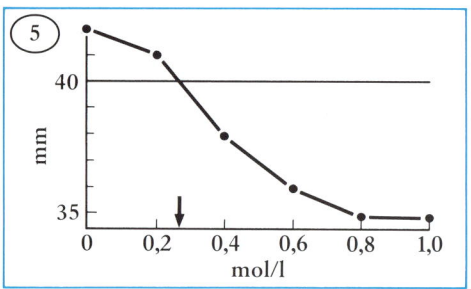

Abb. 5. Grafische Darstellung der Resultate von Abbildung 4. Ausgangslänge: 40 mm. Der Schnittpunkt der Kurve mit der Ausgangslänge läßt an der Abszisse die Saugkraft ablesen (Pfeil).

Versuch 4: Gewebespannung. Im Versuch 2 wurde in einem homogenen Gewebe gezeigt, daß das ausbalancierte Wechselspiel von Wanddruck und Vakuolendruck (Turgor) wesentlich für die Festigkeit krautiger Organe verantwortlich ist. Bei differenzierter gebauten Pflanzenteilen findet man darüber hinaus in den einzelnen Geweben abgestufte Wanddruckwerte, es ergeben sich physiologische Überstrukturen, die einen maßgeblichen Anteil an der Gestalt des Organs haben. Bei vielen krautigen Achsenorganen ist z. B. der Turgor der inneren Gewebe höher als der der äußeren, die dadurch unter Druck gehalten werden: Gewebespannung. Schneidet man z. B. ein 10 cm langes Stück Blattstiel von Rhabarber längs kreuzweise 5 cm tief ein, so krümmen sich die Spaltstücke spontan nach außen (Abbildung 7, Mitte). Für die inneren Zellen gilt die osmotische Zustandsgleichung in der Form:

$$S = O - (W + A) \qquad (6)$$

wo der Wanddruck um den Gegendruck A der Nachbarzellen erhöht ist. Eliminiert man die Komponente A, so biegt sich das Gewebe spontan nach außen. Gleichzeitig wird die Saugkraft S erhöht, was man durch Einlegen in Wasser zeigen kann: Die Krümmung nimmt im Verlauf einiger Stunden durch Wasseraufnahme des inneren Gewebes stark zu (Abbildung 7, rechts). Die spontane wie die induzierte Krümmung lassen sich durch Einlegen des Stielstückes in eine hypertonische Zuckerlösung rückgängig machen (Abbildung 7, links).

Literatur

Mohr, H.: Lehrbuch der Pflanzenphysiologie. Berlin/Heidelberg/New York, 1969; 2. Auflage 1972.

Steubing, L.: Pflanzenökologisches Praktikum. Berlin/Hamburg, 1965.

Brauner, L.: Pflanzenphysiologisches Praktikum, II. Teil. Jena, 1932.

Biologie in unserer Zeit 1974, 4, 90–92.

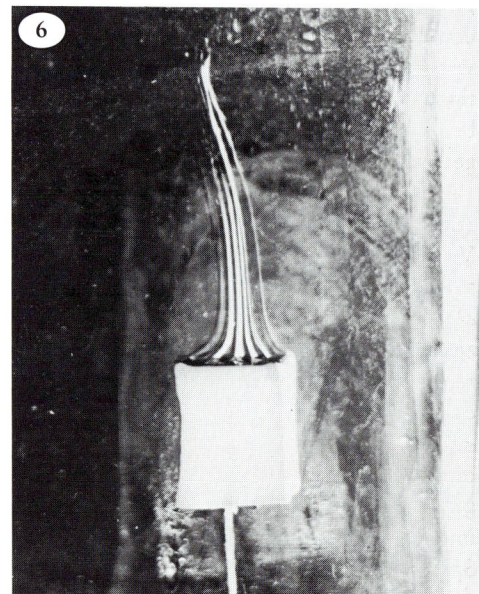

Abb. 6. Hypertonische Lösungen entziehen dem Gewebe Wasser (Foto: W. Egger).

Versuch 3: Der Wasseraustritt aus dem Gewebe in einer hypertonischen Lösung kann direkt demonstriert werden: Man füllt eine 100-ml-Pulverflasche zu ca. ³/₄ mit reinem Glycerin. Ein Würfel aus Kartoffelgewebe von ca. 2 cm Kantenlänge wird unten am Korkstopfen befestigt und dieser eingesetzt. Nun wird die Flasche auf den Kopf gestellt. Bald sieht man das dem Gewebe entzogene, spezifisch leichtere Wasser als Schlieren nach oben steigen (Abbildung 6).

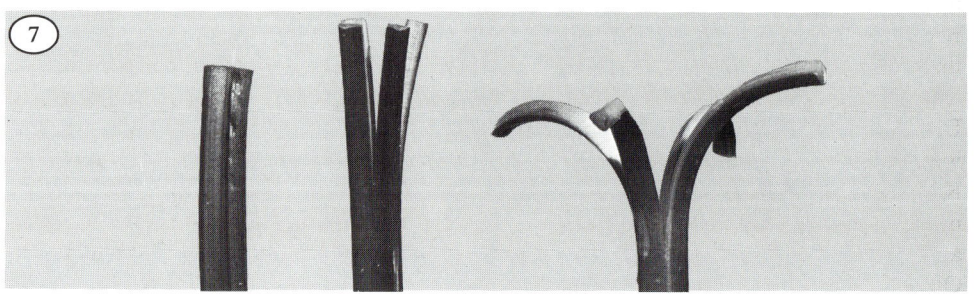

Abb. 7. Gespaltene Blattstielstücke von Rhabarber in 1-m Saccharose (links), Wasser (rechts) und unbehandelt (Mitte).

U. Halbach
E. Katzl

14. Die Ursachen der Variabilität

Der Phänotyp eines Organismus wird durch Erbgut und Umwelt beeinflußt. Die Frage nach dem Gewicht dieser beiden Komponenten ist von praktischer und evolutionstheoretischer Bedeutung (vgl. dazu H. Mohr: „Erbgut und Umwelt", biuz 1/1, S. 2—10, 1971).

Man findet fast immer phänotypische Unterschiede zwischen den Organismen einer Population. Diese Variabilität ist neben der Selektion und der Isolation eine Grundvoraussetzung der organismischen Evolution. Die Variabilität stellt das Material bereit, aus dem die Selektion die besser Angepaßten ausliest.

Allerdings ist nur die *genetisch* bedingte Variabilität für die Evolution von Bedeutung. Ein Teil der Variabilität ist jedoch *altersbedingt* und auf Unterschiede der einzelnen Entwicklungsstadien zurückzuführen: er spiegelt demnach die Altersstruktur der Population wieder. Ein weiterer Teil der Variabilität ist *modifikatorisch* bedingt: diese von unterschiedlichen Umweltbedingungen verursachte Variabilität bewegt sich im Rahmen des vom Erbgut gegebenen Spielraumes, der *Reaktionsnorm.*

Die Selektion greift stets am Phänotyp an, wobei es gleichgültig ist, welcher Art die jeweiligen Ursachen der Variabilität sind. Da jedoch nur die genetisch bedingte Variabilität zu einer Verschiebung des Erbgutes in aufeinanderfolgenden Generationen führen kann, hat tatsächlich nur sie einen Einfluß auf die Evolution.

Das folgende Experiment* kann benutzt werden, um auf einfache Weise die drei Komponenten der Variabilität — die genetische, die modifikatorische und die altersbedingte — zu demonstrieren. Als Objekt dient das Pantoffeltierchen *Paramecium,* als variables Merkmal die Körperlänge der Tiere.

Grundlagen

Mißt man die Längen der Paramecien einer Population, so bekommt man bestimmte Häufigkeitsverteilungen. Diese können ein-, zwei- oder mehrgipfelig sein oder gar aus nicht überlappenden Untereinheiten bestehen (Abbildung 1).
Bei den Kurven B, C und D der Abbildung 1 handelt es sich offenbar um ein Gemisch verschiedener distinkter Genotypen, da sprunghafte Modifikationen bei einem Merkmal wie der Körperlänge nicht sehr wahrscheinlich sind und auch in der individuellen Wachstumskurve keine Unregelmäßigkeiten anzunehmen sind. Es kann sich um Polymorphismus bei gemeinsamem Genpool' (Genschatz der Population) handeln (bei vielen Organismen können Kurven wie B und D zum Beispiel durch Geschlechtsdimorphismus entstehen) oder um genetisch isolierte „Arten" (Syngene).

Eine graphische Zerlegung einer mehrgipfeligen Verteilungskurve in ihre Komponenten ist meist nicht eindeutig möglich. Abbildung 2 zeigt ein Beispiel einer empirischen Verteilung, bei der es naheliegt anzunehmen, daß es sich um drei Subpopulationen handelt. Will man ihr Verhältnis quantifizieren, so kann man zunächst vom mittleren Gipfel ausgehen und die beiden Seitengipfel als Ergebnis des Hinzutretens von zwei weiteren ebenfalls eingipfeligen Nebenformen betrachten (Abbildung 2 a); man kann jedoch auch von den beiden Seitengipfeln ausgehen, wobei für die mittlere Form nur ein kleiner Rest übrig bleibt (Abbildung 2 b). Man kann noch eine Reihe anderer, mehr oder weniger symmetrischer Kurven hineinlegen, um dasselbe Endergebnis zu erhalten. Es gibt zwar exaktere Methoden zur graphischen oder rechnerischen Ermittlung von Subpopulationen (Preston 1953, Bhattacharya 1967, Harris 1968), eine eindeutige Phänoanalyse ist jedoch in keinem Fall möglich.

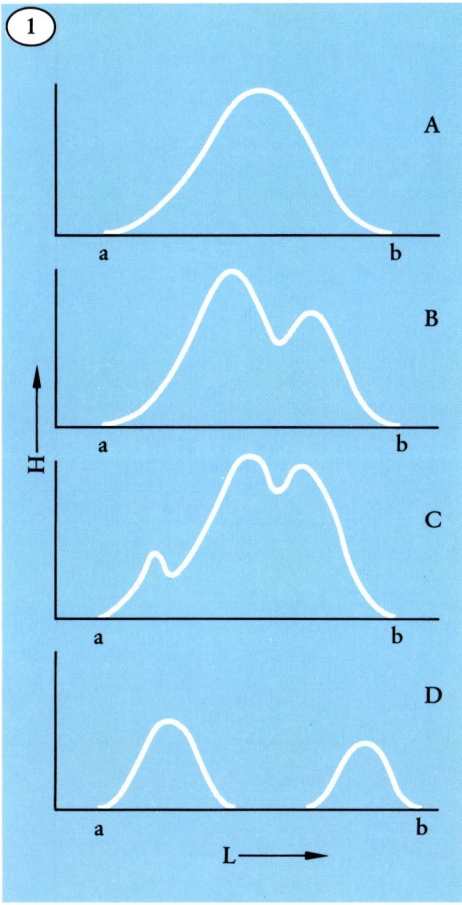

Abb. 1. Mögliche Häufigkeitsverteilungen der Körperlängen einer Paramecien-Population (H = Häufigkeit, L = Körperlänge; a ist jeweils die minimale, b die maximale Länge). Weitere Erklärungen im Text.

Sehr häufig beobachtet man eine *eingipfelige Verteilungskurve* (Abbildung 1 a). Hier ist die *Beurteilung besonders schwierig,* wieweit genetische, modifikatorische oder altersbedingte Variabilität für die Verteilung verantwortlich sind. Ein Teil der Variabilität ist mit Sicherheit auf die Altersstruktur der Population zurückzuführen, denn ein Tier kurz vor der Teilung ist fast doppelt

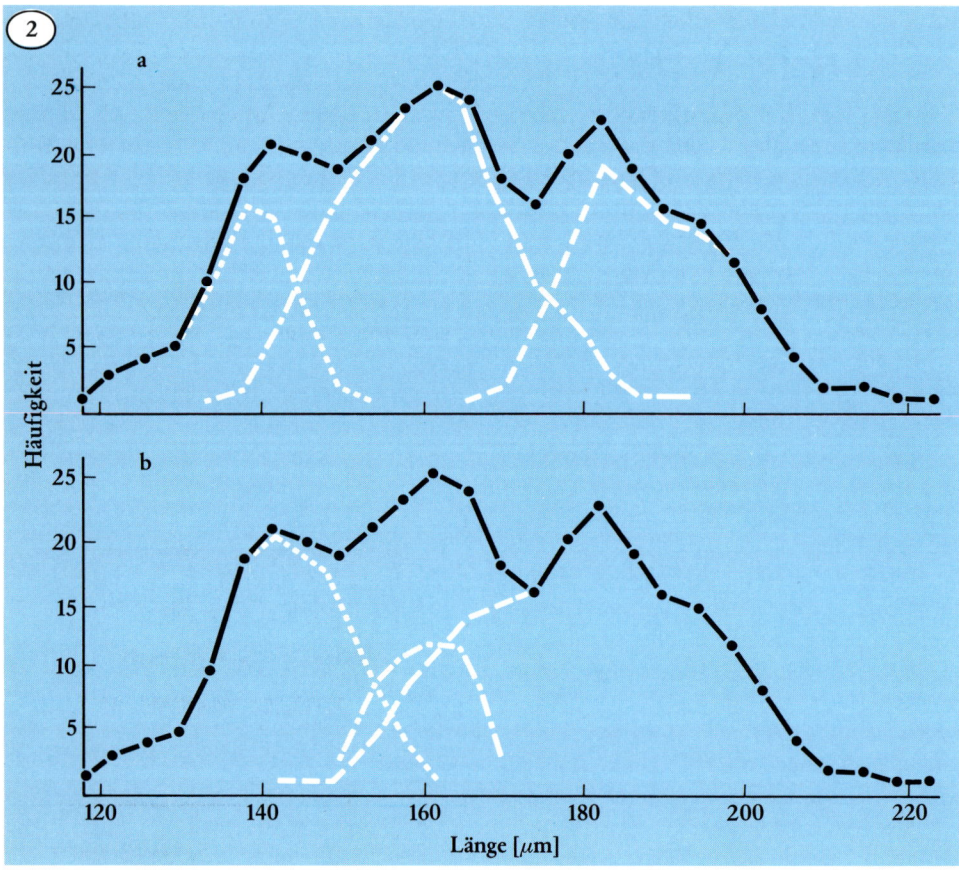

Abb. 2. Häufigkeitsverteilungen von Körperlängen einer Paramecien-Population (schwarz) und zwei Möglichkeiten zur graphischen Zerlegung dieser Verteilungskurve in Subpopulationen (nach Schilder u. Schilder, 1951).

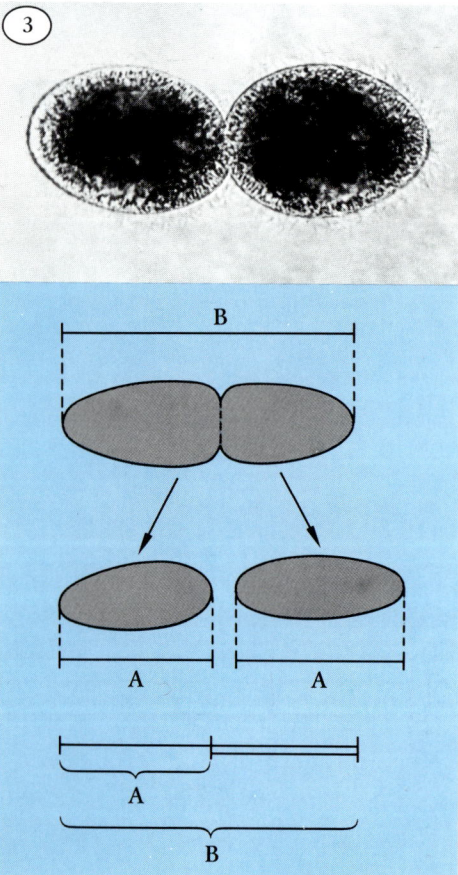

Abb. 3. Paramecium in Teilung. Länge eines Parameciums unmittelbar vor (B) und unmittelbar nach der Teilung (A). Die Differenz (B—A) gibt die altersbedingte Streubreite an.

so lang wie dessen Deszendenten nach der Teilung (Abbildung 3). Wenn in einer Population alle Tiere vor einer Teilung („Teilungsstadien") gleich lang sind, dann ist die gesamte Variabilität in der Population altersbedingt. Sind die Teilungsstadien jedoch unterschiedlich groß, so ist ein Teil der Variabilität genetisch und/oder modifikatorisch bedingt. Zwischen diesen beiden Möglichkeiten kann man nur mit Hilfe von Zucht-Experimenten differenzieren.

Zu diesem Zweck ziehen wir Klone, d. h. reine Linien, die von isolierten Einzeltieren ausgehen (Abbildung 4). Die Tiere eines Klones sind mit hoher Wahrscheinlichkeit genetisch identisch, denn Konjugationen kommen bei ihnen nicht vor, da alle Tiere demselben Paarungstyp *(mating type)* angehören. Lediglich Endomeiosen oder Mutationen könnten zu einer genetischen Differenzierung führen; beide sind jedoch sehr selten. Man kann nun die Häufigkeitsverteilung der Körperlängen in den einzelnen Klonen bestimmen und sie mit der Ausgangspopulation vergleichen. Abbildung 5 zeigt die beiden extremen theoretischen Möglichkeiten für den Fall, daß das längste und das kürzeste Tier der Ausgangspopulation weitergezüchtet worden ist. Im Fall I haben alle Klone die gleiche Häufigkeitsverteilung, d. h. gleichen Mittelwert M und gleiche Standardabweichung s. Hier gibt es demnach *keine genetische Komponente der Variabilität*; alle Tiere sind genetisch identisch. Im Fall II unterscheiden sich die Häufigkeitsverteilungen der Klone a und b: ihr Mittelwert ist unterschiedlich; die Standardabweichungen können dagegen gleich sein, sie sind jedoch kleiner als bei der Ausgangspopulation, die in diesem Fall ein Gemisch verschiedener Genotypen darstellt. Hier liegt also eine *genetische* Komponente der Variabilität vor. Züchtet man Subklone von den Klonen a und b, so sollten ihre Häufigkeitsverteilungen denen der Ausgangsklone gleich sein, da wir ja hier (wie im Fall I) genetisch homogene Populationen haben. Im Fall II ist noch zu klären, wieweit die Restvariabilität innerhalb der Klone altersbedingt ist und wieweit auch noch Modifikationen eine Rolle spielen. Dies geschieht durch einen Vergleich der Länge von gleich alten Tieren innerhalb der Klone, z. B. Teilungsstadien (Abbildung 6). Sind alle Teilungsstadien gleich groß (I), so fehlt die modifikatorische Variabilität. Sind die Teilungsstadien jedoch verschieden groß (II), so ist modifikatorische Variabilität vorhanden. Die Differenz zwischen dem größten und dem kleinsten Teilungsstadium (B_5—B_1) ist ein *Maß für die modifikatorische Komponente* der Variabilität.

Abbildung 7 gibt eine zusammenfassende Darstellung der Bestimmung des Anteils der drei Komponenten an der Gesamt-Variabilität:

Gesamt-Variabilität = L — K
Genetische Variabilität = M_L — M_K

Altersbedingte Variabilität = $\dfrac{a_L + a_K}{2}$

Modifikatorische Variabilität = $\dfrac{m_K + m_L}{2}$

Bei den beiden letzten Komponenten werden also als Abschätzung die arithmetischen Mittel der jeweils kleinsten und größten Werte verwendet. Man kann natürlich auch die Mittelwerte aus sämtlichen Klonen heranziehen, was allerdings sehr viel arbeitsaufwendiger ist.

Versuchsmethoden

a) Material

An Glassachen werden benötigt: Hohlschliffblocks, kleine Petrischalen, feuchte Kammern, Bechergläser oder Weckgläser und Haarpipetten. Die Pipetten kann man sich selbst herstellen, indem man Glasrohr über einer Bunsenflamme so fein wie möglich auszieht und die erkalteten Pipetten mit Gummihütchen versieht.

Weiterhin werden Mikroskope mit Okularmikrometern benötigt; dazu Objektträger und Deckgläschen. Als Kulturmedium dient abgekochtes und filtriertes Leitungswasser. Außerdem braucht man einige Köpfe ungespritzten Salat (den man auf Vorrat einfrieren kann).

Zum Fixieren der Tiere dient 40 %iges Formalin.

Abb. 4. Modifikabilität von Klonen 8 verschiedener, aus einer Population stammender Paramecium-Stämme. Die Mittelwerte der einzelnen Stämme liegen bei +, die senkrechte Linie zeigt den Mittelwert der ganzen Population. (Nach Matthes und Wenzel, 1966).

Wünschenswert, aber nicht unbedingt erforderlich, sind binokulare Präparierlupen, ein Objektmikrometer, ein Kühlschrank sowie ein Klimaschrank für 20°C. Ist kein Klimaschrank vorhanden, werden die Kulturen bei Zimmertemperatur gehalten.

b) Die Tiere und ihre Kultur

Zur Beschaffung einer natürlichen Population von Paramecien holt man sich Wasserproben aus möglichst vielen kleinen, temporären Gewässern: Tümpel, Pfützen,

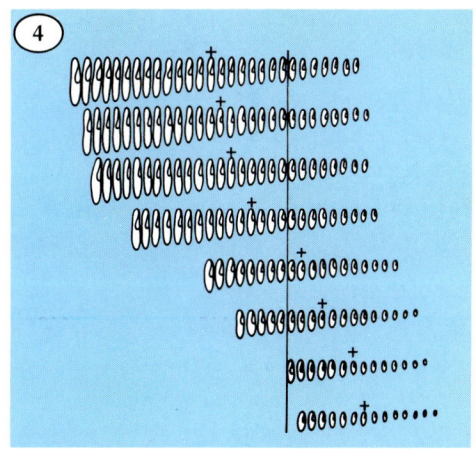

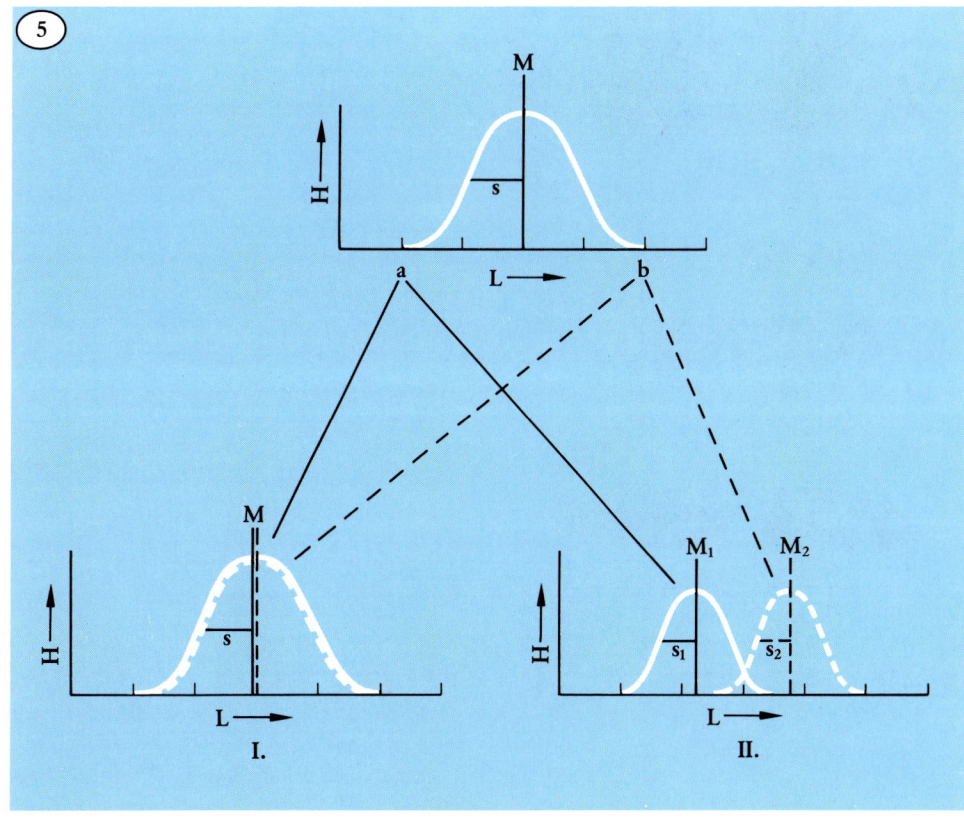

Abb. 5. Werden jeweils aus dem kürzesten (a) und dem längsten (b) Tier der Ausgangspopulation Klone gezüchtet, so gibt es zwei Möglichkeiten für die Häufigkeitsverteilung (H) der Körperlängen (L) in diesen Klonen. Möglichkeit I: Die Häufigkeitsverteilungen der Klone a und b sind gleich und stimmen mit der der Ausgangspopulation überein: Keine genetische Komponente der Variabilität. Möglichkeit II: Die Klone a und b zeigen unterschiedliche Häufigkeitsverteilungen; die Streubreite ist jeweils geringer als bei der Ausgangspopulation: Eine genetische Komponente der Variabilität ist vorhanden. M = Mittelwert, s = Standardabweichung.

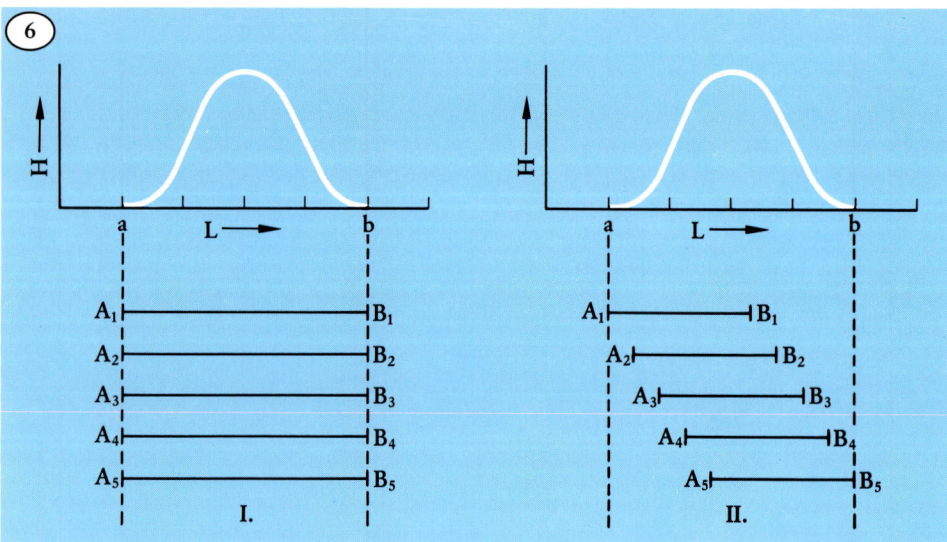

Abb. 6. Test auf den modifikatorischen Anteil der Variabilität. Oben jeweils die Häufigkeitsverteilung der Körperlängen in den Klonen; darunter die Länge der Teilungsstadien (B unmittelbar vor, A nach der Teilung). Möglichkeit I: Alle Teilungsstadien sind gleich lang; die Variabilität ist rein altersbedingt; Modifikationen spielen keine Rolle. Möglichkeit II: Die Teilungsstadien sind unterschiedlich lang; die Variabilität innerhalb des Klones ist nicht nur altersbedingt, sondern auch durch die Umwelt beeinflußt.

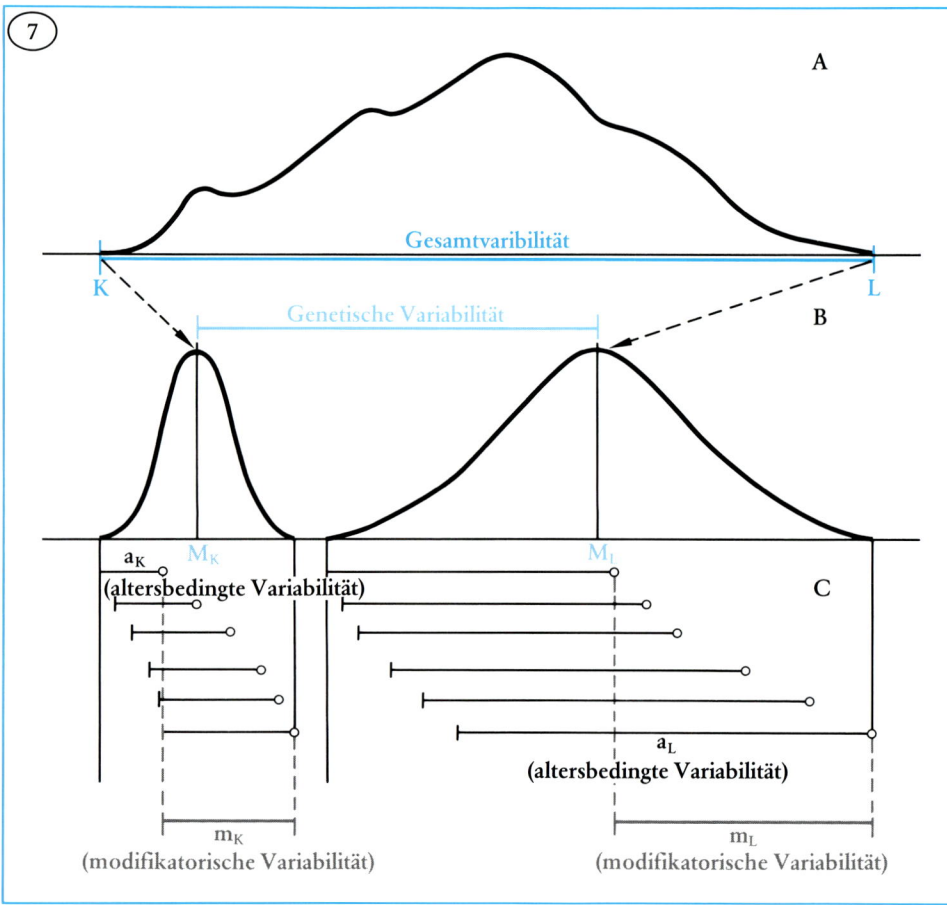

Abb. 7. Zusammenfassendes Schema zur Bestimmung der Komponenten der Variabilität. A Gesamt-Variabilität (rot): Differenz zwischen größtem und kleinstem Tier. B Genetische Variabilität (hellrot): Differenz der Mittelwerte des größten und kleinsten Klones. C Altersbedingte Variabilität (schwarz): Die halbe Größe der Teilungsstadien. (Um einen Durchschnittswert zu erhalten, bildet man den Mittelwert vom größten und kleinsten Teilungsstadium). Modifikatorische Variabilität (grau): Differenz zwischen größtem und kleinstem Teilungsstadium eines Klones. (Um einen Durchschnittswert zu haben, bildet man den Mittelwert vom größten und kleinsten Klon).

auch Kulturen aus verschiedenen Zoologischen Instituten schicken lassen und durch Mischen eine „synthetische" heterogene Population herstellen.

Die Tiere werden in abgekochtem Leitungswasser in Petrischalen oder Bechergläsern gehalten. Gefüttert wird mit einer Bakteriensuspension; diese erhält man, indem man einige Salatblätter kurz in siedendes Wasser wirft und dann auf die Wasseroberfläche von Gefäßen mit abgekochtem Leitungswasser legt. Nach 2 bis 3 Tagen ist das Wasser trüb von Bakterien. Diese Suspension kann den Parameciankulturen als Futter zugegossen werden.

Dachrinnen, Regentonnen. Man findet Paramecien besonders häufig dann, wenn Laub oder andere Pflanzenreste im Wasser modern. Die Proben läßt man einige Tage am Fenster stehen und prüft sie dann auf ihren Inhalt. Man kann auch Infusionen ansetzen, indem man Heu, Laub oder Erde mit abgekochtem Leitungswasser oder mit Tümpelwasser übergießt und ca. 10 Tage stehen läßt. Zum Üben kann man sich

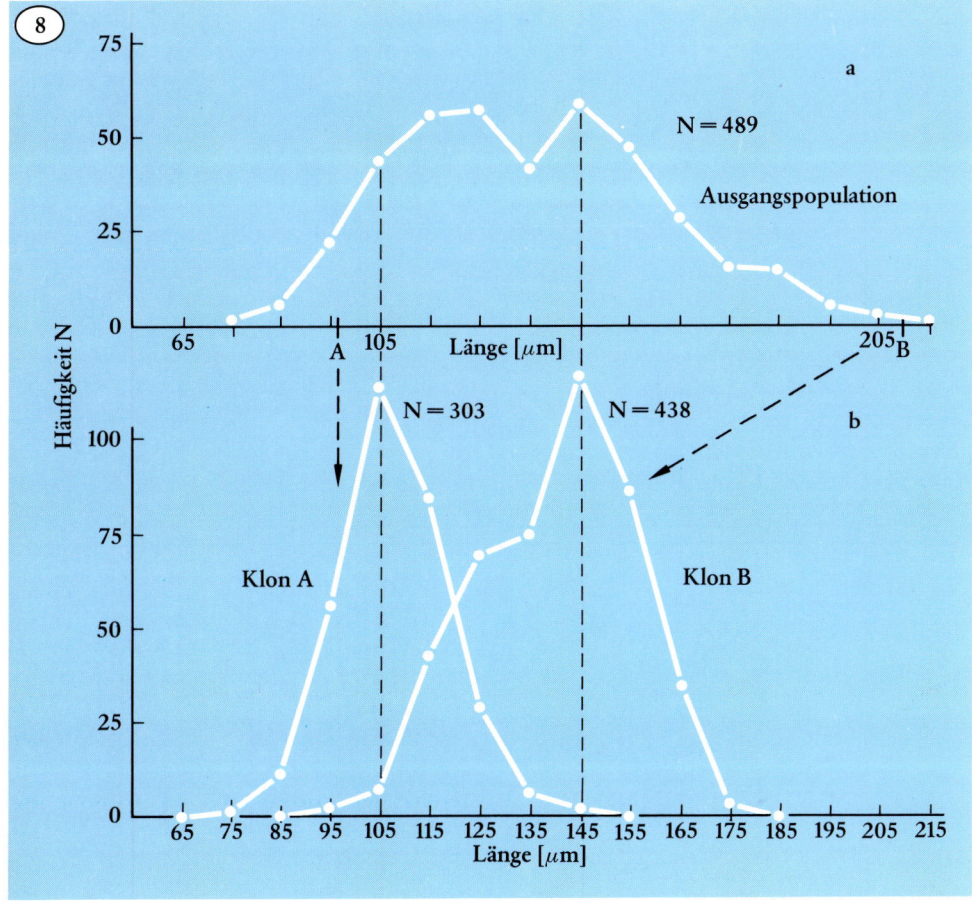

Abb. 8. a: Körperlängenverteilung einer Paramecien-Population. b: Längenverteilung des Klones mit der größten und der kleinsten Körperlänge einer großen Zahl von Klonen, die aus der Ursprungspopulation (a) isoliert worden sind. A und B geben die Länge der Ausgangstiere an.

Versuchsdurchführung

Weitere Methoden zur Anreicherung und Kultur natürlicher Protozoen finden sich bei Mayer (1962).

Versuchsdurchführung

Zum Ausmessen der Körperlänge wird ein Teil der ursprünglichen Population fixiert. Dazu wird der Stichprobe etwa ein Zehntel 40 %ige Formol-Lösung zugesetzt. Nach längerer Zeit treten Schrumpfungen auf; daher mißt man die Tiere bald nach dem Fixieren. Die Messung erfolgt unter dem Mikroskop (am besten bei 400facher Vergrößerung) mit Hilfe eines Okularmikrometers. Will man nicht relative Maße (Skalenteile), sondern absolute haben, dann muß man das Okularmikrometer mittels eines Objektmikrometers eichen. Grundsätzlich genügen für diesen Versuch jedoch die relativen Maße. Bei ungeübten Schülern ist darauf zu achten, daß nur Tiere gemessen werden, die plan liegen (Vorder- und Hinterende der Tiere sollen in derselben Schärfe-Ebene liegen). Bei schief liegenden Tieren ist immer nur das Vorder- oder das Hinterende scharf zu sehen; ein exaktes Messen ist in diesem Fall nicht möglich. Um eine vernünftige Häufigkeitsverteilung zu bekommen, müssen mindestens 300 Tiere gemessen werden.

Zur Zucht von Klonen müssen eine größere Zahl von Einzeltieren isoliert werden. Dies geschieht, indem man einen kleinen Tropfen der Paramecien-Kultur stark mit Wasser verdünnt, wiederum einen kleinen Tropfen entnimmt und mit dem Mikroskop auf seinen Gehalt prüft. Sind immer noch mehrere Paramecien in dem Tropfen so muß der Verdünnungsvorgang fortgesetzt werden, bis sich wirklich nur noch ein Einzeltier im Tropfen befindet. Die Einzeltiere werden mittels Haarpipetten in Hohlschliffblocks mit ca. 1/2 bis 1 ml Wasser überführt. Bei guter Fütterung kann man nach einer Woche mehrere hundert Tiere pro Klon haben.

Will man die Länge des Ausgangstiers eines jeden Klones messen (was nicht unbedingt notwendig ist), so überträgt man es in einem kleinen Tropfen auf einen Objektträger und diesen in einen Kühlschrank. Nach 5 bis 10 min ist das Tier im allgemeinen inaktiviert und kann gemessen werden. Die Messung muß jedoch schnell erfolgen, da in der Wärme der Mikroskoplampe das Tier bald wieder munter wird.

Nach etwa 10 Tagen werden alle Klone fixiert und die Längenverteilungen aller Klone gemessen.

Praktisches Beispiel

In einem konkreten Fall erhielten wir die in Abbildung 8 a dargestellte Häufigkeitsverteilung: eine zweigipfelige Verteilungskurve (n = 489). Von einer größeren Zahl von Klonen erwies sich Klon A (Ausgangstier A) als der mit dem kleinsten, Klon B

(Ausgangstier B) als der mit dem größten Mittelwert (Abbildung 8 b). Bei Berücksichtigung der ausgemessenen Teilungsstadien ergab die Analyse die in Abbildung 9 dargestellte Beteiligung der untersuchten Komponenten an der Gesamt-Variabilität. Die Summe der drei Komponenten ergibt in diesem Beispiel 106,8 %. (Bei der Art der Abschätzung der Komponenten ist eine Abweichung von ± 10 % der Summe von 100 % nicht ungewöhnlich.)

Schlußbemerkung

Das angeführte Beispiel demonstriert den in diesem Fall relativ geringen Anteil der genetischen Variabilität an der Gesamt-Variabilität. Im Spannungsfeld zwischen genetischer Invariabilität bei optimaler Anpassung und genetischer Variabilität als Grundlage evolutiver Plastizität liegt die Position *dieser* Organismen offenbar ziemlich weit in Richtung erblicher Starrheit.

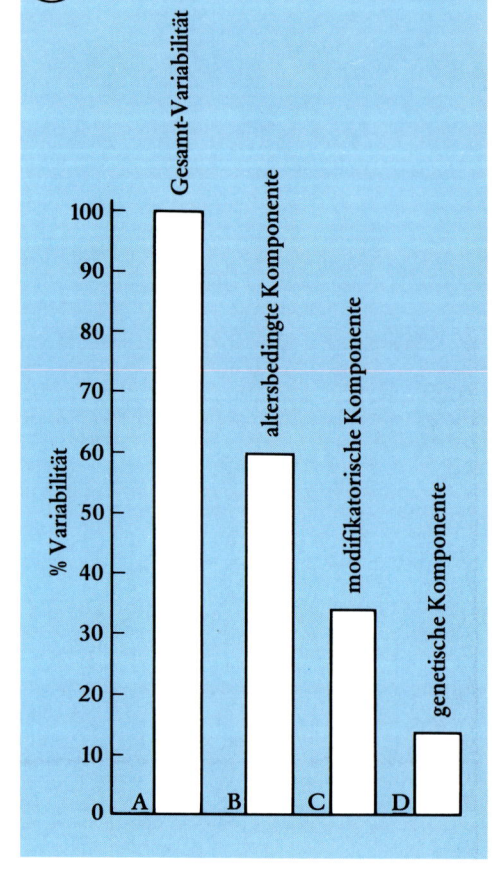

Abb. 9. Quantitatives Beispiel für die 3 Komponenten der Variabilität. A: Die Körperlängen der Gesamtpopulation schwanken zwischen 17 und 54 SKT (= Skalenteilen) (37 SKT = 100 %). B: Größenspanne der längsten Tiere: 27—54 SKT (54 SKT: längstes Teilungsstadium); Größenspanne der kürzesten Tiere: 17—34 SKT (34 SKT: kürzestes Teilungsstadium). Die mittlere altersbedingte Komponente der Variabilität beträgt demnach $(17+27):2 = 22$ SKT $= 59,5$ % (altersbedingte Komponente). C: Die Teilungsstadien des Klones mit geringster Körperlänge liegen zwischen 34—47 SKT ($d_1 = 13$ SKT); diejenigen des Klones mit größter Körperlänge liegen zwischen 42—54 SKT ($d_2 = 12$ SKT). $(d_1 + d_2)/2 = 12,5$ SKT $= 33,8$ % (modifikatorische Komponente). D: Mittelwerte der Klone: 27—32 SKT; die Differenz beträgt 5 SKT$=13,5$% (genetische Komponente). B+C+D$=106,8$ %.

Literatur

Bhattacharya, C. G.: A simple method of resolution of a distribution into Gaussian components. Biometrics **23**, 115—135 (1967).

Harris, D.: A method of separating two superimposed normal distributions using arithmetic probability paper. J. Anim. Ecol. **37**, 315—319 (1968).

Mayer, M.: Kultur und Präparation der Protozoen. Kosmos-Verlag, Franckh, Stuttgart (1962).

Matthes, D. u. Wenzel, F.: Wimpertiere. Kosmos-Verlag, Franckh, Stuttgart (1966).

Preston, E. J.: A graphical method for the analysis of statistical distributions into two normal components. Biometrica **40**, 460—464 (1953).

Schilder, F. A. u. Schilder, M.: Anleitung zu biostatistischen Untersuchungen. Max Niemeyer Verlag, Halle (1951).

Biologie in unserer Zeit 1974, 4, 58—62.

Ernst Harder

15. Hormonphysiologische Untersuchungen an der Schmeißfliege

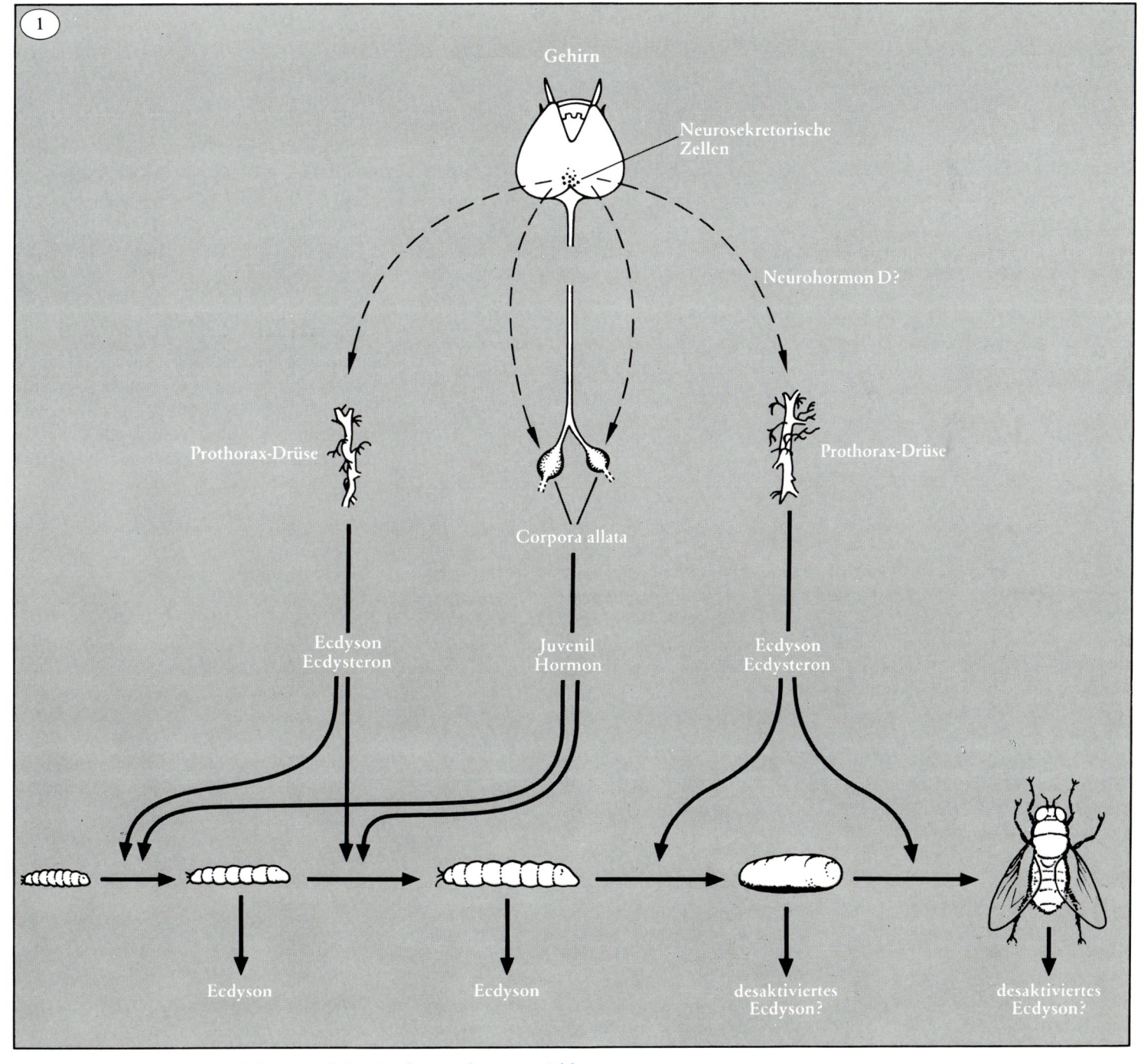

Abb. 1. Hormondrüsen und ihre Produkte in der Insektenentwicklung.

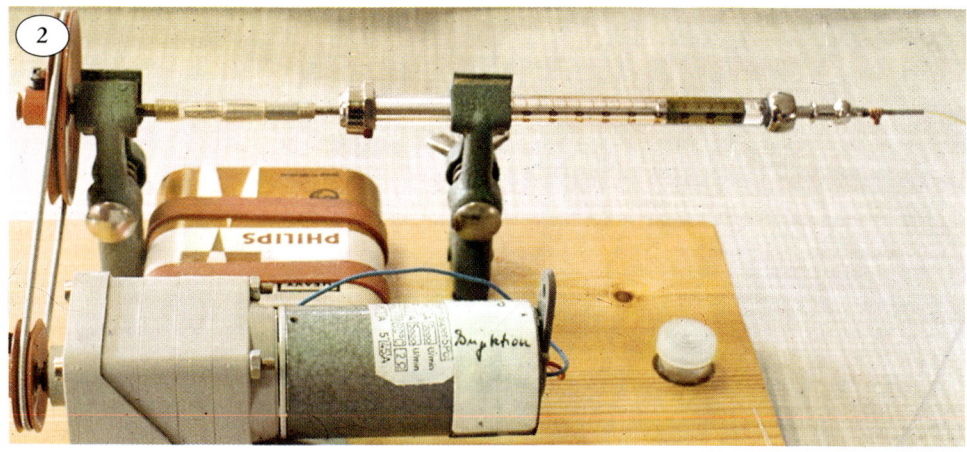

Abb. 2. Spritzapparatur.

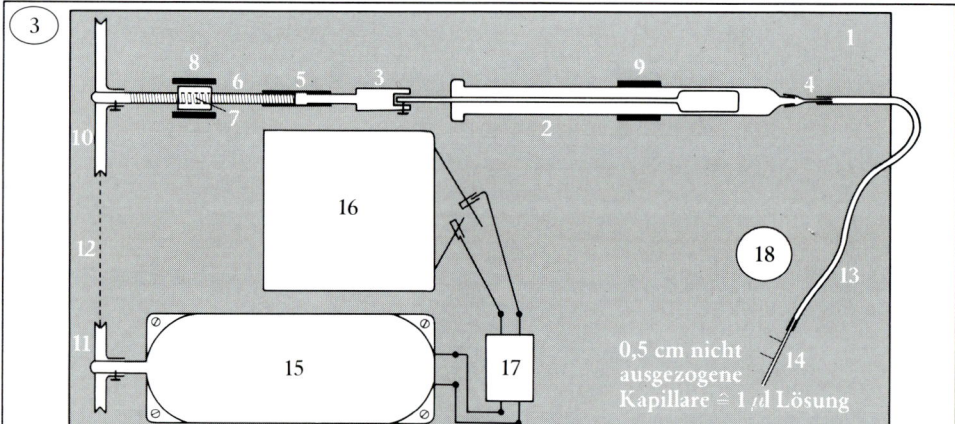

Abb. 3. Konstruktionsskizze der Spritzapparatur. Die Ziffern bedeuten: 1, Holzplatte 14 x 25 x 4 cm. 2, Tuberkulinspritze (Metall) 1 ml, abgeschnitten. 3, Bananenstecker. 4, Nadel zur Tuberkulinspritze, Größe Nr. 1. 5, PVC-Schlauch als Kupplung. 6, 4 mm-Gewinde, etwa 4 cm lang. 7, Mutter dazu. 8, 9, Klemme, auf 3 cm Länge verkürzt (Bestell-Nr. 37711.00, Fa. Phywe, Göttingen). 10, Märklin Schnurlaufrad, 5 cm Durchmesser. 11, dsgl., 2,5 cm Durchmesser. 12, Antriebsspirale. 13, PVC-Schlauch, ca. 20 cm lang (Ernährungssonde Type R 73 L06-302). 14, fein ausgezogenes Schmelzpunktsröhrchen, 1 mm Durchmesser, beidseits offen. 15, Antriebsaggregat der Fa. Graupner (Flugmodellbau), Best.-Nr. 1749. 16, 4,5 V-Flachbatterie. 17, Umpolschalter zum Antriebsaggregat. 18, Bohrung zum Aufbewahren der Hormonlösung. – Spritze und PVC-Schlauch werden mit Paraffinöl gefüllt. Nur in das ausgezogene Schmelzpunktröhrchen wird die Hormonlösung angesaugt.

Je höher ein Lebewesen entwickelt ist, desto dringender bedarf es neben Versorgungs- und Ausscheidungsorganen leistungsfähiger Informations-, Koordinations-, Steuer- und Effektorsysteme. Diese stehen dem tierischen Organismus im Nervensystem und den innersekretorischen (hormonbildenden) Drüsen zur Verfügung.

Mit zunehmender Organisationshöhe wächst die Zahl der hormonproduzierenden Organe. Ein sinnvolles Zusammenspiel der einzelnen Hormone ist nur dann möglich, wenn in Analogie zum Nervensystem eine zentrale Steuerung dieser Organe über Regelkreise erfolgt. Ohne Kenntnis derartiger Regelgeschehen wäre z.B. die hormonale Empfängnisverhütung nicht zu verstehen oder eine gezielte medizinische Therapie bestimmter Stoffwechselkrankheiten (Zuckerkrankheit, androgenitales Syndrom), die auf gestörten Regelkreisen beruhen, nicht möglich.

Auf der Entwicklungsstufe der Insekten trägt das System der hormonellen Regulation noch relativ einfache Züge, aber es gibt bereits eine Hierarchie von Hormondrüsen, deren Zusammenspiel Abbildung 1 wiedergibt.

Drei Organe, die Hormon produzieren, sind besonders gut untersucht:

1. Prothorakaldrüse, in der das Häutungshormon synthetisiert wird.

2. *Corpora allata* als Bildungsort des Juvenilhormons.

3. Neurosekretorische Zellen des Gehirns, die Steuerhormone für die Prothoraxdrüse und die *Corpora allata* liefern.

Werden die Häutungshormone und das Juvenilhormon gleichzeitig ausgeschüttet, resultiert eine Larvenhäutung. Das Häutungs-

hormon allein führt zur Puppenbildung und später zum Schlüpfen des erwachsenen Tieres.

Das folgende Experiment erlaubt uns die Frage nach einer Hormondefinition zu beantworten, da es charakteristische Eigenschaften der Hormone in einfacher Weise herausstellt:

a) Hormone sind chemische Substanzen, die in außerordentlich geringer Konzentration wirken.

b) Hormone sind Sendboten, die in bestimmten Organen synthetisiert, nach ihrer Synthese im Körper verteilt werden und nur in bestimmten Organen ihre Wirkung entfalten.

Benötigte Arbeitsmittel

Fahrradschlauch, Bürolocher zum Stanzen der Gummischeiben, Stecknadeln zum Lochen der Plättchen, Glasrohr (3 mm Innendurchmesser) zum Schnüren der Maden oder passend abgeschnittene Spitzen für Eppendorf-Pipetten, Federstahlpinzette, Spritzapparatur für die Hormoninjektion, feine Schere.

Die Spritzapparatur (s. Abbildung 2) kann nach Abb. 3 im Eigenbau leicht nachgebaut werden.

Benötigte Chemikalien

Insekten-Ringer (9 g NaCl; 0,25 g $MgCl_2$; 0,2 g KCl; 1 g Glucose auf 1 l dest. Wasser und mit $NaHCO_3$ auf pH = 6,8 einstellen).

Ecdysteron: Fa. Serva International, D-69 Heidelberg, Römerstr. 118 ("rare and fine chemicals", Best. Nr. 26559).

Preis: ca. DM 80,– pro mg, Lieferzeit 4–6 Wochen.

oder

Ecdyson: Fa. Fluka, Feinchemikalien GmbH, D-7910 Neu-Ulm, Lilienstr. 8.

Preis: 10 mg ca. DM 200,–, Lieferzeit 2 Wochen.

Vorarbeiten

a) Die mit dem Bürolocher gestanzten Gummiplättchen werden mit einer *glühenden* Stecknadel*spitze* zentral gelocht.

b) In der rauschenden Flamme des Bunsenbrenners werden ca. 3 cm lange konische Glasröhrchen ausgezogen (entfällt bei Verwendung von Eppendorf-Spitzen).

c) Herstellung der Hormonlösung: 1 mg Ecdysteron (Ecdyson) wird in 2 ml Insektenringer aufgenommen und anschließend ca. 20 Minuten im Dampfdrucktopf sterilisiert. Die Lösung ist im Tiefkühlfach über längere Zeit haltbar. 2 ml dieser Lösung reichen für etwa 1000 Injektionen.

Bezugsquelle für Fliegenmaden:

a) Die Maden finden Verwendung als Angelköder und können deshalb gewöhnlich in Geschäften für Anglerbedarf bezogen werden.

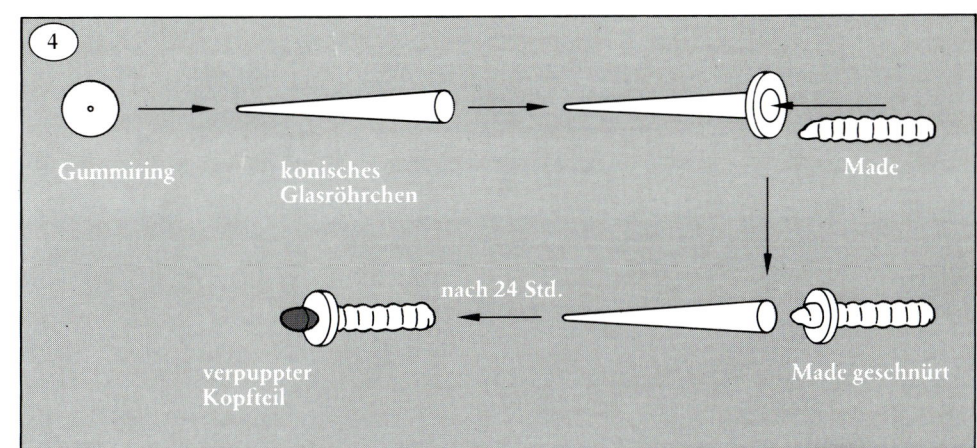

Abb. 4. Schnüren der Maden für Versuch A.

Abb. 5. Durch Gummimanschetten abgeschnürte Larven im Vorpuppenstadium.

Abb. 6. Kopfverpuppte Larven, 24 Stunden nach vollzogener Schnürung.

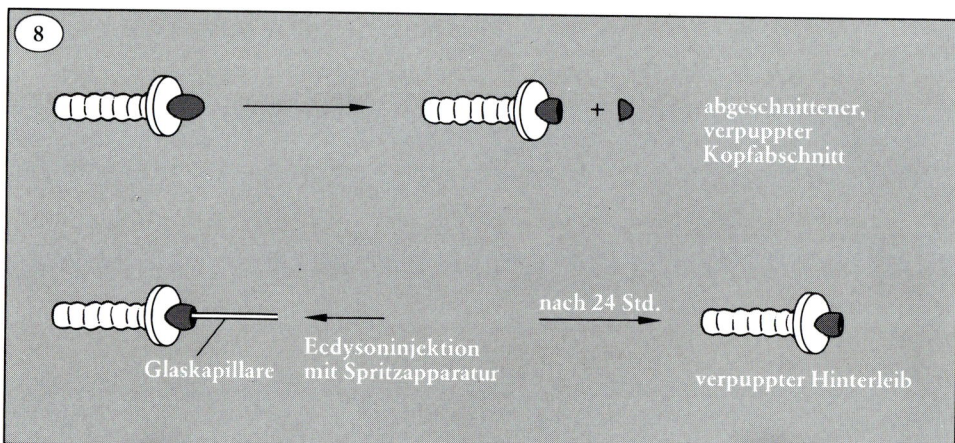

Abb. 7. Total verpuppte Maden. Hier wurde entweder zu spät oder nicht dicht genug geschnürt.

Abb. 8. Schüren und Injizieren der Maden für Versuch B.

Abb. 9. Verpuppung der Abdomina, 24 Stunden nach Injektion von etwa 10^{-8} g Ecdysteronin in decapitierte, kopfverpuppte Maden.

Abb. 10. Injektion von Ecdysteron-freiem Insektenringer in entsprechende Maden führt zu keiner Verpuppung.

Versuch A: Nachweis der Lage der Prothorakaldrüse im vorderen Körperabschnitt durch Schnüren der Maden

Bei *Calliphora erythrocephala* erfolgt die hormonelle Umstellung, die den Übergang vom Larvenstadium zum Puppenstadium bewirkt, etwa 8–14 Stunden vor Verpuppungsbeginn. Bereits kurz vor diesem Zeitraum unterscheiden sich Maden im Vorpuppenstadium von Maden früherer Larvenstadien durch ein verändertes Verhaltensinventar. So zeigen diese Maden auf einen Berührungsreiz hin eine Verkürzungsreaktion, wobei sie vorübergehend Tönnchenform einnehmen.

Schnüren der Maden:

Geschnürt werden nur Maden im Vorpuppenstadium. Hierzu werden die gelochten Gummischeiben von der Spitze her auf das offene breite Ende des konischen Glasröhrchens geschoben. Hält man das Röhrchen mit dem offenen Ende unmittelbar vor die Made, so versucht diese, in das Glasrohr zu kriechen. Unmittelbar nachdem der Kopf und das 1. Segment eingedrungen sind, läßt man den Gummiring durch leichtes Schieben mit den Fingern auf die Made abspringen (Abbildung 4, 5).

Hat man Maden des dritten Larvenstadiums geschnürt, so verpuppt sich der Kopf nach etwa 24 Stunden (Abbildung 6). War die Schnürung nicht dicht oder der Zeitpunkt

b) Anlegen einer Zucht (falls Maden nicht erhältlich): Ein Stück Rindsleber wird mit tiefen Einschnitten versehen und an die Sonne gelegt, damit die großen Schmeißfliegen (*Calliphora*) ihre Eier darauf ablegen. Das mit den Eiern bedeckte Stück wird in einen glasierten Topf gelegt, der zur Hälfte mit leicht angefeuchtetem Sand gefüllt ist. Die Topföffnung wird mit einem Leinentuch zugebunden und in die heiße Sonne gestellt. In wenigen Tagen entwickeln sich die Maden und wachsen rapid. Sobald sie groß genug sind, kommen sie in ein Konservenglas, das halb mit Kleie oder Sägemehl gefüllt ist. In diesem Zustand ist die Kultur im Kühlschrank 1–2 Wochen haltbar.

zu spät, so verpuppt sich die Made vollständig (Abbildung 7).

Versuch B: Nachweis der verpuppungsauslösenden Wirkung von Ecdysteron.

Schon ca. 10^{-8} g Ecdysteron veranlassen den abgeschnürten Hinterleib einer Fliegenmade, sich zu verpuppen. Diese geringe Konzentration muß in einem sehr kleinen Flüssigkeitsvolumen gelöst injiziert werden, da die Fliegenmaden unter einem relativ hohen Hämolymphdruck stehen. Damit die gegen diesen Druck injizierte Lösung nicht unmittelbar nach dem Herausziehen der Kapillare aus dem Körper der Made wieder herausgedrückt wird, zieht man diese erst einige Sekunden nach Injektion aus der Made, damit sich das Hormon im Körper verteilt.

Die Injektion erfolgt am zweckmäßigsten ca. 24 Stunden nach abgeschlossener Verpuppung des Kopfes mit der angegebenen Spritzapparatur. Hierzu wird die verpuppte Kopfkappe abgeschnitten und durch die Schnürung in den nicht verpuppten Hinterleib 1–2 µl der Hormonlösung injiziert (Abbildung 8–10).

Literatur

[1] E. Becker und E. Plagge: Biol. Zentralblatt **59** 328 (1939).

[2] H. Hoffmeister: Chemie in unserer Zeit **3**/5, 140–145 (1969).

„Die Abbildungen 5 und 6 sind im V-DIA-Verlag GmbH, 6900 Heidelberg, Postfach 105980, als Farbdiapositiv (Montage) erschienen (Bestell-Nr.: 75-4-07). Preis: DM 2,30 + 11 % MWST".

Biologie in unserer Zeit **1975**, *5*, 122–125.

Ernst Harder

16. Präzipitationsreaktionen auf Membranfilterfolien

Eine Methode zur Demonstration der Antigen-Antikörper-Spezifität am Beispiel serologischer Verwandtschaftsnachweise.

Der Ursprung der Immunbiologie liegt in der alten Erfahrung, daß Menschen, die eine Infektionskrankheit einmal überstanden haben, nur selten im Laufe ihres Lebens von dieser Krankheit erneut befallen werden.

Dieses als *Resistenz* bezeichnete Phänomen beschäftigte die Naturwissenschaftler einige Jahrhunderte, doch erst gegen Ende des 19. Jahrhunderts brachten genauere Studien über die Wechselwirkung zwischen Antigen und Antikörper etwas Licht in diese Problematik.

Heute, im Zeitalter verfeinerter physikalischer und biochemischer Methoden, sind diese der Resistenz zugrunde liegenden Prozesse weitgehend geklärt und es ist geradezu bezeichnend für das Fortschreiten naturwissenschaftlicher Erkenntnis, daß aus der genauen Kenntnis der Antigen-Antikörper-Wechselwirkung eine neue leistungsfähige Arbeitsmethode der Naturwissenschaft entstanden ist.

Inzwischen haben Antigen-Antikörper-Reaktionen infolge ihrer hohen Spezifität für diagnostische Untersuchungen große Bedeutung erlangt. Auf ihnen beruhen Diagnosen von Infektionskrankheiten, forensische und Lebensmitteluntersuchungen. Aber auch für die Biologie ist die Antigen-Antikörper-Reaktion zu einem sehr wertvollen analytischen und diagnostischen Werkzeug geworden. So lassen sich mit dieser Methode bestimmte Moleküle, wie z.B. Hormone und Enzyme, identifizieren und messen, wenn gegen sie spezifische Antikörper erzeugt werden können. Auch Verwandtschaftsaussagen sind möglich, denn die Unterschiede der Arten beruhen auf Unterschieden des genetischen Materials. Der Zusammenhang zwischen Erbsubstanz und Zelleiweiß erlaubt es weiterhin, aus serologisch ermittelten Änderungen der Ei-

weißstruktur auf Änderungen der Genstruktur zu schließen, also evolutionäre Zusammenhänge aufzuklären.

Unter den serologischen Techniken spielt die Immunpräzipitation eine wesentliche Rolle. Hier erfolgt die Reaktion zwischen den Oberflächen relativ großer Antigenmoleküle und komplementären Bezirken der Oberflächen der Antikörper. Die Präzipitationsreaktion kann zu qualitativen und quantitativen Bestimmungen herangezogen werden, je nach Art der Versuchstechnik.

1. Methode

Der folgende Versuch stellt eine modifizierte Ouchterlony-Technik dar. Das ist eine qualitative *in vitro*-Technik, bei der kleinste Substanzmengen in einer Doppeldiffusion statt in Agargel auf Membranfilterfolien gegeneinander diffundieren.

Die Verwendung dieser Folien vereinfacht und beschleunigt das Verfahren wesentlich gegenüber der herkömmlichen Technik und ergibt ähnlich gute Ergebnisse, da Celluloseacetat als Diffusionsmedium, ähnlich wie Agargel, keine Diffusionsbarrieren besitzt.

Benötigte Arbeitsmittel

a) Eine 15 µl und eine 30 µl Eppendorf-Pipette,
b) Diagläser zum Aufziehen der Folien zwecks Überführung in einen transparenten Trockenfilm,
c) Pinzette,
d) Petrischalen aus Glas für Färbe-, Entfärbe- und Transparenzbad,
e) Feuchtkammern, in welchen die Folien während der Diffusionszeit aufbewahrt werden. Hierzu sind z.B. mit Schaumgummi ausgeschlagene Färbekuvetten geeignet, in die man Plastik-Blumen-Igel

geeigneter Größe stellt, damit die Folien bei möglichst geringer Auflagenfläche auch waagerecht liegen.

Benötigte Chemikalien

a) Membranfilter-Folien, 50 St. à 50×200 mm   SM 11200
b) Puffersubstanz pH 8,6   SM 14202
c) Puffersubstanz pH 10: erhältlich durch Zugabe von 5 ml 1n NaOH zu 1 l Puffersubstanz pH 8,6
d) Amidoschwarz   SM 14204
e) Entfärbebad   SM 14205
f) Transparenzbad   SM 15902

Alle bis hier aufgeführten Chemikalien sind erhältlich bei Sartorius GmbH, Postfach 142, 3400 Göttingen.

Die folgenden Substanzen bezieht man am günstigsten bei Chroma AG., Hindelanger Str. 19, 7000 Stuttgart-Untertürkheim.

a) Anti-Human-Serum (polyspez.)
b) Albumin vom Rind
c) Humanalbumin
d) Humanserum

Die Seren sind bei Lagerung im Kühlschrank 1–2 Jahre haltbar. Andere Kombinationen lassen sich anhand der von Chroma AG. erhältlichen Unterlagen beliebig zusammenstellen.

2. Vorarbeiten

a) Die Membranfolie wird auf das Format 45×45 mm zugeschnitten und die Auftragspunkte mit einer Kugelschreibermine, z.B. wie in Abbildung 1 links, markiert (Für die Durchführung als Schülerexperiment empfiehlt sich die Herstellung einer entsprechenden Schablone aus durchsichtigem Plastikmaterial).

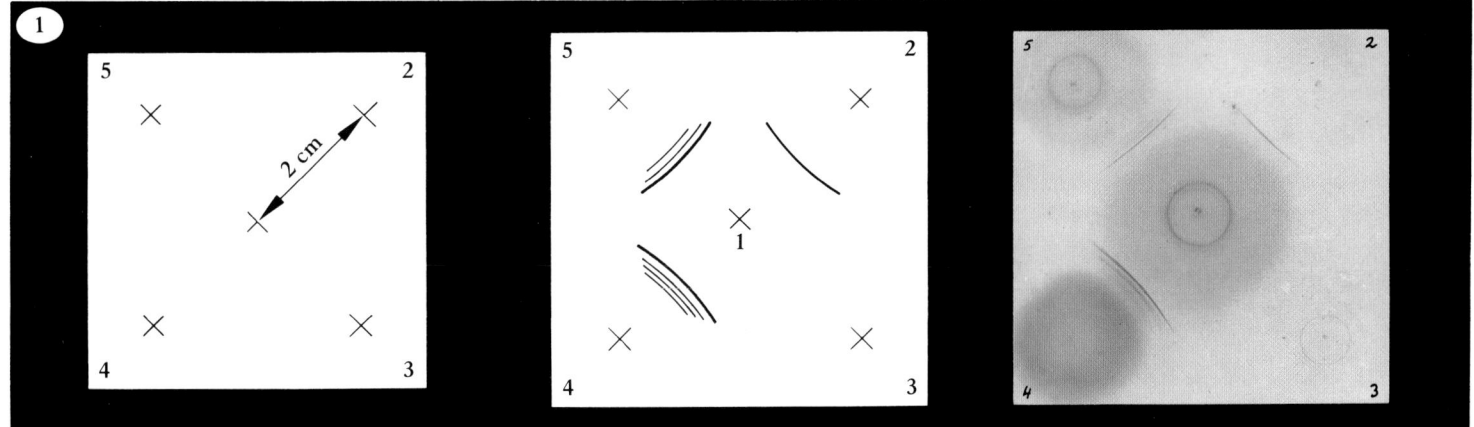

Abb. 1. Links: Muster zur Markierung einer zugeschnittenen Cellulose-Acetat-Membranfilter-Folie. Auftragspunkte entsprechend Abschn. 3 numeriert. Mitte und rechts: Ergebnis der Immunpräzipitation. 1 → 2 Humanalbuminpräzipitat, 1 → 3 keine Präzipitation, 1 → 4 mehrere Präzipitationslinien, da der Antikörper polyspezifisch ist und das Serum verschiedene Proteine enthält, 1 → 5 mehrere Präzipitationslinien lassen auf ähnliche Proteine im Human- und Rhesus-Serum schließen (rechts: Original).

b) die Membranfolie wird mit Puffer (pH 8,6) luftblasenfrei getränkt. Hierzu läßt man den Streifen flach auf die Pufferlösung fallen und taucht sie anschließend mit einer Pinzette unter. Bei vollkommener Benetzung hat die Folie keine weißen Flecken! Ihre Größe nimmt dabei durch Quellung etwas zu.

3. Versuch

Da sich mit der hier beschriebenen Methode prinzipiell jede gewünschte Präzipitin-Reaktion mit geringsten Substanzmengen qualitativ durchführen läßt, falls die entsprechenden Substanzen verfügbar sind, soll die Leistungsfähigkeit dieser Technik an einem in der Schule bereits vielfach bewährten Ansatz stellvertretend demonstriert werden:

Auftragspunkt 1: Anti-Human-Serum
Auftragspunkt 2: Albumin vom Mensch
Auftragspunkt 3: Albumin vom Rind
Auftragspunkt 4: Human-Serum
Auftragspunkt 5: Rhesusaffen-Serum

1. Zur Herstellung der Albuminlösungen löst man jeweils 0,1 g Albumin in 2 ml Puffer pH 8,6.

2. Die mit Puffer luftblasenfrei getränkten Folien werden zwischen Filterpapier von überschüssigem Puffer befreit.

3. Auftragen der Proben: Die Folie wird mit der Pinzette auf den Blumen-Igel in der Feuchtkammer gelegt. Die Proben werden als Tropfen aufgetragen, und zwar 30 µl vom Antikörper und jeweils 15 µl vom Antigen. Die Feuchtkammer wird erst nach Eindringen der Substanzen in die Folie geschlossen (Achtung: Folie darf nicht austrocknen – weiße Flecken) und ca. 5 Stunden im Brutschrank bei 39° C oder ca. 12 Stunden bei Zimmertemperatur still stehengelassen.

4. Auswaschen der nicht präzipitierten Proteine: Hierzu wird die Folie ca. 30 Minuten in Pufferlösung pH 10 ab und zu geschüttelt.

5. Färben der Membranfolie: Die Folie wird ohne zu trocknen ca. 6 Minuten in Amido-Schwarz-Lösung gegeben.

6. Entfärben: Die gefärbte Folie wird in das Entfärbebad gelegt. Nach ca. 3maligem Wechseln der Entfärbelösung bleibt nur noch das nicht ausgewaschene Präzipitat als Blaufärbung zurück.

7. Überführen der Membranfolie in einen transparenten Trockenfilm: Nach vollständiger Entfärbung wird die Membranfolie auf dem Diaglas luftblasenfrei aufgezogen. Dies wird durch Abrollen mit einem Reagenzglas erreicht. Der Streifen sollte hierbei nicht antrocknen. Die Glasplatte mit der Folie wird ca. 3 Minuten in das Transparenzbad (Becherglas) gestellt. Die transparente Folie wird mit einer Pinzette vorsichtig aus dem Transparenzbad genommen. Anschließend läßt man den Lösungsmittelüberschuß vom Streifen ablaufen und trocknet das Präparat bei 90 bis 100° C mindestens 5 Minuten in vertikaler Position.

Durch Abdecken mit einem zweiten Diaglas lassen sich die gut getrockneten Präparate mühelos in ein haltbares Dia überführen (Abbildung 1, rechts).

Literatur

[1] Humphrey, J. H., und R. G. White: Kurzes Lehrbuch der Immunologie. G. Thieme-Verlag, Stuttgart 1972.

[2] Roitt, I.: Essential Immunology, 2nd ed., Blackwell Sci. Publ., Oxford etc. 1974.

[3] Neuhoff, V.: Immunpräzipitation mit kleinsten Substanzmengen. Biologie in unserer Zeit 2/1, 26–29 (1971).

[4] Handbuch der Sartorius-Membranfilter GmbH., Best. Nr. SM 10, Postfach 142, D-3400 Göttingen.

Biologie in unserer Zeit 1977, 7, 59–60.

Hans-Peter Haseloff

17. Bestimmung der Schwermetallaufnahme bei Moosen

Bei Pflanzen an belasteten Standorten weisen Kryptogamen in den meisten Fällen höhere Schwermetallgehalte auf als Phanerogamen, was sich einerseits aus dem manchmal vollständigen Fehlen einer Cuticula erklären läßt, die eine wirksame Barriere gegen Schadstoffe darstellt, und andererseits aus der Stoffaufnahme über die gesamte Oberfläche.

Die hohe Aufnahmerate ist neben rein wissenschaftlichen Fragestellungen auch aus zwei praktischen Gründen von Interesse: Zum einen wirken Schwermetalle ab einer bestimmten Konzentration toxisch [4], was im Falle von Moosen von forstwirtschaftlicher Bedeutung sein kann. Andererseits werden Moose und Flechten häufig als *Bioindikatoren* für die Luftverschmutzung eingesetzt [2], wobei bei Anwendung des „Transplantationsverfahrens" die Kenntnis der Aufnahmerate von Vorteil ist.

Im folgenden wird eine einfache Methode zur Bestimmung der Aufnahme von Schwermetallionen durch Moose vorgestellt.

1. Prinzip der Methode

Inkubiert man ein Moos in einer Lösung eines Schwermetallsalzes, so wird während der Inkubation ein Teil der Ionen durch die Pflanzen aufgenommen, d.h. die Konzentration des Inkubationsmediums nimmt ab. Durch Bestimmung der Konzentration vor und nach der Inkubation kann aus der Differenz der beiden Konzentrationen die während der Inkubationszeit von den Moosen aufgenommene Schwermetallmenge berechnet werden.

Rühling und Tyler, die zahlreiche Fragestellungen nach dieser Inkubationsmethode bearbeiteten [3], führten die Konzentrationsbestimmungen atomabsorptionsspektroskopisch durch. Damit wird diese einfache Versuchsanordnung zu einer apparativ aufwendigen und teuren Angelegenheit. Bei einigen Schwermetallen bietet jedoch die Schwerlöslichkeit der Hydroxide die Möglichkeit einer

Fällungstitration [1] gemäß folgender Reaktionsgleichung:

$$Me^{2+} + 2\,OH^- \rightarrow Me(OH)_2$$
(Me = Metall).

Durch Zusatz von Natronlauge aus einer Bürette wird das Schwermetallhydroxid unter gleichzeitiger Messung des pH-Wertes ausgefällt. Bei Darstellung des pH-Wertes gegen den Natronlaugeverbrauch erhält man Kurven vom Typus der Pufferungskurven, d.h. der Endpunkt der Titration zeigt sich durch einen sprunghaften Anstieg des pH-Wertes an (Abbildung 1).

Bei der Bestimmung der Schwermetallaufnahme durch Moose bestimmt man zunächst den NaOH-Verbrauch für eine bestimmte Menge an Inkubationsmedium, führt eine Inkubation durch, und ermittelt den NaOH-Verbrauch nach der Inkubation. Die Differenz beider Werte ist dann der aufgenommenen Menge proportional.

2. Durchführung

Der den Endpunkt anzeigende starke pH-Anstieg tritt meist nicht genau bei dem erwarteten Wert auf. Es ist deshalb zunächst erforderlich, eine Eichkurve zu erstellen.

Alle im folgenden gemachten Angaben beziehen sich auf Inkubationen von Moosproben (Trockengewicht ca. 100 mg) in 50 ml 0,001 mol/l Kupfernitratlösung.

Ein Teil des Inkubationsmediums wird durch die Moose kapillar festgehalten, so daß nach der Inkubation nicht mehr die vollen 50 ml zur Verfügung stehen. Es werden daher nur 40 ml austitriert, und die Werte später entsprechend auf 50 ml umgerechnet.

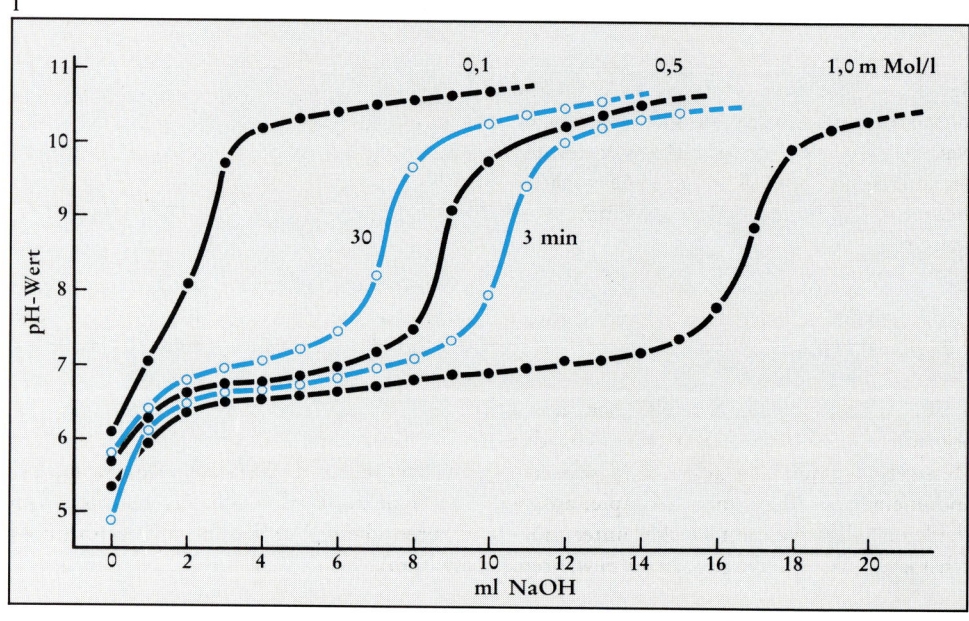

Abb. 1. Titrationskurven einiger Kupfernitratlösungen bei Verwendung von 0,005 n NaOH. ● = bekannte Konzentrationen (0,1; 0,5 und 1,0 mMol/l); ○ = Lösungen, in denen eine Moosprobe 3 bzw. 30 Minuten lang inkubiert wurde.

2.1. Aufstellen der Eichkurve

Es empfiehlt sich, die Schwermetallverbindungen vor Verwendung mehrere Tage im Exsikkator zu trocknen, da viele hygroskopisch sind (besonders Kupfernitrat!).

Zunächst wird eine Verdünnungsreihe hergestellt, Konzentrationen 0,1, 0,2, 0,3 usw. bis 1 mMol/l:

– 40 ml einer Konzentration in ein 100 ml Becherglas geben, mit Hilfe eines Magnetrührers leicht rühren, pH-Wert registrieren.

– Jeweils 1 ml 0,005 n NaOH zugeben, pH-Wert registrieren (bis etwa pH 7).

– Ab pH 7 bis etwa pH 10 kleinere Mengen zugeben, um den Äquivalenzpunkt genau bestimmen zu können.

– Diagramm pH-Wert gegen NaOH-Verbrauch anlegen (vgl. Abbildung 1).

– Für alle Konzentrationen NaOH-Verbrauch bei pH-Wert 8,5 bestimmen.

– Diese Werte in einem weiteren Diagramm gegen die theoretisch errechneten Verbrauchswerte auftragen (für die Ausfällung von jeweils 0,1 mMol Cu^{2+}-Ionen sind 1,6 ml 0,005 n Natronlauge erforderlich). Als Ergebnis resultiert eine Gerade (Abbildung 2).

Bei den eigentlichen Messungen kann nun mittels dieser Geraden für jeden beliebigen NaOH-Verbrauch der für die Berechnung der aufgenommenen Kupfermenge wichtige theoretische Verbrauchswert bestimmt werden.

2.2. Inkubation der Moose

– Zur Erzielung einer einheitlichen Reaktionsnorm die Moose zwei Tage vor den Messungen sammeln, säubern und wässern, und in einer mit feuchtem Filterpapier ausgekleideten Glasschale mit Deckel unter möglichst konstanten Bedingungen aufbewahren.

– Direkt vor der Inkubation 10 ca. 2,5 bis 3 cm lange Sproßabschnitte von der Spitze ab gemessen abschneiden und in ein 100 ml Becherglas geben.

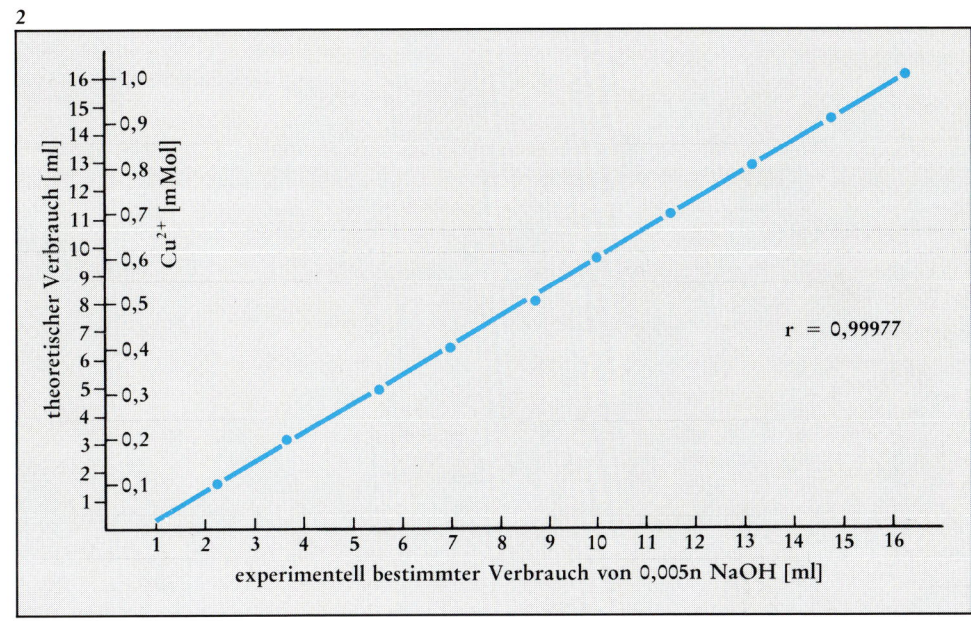

Abb. 2. Eichgerade zur Ermittlung der Kupferkonzentration im Konzentrationsbereich von 0,1 bis 1,0 mMol Cu^{2+}/l H_2O (r = Korrelationskoeffizient).

– 50 ml Inkubationsmedium zugeben und unter leichtem Schütteln oder Rühren inkubieren. Magnetrührer nur bei geringer Rührgeschwindigkeit betreiben, um ein Zerschlagen von Zellen durch den Magnetstab zu vermeiden.

– Direkt nach der Inkubation die Moose aus dem Inkubationsmedium nehmen, und nach Trocknen im Wärmeschrank bei 110°C das Trockengewicht bestimmen.

– Zur Konzentrationsbestimmung 40 ml des Inkubationsmediums wie unter 2.1. beschrieben austitrieren.

2.3. Auswertung

– Von jeder Moosprobe die Titrationskurve aufzeichnen (vgl. Abbildung 1) und den NaOH-Verbrauch bei pH 8,5 graphisch ermitteln.

– Meßwert mit Hilfe der Eichgeraden auf den theoretischen Wert umrechnen, und die Differenz zu 16 ml bilden (das entspricht dem theoretischen „Verbrauch" an Inkubationsmedium).

– Aufgenommene Schwermetallmenge wie folgt berechnen:

1 ml 0,005 n NaOH $\triangleq$ 2,5 μMol Cu^{2+}.

Da nur 40 ml austitriert wurden, muß auf 50 ml umgerechnet werden, d.h.

$$1 \text{ ml } 0,005 \text{ n NaOH} \triangleq \frac{2,5 \times 50}{40} =$$

$$= 3,125 \text{ μMol } Cu^{2+}$$

Aufgenommene Kupfermenge =

$$\frac{3,125 \times N \times 1000}{TG} \quad \frac{\text{μMol}}{\text{Gramm TG}}$$

N = Zahl der verbrauchten ml an NaOH

TG = Trockengewicht der Moosprobe in Milligramm

Diese Formel gilt unter Verwendung der angegebenen Mengen und Konzentrationen für alle zweiwertigen Ionen.

3. Praktisches Beispiel: Ergebnis einer Meßreihe

Als konkretes Beispiel sei das Ergebnis einer Meßreihe dargestellt, in der die Abhängigkeit der Aufnahme von Cu^{2+}-Ionen von der Inkubationszeit beim Grünstengelmoos (*Scleropodium purum* (L.) Limpr.) untersucht wurde.

3

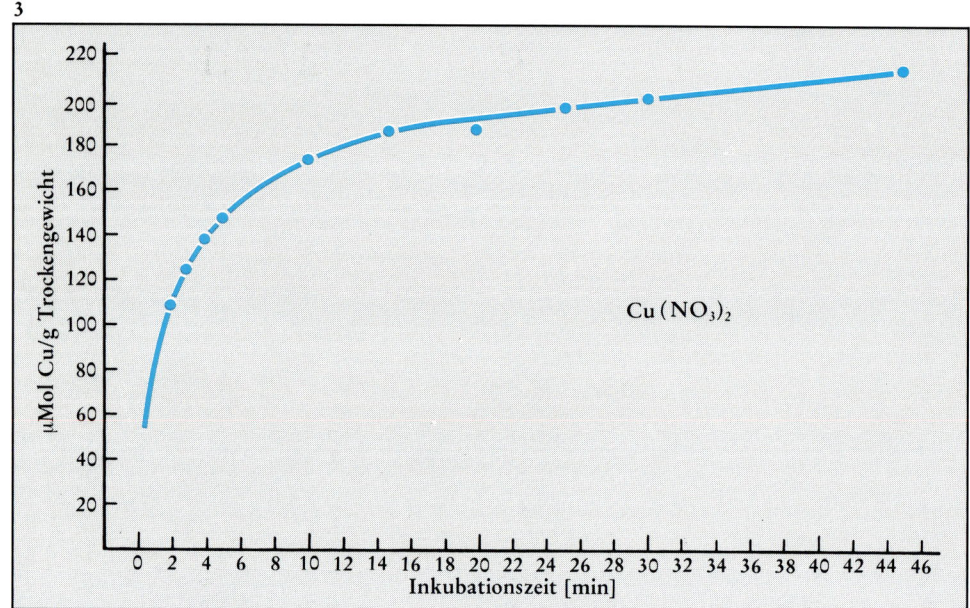

Abb. 3. Abhängigkeit der Kupferaufnahme bei *Scleropodium purum* von der Inkubationszeit (Konzentration = 1 mMol $Cu(NO_3)_2$/l).

Wie Abbildung 3 zeigt, ergibt sich bereits bei einer einfachen Meßreihe ein aussagekräftiger Kurvenverlauf: Die Aufnahme folgt einer Sättigungskurve. Bei einer Inkubationszeit von 30 Minuten werden bereits während der ersten 5 Minuten 75% der Gesamtmenge aufgenommen, mit zunehmender Inkubationszeit verringert sich die Aufnahmerate.

4. Schlußbemerkungen

Je nach zu bearbeitender Fragestellung können alle Konzentrationen und Mengenangaben beliebig verändert werden. Zu beachten ist nur, daß alles so aufeinander abgestimmt wird, daß sich bei der Titration ein genügend hoher Natronlaugeverbrauch ergibt, um den Äquivalenzpunkt exakt bestimmen zu können. Durch die Verwendung von Frischmaterial bei den Moosproben ergibt sich ein systematischer Fehler, da das Verhältnis von Inkubationsmedium/Trockengewicht nicht konstant ist. Dieser Fehler ist jedoch vernachlässigbar, wenn die Inkubationszeit nicht zu lange ist und genügend Inkubationsmedium verwendet wird. Im übrigen kann durch entsprechende Meßreihen mit Hilfe dieser Methode erklärt werden, ab wann bei entsprechenden Inkubationszeit/Inkubationsmediumvolumen-Kombinationen mit nicht mehr vernachlässigbaren Abweichungen gerechnet werden muß.

Wenn eingangs in der Überschrift von „Schwermetallaufnahme" bei Moosen gere-

det wurde, so bedarf dieser Ausdruck noch einer gewissen Revision: Im Grunde genommen wird hier die „Schwermetallionenbindungskapazität" bestimmt. Die Meßwerte sagen nur aus, welche Gesamtmenge an Schwermetallionen nachher in den Moosen zu finden ist. Sie sagen jedoch nicht aus, welcher Anteil dieser Gesamtmenge ins Zellinnere aufgenommen wurde und wieviel in der Zellwand gebunden wurde. Keinesfalls dürfen die Meßwerte als die Menge betrachtet werden, die physiologisch aktiv werden kann!

Daß jedoch zumindest ein Teil der aufgenommenen Menge bis ins Zellinnere gelangt, kann sehr leicht demonstriert werden, indem die Moose noch einige Tage lang in den mit feuchtem Filterpapier ausgekleideten Glasschalen weiterkultiviert werden. Je nach der Länge der Inkubationszeit treten unterschiedlich starke Ausbleichungen (Chlorosen) auf, die im übrigen auch von der Konzentration des Inkubationsmediums abhängig sind.

Zum Schluß sei vermerkt, daß diese Titrationsmethode sich nur für die Bestimmung von Metallen eignet, die stöchiometrisch zusammengesetzte Hydroxide mit einem genügend geringen Löslichkeitsprodukt bilden, wie z.B. Pb, Cu oder Cd.

Literatur

[1] Haseloff, H.-P.: Veränderungen im CO_2-Gaswechsel von Laubmoosen nach experimentellen Belastungen mit Schwermetallverbindungen. Bryophytorum Bibliotheca **19** (1979).

[2] Haseloff, H.-P.: Bioindikatoren und Bioindikation. Biologie in uns. Zeit **12**, 20–26 (1982).

[3] Rühling, Å., and G. Tyler: Sorption and retention of heavy metals in the woodland moss *Hylocomium splendens* (Hedw.) Br. et Sch. OIKOS **21**, 92–97 (1970).

[4] Wieser, W.: Schwermetalle im Blickpunkt ökologischer Forschung. Biologie in uns. Zeit **9**, 80–89 (1979).

Biologie in unserer Zeit **1982**, *12*, 27–29.

Klaus Hausmann

18. Schwimmbahnen von Einzellern

Dokumentation mit Hilfe der Dunkelfeld-Langzeitbelichtung

Betrachtet man Wasserproben aus dem Freiland mit vielen unterschiedlichen Protistenarten, richtet sich natürlich das erste Interesse auf die stark beweglichen Formen. Man erkennt relativ leicht, daß die diversen Spezies jeweils ganz unterschiedliches Schwimmverhalten zeigen. Die einen schwimmen mehr oder weniger geradlinig in einer Richtung, die anderen schwimmen auch geradlinig, wechseln aber häufig die Richtung, und wieder andere scheinen überhaupt keine vorhersehbaren Ziele anzusteuern. Obgleich man recht bald eine gewisse Vorstellung vom Lokomotionsverhalten der verschiedenen Einzeller bekommt und man einige Spezies vielleicht schon an der Art des Schwimmens identifizieren kann, dürfte es doch recht schwerfallen, exakt die Schwimmbahnen zu beschreiben, welche die Organismen bei ihrer Fortbewegung einschlagen.

Material und Methode

Es gibt eine sehr einfache, mit etwas Geschick von jedem anwendbare Methode, die Schwimmbahnen von Einzellern darzustellen: Es ist das Dunkelfeld-Langzeitbelichtungs-Verfahren*. Hierzu benötigt man – außer einer Petrischale (Durchmesser 10 cm) mit Protisten – eine Präparierlupe mit Fotoadaptation. (Eine Kamera mit Makro-Objektiv und Zwischenringen oder Balgengerät tut es zur Not auch.) Für die Dunkelfeldbeleuchtung sind 1–2 Glasfaserlampen (oder eine Lampe mit 2 Lichtleitern) sehr vorteilhaft. Wenn derartige Lampen nicht zur Verfügung

---

*Dieses Verfahren wurde erstmalig von dem polnischen Zellbiologen Stanislav Dryl publiziert (Bull. Acad. Polon. Sci. Ser. Sci. Biol. (Classe II) **6**, 429–430 (1958)). Seither wird diese Methodik angewandt, um beispielsweise festzustellen, ob und welchen Einfluß bestimmte Stoffe oder Änderungen des externen Milieus auf das Bewegungsverhalten, speziell auf die Flagellen oder Cilien von Protisten ausüben.

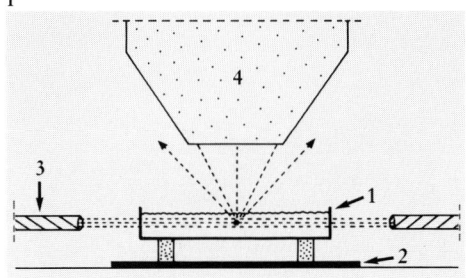

Abb. 1. Schema zum Versuchsaufbau für die fotografische Darstellung von Schwimmbahnen. 1. Aufgebockte Petrischale mit Untersuchungsobjekten; 2. schwarze Unterlage; 3. Glasfaserlampe; 4. Lupe mit Fotoeinrichtung.

---

stehen, reichen auch andere Lampen aus. Wichtig ist es, daß der Lichtstrahl halbwegs gebündelt oder begrenzt ist und nicht diffus aus der Lampe austritt. Je heller die Lampen sind, um so problemloser gelingen die Fotografien. Glasfaserlampen bringen den Vorteil mit sich, daß sie „kaltes" Licht liefern, so daß die Organismen nicht durch die Wärme des Lichtstrahles beeinträchtigt werden.

Die Lampen werden so orientiert, daß ihr Licht flach über die Petrischale streift (Abbildung 1). Die Petrischale sollte, um zu vermeiden, daß vom Tisch reflektiertes Streulicht auftritt, etwas aufgebockt sein (1–2 cm). Unter die Petrischale legt man auf den Tisch eine mattschwarze Pappe (oder Stoff etc.), um einen wirklich schwarzen Untergrund zu haben. Über der Petrischale ist die Lupe mit der Kamera angeordnet.

Ohne die Beleuchtung durch die Glasfaserlampen wird man von den Einzellern kaum etwas erkennen. Schaltet man die Lampen ein, wird das flach streifende Licht, das normalerweise überhaupt nicht ins Lupenobjektiv käme, an den Objekten, das heißt an den Einzellern gestreut, so daß nun Lichtstrahlen ins Objektiv gelangen und somit die Einzeller als helle Strukturen auf dunklem Untergrund (Dunkelfeld) erkannt werden können. Natür-

lich leuchtet bei dieser Art der Beleuchtung auch jede Verunreinigung im Präparat auf. So stellen die punktförmigen Strukturen in den Bildern Detrituspartikel dar.

Um die Schwimmbahnen zu dokumentieren, öffnet man den Kameraverschluß für eine bestimmte Zeit, in der Regel für einige Sekunden. Dadurch erscheinen die Schwimmbahnen der Organismen als weiße Linien auf dunklem Untergrund. Die Belichtungszeit muß an die jeweilige Vergrößerung, die relativ gering sein sollte, und an die Schwimmgeschwindigkeit der Objekte angepaßt werden. Eine gute Belichtungszeit ist die Zeitspanne, in der die Organismen das Bildfeld einmal durchschwommen haben. 10–15 Sekunden Belichtungszeit dürfte ein guter Anfangswert sein.

Die Lichtmenge, die infolge der Streuung an den Protisten ins Objektiv gelangt, ist naturgemäß nicht sehr üppig. Daher wird es notwendig sein, einen möglichst hochempfindlichen Film für die Dokumentation der Schwimmbahnen zu verwenden (z. B. Ilford HP4, 27 DIN, oder Ilford XP1 400, 27 DIN). Selbstverständlich muß man erst einige Tests durchführen, um insbesondere im Hinblick auf die Lichtausbeute den eigenen Versuchsaufbau optimal zu gestalten.

Ergebnisse

Fotografiert man eine Freilandprobe, die verschiedene Protistenarten beinhaltet, mit Hilfe des soeben beschriebenen Versuchsaufbaus, wird man zu einem ähnlichen Foto gelangen, wie es in Abbildung 2 dargestellt ist. Die Schwimmbahnen, die man zu Gesicht bekommt, sind unterschiedlich ausgeprägt. Es gibt kräftig weiße Bahnen (= große Einzeller, wahrscheinlich Ciliaten) und zarte, kaum sichtbare Spuren (= kleine Einzeller, oft Flagellaten). Die Bahnen ziehen teils geradlinig, teils in Schlängellinien durchs Bildfeld. Einige Bahnen sind durch einen kreisenden Verlauf gekennzeichnet. Andere erscheinen zackig, ohne erkennbares Vorzugsmuster.

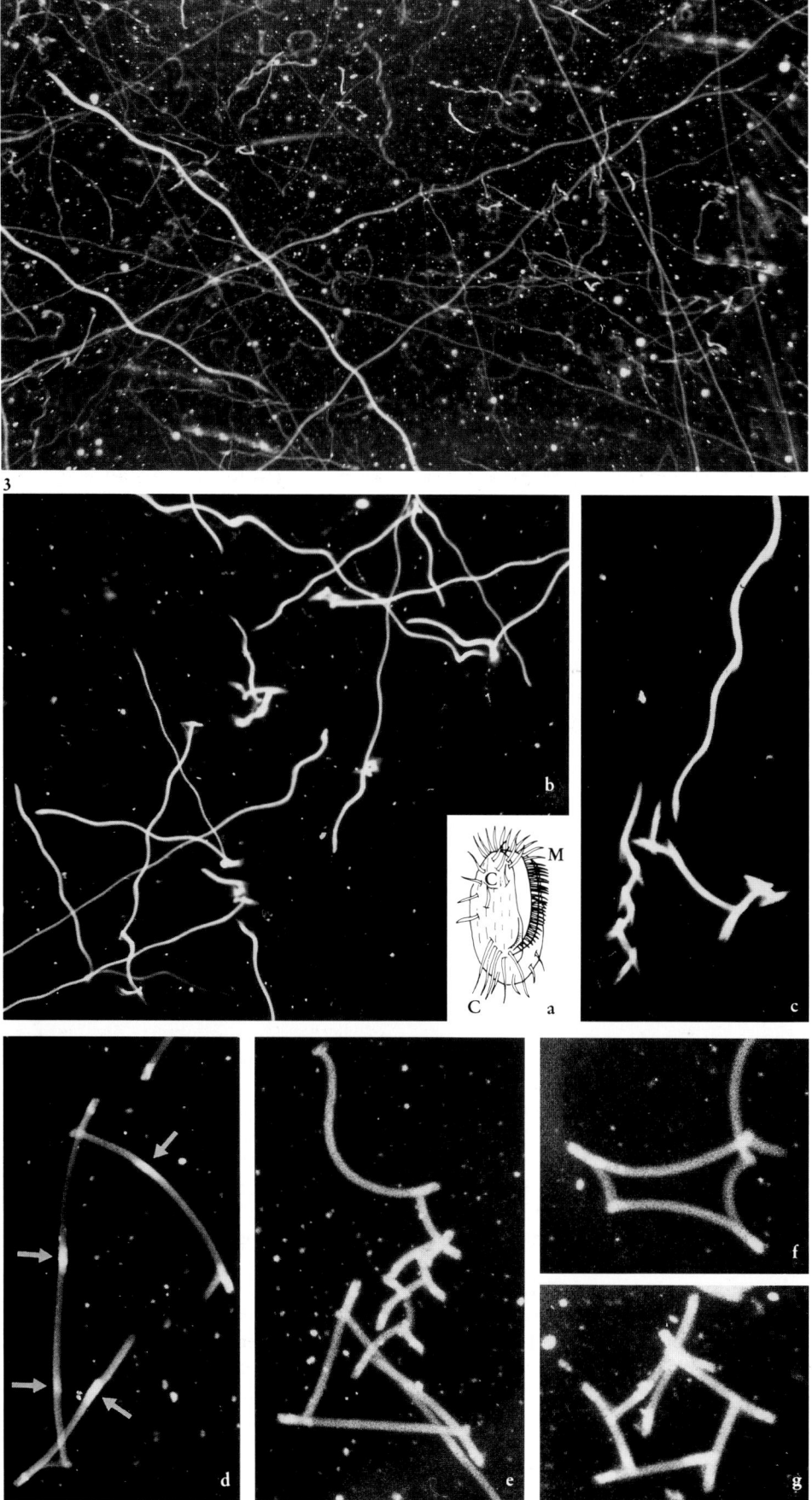

2

3

Abb. 2. Foto einer Freilandprobe nach Dunkelfeld-Langzeitbelichtung. Die verschiedenen Einzeller in einer derartigen Wasserprobe zeigen unterschiedliche Schwimmbahntypen. Die weißen Punkte sind unbewegliche Detrituspartikel.

Abb. 3. Schwimmbahnen von hypotrichen Ciliaten. In (b) und (c) sind Schwimmbahnen von *Euplotes* (a) dargestellt, in (d)–(g) solche von *Stylonychia*. Die Pfeile in (d) weisen auf Stellen in der Schwimmbahn, an denen die Ciliaten ihre Bewegung kurz unterbrochen haben. C – Cirren; M – Membranellen.

Abb. 4. Holotrich bewimperte Ciliaten, wie *Colpidium* (a) und *Paramecium* (c), schwimmen in schraubig welligen Bahnen (b und d), die insbesondere bei *Colpidium* häufig kreisförmige Abschnitte zeigen.

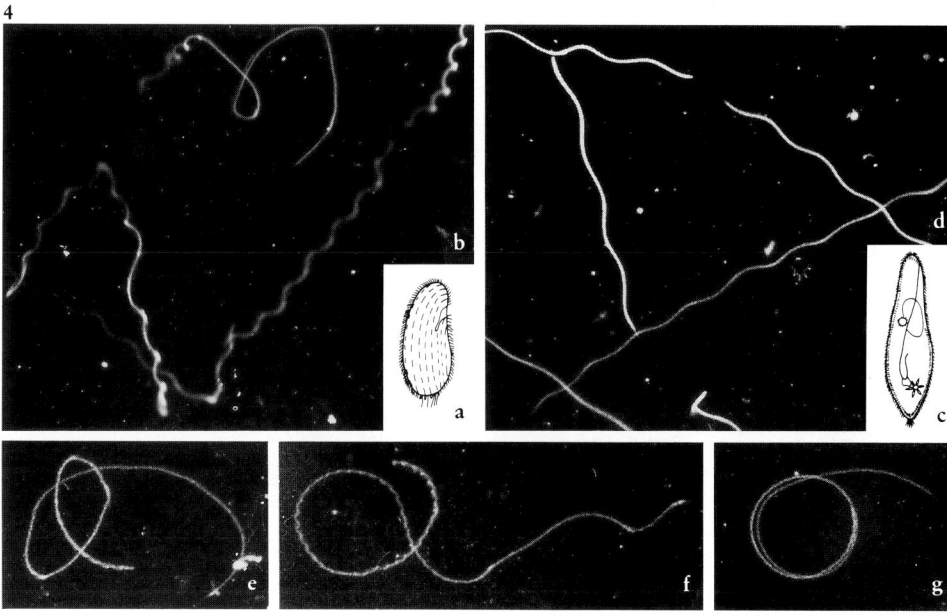

Nimmt man anstelle einer Mischkultur Organismen aus einer Reinkultur und bemüht man sich, daß möglichst wenig Verunreinigungen ins Präparat gelangen (nahezu eine Sisyphus-Arbeit), wird man klare, relativ gleichförmige oder zumindest bestimmte Regelmäßigkeiten aufweisende Schwimmbahnen vorfinden. Im folgenden werden einige Beispiele vorgestellt.

Als erstes sind die Schwimmbahnen der hypotrichen Ciliaten *Euplotes* (Abbildung 3b + c) und *Stylonychia* (Abbildung 3d–g) wiedergegeben. Auf den ersten Blick erscheinen sie recht unregelmäßig. Schaut man sich jedoch die einzelnen Spuren genauer an, wird man gewisse Gemeinsamkeiten feststellen. Die Bahnen sind, obgleich es beim flüchtigen Hinsehen so scheinen mag, nie kontinuierlich durchgezogen. Es gibt immer Hinweise für ein diskontinuierliches, ruckartiges Schwimmen. Dies entspricht auch dem Eindruck, den man bei der direkten Beobachtung von Hypotrichen hat. Die Ciliaten ändern oft beim Schwimmen ihre Richtung. Insbesondere, wenn sich die Organismen mit Hilfe ihrer Cirren „laufend" auf dem Substrat vorwärtsbewegen, gibt es sehr häufigen Richtungswechsel.

Speziell für *Stylonychia* ist es charakteristisch, daß die Ciliaten beim freien Schwimmen Kreisbahnen mit relativ geringem Krümmungsradius beschreiben (Abbildung 3d). Das liegt wohl daran, daß zwei Ciliensysteme vorliegen, nämlich die ventralen Cirren und

das adorale Membranellenband, das sich an nur einer Seite des Ciliaten bis circa zur Körpermitte hin erstreckt. Damit kommt beim Schwimmen allem Anschein nach eine laterale Kraftkomponente mit ins Spiel, die zu den leicht gekrümmten Kreisbahnen führt.

Häufig verharren die Ciliaten für einen Moment in der Bewegung und schwimmen anschließend zügig weiter. Das Verharren kann man an einem jeweils deutlich helleren Bereich innerhalb der Schwimmbahnen erkennen (Abbildung 3d, Pfeile).

Ganz auffällig sind sehr „zackige" Bewegungsbahnen, die speziell bei laufenden Formen beobachtet werden (Abbildung 3e). Die jeweilige Abweichung vom vorherigen Kurs kann so gleichförmig sein, daß im Extremfall die Schwimmbahnen regelmäßigen Vielecken gleichen (Abbildung 3f + g).

Anders sieht die Situation bei holotrich bewimperten Ciliaten aus. Die Schwimmbahnen solcher Einzeller sind in der Regel recht kontinuierlich, wenn auch nicht immer geradlinig. Es gibt keine Hinweise für ruckartiges Schwimmen. Es läßt sich nicht selten eine wellenartige Unterstruktur in den Schwimmbahnen erkennen (Abbildung 4). Bestimmte Arten, zum Beispiel aus der Gattung *Colpidium*, schwimmen oft in kreisartigen Bahnen (Abbildung 4e–g).

Geradlinig, wellenförmige Schwimmbahnen sind typisch für das Pantoffeltier *Paramecium*

(Abbildung 4d). Die Wellenform, die in Wirklichkeit eine Schraubenbahn ist, kommt dadurch zustande, daß der metachrone Cilienschlag nicht in Quer-, sondern in Schrägreihen über die Zelle erfolgt.

An diesem Beispiel zeigt sich die Limitation der Methode. Man erhält nämlich nur zweidimensionale Bilder von Bewegungen, die in der Regel auch eine Komponente in der dritten Dimension aufweisen. Diese Informationslücke ließe sich nur mit relativ großem Aufwand, zum Beispiel durch Stereofotografie, schließen.

Mit Hilfe der beschriebenen Methode lassen sich die Schwimmgeschwindigkeiten von Einzellern einfach bestimmen. Man weiß ja die Belichtungszeit und kann die Länge der Schwimmbahnen direkt auf dem Negativ abmessen. Da man seine Lupe mit Fotoeinrichtung geeicht haben sollte, kann man die Länge direkt in µm angeben. Damit hat man die beiden Parameter „Zeit" und „Länge", die für die Berechnung der Geschwindigkeit in µm/sec notwendig sind. Interessant und vielleicht auch etwas anschaulicher ist es, die errechneten Werte in Relation zur Körperlänge der jeweiligen Organismen zu setzen. Ein Vergleich mit dem Wert, den man für die Fortbewegungsgeschwindigkeit des Menschen – ausgedrückt in Zeit pro Körperlänge – erhält, dürfte besonders aufschlußreich sein.

Biologie in unserer Zeit 1989, *19*, 93–95.

Hans-Georg Heinzel

19. Neurophysiologische Versuche am intakten Regenwurm

Tierschutz durch Alternativen

Der zuckende Froschschenkel gilt als das klassische Präparat zur Erforschung von Nervenfunktion und Muskelkontraktion. Am Froschbein mit seinem Ischiasnerven konnte Galvani um 1790 zeigen, daß es elektrische Vorgänge sind, die bei der Funktion von Nerven und Muskeln eine Rolle spielen. Sein Zeitgenosse und Kollege Volta benutzte ein solches Präparat als damals empfindlichstes „Meßinstrument" für schwache Ströme und schuf damit die Grundlagen zur Elektrizitätslehre. Diese historische Bedeutung ist ein Grund dafür, daß auch heute noch viele Biologie- und MedizinstudentInnen derartige Froschpräparate anfertigen müssen, um die Grundlagen der Funktionsweise von Nerven und Muskeln zu erlernen.

Regenwürmer retten die Frösche

Als Alternative werden Experimente am intakten Regenwurm vorgeschlagen, die mehrere Vorteile gegenüber den klassischen Experimenten am Froschpräparat haben:

● Das Tier bleibt unversehrt. Es wird lediglich mit einer Borste gekitzelt.

● Es entfällt die zeitraubende und schwierige Präparation eines Tieres.

● Am intakten Regenwurm lassen sich sogar die Nervenimpulse einzelner gut bekannter Nervenfasern messen, während am Froschnerv nur schlecht interpretierbare Überlagerungen der Aktivität vieler Nervenfasern registriert werden.

● Während am Froschpräparat nur die Vermessung von Nervenpotentialen möglich ist, kann beim Regenwurm zusätzlich deren Funktion bei den Reflexen des intakten Tieres aufgezeigt werden.

● Sogar zelluläre Mechanismen der „Gewöhnung" oder Habituation [1] lassen sich am intakten Wurm mit einfachsten Mitteln messen.

Der Regenwurm hat „starke Nerven"

Neben tausenden von kleinen Nervenfasern besitzt der Regenwurm in seinem Bauchmark drei Fasern mit besonders großem Durchmesser [2]. Die mediane Riesenfaser hat einen Durchmesser von bis zu 0,07 mm, die beiden lateralen Riesenfasern erreichen bis zu 0,05 mm (Abbildung 1c). Die lateralen Fasern sind durch segmentale Querverbindungen miteinander verbunden und arbeiten deshalb funktionell wie eine einzelne Nervenfaser.

Für die Registrierung der Nervenimpulse von diesen Riesenfasern wurden früher die Würmer aufpräpariert, um hakenförmige Drahtelektroden am Bauchmark anzubringen. Es konnte jedoch gezeigt werden, daß sich diese Nervenimpulse ebenso gut von der Außenseite des völlig unversehrten Wurms registrieren lassen [3].

Benötigte Geräte

● Wurmrinne mit Stecknadelelektroden.

● Mikroschalter mit Reizborste.

● Differenzverstärker, Filterbereich 80 bis 1000 Hz, 1000fache Verstärkung.

● Speicheroszilloskop oder Personal Computer mit Wandlersystem.

Für die elektrische Reizung wird zusätzlich ein Pulsgenerator mit isoliertem Reizausgang benötigt.

Eine einfache und zuverlässig funktionierende Wurmapparatur mit Reizgeber wurde von mir in Zusammenarbeit mit der Firma PHYWE (Göttingen) entwickelt und kann dort bezogen werden. Alle Ableitungen zu den Abbildungen dieses Artikels wurden ebenfalls mit Geräten durchgeführt, die mir von PHYWE zur Verfügung standen: Digitales Speicheroszilloskop, XY-Schreiber, dem „Bio-Verstärker" und für die Versuche mit elektrischer Reizung die „Bioelektrische Meß-

einheit". Die Meßkurven in Abbildung 5 wurden ohne Oszilloskop mit einem einfachen Personal Computer und einem Interface (PHYWE, COMEX-System) auf einem Nadeldrucker erstellt.

Die Reflexe des Regenwurms

Riesennervenfasern mit besonders schneller Fortleitung der Nervenimpulse gibt es im Tierreich überall dort, wo schnelle, oft lebensrettende Reflexe ablaufen [4]. Die Fluchtreflexe des Regenwurms und die dabei auftretenden Nervenimpulse seiner Riesenfasern lassen sich durch mechanische Reizung an seinem Vorder- oder Hinterende auslösen. Dazu wird der gewaschene und mit Fließpapier abgetrocknete Wurm in eine künstliche Wohnröhre zwischen zwei Moosgummistreifen gelegt (Abbildung 1). Ein Fortkriechen wird durch zusätzliche Moosgummistückchen an den Wurmenden sowie durch ein abdeckendes durchsichtiges Plexiglaslineal verhindert. Das Lineal ist im Abstand von 1 cm mit Bohrungen versehen, die es erlauben, den Regenwurm mit einer Pinselborste mechanisch zu reizen. Die Reizborste ist an den beweglichen Kontakt eines teilweise aufgesägten Mikroschalters angeklebt. Bei Betätigung des Schalters schnellt die Borste vor. Gleichzeitig wird ein elektrischer Kontaktschluß erzeugt, der dazu benutzt werden kann, den Start der Messung am Oszilloskop auszulösen. Die Ableitung der Potentiale erfolgt über Glaskopfstecknadeln, die vor dem Einlegen des Wurmes quer in die Moosgummistreifen gesteckt wurden. Zwei Stecknadeln im Abstand von 1 cm werden über Krokodilklemmen mit den beiden Eingängen eines Verstärkers verbunden. Der Wurm wird über ein zwischen Lineal und Moosgummi geschobenes Blech geerdet. Nach Erdung des Aluminiumprofils und einer darunter befindlichen Aluminiumfolie wirken diese als Faradaysche Abschirmung gegen elektrische Störfelder, und die erste Messung kann beginnen.

Die Hautsinneszellen des Wurm-Hinterendes übertragen ihre Erregung auf die lateralen Riesenfasern [2], in denen Nervenimpulse

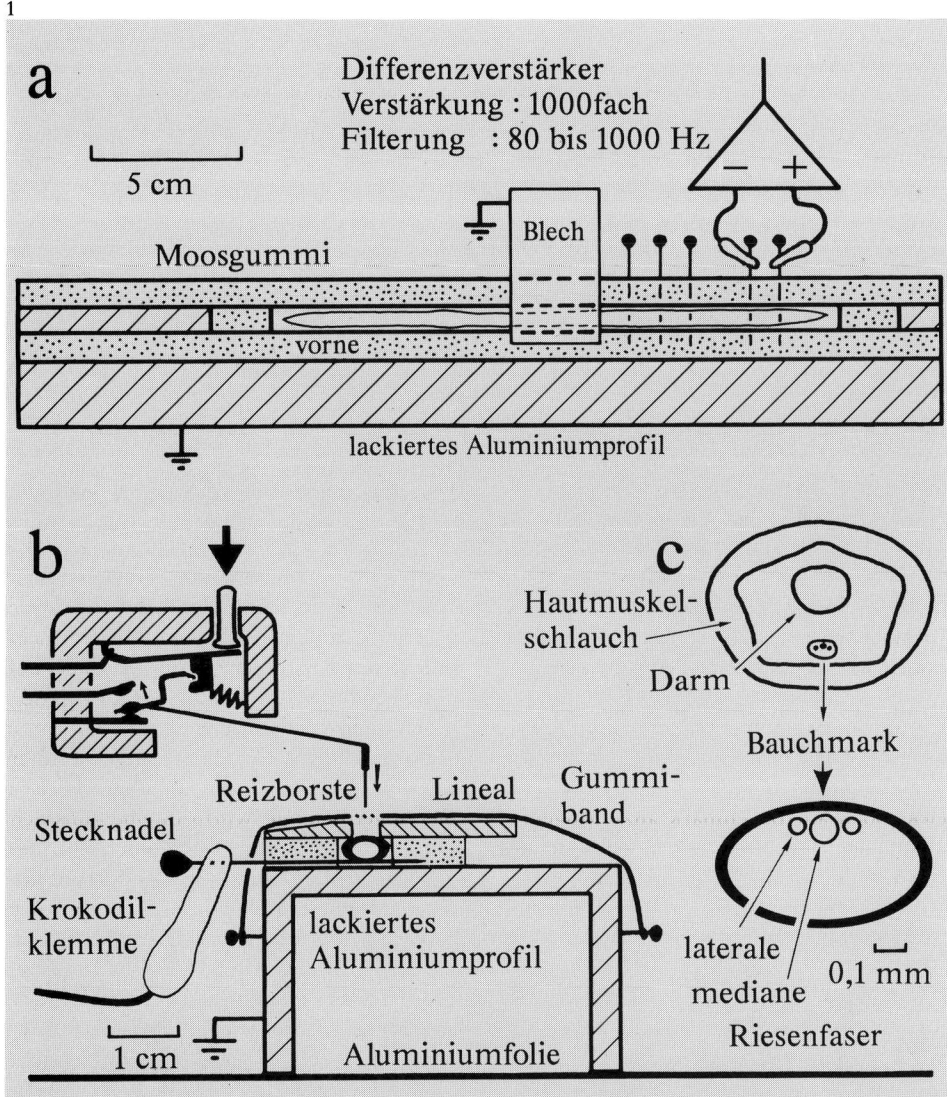

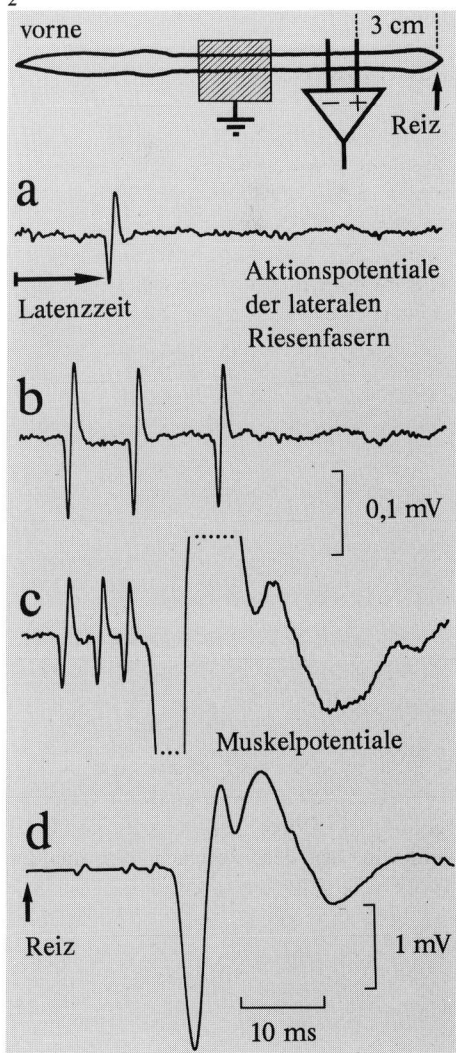

Abb. 1. Versuchsaufbau. Der Wurm wird zwischen zwei Moosgummistreifen gelegt: Aufsicht (a), Querschnitt (b). Er kann durch kleine Löcher in einem abdeckenden Plexiglas-Lineal mit einer an einem Mikroschalter befestigten Borste gekitzelt werden. Die Potentiale der Muskeln und des Bauchmarks (Querschnitt (c) des Wurms) werden von Stecknadelelektroden an der Haut abgegriffen und lassen sich nach Verstärkung auf einem Oszilloskop abbilden.

Abb. 2. Nervenimpulse der lateralen Riesenfasern und Muskelpotentiale nach mechanischer Reizung des Wurm-Hinterendes. Die Reizstärke wurde von (a) nach (c) gesteigert. Muskelpotentiale treten nur bei starken Reizen auf. Sie sind viel größer und langsamer als die Nervenimpulse und passen oft erst nach Absenkung der Verstärkung um den Faktor 10 ganz auf den Bildschirm (d).

ausgelöst werden, deren Zahl mit der Reizstärke zunimmt (Abbildung 2). Bei genügend starken Reizen werden dadurch Muskelpotentiale in den Längsmuskeln und eine Zuckung des Wurms ausgelöst. Die Reizstärke läßt sich durch Änderung des Reizgeberabstandes variieren. Bei einem schwachen Reiz berührt die vorschnellende Borste die Haut nur leicht, ohne sie zu deformieren. Ein mittelstarker Reiz bewirkt eine leichte Eindellung der Haut, ein starker Reiz drückt die Haut etwa 0,5 mm ein. Außer von der Reizstärke hängt die Stärke der Reaktion noch vom Reizort und der Reizhäufigkeit ab. Reize an den Wurmspitzen sind am wirksamsten, da sich dort besonders viele Hautsinneszellen befinden [2]. Bei häufiger Reizung „gewöhnt" sich der Wurm an den Reiz. Die Zahl der Nervenimpulse wird geringer, und die Muskelpotentiale bleiben aus.

Die registrierten Nervenimpulse sind typi-sche biphasische Impulse von 2 ms Dauer. Auch schwache Muskelpotentiale können eine biphasische Form haben (Abbildung 2d) und werden deshalb oft mit Nervenimpulsen verwechselt. Nach folgenden Kriterien ist jedoch immer eine Unterscheidung möglich:

● Biphasische Muskelpotentiale dauern mindestens 10 ms. Bei stärkerer Aktivierung der Längsmuskeln entstehen noch längere, vielgipfelige „Potentialgebirge".

● Die Muskelpotentiale treten in der Regel nach den Nervenimpulsen auf.

● Die Amplituden (Spitze-Spitze) der Muskelpotentiale liegen zwischen 1 und 10 mV, die der Nervenimpulse zwischen 0,05 und 0,2 mV.

Die Größe der gemessenen Nervenimpulse muß bei demselben Wurm keineswegs konstant sein (Abbildung 2). Sie hängt davon ab, wieviel Nervenstrom durch den Hautmuskelschlauch hindurch die Elektroden erreicht. Ist der Wurm wie am Vorderende, am Clitellum oder an einer gerade kontrahierten Stelle besonders dick, so werden nur kleine Potentiale registriert. Die besten Resultate lassen sich deshalb auf den letzten 4 cm des dünnen Wurmendes erzielen. Mit einer Serie von verschieden starken Reizen läßt sich leicht demonstrieren, daß im Nervensystem die Reizstärke durch die Zahl bzw. die Frequenz von Nervenimpulsen codiert wird. Die laterale Riesenfaser antwortet, je nach Reizstärke, mit bis zu 20 Aktionspotentialen, deren Abstand mit zunehmender Reizstärke bis auf 3 ms sinkt. Bei solchen hochfrequenten Impulsserien lassen sich allerdings meist nur die ersten 3–4 Impulse beobachten, da die anderen von einem sehr großen Muskelpotential-Gebirge überlagert werden.

Wird der Wurm an der Spitze seines Vorderendes gereizt, so lassen sich die Nervenimpulse der medianen Riesenfaser messen, welche bevorzugt mit den vorne gelegenen Hautsinneszellen verschaltet ist [2]. Die Reaktion hängt auch hier von Reizstärke (Abbildung 3) und Reizhäufigkeit beziehungsweise dem Gewöhnungszustand des Wurms ab. Zwischen den Nervenimpulsen der Riesenfaser und den Muskelpotentialen werden hier zusätzlich Nervenimpulse von segmentalen Riesenmotoneuronen gemessen, die den Riesenfaserpulsen zeitlich im Abstand von 1–2

ms folgen. Der Wurm reagiert bei mechanischer Reizung seines „wertvolleren" Vorderendes empfindlicher als bei Reizung des Hinterendes. Folgende physiologische Mechanismen, die in unseren Experimenten beobachtbar sind, führen zu dieser gesteigerten Empfindlichkeit:

● Bei Reizung am Vorderende löst bereits ein Nervenimpuls der Riesenfaser ein kleines Muskelpotential aus. Zwei oder mehr Nervenimpulse bewirken meist riesige (bis 10 mV) Muskelpotential-Gebirge der Längsmuskelfasern.

● Zusätzlich wird die Reflexkette durch eine positive Rückkopplungsschleife verstärkt (Abbildung 4). Die mediane Riesenfaser erregt nämlich ein Interneuron, welches wiederum die Riesenfaser erregen kann [5]. Dadurch löst oft ein Aktionspotential der Riesenfaser ein zweites im Abstand von etwa 15 ms aus (Abbildung 3).

● Bei seltener Reizung (weniger als einmal pro Minute) zeigen die Synapsen zwischen den Riesenmotoneuronen und den Längsmuskeln das Phänomen der synaptischen

Bahnung [6]. Dies ist der Grund, weshalb die Muskelpotentiale, die dem zweiten Paar von Aktionspotentialen der Riesenfaser und Riesenmotoneuronen folgen, größer sind als beim ersten Paar (Abbildung 3).

Die Verstärkungsmechanismen arbeiten aber nur bei nicht zu häufiger Reizung. Zu häufige Reizung unterdrückt die Reflexe durch synaptische Depression [6, siehe unten]. Auch dies ist für den Wurm überlebenswichtig; er könnte sonst beispielsweise nur schwer durch Boden mit spitzen, ihn ständig mechanisch reizenden Sandkörnchen kriechen.

Die Geschwindigkeit der Nervenimpulse

Es ist naheliegend, die Fortleitungsgeschwindigkeit der Nervenimpulse durch Ableitungen mit zwei in einem bestimmten Abstand gegeneinander versetzte Elektrodenpaare zu messen (Abbildung 5). Mit einer solchen Anordnung läßt sich auch nachweisen, daß die mediane Riesenfaser ihre Impulse von vorne nach hinten leitet und die lateralen Riesenfasern umgekehrt. Aus dem Abstand der Elektrodenpaare (Leitungsweg) und der Leitungszeit lassen sich die Leitungsgeschwindigkeiten berechnen. Für die lateralen Riesenfasern erhält man Werte zwischen 6 und 12 m/s bei Temperaturen um 20–24 °C. Wegen ihres größeren Durchmessers erreicht die mediane Riesenfaser Geschwindigkeiten zwischen 15 und 25 m/s. Diese Steigerung wird nicht nur

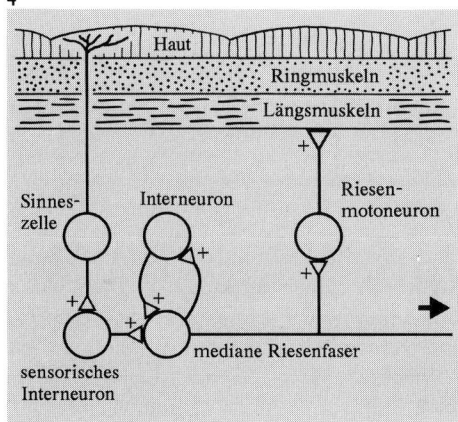

Abb. 3. Zwei Registrierbeispiele von Nervenimpulsen der medianen Riesenfaser, von Riesenmotoneuronen und von Muskelpotentialen nach mechanischer Reizung des Wurm-Vorderendes: schwacher Reiz (a), stärkerer Reiz (b).

Abb. 4. Schaltplan des Fluchtreflexes. Kreise stellen Zellkörper, Dreiecke erregende chemische Synapsen dar.

Abb. 5. Durch Ableitung an zwei Stellen (1 und 2) des Wurmes läßt sich die Fortleitungsgeschwindigkeit eines Nervenimpulses der medianen Riesenfaser ermitteln.

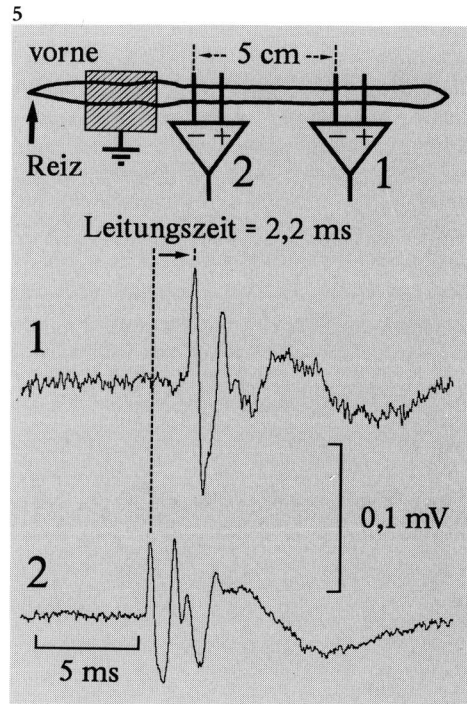

auf den Durchmesserunterschied zurückgeführt. Sie beruht zum Teil auf einer myelinähnlichen Hülle dieser Riesenfaser. Die Hülle hat segmentale Löcher und erlaubt eine primitive Art der schnellen saltatorischen Erregungs-Fortleitung [7], wie sie in ihrer höchsten Form bei den Wirbeltieren verwirklicht ist.

Die Leitungsgeschwindigkeiten lassen sich jedoch auch mit nur einem Elektrodenpaar und einem Verstärker aus den Latenzzeiten (Abbildung 2, 3) abschätzen. Die Latenzzeit, als Zeit zwischen mechanischem Reiz und dem Auftreten des ersten Riesenfaserimpulses an einer entfernten Stelle des Wurms, setzt sich entsprechend der angenommenen Verschaltung [8] der Sinnes- und Nervenzellen (Abbildung 4) wie folgt zusammen:

● Reiztransformationszeit sowie Anstiegszeit des Rezeptorpotentials der Sinneszelle bis zur Schwelle zur Auslösung von Aktionspotentialen,

● Fortleitungszeit der Sinneszelle zum Bauchmark,

● synaptische Verzögerungszeiten bei der Übertragung von der Sinneszelle auf ein sensorisches Interneuron

● und bei der Übertragung vom sensorischen Interneuron auf die Riesenfaser,

● Fortleitungszeit der Riesenfaser.

Die Latenzzeit nimmt mit zunehmender Reizstärke bis auf einen minimalen Grenzwert ab (Abbildung 2, 3). Dies beruht im wesentlichen auf einem steileren Ansteigen der Rezeptorpotentiale und damit einem schnelleren Erreichen der Schwelle zur Auslösung von Aktionspotentialen. Wird von dieser minimalen Latenzzeit 1 ms für die Entstehung des ersten Aktionspotentials in der Sinneszelle abgezogen und je eine weitere ms als synaptische Verzögerungszeit für die Übertragung an den beiden nachfolgenden Synapsen, so läßt sich die Leitungszeit (LZmed) der medianen Riesenfaser aus der minimalen Latenzzeit (Lmin) wie folgt abschätzen:

LZmed = Lmin − 3 ms

Dabei wurde zusätzlich angenommen, daß die Leitungszeit der Sinneszelle vernachlässigbar klein ist, da sie nur einen sehr kurzen Weg zum Bauchmark hat. Für die Leitungszeit der lateralen Riesenfasern (LZlat) gilt:

LZlat = Lmin − 2 ms.

Hier entfällt eine synaptische Verzögerungszeit, da die Sinneszellen wahrscheinlich direkt mit den Riesenfasern verbunden sind [8].

Aus Abbildung 2c ergibt sich danach für die laterale Riesenfaser mit einer minimalen Latenzzeit von Lmin = 4,5 ms: LZlat = 4,5 ms − 2 ms = 2,5 ms. Bei dem Abstand (Leitungsweg) von 3 cm zwischen Reizort und erster

Ableitelektrode ergibt sich daraus eine Leitungsgeschwindigkeit von 3 cm/2,5 ms = 12 m/s. Dies stimmt sehr gut mit dem Wert von 11,4 m/s überein, der durch eine Doppelableitung an zwei Stellen dieses Tieres gemessen wurde.

Auch die minimale Latenzzeit von 7,8 ms für die mediane Riesenfaser (Abbildung 3b) erlaubt eine recht genaue Abschätzung der Leitungsgeschwindigkeit für diese Faser:

LZmed = 7,8 ms − 3 ms = 4,8 ms.

Bei einem Leitungsweg von 9 cm resultiert daraus eine geschätzte Leitungsgeschwindigkeit von 19 m/s, was dem bei diesem Tier gemessenen Wert von 22,7 m/s (Abbildung 5) recht nahe kommt.

Der Nervenimpuls als Welle

Die meisten StudentInnen sind mit den zeitlichen Dimensionen eines Aktionspotentials gut vertraut und wissen, daß dieses etwa eine Millisekunde dauert. Kaum jemand macht sich jedoch eine Vorstellung von der räumlichen Ausdehnung eines Aktionspotentials. Was schätzen Sie?

Intrazelluläre Ableitungen von den Riesenfasern [5] haben gezeigt, daß auch deren Aktionspotentiale − aufgetragen über der Zeit − das übliche Bild einer ins Positive überschießenden Depolarisationswelle zeigen (Abbildung 6a). Befindet sich die Meßelektrode

6

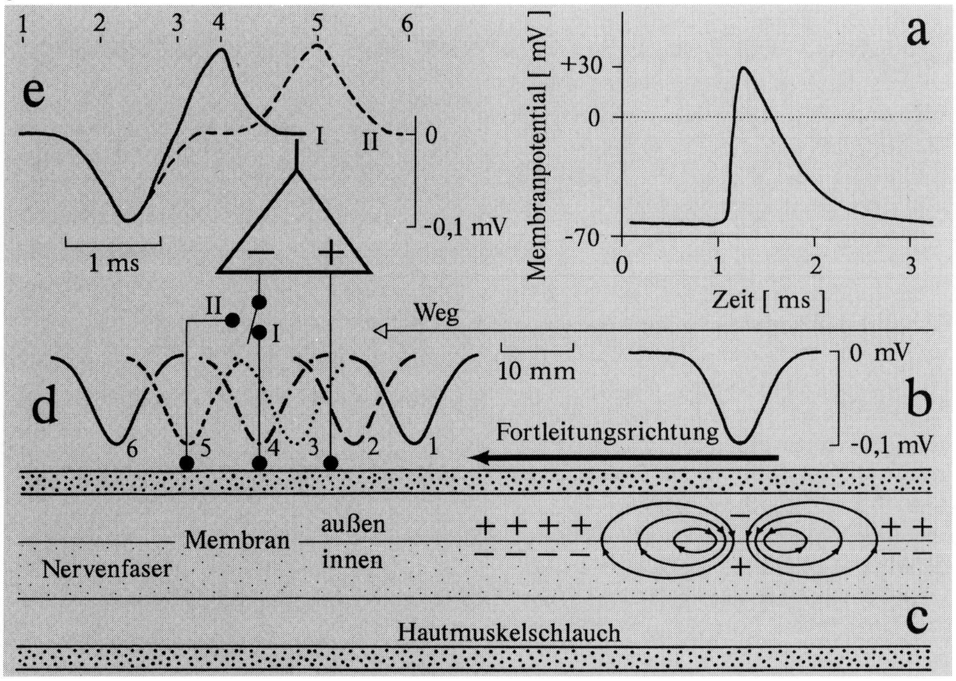

Abb. 6. Entstehung und Ausbreitung von Nervenpotentialen und Strömen im Wurm: (a) zeitlicher Verlauf eines Aktionspotentials, wie ihn eine in die Faser eingestochene Mikroelektrode messen würde (intrazelluläre Ableitung); (b) Zeitverlauf bei Registrierung mit einer einzelnen Elektrode außen am Nerv (extrazelluläre Ableitung) bzw. außen am Wurm. Hier wird eine kleinere negative Potentialwelle gemessen, entsprechend den Stromschleifen (c), die das Membranpotential an der erregten Stelle umpolen; (d) diese Potentialwelle breitet sich längs des Wurmes aus und erreicht zu den Zeitpunkten 1−6 die gezeigte räumliche Lage relativ zu den beiden Ableitelektroden des Verstärkers; (e) dessen Ausgangssignal hängt vom Abstand der beiden Elektroden (Schalterstellung I oder II) und von der räumlichen Ausdehnung der negativen Potentialwelle ab.

nicht im Inneren der Nervenfaser, sondern außen an der Nervenfaser bzw. außen am Wurm, so ist aufgrund der Stromschleifen an der erregten Stelle an dieser Elektrode ein Umschlag zu negativen Potentialwerten zu erwarten (Abbildungen 6b, c). Die Nervenfaser wird an der erregten Stelle außen negativ. Die Potentialwelle ist außerdem sehr klein, da der Widerstand des Hautmuskelschlauchs die Stromschleifen abschwächt. Der Vergleich dieser beiden Abbildungen macht klar, daß den über der Zeit aufgetragenen Potentialwellen gleichzeitig eine Wegachse zugeordnet werden kann, die der räumlichen Ausdehnung der Stromschleifen entsprechen muß. Breitet sich eine solche negative Potentialwelle längs des Wurms aus, wird sie nacheinander die in Abbildung 6d gezeigten sechs Positionen zu den beiden Elektroden einnehmen. Das resultierende Signal am Ausgang des Differenzverstärkers hängt vom Elektrodenabstand (Schalterstellung I oder II) und von der räumlichen Ausdehnung der Potentialwelle ab (Abbildung 6e). Bei einem Elektrodenabstand von 20 mm (Schalterstellung II) paßt die Welle zwischen beide Elektroden.

Für eine kurze Zeit von etwa 1 ms messen deshalb beide Elektroden keine Potentialänderung. Es resultiert ein Plateau zwischen den beiden Potentialhalbwellen am Verstärkerausgang, das bei kleinerem Elektrodenabstand nicht auftritt. Messungen mit verschiedenen Elektrodenabständen bestätigen diesen Sachverhalt (Abbildung 7). Daraus wird ersichtlich, daß sich die tatsächliche Dauer des Aktionspotentials (hier 1,2 ms) mit einer extrazellulären Differenzableitung nur dann richtig messen läßt, wenn der Elektrodenabstand groß genug ist für das Auftreten eines Plateaus, also wenn sich die beiden Halbwellen nicht überlagern. Der zeitliche Abstand der beiden Impulsspitzen entspricht

der Leitungszeit. Im vorliegenden Beispiel (Abbildung 7 rechts) errechnet sich danach für die lateralen Riesenfasern eine Leitungsgeschwindigkeit von 20 mm/1,6 ms = 12,5 m/s.

Nerven sind elektrisch erregbar

Galvanis Nachweis der elektrischen Erregbarkeit von Nerven läßt sich am Regenwurm nachvollziehen und präzisieren. Dazu wird der Wurm zunächst in einer 0,2%igen wäßrigen Lösung von Chloreton (1,1,1-Trichloro-2-Methyl-2-Methyl-2-Propanol; Firma Sigma, München) betäubt, solange (circa zehn Minuten) bis sein Hautmuskelschlauch schlaff ist [6]. Der abgetrocknete Wurm wird dann wie zuvor in die Apparatur gelegt. Zwei der Stecknadeln können nun als Reizelektroden am Vorderende des Wurms dienen. Dabei ist besonders darauf zu achten, daß das Erdungsblech am Wurm zwischen Reiz- und Ableiteelektroden liegt, da sonst der Reizstrom an den Ableitelektroden große Reizartefakte verursacht. Wird bei einer Reizpulsdauer von 0,5 ms die Reizstärke langsam erhöht, so werden im Bereich 1,5 bis 3 Volt zunächst Aktionspotentiale der medianen Riesenfaser ausgelöst und oft weniger als 0,2 Volt darüber treten zusätzlich Aktionspotentiale der lateralen Riesenfasern auf (Abbildung 8). Aufgrund des größeren Durchmessers dringt der Reizstrom leichter in die mediane Faser ein, also hat diese immer eine niedrigere Schwelle als die lateralen Fasern. Im Gegensatz zur mechanischen Reizung ist bei der elektrischen Reizung der Reizzeitpunkt nahezu identisch mit dem Auftreten des Aktionspotentials in der Riesenfaser am Ort des Reizes. Die hier gemessene Latenzzeit entspricht der reinen Leitungszeit. Deshalb können die beiden Fasern auch direkt an den daraus zu berechnenden Leitungsgeschwindigkeiten unterschieden werden (beispielsweise 7 cm/3,4 ms = 20,6 m/s und 7

cm/8,2 ms = 8,5 m/s für den Wurm in Abbildung 8).

Die elektrische Reizung zeigt auch, daß Nervenfasern im Prinzip Nervenimpulse in beide Richtungen fortleiten können. So leiten bei elektrischer Reizung am Wurm-Vorderende die lateralen Riesenfasern ihre Impulse entgegen der natürlichen Fortleitungsrichtung nach hinten. Die geänderte Fortleitungsrichtung wird auch in der geänderten Polarität der registrierten Nervenimpulse deutlich. Alle Nervenimpulse, die von vorne nach hinten geleitet werden, verursachen einen biphasischen Impuls, der zuerst negativ und dann positiv ist (Abbildung 2, 7). Werden die Nervenimpulse natürlicherweise, wie bei der medianen Riesenfaser, von vorne nach hinten geleitet, oder wird die Fortleitung durch elektrische Reizung in diese Richtung geändert, so sind die gemessenen biphasischen Impulse zunächst positiv und dann negativ (Abbildungen 3, 5, 8, 9, 10), da dann die negative Potentialwelle (Abbildung 6) zuerst auf die Elektrode am negativen (invertierenden) Verstärkereingang trifft.

Die Übertragungskapazität von Nerven

Nach Kenntnis der Reizschwellen für beide Fasern eines Wurms läßt sich die Reizstärke so einstellen, daß nur Aktionspotentiale der medianen Riesenfaser auftreten. Werden dann Doppelpulse im Takt von etwa 5 Hz er-

7

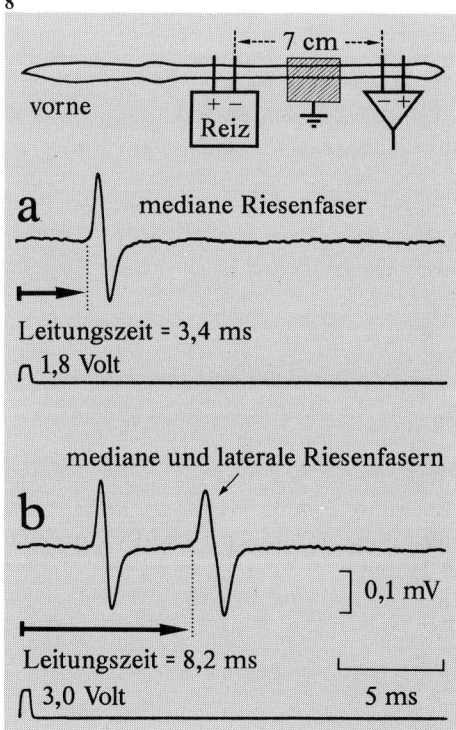

8

Abb. 7. Impulse der lateralen Riesenfasern, ausgelöst durch mechanische Reizung am Hinterende. Form und Amplitude der Nervenimpulse hängen vom Abstand (x) der beiden Elektroden ab.

Abb. 8. Die Nervenimpulse der Riesenfasern lassen sich durch schwache elektrische Reizung des betäubten Wurmes auslösen. Die mediane Riesenfaser (a) hat eine niedrigere Reizschwelle als die lateralen Riesenfasern (b).

zeugt, so wird jeder Doppelpuls mit zwei Aktionspotentialen beantwortet. Wird der Abstand der Doppelpulse jedoch verkürzt, so wird das zweite Aktionspotential zunächst kleiner und verschwindet bei einem Reizabstand von 1,15 ms schließlich ganz (Abbildung 9). Der kürzeste erreichbare Abstand von zwei Aktionspotentialen entspricht der Refraktärzeit der Riesenfaser. Sie beträgt hier etwa 1,6 ms. Dieser Abstand ist etwas größer als der entsprechende Reizpulsabstand, was darauf beruht, daß das zweite Aktionspotential nicht nur kleiner ist, sondern auch etwas langsamer fortgeleitet wird. Bei den anderen Reizabständen ist dagegen der Aktionspotentialabstand immer kürzer als der Reizabstand. Das zweite Aktionspotential wird durch das erste sozusagen gebahnt und aus noch unbekannten physiologischen Gründen etwas schneller fortgeleitet [9].

Die Ursachen der Gewöhnung

Bei der elektrischen Reizung treten überraschenderweise oft mehr Impulse auf als erwartet. Je nach Tiefe der Betäubung antworten auch die bereits bekannten Riesenmotoneurone auf die Aktionspotentiale der medianen Riesenfaser. Aufgrund der beschriebenen Verstärkungsschleife über das Interneuron kann ein kurzer Reiz sogar mehrere Aktionspotentiale der Riesenfaser auslösen. Diese Rückkopplungsschleife ermüdet jedoch sehr schnell.

An den Synapsen der medianen Riesenfaser auf die Riesenmotoneurone läßt sich gut demonstrieren, daß synaptische Depression eine mögliche zelluläre Grundlage für das Phänomen der „Gewöhnung" oder Habitua-

Abb. 9. Ermittlung der Refraktärzeit der medianen Riesenfaser durch elektrische Doppelreize, deren Abstand von oben nach unten verkürzt wurde.

Abb. 10. Synaptische Depression der Synapsen der medianen Riesenfaser auf die nachgeschalteten Riesenmotoneurone. Nach 10 s Reizung mit einer Reizfrequenz von 20 Hz übertragen die Synapsen noch jeden Nervenimpuls (a). Nach 10 s Reizung mit 50 Hz wird nicht mehr genügend Transmitter ausgeschüttet, die Potentiale der Motoneurone fallen aus (b). Nach 10 s Reizpause wird wieder genug Transmitter ausgeschüttet, um die Übertragung wieder zu ermöglichen (c).

tion ist [1, 10]. Bei häufiger Reizung (50 Hz) wird nach kurzer Zeit weniger Transmitter ausgeschüttet, die Übertragung funktioniert nicht mehr und ist erst wieder nach einer Reizpause möglich (Abbildung 10).

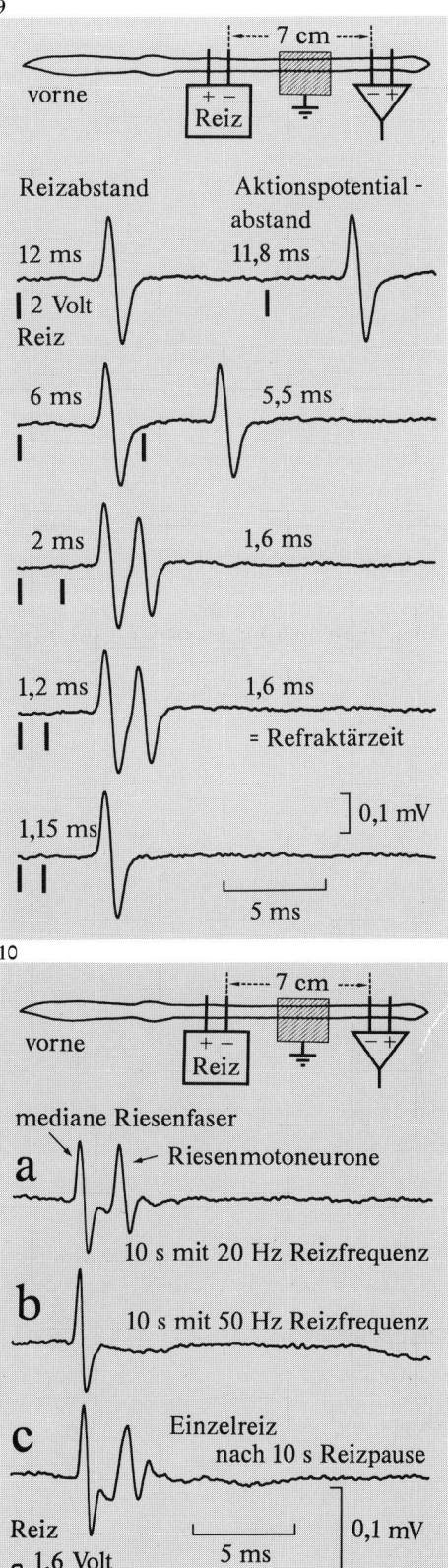

Noch ein Tierschutzproblem?

Im Hinblick auf den Tierschutz ergibt sich unter anderem die Frage, ob auch der wache Wurm elektrisch gereizt werden darf. Die Reizstärken, die für die direkte Auslösung von Aktionspotentialen der Riesenfasern erforderlich sind, liegen bei einer Reizdauer von 0,5 ms immer unter 4 Volt. Ein Selbstversuch durch Lecken an einer 4,5-Volt-Batterie ruft selbst bei längerem Kontakt nur ein leichtes Prickeln auf der Zunge hervor, während dies bei einer 9-Volt-Batterie bereits unangenehm ist. Ich halte es deshalb für vertretbar, den wachen Wurm mit Reizstärken unter 4 Volt zu reizen. Ein Wurm, der zuvor oft mit der Borste gekitzelt wurde, hat sich außerdem so an den Reiz gewöhnt, daß er nicht mehr auf die dadurch ausgelösten Aktionspotentiale seiner Riesenfasern reagiert. Selbst hochfrequente Reize stören ihn nicht, wenn man die Reizfrequenz schrittweise von 5 auf 10, 20 und 50 Hz steigert. Der Wurm (bzw. seine Muskeln) ist dann keineswegs durch die Experimente völlig erschöpft. Dies demonstriert er oft durch spontanes Hin- und Herkriechen in der Röhre.

Literatur

[1] H. Machemer (1988) Das Experiment: Können Einzeller lernen? Prüfung am Habituationsexperiment. BIUZ **18**, 122–127.
[2] W. Peters, V. Walldorf (1986) Der Regenwurm *Lumbricus terrestris* L., Eine Praktikumsanleitung. Quelle & Meyer, Heidelberg.
[3] C. D. Drewes, K. B. Landa, J. L. McFall (1978) Giant nerve fibre activity in intact, freely moving earthworms. J. exp. Biol. **72**, 217–227.
[4] R. C. Eaton (1984) Neural mechanism of startle behavior. Plenum Press, New York.
[5] C. Y. Kao (1956) Basis for afterdischarge in the median giant axon of the earthworm. Science **123**, 803.
[6] J. Günther (1972) Giant motor neurons in the earthworm. Comp. Biochem. Physiol. **42A**, 967–973.
[7] J. Günther (1976) Impulse conduction in the myelinated giant fibers of the earthworm. Structure and function of the dorsal nodes in the median giant fiber. J. comp. Neurol. **168**, 505–531.
[8] J. Günther, J. B. Walther (1971) Funktionelle Anatomie der dorsalen Riesenfaser-Systeme von *Lumbricus terrestris* L. (Annelida, Oligochaeta). Z. Morph. Tiere **70**, 253–280.
[9] T. H. Bullock (1951) Facilitation of conduction rate in nerve fibres. J. Physiol. **114**, 89–97.
[10] E. R. Kandel, J. H. Schwarz (1985) Principles of neural science. Elsevier, New York.

Aloys Hüttermann
Yigal Henis
Ilan Chet

20. Ökologische Modellversuche in der Petrischale

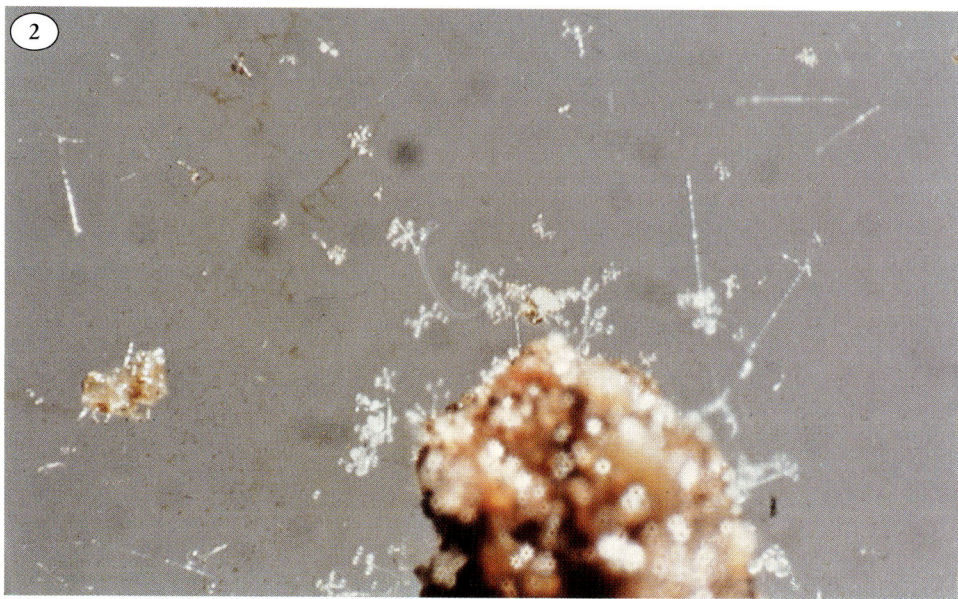

Abb. 1. Beispiel für Aktinomyceten-Kolonien, wie sie in Variante 1 zu beobachten sind.

Abb. 2. Beispiel für Pilzkolonien (Variante 2).

Als ein äußerst fruchtbares Konzept in der Biologie hat sich das Arbeiten mit *Modellen* erwiesen, Systemen, an denen man allgemeine Gesetzmäßigkeiten besonders gut untersuchen kann. Das berühmteste Beispiel eines solchen Modells ist wohl das Darmbakterium *Escherichia coli,* an dem die meisten Erkennt-

nisse der Molekularbiologie gewonnen wurden. Die Rechtfertigung für die Arbeiten mit solchen Modellen liegt in der Tatsache begründet, daß trotz der hohen Mannigfaltigkeit der Organismen in der Natur hinsichtlich grundlegender genetischer und biochemischer Vorgänge ein erstaunliches Maß an Gemeinsamkeiten bei allen Lebewesen zu finden ist, so daß, wenn man bestimmte Erkenntnisse bei einem Organismus gefunden hat, sie oft universell gelten. Mikroorganismen sind besonders beliebte Modellsysteme, da sie eine rasche Generationenfolge haben und zudem klein und handlich sind. Im folgenden soll nun ein Versuch beschrieben werden, in dem sich bestimmte, für die Ökologie gültige Gesetzmäßigkeiten mit Mikroorganismen sehr eindrucksvoll darstellen lassen. Der experimentelle Aufwand ist gering, selbst auf steriles Arbeiten kann verzichtet werden.

1. Herstellung der Agarplatten

Als „Nährmedium" wird in diesem Versuch 2 % Wasseragar verwendet, zu dem in zwei der vier Abwandlungen des Versuchs noch Chloramphenicol zugesetzt wird.

Wasseragar: 20 g Agar (Hersteller: E. Merck AG, Darmstadt, Bezug durch den Chemikalienhandel) werden in 980 ml dest. Wasser aufgeschwemmt und aufgekocht (Vorsicht, schäumt leicht!). Danach läßt man die Lösung bis auf etwa 60°C abkühlen und gießt dann damit die Petrischalen aus (etwa jeweils halbvoll). Nachdem der Agar steif geworden ist, können die Platten verwendet werden. Zur Herstellung der Chloramphenicol-Platten wird vor dem Aufkochen 250 mg/l Chloramphenicol (Bezugsquelle: Serva-Feinbiochemica, Römerstr. 118, D-6900 Heidelberg), zugegeben.

Falls aus didaktischen Gründen steriles Arbeiten gezeigt werden soll, kann der Agar natürlich auch im Dampftopf (Siccomatic) oder im Autoklaven (jeweils 20 min beim dritten Ring oder 120°C) autoklaviert werden. Chloramphenicol verträgt Erhitzen auf 120°C (20 min) ohne Aktivitätsverlust.

Tryptoseplatten: Falls diese Kontrolle mit untersucht werden soll, ist steriles Arbeiten unbedingt erforderlich, da sonst die Gefahr des Auftretens unerwünschter proteinabbauender Keime zu groß ist.

10 g Tryptose (Merck), 5 g NaCl (Haushaltsqualität), 20 g Agar in 965 ml dest. Wasser, 20 min. bei 120°C (bzw. höchste Stufe im Dampftopf) sterilisieren. Sonst wie oben, jedoch auf jeden Fall sterilisierte Petrischalen verwenden (autoklavieren oder sterile Kunststoff-Petrischalen).

Auf die Oberfläche dieser Platten wird ein wenig unsterilisierte Blumen(Kompost)-erde verstreut. Dabei sollten in einer Versuchsreihe etwa 10 Platten mit und ohne Chloramphenicol angesetzt werden. Nach Zugabe der Gartenerde wird die Hälfte der Platten jeder Sorte fast randvoll mit abgekochtem Wasser aufgefüllt (das Wasser sollte, sofern die Verdunstungsrate sehr hoch ist, während des Versuchs nachgefüllt werden).

Die so hergestellten Platten werden 14 Tage bei Zimmertemperatur im Dunkeln aufbewahrt oder etwa 7 Tage bei 30°C.

2. Auswertung der Platten:

Bei der Auswertung des Versuchs mit schwachem Objektiv des Mikroskops (am besten Stereomikroskop, Varianten 1 und 2) und im mikroskopischen Präparat (Varianten 3+4) ergibt sich dann folgendes Bild:

Variante 1: Agar + Erde. Schon mit bloßem Auge kann man deutlich sehen, daß sich auf der Oberfläche des Agars eine Vielzahl von Kolonien gebildet hat, die aber alle sehr ähnlich aussehen. Bei genauerer Untersuchung wird dieser Eindruck bestätigt; alle diese Kolonien werden von weißen, fädigen Organismen gebildet, deren Kolonie etwa wie ein Wattebausch aussieht (Abbildung 1). Es handelt sich dabei fast ausschließlich um Aktinomyceten, fädige Bakterien, zu denen auch der bekannte Streptomycin-Lieferant *Streptomyces griseus* gehört.

Dieses Ergebnis ist zunächst einmal sehr überraschend. Gartenerde ist in unseren Breiten das Biotop, welches die meisten Mikroorganismen enthält, sowohl was die Menge (ca. 10^8/mg) als auch die Artenvielfalt betrifft. Es ist also zunächst nicht einzusehen, warum diese Mannigfaltigkeit nicht auch in diesem Versuch wiederzufinden ist.

Eine Erklärung dafür ist aus den ökologischen Gesetzmäßigkeiten gegeben: Ökologisch gesehen ist der Biotop Wasseragar, der den im Boden vorhandenen Organismen angeboten wurde, äußerst einseitig und karg. Den Organismen stehen ja nur die im Agar und im Wasser vorhandenen geringfügigen Verunreinigungen als Nahrungsquelle zur Verfügung. Um diese wenigen Nährstoffe setzt nun der Konkurrenzkampf der im Boden vorhandenen Organismen ein, bei dem offensichtlich die Aktinomyceten allen sonst noch vorhandenen Arten eindeutig überlegen sind. Dies kann verschiedene Ursachen haben. Einmal sind Bakterien allgemein aufgrund ihrer sehr schnellen Vermehrung den Eukaryoten (Organismen mit echtem Zellkern) meist überlegen. Unter den Bakterien sind offenbar die Aktinomyceten aufgrund ihrer sehr hohen Sauerstofftoleranz besonders an diese Verhältnisse angepaßt. Es kann aber auch noch zusätzlich daran liegen, daß speziell die Aktinomyceten Antibiotica als chemische Waffe einsetzen können und auch teilweise in der Lage sind, Luftstickstoff zu fixieren, also ihre Nährstoffsituation verbessern zu können.

Es wird jedoch deutlich, daß auch für Bodenorganismen der Grundsatz gilt: je geringer und einseitiger das Nahrungsangebot, desto artenärmer, aber dafür individuenreicher ist die Flora und Fauna. Das gilt für alle Extremstandorte, z.B. die arktische Tundra oder die Wermutsteppe in Nordamerika, wo jeweils nur wenige Arten vorkommen, diese aber in großen Individuen-Zahlen. Diese Gesetzmäßigkeit kann im Fall dieses Versuchs

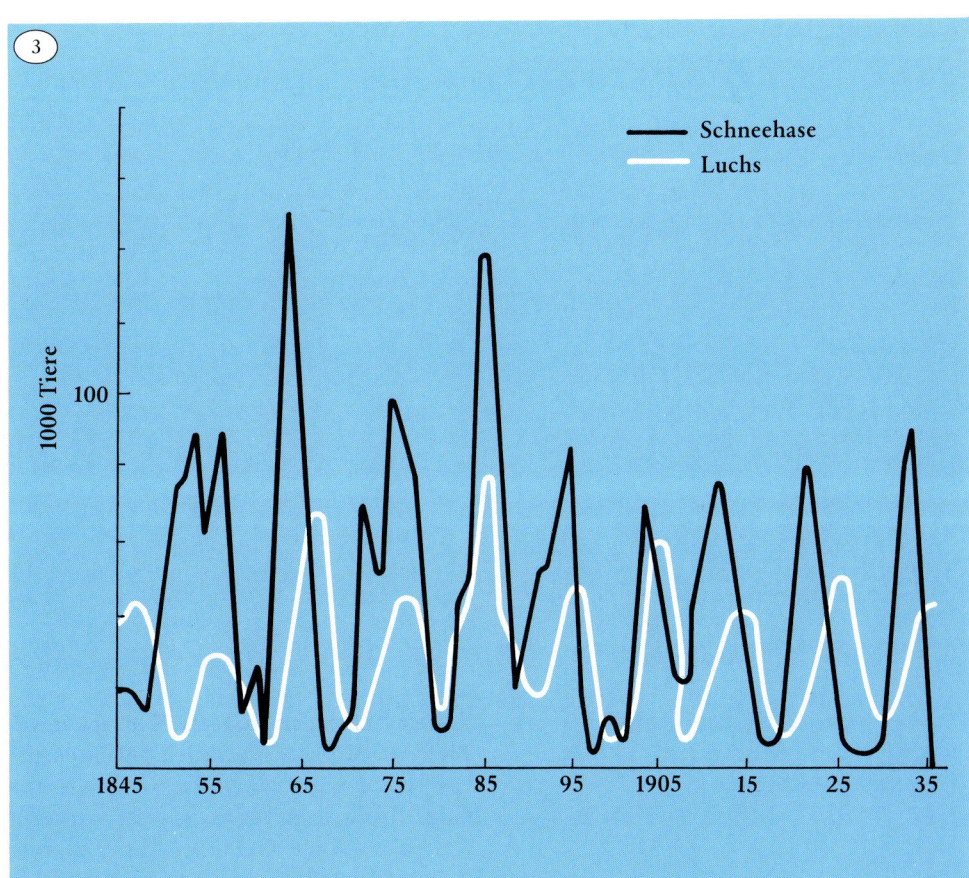

Abb. 3. Zahl der jährlich bei der Hudson Bay Company abgelieferten Schneehasen- und Luchsfelle.

eindrucksvoll in einem *Kontrollversuch* belegt werden: Wird anstelle des Wasseragars ein nährstoffreicher Tryptoseagar benutzt, so erhält man nicht nur Aktinomyceten, sondern eine Vielzahl unterschiedlich aussehender Kolonien, worunter sich auch Pilze und stäbchenförmige Bakterien befinden, die man an der kompakten Kolonie gut von den Aktinomyceten unterscheiden kann. (Diese Platten sind mit Vorsicht zu behandeln, da möglicherweise auch weniger harmlose, eiweißabbauende Keime auftreten können. Nicht öffnen!).

Variante 2: Agar + Chloramphenicol + Erde.
Schon im makroskopischen Vergleich mit der Variante 1 ergibt sich ein völlig anderes Bild. Es sind nur noch wenige und meist sehr viel kleinere Kolonien vorhanden, die weiß oder schmutzig grün sind. Bei Vergrößerung sehen diese Kolonien auch ganz anders aus als die der Aktinomyceten. Es sind zwar auch fadenförmige Organismen, die Fäden wachsen aber sehr bald in Konidienträger aus, vegetative Fruchtkörper von Pilzen (Abbildung 2). Dabei sind meist nur zwei verschiedene Typen von Fruchtkörpern zu finden: die einen sehen aus wie kleine Pinsel, sie stammen vom Pinselschimmel, *Penicillium* (auch in dieser Gattung finden sich berühmte Antibiotica-Lieferanten). Ein weiterer Typus sind die Köpfchenschimmel, *Aspergillus*-Arten.

Es haben sich also auch hier wiederum nur sehr wenige Arten durchsetzen können, diesmal allerdings keine Bakterien, sondern Pilze. Durch die Zugabe des Antibioticums Chloramphenicol, das ganz spezifisch die Proteinsynthese bei Bakterien, aber nicht bei höheren Organismen hemmt, konnten keine Bakterien wachsen. Somit konnten sich hier nun die Pilze ausbreiten, die ja in der Variante 1 den Bakterien unterlegen waren. Dieser Befund ist eine eindrucksvolle Demonstration des *Gause'schen Prinzips*, welches besagt, daß in einer gegebenen ökologischen Nische die schneller wachsende Art die langsamere immer verdrängt. Ein klassisches Beispiel für diese Gesetzmäßigkeit aus dem Bereich der Großsäuger ist die Tatsache, daß der Dingo, eine Wildhund-Art, nach seiner Einführung auf den australischen Kontinent den weniger angepaßten Beutelwolf völlig verdrängte.

Die Beobachtung, daß nach einer Antibiotica-Gabe, die die Bakterienpopulation ver-

drängt, sich Pilze ausbreiten, kann auch auf den Menschen übertragen werden. Nach einer Einnahme von Penicillin oder anderen ausschließlich auf Bakterien wirkenden Drogen kommt es häufig zu unerfreulichen Pilzinfektionen, besonders Soor *(Candida albicans)*, etwa im Rachenraum oder in der Scheidenregion von Patientinnen. Hierbei muß es sich nicht unbedingt um Neuinfektionen handeln: genau wie in diesem Versuch in der Variante 1 die Pilze ja latent vorhanden waren, aber erst nach Antibioticazugabe auftraten, so kann es auch bei den jeweiligen Soor-Fällen sein.

3. Variante: Agar + Erde + Wasser. Dies ist im Prinzip der berühmte Leeuwenhoek'sche Aufgußversuch. Auch hier werden zunächst wieder Bakterien wegen ihres schnellen Wachstums bevorzugt. Anders als bei Variante 1 treten keine Aktinomyceten auf, sondern schwimmfähige Formen, die dem Leben im Wasser besser angepaßt sind. Dies kann man leicht feststellen, wenn man nach etwa 3 Tagen Bebrütung einen Tropfen entnimmt und auf eine Tryptoseplatte ausstreicht. Die dann zu beobachtenden Kolonien sehen schon makroskopisch ganz anders aus als die der Aktinomyceten aus Variante 1.

Gleichzeitig sind aber im Boden noch Cysten (Dauerformen) von Protozoen enthalten (Pantoffeltier-ähnliche Organismen), die nur im Wasser auskeimen. Diese Protozoen ernähren sich von Bakterien, die sie in ihre Mundpartien durch Cilien einstrudeln. Nach 14 Tagen Versuchsdauer sind aber im Wasser kaum noch Bakterien vorhanden, sondern durch die Massenvermehrung der Protozoen ist die Zahl der Bakterien erheblich zurückgegangen. Nach weiteren 8 Tagen sind auch keine freischwimmenden Protozoen mehr zu finden, sondern nur noch Cysten.

Es gelten hier also die gleichen *Jäger-Beute-Beziehungen*, wie sie in anderen Systemen für Wildtiere beschrieben wurden. So folgt die Zahl der bei der Hudson Bay Co. in Kanada abgelieferten Luchsfelle genau den Bestandsschwankungen seines Hauptbeutetieres, dem Schneehasen (ebenfalls abzulesen aus der Zahl der abgelieferten Felle). In diesem System wurde über einen Zeitraum von hundert Jahren hindurch ein etwa 10jähriger Zyklus im Bestand der beiden Tiere beobachtet (Abbildung 3). Ähnliche Bestandsschwankungen in Abhängigkeit von den Beutetieren

wurden auch für Schnee-Eule und Rauhfußbussard in der Arktischen Tundra berichtet, deren Zahl den Lemmingen folgt. Selbst in unseren Breiten besteht eine Beziehung zwischen der Bussardpopulation und den Schwankungen der Feldmauspopulation [2]. Auch unter kontrollierten Bedingungen im Labor stellen sich solche zyklischen Bestandsschwankungen in einer Population ein, die aus Beute und Räuber besteht. Das ist im System *Dictyostelium discoideum* (eine Amöbe = Räuber) und *Escherichia coli* (Bakterium = Beute) eindrucksvoll gezeigt worden [3].

4. Variante: Agar + Chloramphenicol + Erde + Wasser. Hier findet man außerordentlich wenig Mikroorganismen. Auf der Agaroberfläche kann man mit der Impfnadel ein paar Pilzfäden abkratzen. Bei der mikroskopischen Untersuchung ergibt sich eindeutig, daß es nicht die gleichen Pilze sind wie in Variante 2. Aufgrund der teilweise vorhandenen Fruchtkörper kann geschlossen werden, daß es sich um Algenpilze handelt. Eine Untersuchung des Wassers ergibt, daß weder Bakterien noch Protozoen in nennenswerten Mengen vorhanden sind (genauere Zählungen ergaben etwa 5 % der jeweiligen Mengen, die in Variante 3 gefunden wurden).

Das Auftreten der Pilze ist zu erwarten (vergl. Variante 2). Daß im Wasser wiederum andere Pilzarten begünstigt werden, ist ebenfalls nicht überraschend. Eine etwas eingehendere Erklärung muß jedoch für die Tatsache gegeben werden, warum keine Protozoen anwesend sind. Protozoen sind Organismen mit echtem Zellkern, gegen die ja die Chloramphenicol-Behandlung nicht wirken sollte.

Der Grund für das weitgehende Fehlen von Protozoen ist wiederum im Jäger-Beute-Verhältnis zu suchen. Durch die Hemmung des Bakterienwachstums durch Chloramphenicol sind die Protozoen zwar nicht direkt betroffen, doch fehlt ihnen die Nahrung. Somit unterbleibt ebenfalls die Vermehrung der Protozoen.

Hier wird ein weiteres Mal deutlich, daß die Population eines Jägers durch die der vorhandenen Beute geregelt wird: Ausrotten der Beute kann auch die Jäger aus einem Biotop verdrängen. Klassische Beispiele dafür sind die Bestandsentwicklungen von Schadinsekten, die durch Pesticid-Anwendung vernichtet werden sollen. Werden z.B. in großen Sumpf- und Schilfgebieten Mücken durch Insektizide bekämpft, so werden bei der erstmaligen Behandlung in der Regel etwa bis zu 95 % der Mücken vernichtet, was dann als großer Erfolg angesehen wird. Diese Mückenpopulation baut sich jedoch schnell wieder auf, und es müssen immer höhere Giftmengen angewendet werden, um noch Erfolge bei der Bekämpfung zu erzielen. Gleichzeitig, mit der erstmaligen Vernichtung der Mücken wird jedoch eine außerordentlich komplizierte Nahrungskette unterbrochen, und es werden die natürlichen Feinde der Moskitos vernichtet, da sie keine Nahrung mehr haben. In der Regel baut sich jedoch die Mückenpopulation sehr viel schneller wieder auf als die Populationen der Vögel und übrigen Schilfbewohner, die von Mücken leben, so daß nach ein paar Jahren erheblich mehr Mücken vorhanden sind als vor Beginn der Bekämpfungsmaßnahmen. Diese neue Population von Mücken ist zudem oft noch resistent gegen das Gift, so daß entweder höhere Mengen oder ein anderes Gift versprüht werden muß, – beides sehr bedenkliche Maßnahmen (vgl. [1]).

Literatur

[1] Dempster, J. P.: Effects of organchlorine insecticides on animal populations. In Moriarty, F. (ed) Organchlorine Insecticides: Persistent Organic Pollutants. pp. 321–248, Academic Press, London 1974.

[2] Rockenbauch, D.: Zwölfjährige Untersuchungen zur Ökologie des Mäusebussards *(Buteo buteo)* auf der Schwäbischen Alb. Journal für Ornithologie *116*, 39–54 (1975).

[3] Tsuchiya, H. M., Drake, J. F., Josg, J. L., Fredrickson, A. G.: Predator-Prey interactions of *Dictyostelium discoideum* and *Escherichia coli* in continuous culture. J. Bacteriol. *110*, 1147–1153 (1972).

Lehrbücher für Ökologie

P. H. Klopfer: Ökologie und Verhalten. Fischer Verlag, Stuttgart 1968.

G. Osche: Ökologie – Grundlagen-Erkenntnisse. Entwicklungen der Umweltforschung. Herder Verlag, Freiburg 1973.

H. Gossow: Wildökologie – Begriffe, Methoden, Ergebnisse, Konsequenzen. BLV Verlagsgesellschaft, München 1976.

Biologie in unserer Zeit 1978, 8, 57–60.

Helga Jamil
Klaus Hausmann

21. Lichtmikroskopische Untersuchungen zur Ernährung von *Paramecium*

Autotrophe Energieversorgung betreiben die chemo-autotrophen und photoautotrophen Bakterien sowie alle chlorophyllhaltigen Einzeller. Die Aufnahme der für den Stoffwechsel benötigten gelösten Stoffe erfolgt hier durch die Zellmembran (Permeation). Alle übrigen Einzeller ernähren sich heterotroph. Sie nehmen die lebensnotwendigen Stoffe durch Endocytose und/oder Permeation auf. Auch *Paramecium* (Abbildung 1), die wohl bekannteste Ciliaten-Gattung, lebt heterotroph. Die Nahrung besteht vorwiegend aus Bakterien, kleinen Algen und Flagellaten.

Die Körperbegrenzung (Cortex) von *Paramecium* wird, wie bei allen Ciliaten, von einer Pellicula (= Plasmamembran + Alveolensystem) mit darunterliegendem, besonders strukturiertem Plasma gebildet [6], welche die jeweils artspezifische Zellform garantiert. Der größte Teil der Cortexelemente ist am Zellmund (Cytostom) und am Zellafter (Cytopyge) ausgespart: Hier wird das Cytoplasma lediglich durch die Plasmamembran nach außen abgegrenzt [5]. Auf diese Weise ist in diesen Bereichen – vom Cytoplasma her kommend – ein ungehinderter Zugang zur Plasmamembran gewährleistet, eine unabdingbare Voraussetzung für die Aufnahme von Nahrung (Ingestion) und die Ausscheidung unverdaulicher Reste [8].

Paramecien stellen beliebte Objekte für lichtmikroskopische Untersuchungen dar, weil die Größe dieser Einzeller (*Paramecium caudatum* ist beispielsweise circa 180 µm lang) beeindruckende Beobachtungen ermöglicht. Die Beschaffung dieser Organismen ist unproblematisch. *Paramecium* findet man zum Beispiel am Ufer oder Grund eutropher Gewässer (vgl. Gewinnung von *Paramecium*). Seit geraumer Zeit ist eine Beschaffung über den einschlägigen Versandhandel gegeben (s. u.).

Nahrungserwerb

Neben der normalen Körperciliatur, die eine recht schnelle, auf schraubigen Bahnen unter Drehung um die Körperlängsachse erfolgende Vorwärtsbewegung von *Paramecium* gewährleistet, kleiden dicht stehende, in mehreren Reihen angeordnete Cilien (Membranellen) bestimmte Bereiche des Mundapparates des Pantoffeltierchens aus. Diese dienen dem Nahrungserwerb: Nahrungspartikel werden zum Cytostom gestrudelt. Der von den oralen Cilien erzeugte Partikelstrom kann im Dunkelfeld und durch Langzeitbelichtung von einigen Sekunden sichtbar gemacht werden. (Abbildung 2) [7].

Ingestion

Die Ingestion erfolgt durch Endocytose. Hierbei werden Nahrungspartikel in eine Vakuole eingeschlossen und somit in den Zellkörper aufgenommen. Es ist festgestellt worden, daß ein Stimulus für die Nahrungsvakuolenbildung partikuläres Material darstellt, während eine Überprüfung der Verwertbarkeit der eingestrudelten Partikel unterbleibt. Deshalb kann die Nahrungsvakuolenbildung im Experiment durch Verfütterung von unverdaulichen Farbpartikeln (Tusche, Kohle, Carmin) oder mit Kongorot angefärbten Hefezellen sichtbar gemacht werden (Abbildungen 3 und 4; Versuche 1 und 2).

Die Nahrungsvakuolenbildungsquote ist von der Temperatur abhängig: Bei einer Temperatur um 23 °C ist die Nahrungsvakuolenbildungsquote optimal, höhere und niedrigere Temperaturen hingegen beeinträchtigen sie deutlich (Abbildung 5; Versuch 2). Ein Grund hierfür ist die Tatsache, daß Membranfluidität und -fusion bei Temperaturerhöhung beschleunigt und bei Überschreiten eines kritischen Wertes gestört werden.

Die Endocytose bei *Paramecium*, das einen recht starren Cortex besitzt, gestaltet sich wie bei allen Ciliaten relativ schwierig. Die Nahrungsaufnahme kann nur am Cytostom erfolgen. Für das Nahrungsvakuolenwachstum ist der Bezug neuen Membranmaterials aus dem Zellinneren erforderlich. Es ist durch elektronenmikroskopische Untersuchungen festgestellt worden, daß *Paramecium* permanent Membranmaterial in Form von 0,2 bis 0,5 µm großen abgeflachten diskoidalen Vesikeln in der Zelle bereit hält, die durch Verschmelzung mit der Cytostommembran das Wachsen der sich entwickelnden Nahrungsvakuole betreiben [1].

Paramecium bildet durchschnittlich alle 45 Sekunden eine Nahrungsvakuole mit einem Durchmesser von circa 15 µm und damit einer Oberfläche von rund 700 µm². Ein diskoidales Vesikel liefert ungefähr 0,4 µm² Membran an. Das heißt, daß für eine Nahrungsvakuole an die 1750 diskoidale Vesikel benötigt werden, oder, anders ausgedrückt, pro Sekunde 40 solcher Vesikel mit der wachsenden Nahrungsvakuole verschmelzen, eine Zahlendimension, die durchaus vorstellbar ist.

Cyclose

Die fertiggestellten Nahrungsvakuolen werden vom Cytostom abgeschnürt und dann durch die Cytoplasmaströmung auf einer elliptischen Bahn (Cyclose) durch die Zelle zur Cytopyge transportiert. Während der Cyclose findet die Digestion in den nun als Verdauungsvakuolen bezeichneten Nahrungsvakuolen statt. Die Cyclose der Verdauungsvakuolen kann bei Paramecien, die mit schwarzer Tusche gefüttert werden, gut im Lichtmikroskop verfolgt werden [9].

Digestion

Die Digestion erfolgt bei *Paramecium* in zwei Schritten: Zunächst wird der Verdauungsvakuoleninhalt angesäuert, anschließend die Nahrung enzymatisch aufgeschlossen.

Acidifikationsphase

Die Acidifikation des Verdauungsvakuoleninhalts wird bei *Paramecium* durch säurehaltige Vesikel (Acidosomen) bewerkstelligt. Sie fusionieren mit der Verdauungsvakuolenmembran und bewirken so die Ansäuerung der Nahrung [2]. Im Experiment läßt sich die Acidifikation des Nahrungsvakuoleninhalts *in vivo* durch Verfütterung von Hefezellen demonstrieren, die mit Kongorot angefärbt sind (Versuch 3). Der Indikator Kongorot weist bei neutralem pH-Wert eine rote Farbe auf, während im sauren Milieu ein Farbumschlag zu dunkelblau-violett stattfindet. Neugebildete Nahrungsvakuolen erscheinen rot, nehmen nach etwa fünf Minuten eine dunkelblauviolette Farbe an und wirken nach etwa zwölf Minuten wieder rot (Abbildung 4). Mit der Acidifikation und der späteren Neutralisierung des Verdauungsvakuoleninhalts gehen, wie bei sorgfältiger Beobachtung im Lichtmikroskop festzustellen ist, Größenveränderungen der Verdauungsvakuole einher: Neugebildete Nahrungsvakuolen haben einen Durchmesser von 16 µm. Dieser sinkt innerhalb von fünf Minuten auf 12 µm ab und steigt bis zur zwölften Minute des Verdauungszyklus wieder auf 16 µm an. Es wird angenommen, daß die Verkleinerung und Vergrößerung der Verdauungsvakuolenoberfläche durch Abschnürung bzw. Verschmelzung von Membranmaterial mit der Verdauungsvakuolenmembran, die sich in elektronenmikroskopischen Größenordnungen abspielen, und zusätzlich durch direktes Aus- und Einströmen von Flüssigkeit durch die Membran der Verdauungsvakuole zustande kommt.

Lysosomale Digestionsphase

Nach der Acidifikation erfolgt die Enzymzugabe, indem hydrolasehaltige Lysosomen mit den Verdauungsvakuolen verschmelzen. Eines der wichtigsten Verdauungsenzyme von *Paramecium* ist, wie bei den Lysosomen vieler Zelltypen, die lysosomale saure Phosphatase [4]. Die Aktivität dieses Enzyms läßt sich indirekt durch Sichtbarmachen von Phosphat (einem Produkt des enzymatischen Aufschlusses der Nahrung) in den Verdauungsvakuolen von *Paramecium* lichtmikroskopisch nachweisen (Abbildung 6) [9]. Dabei wird Phosphat durch Zugabe von Bleinitrat zu im Elektronenmikroskop sichtbarem weißem Bleiphosphat und dieses durch Zugabe von Ammoniumsulfid zu im Lichtmikroskop

sichtbarem braunschwarzem Bleisulfid umgewandelt (Abbildung 7; Versuch 4). In Paramecien, die mit Bleinitrat und Ammoniumsulfid behandelt wurden, ist in den Verdauungsvakuolen ein braunschwarzer Niederschlag zu erkennen, während Paramecien, die zusätzlich zur Kontrolle mit Natriumfluorid, einem Enzymgift der sauren Phosphatase, behandelt wurden, keine braunschwarzen Niederschläge aufweisen. Die verdauten Nährstoffe werden durch die Cyclose der Verdauungsvakuolen in der Zelle verteilt. Ein ungelöstes Problem ist, wie die Nahrung, die zu niedermolekularen Verbindungen abgebaut wird, aus den Verdauungsvakuolen in das Plasma gelangt. Es gibt Hinweise, daß Abschnürungen von submikroskopischen Vesikeln erfolgen. Die so segregierte Nahrung muß dann durch Membranpermeation ins Plasma gelangen.

Egestion

In freier Natur und im Experiment, zumindest nach Verfütterung unverdaulicher Stoffe, bleibt eine Defäkationsvakuole zurück, welche unverdauliche Überreste der Nahrung enthält. Sie werden im Verlaufe der Egestion an der Cytopyge, die unterhalb der Oralregion von *Paramecium* liegt, als Ballen entlassen (Abbildung 8). Dabei wird die Defäkationsvakuole zunächst mit Hilfe von Mikrotubuli und Mikrotubulibändern zur Cytopyge geleitet. Anschließend fusioniert die Defäkationsvakuolenmembran mit der cytopygalen Plasmamembran und entleert sich dadurch nach außen [3]. Die Egestion währt circa zehn Sekunden und kann nach Tuschefütterung etwa zwanzig Minuten nach dem Ingestionsbeginn im Lichtmikroskop leicht beobachtet werden.

Zusammenfassung

Die Versuche zu diesem Problemkreis sind klassischer Art und teilweise bereits in älteren Anleitungen nachzulesen. Abgesehen von dem Nachweis der sauren Phosphatase sind sie relativ problemlos und nicht besonders zeitaufwendig. Wenn sie nun erneut zusammengestellt und erweitert werden, dann deshalb, weil unterdessen eine Fülle an Hintergrundinformationen für die lichtmikroskopisch sichtbaren, aber nur bei Kenntnis der ultrastrukturellen und molekularen Gegebenheiten erklärbaren Phänomene vorliegt. Dies bedeutet, daß im Unterricht neben diesen relativ einfachen Versuchen eine intensive gedankliche Verarbeitung des Gesehenen er

folgen kann. Auf wesentliche Veröffentlichungen wird in der Bibliographie verwiesen. Zum besprochenen Themenkomplex steht ein Film zur Verfügung, der von Universitätsinstituten und Schulen vom Institut für den wissenschaftlichen Film, Nonnenstieg 72, 3400 Göttingen, kostenlos ausgeliehen werden kann: Hausmann, K.: Nahrungsaufnahme, Verdauung und Defäkation bei *Paramecium*; C 1457.

Bezugsquellen für *Paramecium*

● Dr. W. Hölters, Lebendmaterial für Schule und Forschung, Am Gründen Weg 24, D-5024 Dansweiler.
● Biolab-Lebendmaterial, Biolab-GmbH, Landgrabenweg 65, D-5300 Bonn.

Haltung von *Paramecium*

Material

Heu, Leitungswasser, Celluloselagen oder Papiertaschentücher, Futterbakterien (Bezugsquelle s. o.), Kartoffel- oder Mohrrübenschale.

Durchführung

10 g Heu in einem Liter Leitungswasser zwei Stunden kochen, mit Hilfe der Celluloselagen filtrieren und mit der gleichen Menge Wasser verdünnen. Den Heuaufguß abkühlen lassen und mit Futterbakterien impfen. Die Paramecienkultur alle zwei Tage mit 20 ml des Heuaufgusses beimpfen und alle sieben Tage zur Förderung des Bakterienwachstums kleine Stückchen Kartoffel- oder Mohrrübenschalen in das Kulturgefäß geben.

Versuch 1: Nahrungsvakuolenbildung bei *Paramecium* (Endocytose)

Objekte, Material und Geräte

Paramecium (2 Tage ohne Nahrung), Scribtol (schwarze Zeichentusche von Pelikan, ohne Konservierungs- und Trocknungszusätze), destilliertes Wasser, Mikroskop und Zubehör.

Vorbereitung

50 Tropfen Scribtol werden zu 25 ml destilliertem Wasser gegeben.
Zeitaufwand: eine Minute.

Durchführung

2–5 Tropfen der Tuschestammlösung werden zu einem Tropfen der Paramecienkultur auf den Objektträger gegeben. Die Präparate werden einige Minuten beobachtet.
Zeitaufwand: 15 Minuten.

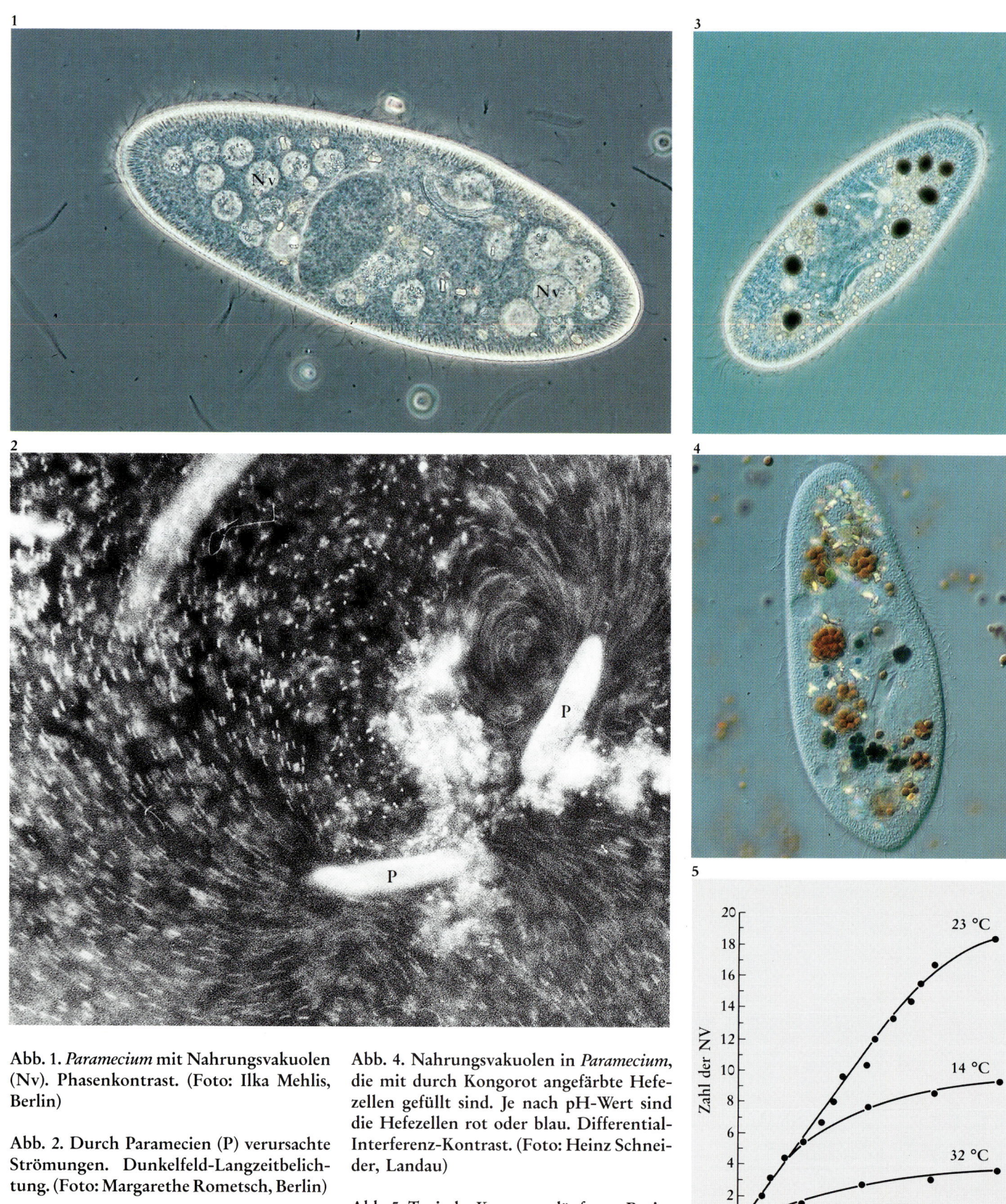

Abb. 1. *Paramecium* mit Nahrungsvakuolen (Nv). Phasenkontrast. (Foto: Ilka Mehlis, Berlin)

Abb. 2. Durch Paramecien (P) verursachte Strömungen. Dunkelfeld-Langzeitbelichtung. (Foto: Margarethe Rometsch, Berlin)

Abb. 3. Mit Scribtol-Tusche gefüllte Nahrungsvakuolen in *Paramecium*. Phasenkontrast. (Foto: Klaus Hausmann, Berlin)

Abb. 4. Nahrungsvakuolen in *Paramecium*, die mit durch Kongorot angefärbte Hefezellen gefüllt sind. Je nach pH-Wert sind die Hefezellen rot oder blau. Differential-Interferenz-Kontrast. (Foto: Heinz Schneider, Landau)

Abb. 5. Typische Kurvenverläufe zur Beziehung der Nahrungsvakuolen-Anzahl und Zeit in Abhängigkeit von der Temperatur.

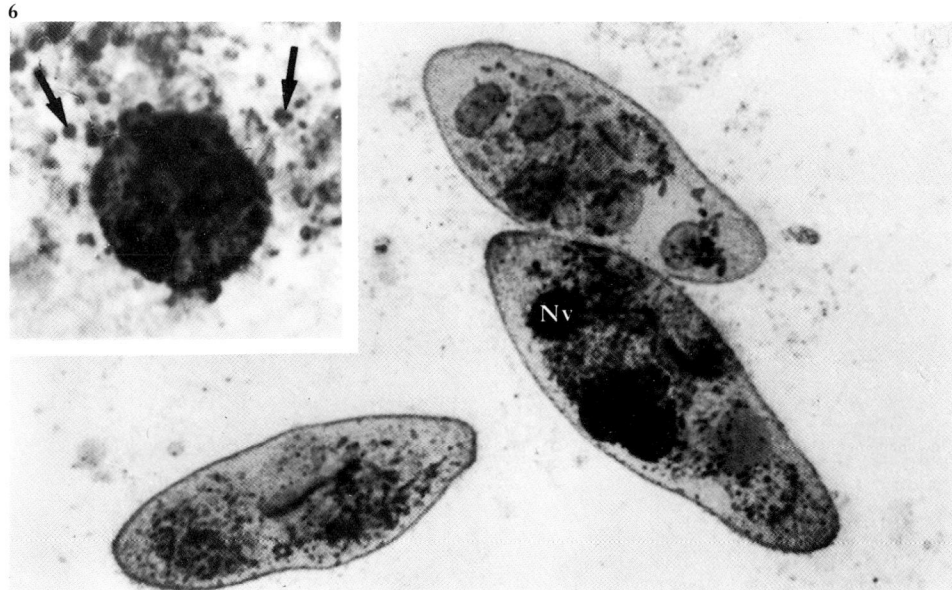

Abb. 6. Der lichtmikroskopische Nachweis von saurer Phosphatase in Nahrungsvakuolen (Nv) und Lysosomen (Inset, Pfeile) in *Paramecium*. Hellfeld. (Foto: Wilhelm Stockem, Bonn)

Abb. 7. Schema zum Phosphatase-Nachweis. Erläuterungen siehe Text. Nach [9].

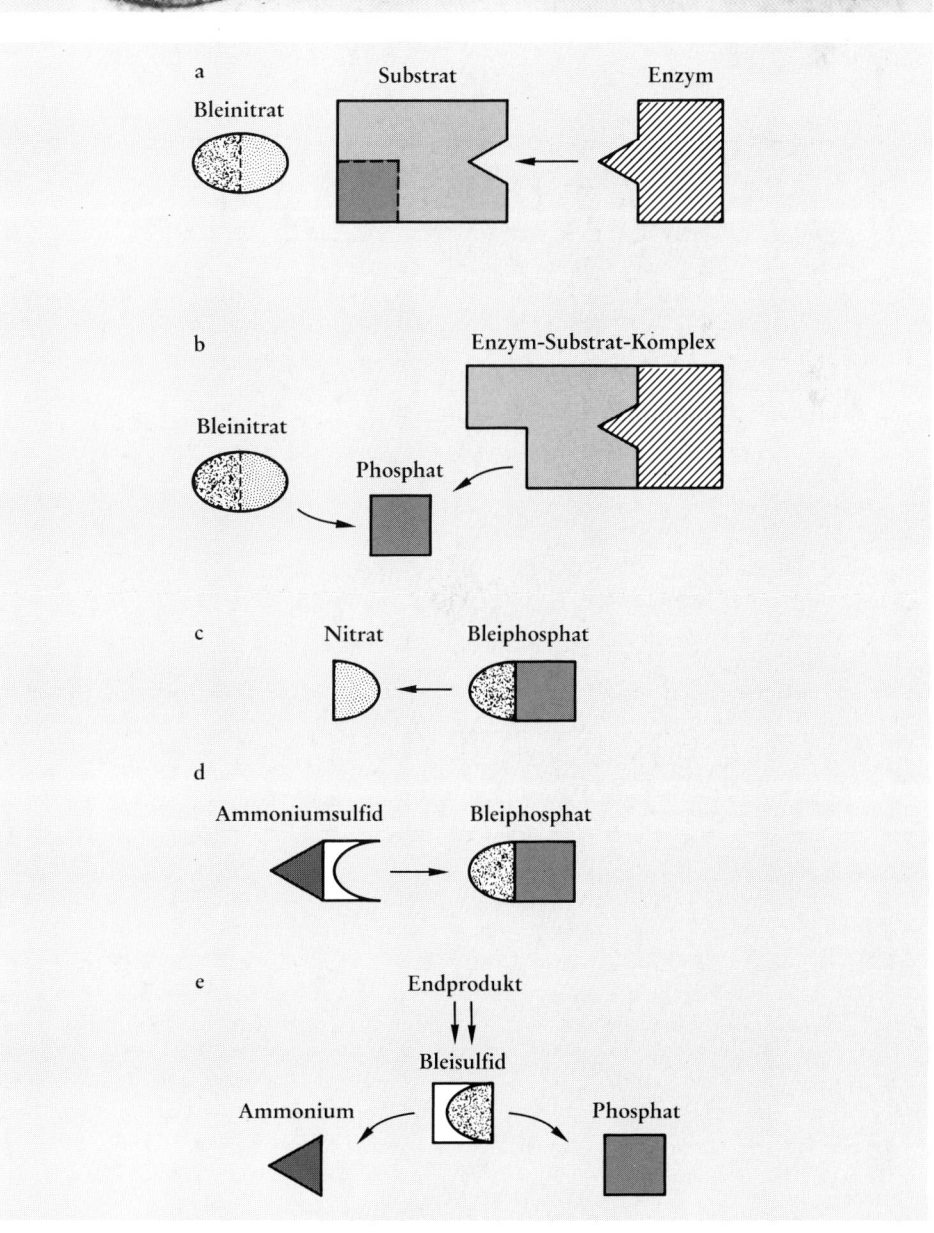

Ergebnis

Paramecium beinhaltet nach kurzer Zeit schwarze Nahrungsvakuolen (Abbildung 3).

Versuch 2: Nahrungsvakuolenbildung in Abhängigkeit von Zeit und Temperatur bei *Paramecium*

Objekte, Material und Geräte

Siehe Versuch 1; Eis, warmes Wasser, Thermometer.

Vorbereitung

Siehe Versuch 1; 5–10 Minuten vor Versuchsbeginn werden die Paramecien in Wasserbäder von je 14 °C, 23 °C, 32 °C gegeben. Zeitaufwand 15 Minuten.

Durchführung

Siehe Versuch 1. Es soll festgestellt werden, wieviele schwarz erscheinende Nahrungsvakuolen nach 5, 10, 15 und 20 Minuten gebildet wurden bei 23 °C, 14 °C und 32 °C. Die Ergebnisse werden in einer Grafik zusammengestellt.
Zeitaufwand: 25 Minuten.

Ergebnis

Die Bildung von Nahrungsvakuolen ist temperaturabhängig (Abbildung 5).

Versuch 3: Veränderungen des pH-Wertes von Nahrungsvakuolen bei *Paramecium*

Objekte, Material und Geräte

Paramecium, frische Bäckerhefe, Kongorotpulver, destilliertes Wasser, 0,01 M Phosphatpuffer (pH 7,2), Kochplatte, Mikroskop.

8

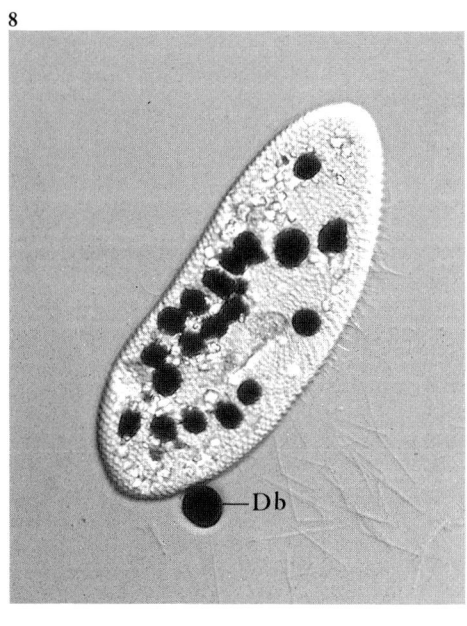

—Db

Vorbereitung
1 g Bäckerhefe in 100 ml Kongorotlösung (0,1 g Kongorot auf 100 ml destilliertes Wasser) geben, aufkochen lassen. Zwei Stunden oder länger auf kleiner Flamme bedeckt (Aluminiumfolie) kochen lassen und dabei verdampftes Wasser ersetzen. 10 Tropfen Phosphatpuffer zu der erkalteten Kongorotlösung geben.
Zeitaufwand: 2,5 Stunden.

Durchführung
Einen Tropfen der Kongorothefelösung zu einem Tropfen der *Paramecium*-Kultur auf den Objektträger geben und mikroskopieren.

Ergebnis
Nach 5 Minuten wird die Ansäuerung und nach weiteren 7 Minuten die Neutralisation des Vakuoleninhalts durch Farbumschlag sichtbar (Abbildung 4).
Zeitaufwand: 15 Minuten.

Versuch 4: Lichtmikroskopischer Nachweis von saurer Phosphatase in *Paramecium*

Material, Geräte und Objekte
Paramecium, Karnovsky-Lösung*, Natriumacetatpuffer (pH 5,5), Gomori-Medium*, Ammoniumsulfid, Natriumfluorid, destilliertes Wasser, Zentrifuge und Zubehör, Wasserbad, Eisbad, Mikroskop und Zubehör.

Durchführung
1. Fütterung der Paramecien mit Bakterien 10 Minuten vor der Fixierung.
2. Fixierung mit Karnovsky-Lösung 30 Minuten im Eisbad.

Abb. 8. *Paramecium* **mit Tusche-Nahrungsvakuolen sowie gerade abgegebenen Defäkationsballen (Db). Differential-Interferenz-Kontrast. (Foto: Klaus Hausmann, Berlin)**

3. Waschen mit 100 mM Natriumacetatpuffer in der Kälte.
4a. Inkubation im Gomori-Medium bei 37 °C im Wasserbad für 25 Minuten.
b. Kontrolle: wie 4a, jedoch mit 10 mM Natriumfluorid im Gomori-Medium.
5. Waschen mit 100 mM Natriumacetatpuffer bei Zimmertemperatur.
6. Bleisulfidfällung mit 0,5 %igem Ammoniumsulfid (1 Min.).
7. Waschen mit destilliertem Wasser.
8. Lichtmikroskopische Untersuchungen des Nachweises und der Kontrolle.
* Rezepte siehe [6 und 9]

Ergebnis
Durch einen braunschwarzen Niederschlag in den Nahrungsvakuolen wird die Anwesenheit von saurer Phosphatase belegt (Abbildung 6).

Dieser Versuch ist sehr zeitaufwendig und bedarf einer eingehenden Vorbereitung. Möglicherweise ist er nur im Rahmen eines Leistungskurses oder eines Fortgeschrittenenpraktikums durchführbar.

Literatur

[1] R. D. Allen (1974) Food vacuole membrane growth with microtubule-associated membrane transport in *Paramecium*. J. Cell Biol. **63**, 904–922.

[2] R. D. Allen, A. K. Fok (1983) Nonlysosomal vesicles (acidosomes) are involved in phagosome acidification in *Paramecium*. J. Cell Biol. **97**, 566–570.

[3] R. D. Allen, R. W. Wolf, (1974) The cytoproct of *Paramecium caudatum*: Structure and function, microtubules and fate of food vacuole membrane. J. Cell Sci. **14**, 611–631.

[4] A. K. Fok, R. M. Paeste (1982) Lysosomal enzymes of *Paramecium caudatum* and *Paramecium tetraurelia*. Exptl. Cell Res. **139**, 159–169.

[5] K. Hausmann (1980) Cytosen bei Ciliaten. BIUZ **10**, 136–147.

[6] K. Hausmann (1985) Protozoologie. Georg Thieme Verlag, Stuttgart.

[7] K. Hausmann (1989) Das Experiment: Schwimmbahnen von Einzellern. BIUZ **19**, 93–95.

[8] H. Jamil, K. Hausmann (1987) Ingestion, Digestion und Egestion bei *Paramecium*. BIUZ **17**, 129–137.

[9] W. Stockem u. a. (1977) Nahrungsaufnahme beim Pantoffeltier *Paramecium caudatum*. Versuche zur Phagocytose und Cyclose I + II. Mikrokosmos **66**, 163–169 + 202–206.

Biologie in unserer Zeit **1990**, 20, 55–59.

Wolf-Ekkehard Kalisch

22. Spreitung polytäner Chromosomen

Polytänchromosomen aus Speicheldrüsenkernen von Dipteren-Larven sind bekannte Untersuchungsobjekte für die lichtoptische Darstellung der Strukturen und Funktionen am Interphasechromosom [3]. Freilich können auch an diesen „Riesenchromosomen" die einzelnen Polytänstrukturen (Banden, Interbanden und Puffs) im Quetschpräparat cytologisch oft nur unzureichend dargestellt werden wegen der engen Nachbarschaft der Strukturen und aufgrund von Überlagerungen der 2^9–2^{13} Chromatiden im Polytänverband. Eine methodische Verbesserung der cytologischen und photographischen Darstellung ist möglich, wenn es gelingt, die Proteinbindungen des Polytänverbandes zu „lockern" und die Chromosomen bezüglich ihrer Länge (Abbildung 1) und ihrer Breite (Abbildung 2) zu spreiten.

Im folgenden Experiment wird die praktische Anleitung zu einer einfachen Spreitungstechnik für polytäne Chromosomen gegeben. Für den Einsatz in Unterricht und Lehre bietet diese Technik gegenüber der herkömmlichen Quetschpräparation polytäner Chromosomen unter anderem die Vorteile, daß Dauerpräparate ohne CO_2-Vereisung hergestellt werden können, eine Überfärbung der gespreiteten Chromosomen mit Orcein-Essigsäure nicht möglich ist, und daß bereits mit einem 40×-Objektiv Einzelheiten der Chromosomenstrukturen sichtbar werden.

1. Material und Methode

Die Qualität der Speicheldrüsen-Spreitungspräparate ist abhängig vom Polytäniegrad der Riesenchromosomen. Deshalb ist die Zuckmücke *Chironomus* (mit ca. 2^{11}–2^{13} Chromatiden pro Chromosom) für Übungszwecke besser geeignet als z.B. die Taufliege *Drosophila* (ca. 2^9–2^{11} Chromatiden). Man erhält *Chironomus*-Larven als Fischfutter in zoologischen Handlungen. Bei eigener Aufzucht kann durch niedrige Temperatur (20°C) die larvale Entwicklung verzögert und somit der Polytäniegrad gesteigert werden [2].

Die Präparation der beiden Speicheldrüsen einer Larve erfolgt mit Hilfe von zwei Präparationsnadeln bzw. feinen Uhrmacher-Pinzetten unter dem Binokular in isotonischer Insekten-Ringerlösung (7,5 g NaCl; 0,35 g KCl; 0,21 g $CaCl_2$ auf 1000 ml aqua dest.). Anschließend wird das Drüsenpaar zur Vorbehandlung der Chromosomen für die Spreitung auf einen Hohlschliff-Objektträger überführt, der einen kleinen Tropfen (ca. 20 – 30 µl) einer frischen Lösung enthält, aus (1:1) ca. 66% Propionsäure und ca. 66% Citronensäure-1-hydrat (10 g auf 15 ml aqua dest. bei schwacher Erwärmung lösen). Das Quellen aller Speicheldrüsenzellen in dieser Lö

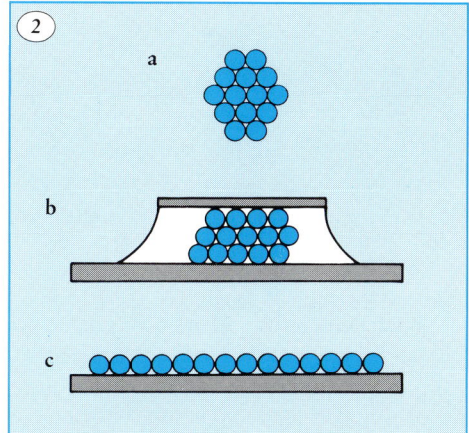

Abb. 2. Schematische Darstellung des Querschnittes eines Riesenchromosoms, (a) im annähernd nativen Zustand, (b) nach Quetschpräparation zwischen Deckglas und Objektträger und (c) nach Spreitungspräparation. Die im Querschnitt kreisförmig dargestellten Chromatiden (DNA-Protein-Fibrillen) werden durch Proteinbindungen zusammengehalten. Durch Säurevorbehandlung der Chromosomen können diese Bindungen „gelokkert" werden, so daß bei einer anschließenden Spreitung der Chromosomendurchmesser vergrößert wird. Der abgebildete Idealzustand – eine einschichtige Chromatidlage – wird mit der beschriebenen Spreitungstechnik allerdings nicht erreicht.

Abb. 1. Schematische Darstellung des Chromatidenverlaufs in den Polytänstrukturen beim (a) ungespreiteten und (b) gespreiteten Riesenchromosom. Banden, Interbanden und Puffs weisen aufgrund von (nicht dargestellten) Proteinbindungen unterschiedliche Verdichtungsgrade der Chromatiden auf. Durch kurzzeitige Vorbehandlung der Chromosomen mit Säuren können diese Bindungen „gelokkert" werden, so daß bei einer anschließenden Spreitung die Polytänstrukturen länger werden.

sung wird durch Zerzupfen der Drüsen mit Präparationsnadeln erreicht.

Die Dauer der Chromosomen-Vorbehandlung beeinflußt entscheidend die anschließende Spreitungspräparation. Die optimale Vorbehandlungsdauer von 15 min kann je nach Zuchtbedingungen um ± 2 min schwanken. Eine zu kurze Vorbehandlung mindert den Spreitungsgrad der Chromosomen, eine zu lange Vorbehandlung hingegen bewirkt die Auflösung der Polytänstruktu

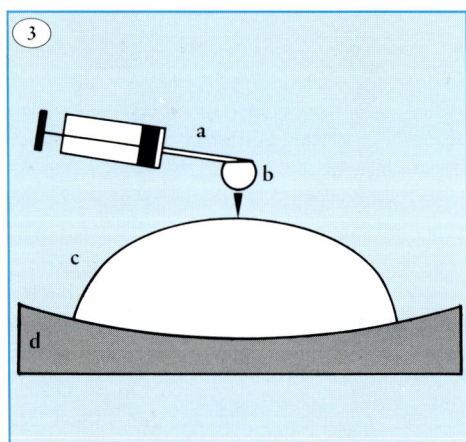

Abb. 3. Schema der Spreitungstechnik. (a) Plastikspritze, (b) 20–30 µl Tropfen Vorbehandlungsmedium mit gequollenen Zellen eines Speicheldrüsenpaares, (c) Spreitungsmedium, (d) Mikroskopspiegel.

ren. Der in jeder Drüse vorhandene Speichelpfropfen sollte nach Abstreifen der Zellen gegen Ende der Vorbehandlung aus dem Vorbehandlungsmedium entfernt werden.

Für die Spreitungspräparation werden die Zellen und das Vorbehandlungsmedium in einer Mikrokapillare vorsichtig aufgesogen und anschließend zu einem hängenden Tropfen geformt (Abbildung 3). Für Übungszwecke ist eine langkolbige 1 ml Einmal-Spritze mit sehr feiner eingeschweißter Kapillare (z.B. U-40 Plastipak-Insulinspritze mit 27G1/2-Kapillare*) ausreichend. Als Spreitungsmedium dient eine Harnstofflösung (24 g auf 100 ml aqua dest.), mit der vor jeder Spreitung ein großer Tropfen (∅ ca. 2 cm) auf der konkaven Oberfläche eines silikonierten Mikroskopspiegels (∅ ca. 5 cm) gebildet wird.

Beim Spreitungsvorgang wird der hängende Tropfen des Vorbehandlungsmediums mit dem Tropfen des Spreitungsmediums in Berührung gebracht. Dabei dürfen die Zellen im Vorbehandlungsmedium nicht unter die Oberfläche des Spreitungsmediums geraten. Dies kann beim Durchstoßen der Oberfläche des Spreitungsmediums mit der Kapillarenspitze geschehen, wenn die Einmal-Spritze

*In Apotheken 10-Stück-weise erhältlich. Hersteller: Becton, Dickinson and Company, Ltd., Pottery Road, Dun Laoghaire, Co. Dublin, Ireland.

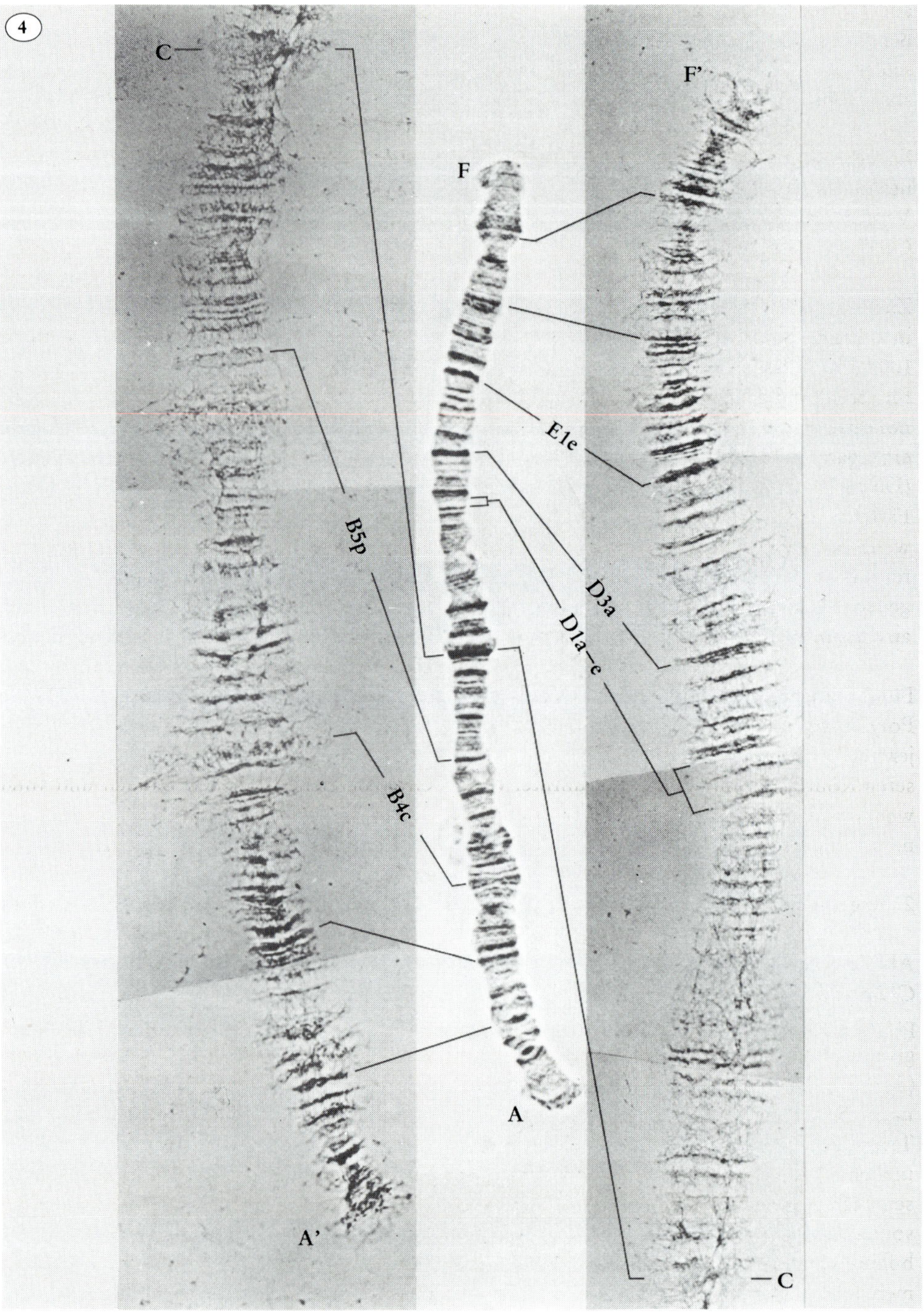

nicht, gemäß ihrer Abschrägung an der Kapillarenspitze, schräg gehalten wird.

Die gespreiteten Chromosomen verbleiben ca. 30–60 sec auf der Oberfläche des Spreitungsmediums und werden anschließend mit einem fettfreien Objektträger aufgenommen. Dazu wird der Objektträger direkt auf den Mikroskopspiegel gelegt. Das Spreitungsmedium sollte dabei den gesamten Objektträger innerhalb des Spiegelrandes benetzen. Der Objektträger kann unmittelbar nach dem Auflegen wieder abgehoben werden. Er wird

Abb. 4. Speicheldrüsenchromosom II von *Chironomus th. thummi. A – F* = Quetschpräparation (Chromosomendurchmesser ~ 10 – 15 µm, Chromosomenlänge ~ 190 µm); A' – F' = Spreitungspräparation (Durchmesser ~ 15 – 30 µm, Länge ~480 µm); C = Centromerbereich. Gleiche Vergrößerung (~ 900:1) und vergleichbarer Polytäniegrad bei beiden Präparationen; Chromosomenabschnitte bezeichnet nach [1].

auf Filtrierpapier abgekantet und anschließend zweimal vorsichtig mit aqua dest. überschichtet, erneut abgekantet und 5 min in abs. Isopropanol gestellt.

Das Präparat wird anschließend luftgetrocknet und kann ohne Deckglas bei 100–250 × Vergrößerung im Phasenkontrast auf seine Qualität geprüft werden.

Zur Färbung wird das Präparat 10 – 20 min. in Orcein-Essigsäure gestellt (2 g Orcein in 100 ml 50% Essigsäure lösen und anschließend filtrieren) und danach 1 min in abs. Isopropanol differenziert. Zur Herstellung eines Dauerpräparates wird mit Euparal eingedeckt (Deckglasgröße: 24 × 48 mm). Eine erneute Färbung bzw. Differenzierung ist möglich, wenn nach dem abs. Isopropanol das Präparat luftgetrocknet und mit Immersionsöl eingedeckt wird. Deckglas und Öl können im abs. Isopropanol wieder entfernt werden.

Für Übungszwecke können alle Details der Polytänstrukturen bereits mit dem 40×-Objektiv im Hellfeld erkannt werden. Zur besseren Kontrastierung wird ein Grünfilter verwendet oder die Präparatunterseite mit grünem Filzstift eingefärbt.

2. Ergebnisse

Abbildung 4 zeigt das Chromosom II von *Chironomus thummi thummi* nach Quetschpräparation (A–F) und die beiden, aus Platzgründen getrennt dargestellten Hälften (A'–C ; C–F') des gleichen Chromosoms nach Spreitungspräparation. Während die Telomerbereiche (Telomer = Chromosomenende) im abgebildeten Chromosom nur schwach gespreitet sind, weisen die Chromosomenbereiche zum Centromer (C) hin einen höheren Spreitungsgrad auf. Die Chromosomen einer Zelle verhalten sich im allgemeinen bezüglich der Spreitung vergleichbar, in verschiedenen Zellen derselben Drüse kann jedoch die Spreitung sehr unterschiedlich ausfallen, so daß ungespreitete und stark gespreitete Chromosomen in demselben Präparat auftreten können.

Die Zunahme des Chromosomendurchmessers wird bei der Spreitung durch den Polytäniegrad begrenzt (vergl. Abbildung 2). Deshalb treten bei der Spreitung nur an den bereits vorher aufgelockerten Banden (*Puffs*) prominente Chromosomendurchmesser auf (z.B. Puff im Chromosomenabschnitt B4c).

Die Längenzunahme des Chromosoms während der Spreitung (vergl. Abbildung 1) wird sowohl durch die Verlängerung der Interbanden (z.B. Chromosomenabschnitt D1a–e), als auch durch die Zunahme der Bandendicke (z.B. Bandengruppe B5p) hervorgerufen.

Der Vergleich in Abb. 4 zeigt (z.B. Abschnitt D3a–E1e), daß im Spreitungspräparat durchschnittlich mehr Banden gleichzeitig photographisch darstellbar sind als im Quetschpräparat. (In der Chromosomenkarte sind 457 lichtoptisch sichtbare Banden für dieses Chromosom verzeichnet [1].)

3. Diskussion

Die ursprüngliche Annahme, daß die Gene der Eukaryoten immer als strukturelle Einheiten im DNA-Strang auftreten und in den Chromomeren (Banden) der Chromosomen lokalisiert sind, läßt sich aufgrund neuerer Untersuchungen nicht mehr generell aufrechterhalten (vergl. BIUZ 10/4, S. 124–125, 1980). Deshalb sind zunehmend die übrigen Polytänstrukturen – Interbanden und die Grenzbereiche zwischen Banden und Interbanden – in den Mittelpunkt des Interesses cytologischer Untersuchungen gerückt.

Geht man von der Annahme aus, daß die transkriptionsaktiven Gene in den Interbanden der Chromosomen lokalisiert sind, dann stellt sich z.B. bezüglich ihrer Länge die Frage nach der „Interbanden-Konstanz" in den verschiedenen Entwicklungsstadien eines Gewebes bzw. in den verschiedenen Geweben. Es wäre möglich, daß die beschriebene Spreitungstechnik für derartige Untersuchungen einen Ansatzpunkt bieten kann.

Derzeitig wird die beschriebene Technik in der Forschung zur autoradiographischen Untersuchung radioaktiv markierter Chromosomen verwendet. Da die „Vergrößerung" der Polytänstrukturen auch das Größenverhältnis von Polytänstruktur zu Silberkorn in den Autoradiographien verbessert, können Silberkornmarkierungen genauer· als bisher einzelnen Strukturen im Chromosom zugeordnet werden [2]. Die Methode stellt somit eine Verbesserung der autoradiographischen Verfahren zur Analyse der Replikation, der Transkription und der *in situ*-Hybridisierung dar. (Bei letzterer handelt es sich um ein Verfahren zur cytologischen Charakterisierung spezifischer [z.B. clonierter] Nucleinsäuren. Dazu wird gelöste, radioaktiv markierte Nucleinsäure, die vorher denaturiert wurde [d.h. Trennung der DNA-Doppelhelix in Einzelstränge] auf ein cytologisches Chromosomenpräparat gebracht, dessen DNA vorher ebenfalls denaturiert wurde. Aufgrund der Versuchsbedingungen finden dabei Hybridisierungen statt, d.h. die Einzelstränge der gelösten Nucleinsäure paaren sich mit komplementären Einzelstrangsequenzen im Chromosom. Infolge der Radioaktivität können im Autoradiogramm [Filmschicht über dem Chromosomenpräparat] die hybridisierten Chromosomenabschnitte cytologisch anhand der Silberkornmarkierungen lokalisiert werden.)

4. Schlußbetrachtung

Grundlage aller cytologischen Untersuchungen an Riesenchromosomen ist die genaue Kenntnis des Banden-Interbanden-Musters (Chromosomenkarten). Dabei ist durch Spreitungspräparation bereits bei schwacher Vergrößerung eine detailliertere Darstellung der chromosomalen Strukturen (Banden, Interbanden, Puffs) zu erzielen als mit der herkömmlichen Methode der Quetschpräparation. Dauerpräparate können darüber hinaus mit dieser Technik ohne CO_2-Vereisung hergestellt werden. Deshalb eignen sich Spreitungspräparate trotz der aufwendigeren Vorbereitung bei der Herstellung besonders gut für Übungszwecke der cytologischen Chromosomenanalyse.

Literatur

[1] Hägele, K.: DNS-Replikationsmuster der Speicheldrüsen-Chromosomen von Chironomiden. Chromosoma (Berl.) **31**, 91–138 (1970).

[2] Kalisch, W.-E., und K. Hägele: Surface spreading of polytene chromosomes. Europ. J. Cell Biol. **23**, 317–320 (1981).

[3] Nagel, G., und L. Rensing: Struktur und Funktion von Riesenchromosomen und Puffs. Naturw. Rdsch. **25**/2, 53–64 (1972).

Biologie in unserer Zeit 1981, *11*, 156–158.

Gunter O. Kirst
Bruno P. Kremer

23. Aerenchyme und ihre Gasfüllung

Aerenchyme

Nur ein vergleichsweise schmaler Grenzsaum zwischen Lithosphäre, Hydrosphäre und Atmosphäre wird ständig von Organismen besiedelt. Besonders die Pflanzen sind gewöhnlich auf einen Bereich beschränkt, in dem sich Erde, Wasser und Luft in geringem Maße gegenseitig durchdringen. Die tiefgründig verwitterte Lithosphäre (Boden) bietet nur dann günstige Voraussetzungen für eine üppige Biomasseproduktion, wenn gleichzeitig die Hydrosphäre (Bewässerung) und die Atmosphäre (Belüftung) den Lebensraum in ausgewogenem Maße mitgestalten. Umgekehrt wird die gegenseitige Verzahnung und Verschränkung unter dem Einfluß der Organismen aufrechterhalten oder sogar noch gefördert.

Gestalttypologisch betrachtet neigen die Pflanzen im Gegensatz zu den meisten Tieren nur wenig dazu, Teile ihrer Umwelt sozusagen ausschnitthaft zu vereinnahmen und zum eigenen Binnenmilieu umzugestalten. Pflanzen entwickeln in ihren Organen nur wenige Hohlräume oder innere Oberfläche, sondern sind eher auf flächige Vergrößerung und Ausbreitung nach außen angelegt. Eine bemer-

kenswerte Ausnahme bilden jedoch die eigentümlichen Durchlüftungsgewebe oder Aerenchyme, mit denen die Atmosphäre gleichsam Einzug in den Pflanzenkörper hält. Spezielle, der besseren Durchlüftung dienende Parenchyme finden sich vor allem bei Arten, deren Blattorgane frei in den Luftraum ragen (z. B. bei *Juncus, Phragmites, Sagittaria*) bzw. als Schwimmblätter ausgebildet sind (etwa bei *Nuphar, Nymphaea, Potamogeton*), während die submersen oder im Substrat steckenden Teile mit atmosphärischen Gasen nur schlecht versorgt würden, wenn nicht intern weiträumige Nachschubwege zur Verfügung stünden. Durchlüftungsgewebe treten beispielsweise in Rundblättern (*Juncus*), in Blattstielen (*Nymphaea*), aber auch in Sproßachsen (*Phragmites*) und Rhizomen (*Sagittaria*) auf. Sie entstehen durch Ausweitung des Interzellularensystems und ergeben auch nach formalästhetischen Gesichtspunkten recht ansprechende Gewebemuster (Abbildung 1). Einige aquatisch lebende Wirbellose nutzen die Gasfüllung im Aerenchym submerser Pflanzenteile (vgl. Abbildung 2) geschickt aus. Die Larven der Schilfkäfer (*Donacia* ssp.) zapfen das Aerenchym von submersen Sproßteilen gezielt an. Sie benutzen die luftgefüllten Schilfhalme gleichsam als Schnorchel.

Pneumatocysten

Gasgefüllte Organe gibt es nicht nur bei höheren Pflanzen. Sie treten auch bei den morphologisch am weitesten differenzierten Vertretern der Braunalgen (Phaeophyceae), den Laminariales und Fucales, auf. Die Repräsentanten dieser beiden Ordnungen stellen die größten aquatisch lebenden Pflanzen überhaupt. Der kalifornische Riesentang (*Macrocystis pyrifera*) erreicht durchaus Längen um 50 m. Die morphologische Komplexität dieser Makroalgen legt eine entspre-

---

Abb. 1. Sternförmiges Aerenchym aus dem Stengel der Blaugrünen Binse (*Juncus inflexus*). Aufnahme bei schiefer Beleuchtung. Vergr. ca. 200:1.

Abb. 2. Längsschnitt durch einen Stengel der Meerbinse (*Bolboschoenus maritimus*) mit stärker untergliedertem Aerenchym.

Abb. 3. Bei der Wasserhyazinthe (*Eichhornia crassipes*), einer neuerdings beliebten Pflanze für Gartenteiche, sind die Blattstiele zu aerenchymatischen Schwimmpontons umgestaltet.

1
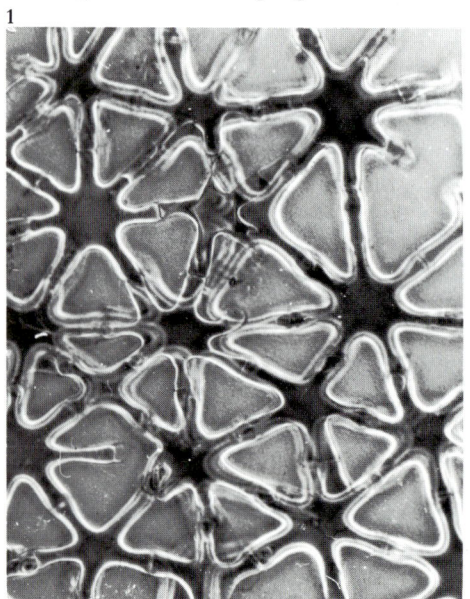

2
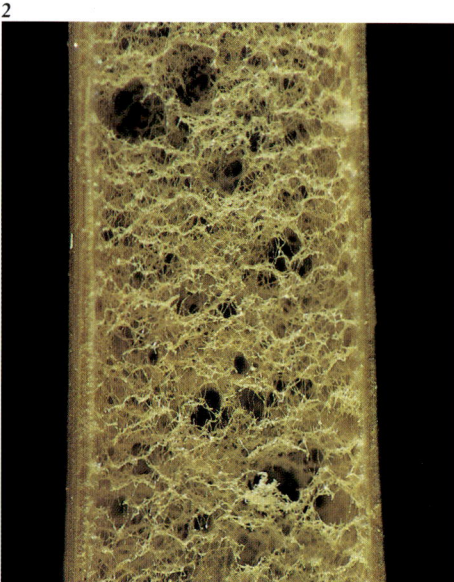

3

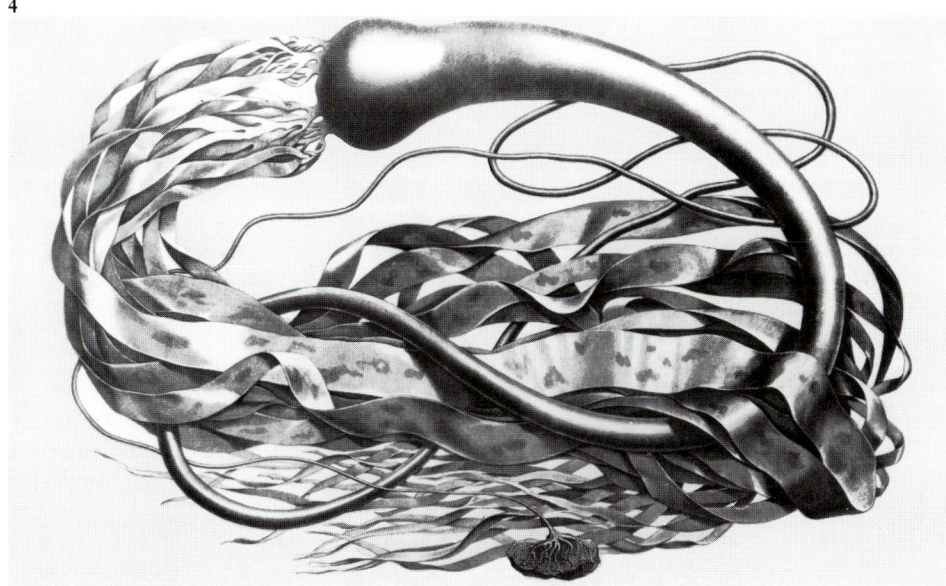

chende histologische Differenzierung nahe. Tatsächlich sind die Laminariales und Fucales mit echten Geweben ausgestattet, die ihre Anlage unterschiedlich organisierten Meristemen verdanken [1].

Gerade die besonders großen Makroalgen wie *Macrocystis, Nereocystis* oder *Pelagophycus*, deren Abmessungen nur noch in Dekaden von Metern anzugeben sind, weisen eine auffällige strukturelle Besonderheit auf: Damit die photosynthetisch aktiven Teile der Pflanzen (Phylloide oder Assimilatoren) möglichst an der Wasseroberfläche und damit im Bereich optimaler Lichtversorgung plaziert werden, sind in den Thallus größere gasgefüllte Hohlräume (= Pneumatocysten) eingelassen. Diese wirken wie Schwimmbojen und sorgen im Wasser für den nötigen Auftrieb. Im Einzelfall können die Pneumatocysten 15–20 cm Durchmesser erreichen *(Nereocystis, Pelagophycus)*. Gewöhnlich bleiben sie jedoch im Zentimeterbereich *(Macrocystis)*. Bei *Alaria fistulosa* aus dem Nordwestpazifik ist die gesamte Mittelrippe mehrfach gekammert. Die gewaltigen Phylloide (bis ca. 20x2 m) liegen daher wie Surfbretter auf der Wasserfläche. Sie sind vom Flugzeug selbst aus größerer Flughöhe durchaus noch erkennbar. Ziemlich klein sind die Pneumatocysten bei den verschiedenen *Sargassum*-Arten – hier erreichen sie nur wenige Millimeter Durchmesser. Die geringe Größe wird je-

Abb. 4. Originaldarstellung von *Nereocystis luetkeana* mit ihrer großen Pneumatocyste (und der anschließenden, bis 1 m langen gasgefüllten Apophyse) aus dem Werk ,Illustrationes Algarum' von Postels und Ruprecht (Petersburg 1824).

Abb. 5. Beim Knotentang *(Ascophyllum nodosum)* sind die bis 5 cm langen Pneumatocysten in linearer Folge in die Thallusachsen eingeschaltet.

Abb. 6. Namengebendes Merkmal des Blasentangs *(Fucus vesiculosus)* sind die paarweise auftretenden (nur an Verzweigungen unpaaren) Pneumatocysten.

Abb. 7. Beim Spiraltang *(Fucus spiralis)*, einer an den Atlantikküsten ebenfalls häufigen Art, sind auch die Rezeptakel zu Pneumatocysten umgewandelt.

Abb. 8. Blasig aufgetriebene Thalli des Darmtangs *(Enteromorpha intestinalis).*

doch durch einen sehr reichlichen Besatz kompensiert. *Sargassum natans* und *S. fluitans*, die einzigen pelagisch lebenden Makroalgen (Sargasso-See) sind nur wegen ihrer reichen Ausstattung mit Pneumatocysten schwimmfähig. Bei Blasentang *(Fucus vesiculosus)* und Knotentang *(Ascophyllum nodosum)* von europäischen Atlantikküsten sind die zentimetergroßen Pneumatocysten namengebende Merkmale. Ausnahmsweise können auch Reproduktionsorgane die spezifische Funktion der Pneumatocysten übernehmen: Beim Spiraltang *(Fucus spiralis)* sind die endständigen Rezeptakel gasgefüllt (Abbildung 7). Wenngleich die Ontogenese der Pneumatocysten und deren Steuerung bislang noch nicht detailliert untersucht und beschrieben wurde, darf man diese Einrichtungen trotz ihrer andersartigen Funktion als Sonderformen von Aerenchym verstehen.

Methodisches

Das gasgefüllte Aerenchym semiaquatischer Gefäßpflanzen sowie die Pneumatocysten bestimmter mariner Makroalgen bieten sich für eine Untersuchung ihrer jeweiligen Gaszusammensetzung geradezu an. Die Methode, die wir hier vorstellen, beruht auf der differentiellen Absorption von gasförmigem CO_2 durch stark alkalische Lösungen und von O_2 durch eine Pyrogallol-Lösung [3]. Die jeweiligen Größenveränderungen einer Gasblase, die aus einem Aerenchym in eine (kalibrierte) Kapillare oder Mikropipette aufgezogen wurde, nach Kontakt mit unterschiedlichen Testlösungen, gibt ein Maß von der relativen Zusammensetzung des vorliegenden Gasgemisches.

Aus gasführendem Aerenchym einer semiaquatischen Blütenpflanze oder einer marinen Makroalge (vgl. Abbildungen 2–6) werden 50–100 μl in eine gasdichte Spritze aufgezogen. Alternativ kann man das Aerenchym auch unter Wasser öffnen und das aufsteigende Gas über einen Trichter in ein wassergefülltes, graduiertes Reagenz- oder Zentrifugenglas leiten. Das Auffanggefäß wird unter Wasser mit einem Serumstopfen

verschlossen. Aus der so gewonnenen Probe können mit einer gasdichten Spritze ebenfalls kleinere Teilmengen entnommen werden. Wenn dieses Verfahren gewählt wird, sollte das umgebende Wasser und auch die Wasserfüllung des Auffanggefäßes mit ein paar Tropfen H_2SO_4 leicht angesäuert werden (etwa pH 2–4), damit kein CO_2 durch vorzeitige Lösungsvorgänge verlorengeht.

Etwa 10–15 kalibrierte Mikropipetten (micro caps) (10, 20, 50 oder 100 μl je nach verfügbarem Gasvolumen) werden durch passende Bohrungen einer Plastikbox gesteckt und mit 1 M Zitronensäure gefüllt. Die Plastikbox wird ihrerseits mit Wasser von Raumtemperatur gefüllt – sie dient als Thermostat gegen temperaturbedingte Volumenänderungen der Gasblasen. Eine kleine Gasblase von

9

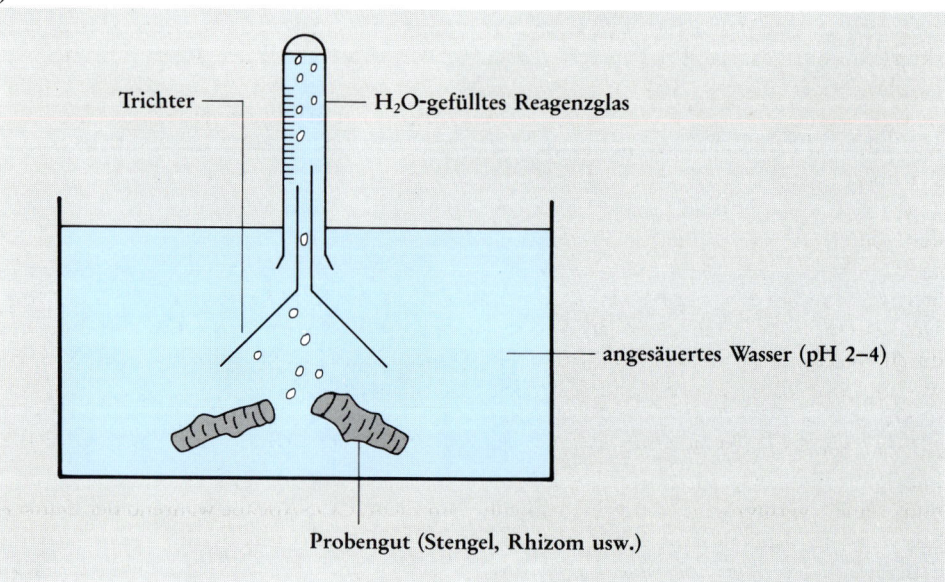

Trichter ———— **H₂O-gefülltes Reagenzglas**

———— **angesäuertes Wasser (pH 2–4)**

Probengut (Stengel, Rhizom usw.)

10

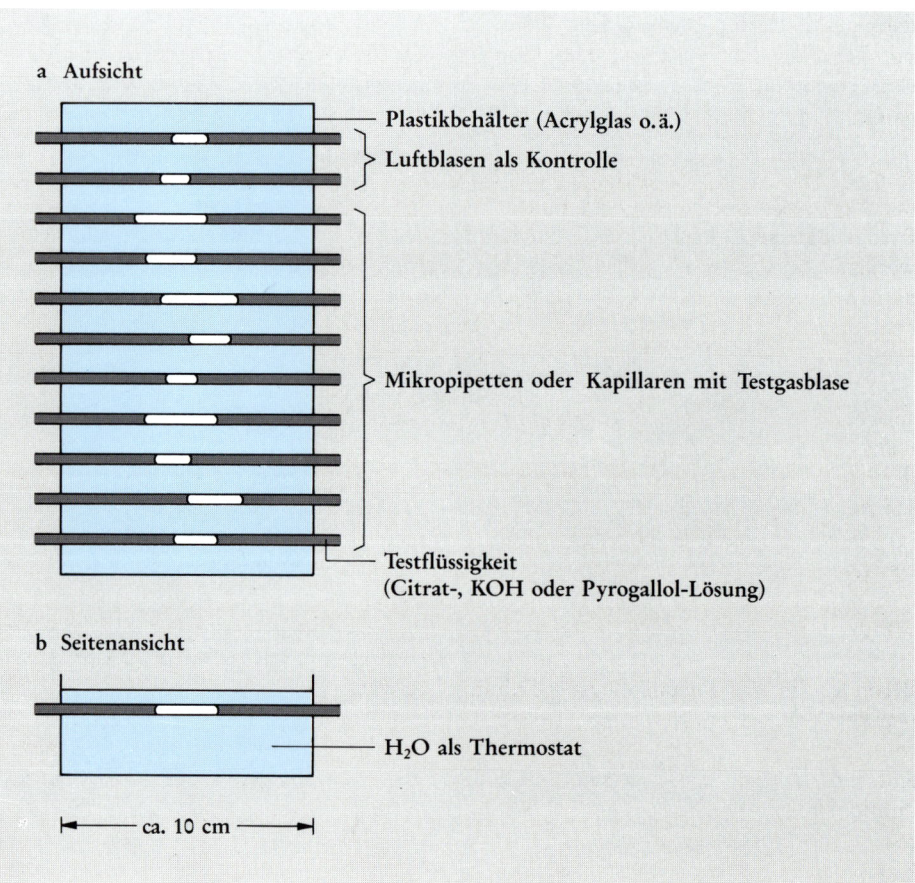

a Aufsicht

Plastikbehälter (Acrylglas o. ä.)
Luftblasen als Kontrolle

Mikropipetten oder Kapillaren mit Testgasblase

Testflüssigkeit
(Citrat-, KOH oder Pyrogallol-Lösung)

b Seitenansicht

H₂O als Thermostat

◀— ca. 10 cm —▶

Abb. 9. Schema zum Überführen der aerenchymatischen Gasfüllung in ein Vorratsgefäß.

Abb. 10. Montage der Analyse-Kapillaren in einer Plastikbox, die gleichzeitig als Thermostat dient.

etwa 10–30 µl wird mit Hilfe der gasdichten Vorratsspritze in die so vorbereiteten Mikropipetten gedrückt (ca. 2–5 µl bei kleinkalibrigen Mikropipetten). Zwei Mikropipetten erhalten ein gleiches Volumen gewöhnlicher Luft als Kontrollen. Die Ansätze werden für 2–3 min equilibriert.

Im nächsten Arbeitsschritt werden nun die Längen der eingeschlossenen Gasblasen mit Hilfe eines Okularmikrometers im Mikroskop (Lupenvergrößerung) oder Binokular in absoluten oder relativen Einheiten bestimmt (Ausgangsgröße = 100 %). Anschließend wird die 1 M Citronensäure, die die Gasblasen noch einschließt, gegen eine 4 M KOH ausgetauscht. Damit die Gasblasen nicht aus den Kapillaren oder Mikropipetten entweichen, wird die Citrat-Lösung in kleinen Schritten von beiden Enden her abgesaugt. Die entnommene Flüssigkeit wird sofort durch KOH ersetzt. Vorsichtige Schüttelbewegungen der Box, wodurch die Blasen ein wenig hin- und herfließen, erleichtern den Austauschvorgang. Nach 5 min werden die Längen erneut gemessen. Gewöhnlich kann nun eine geringfügige, aber deutliche Schrumpfung der Volumina beobachtet werden. Lediglich die zur Kontrolle eingeschlossenen Luftblasen zeigen nahezu keine Veränderungen – ihr CO_2-Partialdruck (ca. 350 ppm) ist zu gering. Die gemessenen Längenunterschiede werden in Prozent der Ausgangsgröße festgehalten.

Abschließend wird die 4 M KOH vorsichtig durch eine Mischung von 2 M KOH und 5 % Pyrogallol ersetzt (siehe oben). Wiederum werden nach 5 min die Längen bestimmt und die erhaltenen Unterschiede im Vergleich zu den Ausgangsgrößen (in %) ausgedrückt. Sie geben den O_2-Gehalt der Gasmischung wieder. Die verbleibende Gasblasenlänge entspricht dagegen dem N_2-Anteil und anderer, nicht absorbierbarer Gase. Durch Vergleich der Kontrollwerte mit der theoretischen Zusammensetzung der Luft (21 % O_2; 78 % N_2, ca. 0,3 % CO_2) kann gleichzeitig die Zuverlässigkeit dieser Methode für die Mikroanalyse biogener Gasgemische (Mittelwerte ± Standardabweichung) abgeschätzt werden.

Besonders in der Pneumatocysten-Füllung mariner Makroalgen können auch beachtliche Anteile von CO enthalten sein [2]. Ein einfacher, qualitativer Test, der CO als Reduktionsmittel verwendet, gibt darüber näheren Aufschluß. Eine etwas größer bemessene Gasprobe (ca. 2–3 ml) wird in einem verschlossenen Gefäß mit etwas verdünnter $PdCl_2$-Lösung (0,1 % w/v) geschüttelt. Schwarz ausfallendes, elementares Palladium zeigt die Anwesenheit von CO an.

Versuchsabwandlungen

Die hier vorgestellte Methodik (vgl. [3, 4]) erfaßt sehr zuverlässig relativ hohe O_2- und CO_2-Partialdrucke. Bei sehr geringem CO_2-Anteil sind dagegen überhöhte Werte nicht auszuschließen (0,03 % → 1 % in den Kontrollen), da die Ergebnisse der Längenmessungen bei geringfügiger Schrumpfung der Gasblasen erfahrungsgemäß zu sehr nach oben abgerundet werden.

Hinsichtlich der Objektwahl zur Gewinnung analysierbarer Gasvolumina bieten sich vielerlei interessante Abwandlungsmöglichkeiten. So könnte in vergleichenden Meßserien mit unterschiedlich vorbehandeltem Versuchsmaterial der Frage nachgegangen werden, inwieweit die Füllungen der aerenchymatischen Hohlräume einen tageszeitlichen Gaswechsel widerspiegeln (O_2-Anreicherung im Licht; CO_2-Abgabe während der Dunkelperioden). Sofern gleichzeitig Photosynthese- bzw. Respirationsraten des untersuchten Gewebes bestimmt werden (volumetrische Verfahren, z. B. Warburg-Technik), können Überlegungen angestellt werden zum Problem, für welche Zeiträume die Gasbevorratung im Aerenchym für CO_2- bzw. O_2-verbrauchende Stoffwechselvorgänge ausreicht.

Ähnliche Fragestellungen können außer an verschiedenen Blütenpflanzen auch an Algen überprüft werden. Wenn geeignete braune Makroalgen (z. B. *Fucus vesiculosus, Ascophyllum nodosum* oder der Neophyt *Sargassum muticum*) nicht ohnehin anläßlich meeresbotanischer Exkursionen oder Übungen sozusagen vor Ort untersucht werden, ist Bezug über die Materialversorgung der Biologischen Anstalt Helgoland, Postfach 2192 Helgoland, möglich. *Fucus* oder *Ascophyllum* werden häufig auch als Packmaterial beim Versand von Schalentieren verwendet – die Nachfrage im Fischgeschäft oder im Feinkostshop könnte ebenfalls geeignetes Versuchsmaterial zutage fördern.

Außer den Vertretern der Braunalgen (Phaeophyceae) eignen sich für solche Versuchsprogramme auch noch einige andere Algen, etwa der Darmtang *(Enteromorpha intestinalis)* (Abbildung 8), eine auch in Brackwassergebieten recht häufige Grünalge. Wie bei vielen ihrer ähnlich aussehenden Verwandten sind die schlauchförmigen, einzellschichtigen Thalli gewöhnlich stärker blasig aufgetrieben.

Literatur

[1] H. C. Bold, C. Alexopoulos, T. Delevoras (1980) Morphology of Plants and Fungi. 818 pp., Harper & Row, New York.

[2] R. E. Foreman (1976) Physiological aspects of carbon monoxide production by the brown alga *Nereocystis luetkeana.* Can. J. Bot. **54**, 352–360.

[3] C. Haldemann, R. Brändle (1983) Avoidance of oxygen deficit stress and release of oxygen by stalked rhizomes of *Schoenoplectus lacustris.* Physiol. Vég. **21**, 103–113.

[4] G. O. Kirst (1987) Relative gas composition of the air bladders (pneumatocysts) of kelps and fucoids. In: Experimental Phycology: A Laboratory Manual (C. S. Lobban, D. J. Chapman, B. P. Kremer, Eds.), Cambridge University Press, Cambridge (im Druck).

Biologie in unserer Zeit **1987**, *17*, 90–93.

Manfred Kluge

24. Diurnaler Säurerhythmus bei Bryophyllum tubiflorum

In dem Beitrag „Die Sukkulenten: Spezialisten im CO_2-Gaswechsel" (S. 121—128) wurde über den Diurnalen Säurerhythmus berichtet. Ein einfaches Experiment erlaubt die Demonstration der dort näher erläuterten nächtlichen Säureanhäufung in den Assimilationsorganen sukkulenter Pflanzen und außerdem den Nachweis, daß dieser Vorgang von einem genügenden Angebot atmosphärischen Kohlendioxids abhängig ist.

Ein besonders geeignetes Versuchsobjekt hierfür sind die etwa fingerlangen, bleistiftdicken Phyllodien (zu Assimilationsorganen umgewandelte Blattstiele) von *Bryophyllum tubiflorum,* einer Sukkulenten aus der Familie der Crassulaceae (vgl. S. 123. Abbildung 2). Die Phyllodien entnimmt man am besten einer 4 — 6 Monate alten Pflanze. Vor Beginn des Experiments muß die Versuchspflanze für einige Stunden intensiv beleuchtet werden, z. B. an einem sonnigen Fenster oder unter einer starken Lampe (z. B. 400 W HQl). Am Ende der

Lichtperiode, unter natürlichen Lichtbedingungen also am Abend, pflückt man 30 Phyllodien aus der mittleren Region des Sproßabschnittes und teilt sie in drei Gruppen zu je 10 Phyllodien ein. Bei dieser Einteilung ist streng darauf zu achten, daß nicht sortiert wird, etwa nach Größe, Farbe, Turgeszenz u.s.w. Die Zugehörigkeit eines Phyllodiums zu einer der drei Gruppen *muß zufallsbedingt sein.*

Die 10 Phyllodien der Gruppe A werden sofort nach der Entnahme von der Pflanze in Aluminiumfolie gehüllt und im Gefrierfach eines Kühlschrankes eingefroren. Die Phyllodien der Gruppen B und C setzt man in der nun folgenden Nacht einerseits normaler Luft (Gruppe B) und andererseits künstlich von CO_2 befreiter Luft aus. Die Versuchsanordnung hierfür ist in der Abbildung dargestellt. In je eine Waschflasche (Vol. mind. 250 ml) wird ca. 1—2 cm hoch Quarzsand eingefüllt. Diesem fügt man soviel frisch ausgekochtes Wasser hinzu, daß der Flüssigkeitsspiegel

die Oberfläche der Sandschicht erreicht.

Mit einer langen Pinzette werden in jede Waschflasche die 10 Phyllodien einer Gruppe derart „eingepflanzt", daß sie aufrecht stehen. **Vor** die Waschflasche I mit den Phyllodien der Gruppe B schaltet man eine 250 ml Waschflasche mit Wasser. *Vor* die Waschflasche II (Gruppe C) werden zur Entfernung des in der Luft enthaltenen Kohlendioxids eine Waschflasche mit 10 % KOH, eine Waschflasche mit Natronasbest und schließlich eine Flasche mit frisch ausgekochtem, also möglichst CO_2-freiem Wasser plaziert. *Hinter* die beiden Flaschenketten schaltet man eine Pumpe, die einen Luftstrom, der sich mittels der Quetschhähne auf in beiden Ketten annähernd gleiche Itensität einregulieren läßt, durch das System saugt. Die ganze Versuchsanordnung wird für 12 Stunden abgedunkelt, z. B. mit einer schwarzen Plastikfolie. Die optimale Temperatur während der Dunkelperiode ist 15—20°C, die man leicht erhält, wenn man die

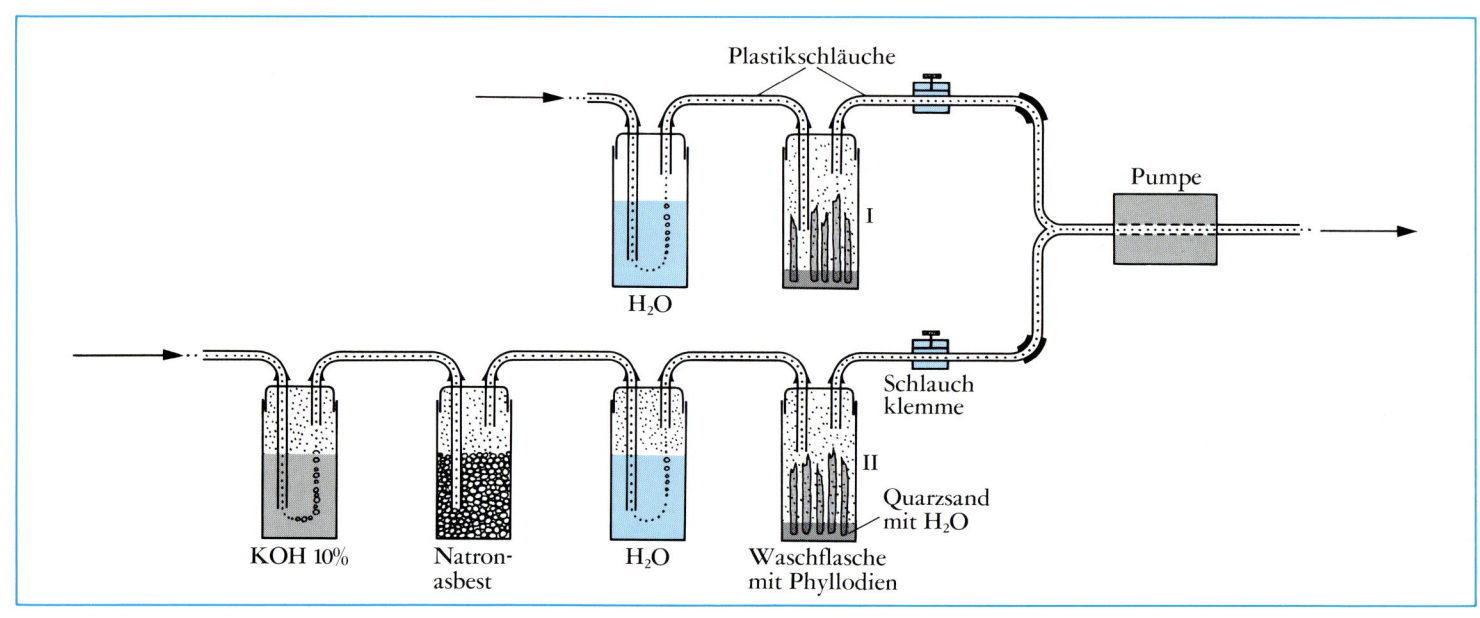

Plastikschläuche

Pumpe

H_2O

Schlauch klemme

II

KOH 10%   Natron-asbest H_2O Waschflasche mit Phyllodien

Quarzsand mit H_2O

Waschflaschen mit den Phyllodien in ein vom Leitungswasser durchströmtes Gefäß stellt.

Am Ende der Dunkelperiode werden die Phyllodien den Flaschen entnommen und gruppenweise wie beschrieben eingefroren. Aus den gefrorenen und wieder aufgetauten Phyllodien kann man nun Preßsäfte gewinnen, die praktisch mit dem Inhalt der Vacuolen identisch sind. Dazu überführt man die gerade aufgetauten Phyllodien in eine in jedem Kaufhaus erhältliche Knoblauchpresse, preßt kräftig aus und filtert den Saft durch einen mit fettfreier Watte oder Glaswolle dicht verstopften Mikrotrichter in ein Reagenzgläschen. Je zwei Phyllodien einer Gruppe werden zusammen ausgepreßt und liefern ca. 2 ml Preßsaft. Jeder Versuchsgruppe können auf diese Weise 5 Parallelproben entnommen werden.

Zur Bestimmung des Säuregehaltes der Preßsäfte pipettiert man 1 ml Preßsaft in ein 20 ml Erlenmeyerkölbchen, fügt 4 ml dest. H_2O und 3 Tropfen einer 1 % alkoholischen Phenolphthalein-Lösung hinzu und titriert aus einer 10 ml Bürette mit 0,02 N NaOH bis zum Umschlagspunkt (farblos → violett).

Auswertung der Ergebnisse:

Der Verbrauch von NaOH zeigt den Säuregehalt der Probe an. Aus den Werten der 5 Parallelproben einer Gruppe errechnet man die arithmetischen Mittel. Diese werden sich sehr wahrscheinlich unterscheiden. Den niedrigsten Wert wird die Gruppe A (Proben vor Beginn der Dunkelperiode eingefroren) aufweisen, den höchsten die Gruppe B (Proben über Nacht normale Luft), während C (Proben nachts in CO_2-freier Luft) etwas höher als A, aber deutlich niedriger als B liegen wird. Damit zeigt sich, daß für die nächtliche Säureanhäufung, die ja auf die Synthese von Äpfelsäure zurückgeht (vergl. den oben zitierten Artikel) die Bindung von atmosphärischem CO_2 erforderlich ist. Da einerseits die Ergebnisse der Einzelmessungen innerhalb der Gruppen stark streuen können, andererseits die arithmetischen Mittel gelegentlich nicht sehr weit auseinander liegen, ist es oft schwierig, zu entscheiden, ob die beiden Meßreihen nicht doch einen identischen Mittelwert

besitzen, die gefundenen Mittelwerte also nur zufällig von diesem abweichen („Null-Hypothese"), oder ob die gefundenen Mittel tatsächlich verschieden sind. Oft wird daher ein Maß willkommen sein, das objektiv zu beurteilen gestattet, wie „wahr" das erhaltene Ergebnis eigentlich ist. Der „t-Test" nach Student erlaubt eine derartige Beurteilung durch den statistischen Vergleich je zweier Mittelwerte (Vergleiche: Cavalli-Sforza, L.: „Grundbegriffe der Biometrie", G. Fischer Verlag, Stuttgart, 1964).

Ist der nach dem unten angeführten Rechenschema ermittelte Wert für t < 2, so muß die O-Hypothese akzeptiert werden, das heißt, der Unterschied zwischen den beiden geprüften Mittelwerten ist zufällig. Liegt t zwischen 2 und 3, besteht Verdacht, daß der Unterschied nicht zufällig ist, und bei t > 3 muß die O-Hypothese abgelehnt werden, d. h. der gefundene Unterschied ist signifikant.

Beispiel: Vergleich der in Gruppe B (Normalluft) und Gruppe C (CO_2-freie Luft)

gefundenen Unterschiede im Säuregehalt des Preßsaftes.

$$t = \frac{\overline{x}_B - \overline{x}_C}{s} \cdot \sqrt[2]{\frac{n_B \cdot n_C}{n_B + n_C}}$$

$$s = \sqrt[2]{\frac{\Sigma(x - \overline{x})^2_B - \Sigma(x - \overline{x})^2_C}{n_B + n_C - 2}}$$

Dabei bedeuten $\overline{x}_B$, $\overline{x}_C$: die arithmetischen Mittelwerte der Gruppen B bzw. C; n_B, n_C: die Zahl der in der Gruppe B bzw. C entnommenen „Stichproben"; x: das Analysenergebnis der jeweiligen „Stichprobe".

$$s = \sqrt[2]{\frac{6,65 + 0,35}{10 + 2}} = 0,93$$

$$t = \frac{5,20 - 2,39}{0,93} \cdot \sqrt[2]{\frac{25}{10}}$$

$$t = 4,77$$

Ergebnis: Da t > 3, muß die O-Hypothese abgelehnt werden. Der Säuregehalt der Phyllodien in Gruppe C ist somit signifikant niedriger als der in Gruppe B. CO_2-

Serie B:

x (ml verbrauchte NaOH pro ml Preßsaft)	x — $\overline{x}$	$(x - \overline{x})^2$
5,55	+ 0,35	0,12
3,11	— 2,09	4,36
5,65	+ 0,45	0,20
5,10	— 0,10	0,01
6,60	+ 1,40	1,96
$\overline{x}_B = 5,20$		$\Sigma(x-\overline{x})^2_B = 6,65$

Serie C:

x (ml verbrauchte NaOH pro ml Preßsaft)	x — $\overline{x}$	$(x - \overline{x})^2$
2,80	+ 0,41	0,16
2,60	+ 0,21	0,04
2,25	— 0,14	0,02
2,25	— 0,14	0,02
2,05	— 0,34	0,11
$\overline{x}_C = 2,39$		$\Sigma(x-\overline{x})^2_C = 0,35$

freie Luft während der Dunkelperiode hemmt also nächtliche Säureanhäufung. Auf gleiche Weise kann auch A mit C oder B verglichen werden.

Einfache Erweiterungsmöglichkeiten des beschriebenen Experiments:

Untersuche den Einfluß verschiedener Temperaturen auf das Ausmaß der nächtlichen Ansäuerung! Dazu werden die von normaler Luft durchströmten Waschflaschen mit den Phyllodien in Wasserbäder unterschiedlicher Temperatur gestellt.

Untersuche die gewonnenen Preßsäfte dünnschichtchromatographisch! (Vergl. „Das Experiment", biuz **1**, Heft 4, 1971, S. 131—132). Dazu werden 10 μl Saft pro Startfleck auf Cellulose MN 300 (Polygramfolien der Firma Macherey u. Nagel) aufsteigend mit dem Laufmittel Essigsäureäthylester/Ameisensäure/H_2O (10 : 2 : 3; V/V/V) chromatographiert. Die Säuren lassen sich auf den bis zum völligen Verschwinden des Ameisensäuregeruchs getrockneten Chromatogrammen durch Besprühen mit Bromkresolgrün (0,05 %) als gelbe Flecken auf blauem Grund nach-

weisen (eventuell die vom Sprühreagenz noch feuchten Chromatogramme über eine geöffnete Flasche Ammoniak halten).

Biologie in unserer Zeit 1972, 2, 129—130.

Bruno P. Kremer

25. Trennung von Anthocyanen und Betalainen

Einleitung

In vielen Vertretern der Angiospermen (Magnoliophytina) kommen chymochrome (im Vacuom der Zellen gelöste) rote bis violette Farbstoffe vor, die chemisch den *Anthocyanen* (Flavonoiden) zuzuordnen sind. Sie finden sich in z.T. beträchtlichen Mengen nicht nur in den Blüten und Früchten, sondern häufiger auch in vegetativen Organen wie Sprossen und Blättern. Der letztere Fall betrifft etwa die bekannten rotblättrigen Mutanten von Buche, Hasel, Ahorn oder die wegen ihrer aparten Blattzeichnung besonders geschätzte Buntnessel. Bei einer umfassenderen Untersuchung der roten Pflanzenfarbstoffe, beispielsweise derjenigen der Roten Bete, fiel sehr bald die Existenz einer zweiten sehr charakteristischen Verbindungsklasse auf, die in ihrem Chemismus von den flavonoiden Pigmenten sehr verschieden ist: In Pflanzen eines bestimmten Verwandtschaftskreises hatte man als weiteres Pigmentierungssystem die *Betalaine* entdeckt [1].

Die Fähigkeit zur Anthocyansynthese zeichnet die meisten Vertreter der Angiospermen aus. Die diese Farbstoffe ersetzenden Betalaine wurden bis heute jedoch ausschließlich in Familien der Angiospermenordnung Caryophyllales (Centrospermae) [2] gefunden [3]. Damit erweisen sich die Betalaine als eine Naturstoffgruppe mit ausgesprochenem Verbreitungsschwerpunkt [4]. Ihr charakteristi-

sches Verbreitungsmuster gilt neben einigen weiteren Beispielen (wie etwa cyclopropenoide Fettsäuren, Benzylisochinolin-Alkaloide) immer noch als klassischer Fall der *vergleichenden Phytochemie*, mit deren Hilfe man auf der Grundlage der sekundären Pflanzenstoffe und deren Vorkommen eine neue, nichtmorphologische Merkmalsklasse auslotet und deren systematische Bedeutung abschätzt. Dabei hat sich in vielen Fällen gezeigt, daß morphologisch begründete Formähnlichkeit (Form „verwandtschaft") von einer Ähnlichkeit der Inhaltsstoffe begleitet wird und daß umgekehrt chemische Merkmale im Verein mit allen übrigen Merkmalen dazu benutzt werden können, die

Verwandtschaft bestimmter Sippen zu erschließen. Dies ist insbesondere dann möglich, wenn sich zudem die biogenetische Einheitlichkeit der in Betracht gezogenen Verbindungsklassen und Stoffe zeigen läßt.

Die Struktur der Anthocyane ist schon seit langem bekannt. Ihr Ringskelett enthält zwei aromatische Ringe (A und B) und einen sauerstoffhaltigen Heterocyclus. Bestimmte Teile dieses Ringsystems stammen aus dem Phenylpropanstoffwechsel, andere Anteile werden über den Acetat-Malonat-Weg angeliefert [vgl. 5]. Im Formelbild der Abbildung 1, das das Grundgerüst der Anthocyane zeigt, ist der sogenannten Oxoniumstruktur

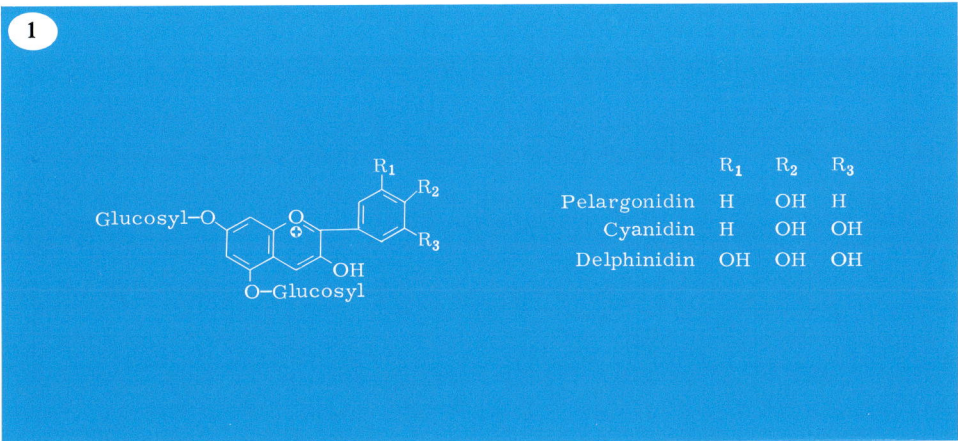

	R_1	R_2	R_3
Pelargonidin	H	OH	H
Cyanidin	H	OH	OH
Delphinidin	OH	OH	OH

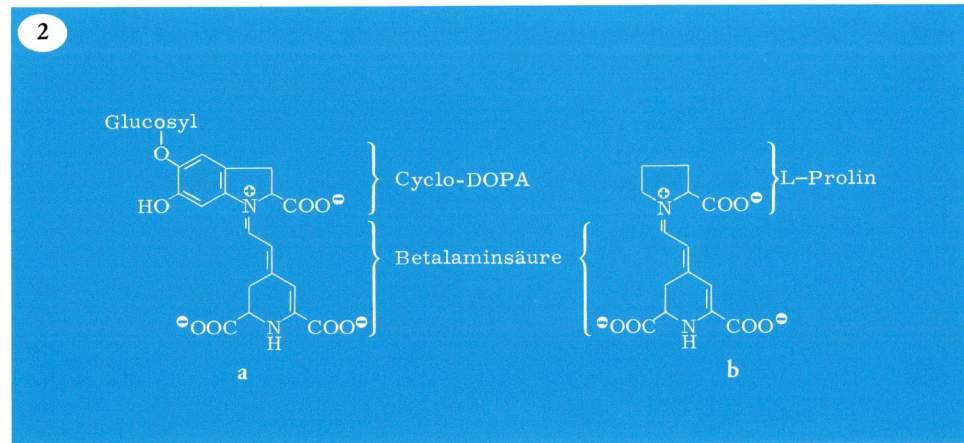

Abb. 1. Formelbild eines Anthocyans und einige weitverbreitete Anthocyanidine.

Abb. 2. Struktur der Betalaine: Betacyane (a), z.B. Betanin aus der Roten Bete (Beta vulgaris ssp. esculenta) und Betaxanthine (b), z.B. Indicaxanthin aus dem Feigenkaktus (Opuntia ficus-indica); Verteilung der elektrischen Ladung am Molekül für pH 3.5–7.0.

der Vorzug gegeben: Die einfache positive Ladung am Sauerstoff des mittleren Ringes ist für die kationischen Eigenschaften des Moleküls verantwortlich. Anthocyane sind Glycoside; die zuckerfreie Verbindung (Aglycon) wird als Anthocyanidin bezeichnet. Der von rot (Pelargonidin) bis dunkelviolett (Delphinidin) reichende Farbwertbereich wird u.a. vom Hydroxylierungsmuster am B-Ring bestimmt.

Als wichtige Strukturunterschiede zu den Anthocyanen fallen bei den Betalainen die stickstoffhaltigen Heterocyclen sowie der Besitz mehrerer Carboxylgruppen auf. Diese Stoffe kommen in zwei Pigmentgruppen vor: Die rötlichen Betacyane werden oft von den gelben Betaxanthinen begleitet. Ihre chemische Struktur konnte erst vor wenigen Jahren aufgeklärt werden [1, 3, 5]. Beiden Pigmentgruppen ist die von Dihydroxyphenylalanin (DOPA) abgeleitete Betalaminsäure gemeinsam, die entweder mit Cyclo-Dihydroxyphenylalanin (Cyclo-DOPA) (Betacyane, z.B. Betanin, Abbildung 2a) oder mit der Aminosäure L-Prolin (Betaxanthine, z.B. Indicaxanthin, Abbildung 2b) als Auxochrom verknüpft sein kann. Betacyane liegen meist als Glycoside vor, von den Betaxanthinen sind dagegen keine Glycoside bekannt. In ihrer chemischen Struktur erinnern die Betalaine an Alkaloide, doch fehlen ihnen die charakteristischen pharmakologischen Wirkungen. Betalaine sind hydrophiler als Anthocyane.

Weitere wesentliche Unterschiede zwischen beiden Pigmentklassen finden wir in der elektrischen Ladung der Moleküle. Die positive Ladung am dreibindigen Stickstoff des Auxochroms der Betalaine sowie die (durch unterschiedliche pK-Werte gekennzeichneten) Carboxylgruppen lassen eine pH-abhängige Gesamtladung erwarten. Tatsächlich überwiegen bei pH 3.5–7.0 die negativen Ladungen – das Molekül liegt als Bis-Anion vor, da sich die einzige positive und eine der negativen Ladungen gerade kompensieren (Abbildung 2). Bei weiterer Ansäuerung der Lösung wird eine der Carboxylgruppen protoniert; folglich ist das Molekül nach außen nur noch einfach negativ geladen (Mono-Anion). Bei pH 2 wird schließlich der isoelektrische Punkt erreicht (neutrales Zwitterion), und im stark sauren Bereich wird auch die Dissoziation des Protons der dritten Carboxylgruppe zurückgedrängt, so daß die Betalaine unter pH 1.5 kationische Eigenschaften erhalten.

Da Anthocyane und Betalaine im schwach sauren Milieu entgegengesetzt geladen sind, können sie im elektrischen Feld mit Hilfe der Elektrophorese leicht voneinander getrennt werden. In einem vergleichsweise einfachen, qualitativen Experiment kann man sich daher über Vorkommen und Verbreitung beider Pigmentklassen rasch orientieren.

Material

Wir verwenden die rotgefärbten Organe folgender relativ leicht beschaffbarer Pflanzen bzw. Rotwein oder Johannisbeersaft als vorgefertigte Pigmentextrakte:

a) Rote Bete, *Beta vulgaris* ssp. *esculenta* (Chenopodiaceae); b) Gliederkaktus, *Zygocactus truncatus* (Cactaceae); c) Gartenfuchsschwanz, *Amaranthus caudatus* (Amaranthaceae); d) Kermesbeere, *Phytolacca acinosa* (Phytolaccaceae); e) Nelke (rotblühend), *Dianthus caryophyllus* (Caryophyllaceae); f) Rote Lichtnelke, *Silene dioica* (Caryophyllaceae); g) Rose (rotblühend), *Rosa spec.* (Rosaceae); h) Rotkohl, *Brassica oleracea* var. *capitata* (Brassicaceae); i) Rotwein, *Vitis vinifera* ssp. *vinifera* (Vitaceae); j) Johannisbeersaft, *Ribes nigrum* (Grossulariaceae).

Durchführung

1. Das Pflanzenmaterial wird in einer Reibschale zerkleinert und mit wenigen ml eines Gemisches von 40 ml Methanol, 10 ml H_2O und 2–3 Tropfen 25 % HCl extrahiert, so daß sich möglichst konzentrierte Lösungen ergeben. Das gewonnene Homogenat wird mit einer herkömmlichen Laborzentrifuge scharf abzentrifugiert – die Überstände (= Pigmentextrakte) sollten bald weiterverwendet und kühl aufbewahrt werden. Rotwein und Johannisbeersaft können als fertige Extrakte behandelt und ggf. nur noch leicht angesäuert werden.

2. Einige Mikroliter werden mit einer Mikropipette (Glaskapillare, Pasteur-Pipette o. ä.) schmal-bandenförmig nach dem in Abbildung 3a wiedergegebene Schema auf vorbereitete Cellulose-Dünnschichtplatten (15 g Cellulosepulver, z.B. MN 300*, in 100 ml H_2O für 5 Platten 20×20 cm) aufgetragen.

*Bezugsquelle für MN 300: Fa. Macherey & Nagel, D-516 Düren, Postfach 307.

3. *Elektrophoretische Trennung:* Eine Vorrichtung zur dünnschichtelektrophoretischen Trennung kann mit bescheidenem Aufwand selbst gebaut werden, sofern eine entsprechende Apparatur nicht ohnehin zur Verfügung steht. Man verwendet dazu PVC, Plexiglas o.ä. als Werkstoff, der auf die Maße in Abbildung 3a und b zugeschnitten wird. Sinnvoll ist ein in der Mitte eingelassener Kühlblock aus Messing mit eingefrästem Wasserdurchlaufsystem, durch den eventuell entstehende Joulesche Wärme abgeführt werden kann. In die beiden Elektrodenkammern füllt man je ca. 300 ml eines Elektrophoresepuffers (Phosphatpuffer pH 6.3; Lsg. A: 9,078 g KH_2PO_4/l, Lsg. B: 11,876 g $Na_2HPO_4 \cdot 2H_2O$/l; 80 A und 20 B mischen und pH-Wert ggf. nachstellen). Die fertig beschickte Dünnschichtplatte wird mit dem gleichen Puffer gleichmäßig angesprüht, auf den (trockenen!) Kühlblock aufgelegt und über puffergetränkte Filtrierpapierbrücken (20 × 10 cm) mit den Elektrodenkammern elektrisch verbunden. Nach Auflegen des Deckels und Anschluß an einen Spannungsgeber** trennt man für ca. 1,5 h bei 500 V Gleichspannung.

4. *Dünnschichtchromatographische* Trennung: Eine in gleicher Weise wie für die Elektrophorese vorbereitete Cellulose-Dünnschichtplatte wird aufsteigend in n-Butanol-Essigsäure-H_2O = 90:15:30 für ca. 2 h als Dünnschichtchromatogramm entwickelt.

Ergebnisse

Sowohl nach dünnschichtelektrophoretischer als auch nach dünnschichtchromatographischer Trennung lassen sich Anthocyane und Betalaine gut unterscheiden. Beide Pigmente schließen sich in ihrem Vorkommen gegenseitig aus. Auf den Pherogrammen wandern die Anthocyane sehr langsam zur Kathode, während die Betalaine weitaus beweglicher sind und ziemlich rasch zur Anode wandern. Die Mobilität kehrt sich bei der Dünnschichtchromatographie um: Im gewählten Trenn-

**Anstelle eines speziellen Hochspannungsgeräts kann man auch andere Gleichstromspannungsquellen (z.B. Schalttafel oder eigene Zusammenstellung aus Transformator/Gleichrichter) einsetzen. Prinzipiell ist die Trennung der Pigmente auch bei niederer Spannung (100–200 V) möglich, doch dauert die Wanderung dann entsprechend länger.

system zeichnen sich Betalaine durch niedrige, Anthocyane aber durch recht hohe Rf-Werte aus. Im allgemeinen lassen sich durch diese Trennverfahren die Pigmentextrakte der Testpflanzen in mehrere Fraktionen (Banden) zerlegen. So zeigt sich beispielsweise, daß die Rote Bete neben der violettroten Hauptkomponente Betanin auch noch ein kräftig gelb gefärbtes Betaxanthin enthält. Der Saft der Kermesbeere ist praktisch in der gleichen Weise zusammengesetzt.

Betalaine finden wir nur bei den den Caryophyllales (= Centrospermae) [2] zugerechneten Pflanzen mit Ausnahme der Caryophyllaceen selbst, wie sich im Vergleich der Nelkenextrakte mit den Pigmenten z.B. der Rosaceae, einer typischen anthocyanführenden Familie, zeigen läßt. Die Caryophyllaceae (und die hier nicht weiter erwähnten Molluginaceae) unterscheiden sich damit von allen übrigen Caryophyllales. Welcher Aussagewert kommt nun dem Pigmentverbreitungsmuster zu? Sind die Caryophyllales einheitlich? Unter Berücksichtigung mehrerer relevanter Merkmalsgruppen, wie beispielsweise Blütenmorphologie/-anatomie, Lebensform (Halophilie/Sukkulenz) [2], Feinstruktur der Siebröhrenplastiden [6] und der hier gewonnenen Ergebnisse einer vergleichenden Pigmentanalyse, können einige taxonomische Probleme diskutiert werden. Dabei stellt sich etwa die Frage, ob die klassischen Centrospermae = Caryophyllales in je eine anthocyanführende und eine betalainführende Ordnung aufzugliedern sind oder ob damit nicht ein einziges Merkmal allzu einseitig gewichtet wird.

Literatur

[1] Wyler, H.: Die Betalaine. Chemie in unserer Zeit **3**, 146–151 (1969).

[2] Frohne, D., U. Jensen: Systematik des Pflanzenreichs. G. Fischer Verlag, Stuttgart 1973.

[3] Mabry, T. J., A. S. Dreiding: The betalains. in: Recent Advances in Phytochemistry, pp. 145–160, T. J. Mabry *et al.* (Hrsg.). Appleton-Century Crofts, New York 1968.

[4] Hegnauer, R.: Pflanzenstoffe und Pflanzensystematik. Naturw. **58**, 585–589 (1971).

[5] Heß, D.: Pflanzenphysiologie. 2. Aufl., Ulmer Verlag, Stuttgart 1972.

[6] Behnke, H.-D., B. L. Turner: On specific sieve-tube plastids in Caryophyllales. Further investigations with special reference to the Bataceae. Taxon **20**, 731–737 (1971).

Biologie in unserer Zeit **1975**, *5*, 155–157.

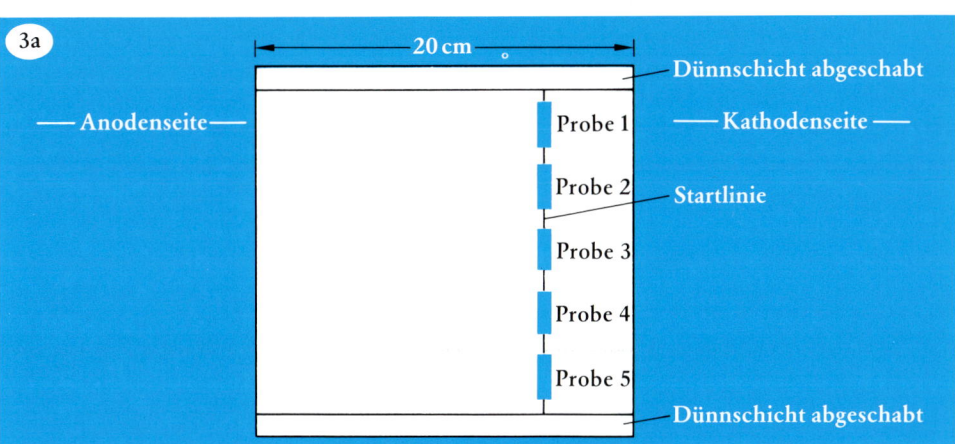

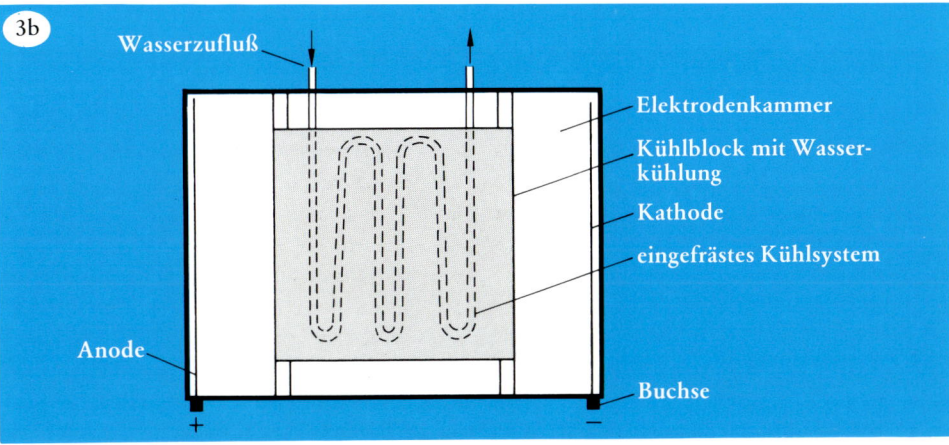

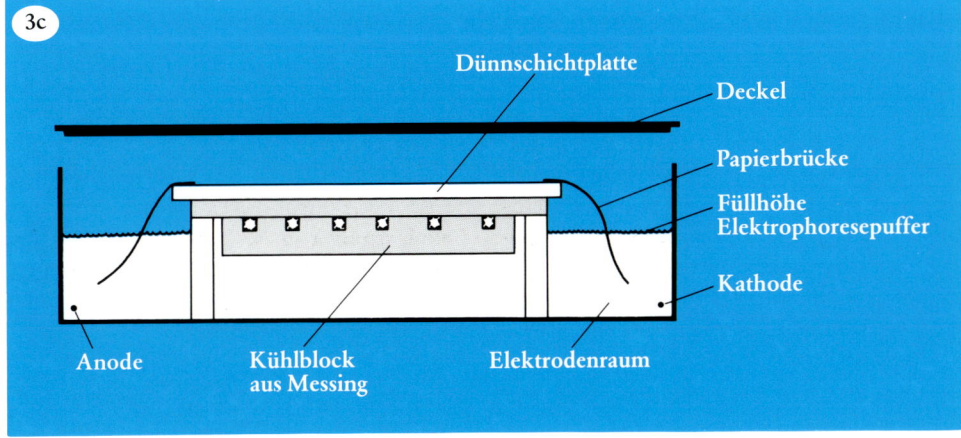

Abb. 3. a) Schema für die Beschickung einer Dünnschichtplatte (20×20 cm) für die Elektrophorese. b) Aufsicht auf eine Selbstbauvorrichtung zur Dünnschichtelektrophorese (ohne Dünnschichtplatte). c) Schnittbild einer Vorrichtung zur Dünnschichtelektrophorese (mit Dünnschichtplatte).

Bruno P. Kremer

26. Chemische Rassen im Pflanzenreich

1. Einleitung

Eine zunächst unbekannte Pflanze wird man im Normalfall mit einer geeigneten Exkursionsflora verhältnismäßig schnell bestimmen, d.h. aufgrund der beobachtbaren und ohne weiteres zugänglichen Merkmale bestimmten Sippen zuordnen und zuletzt als

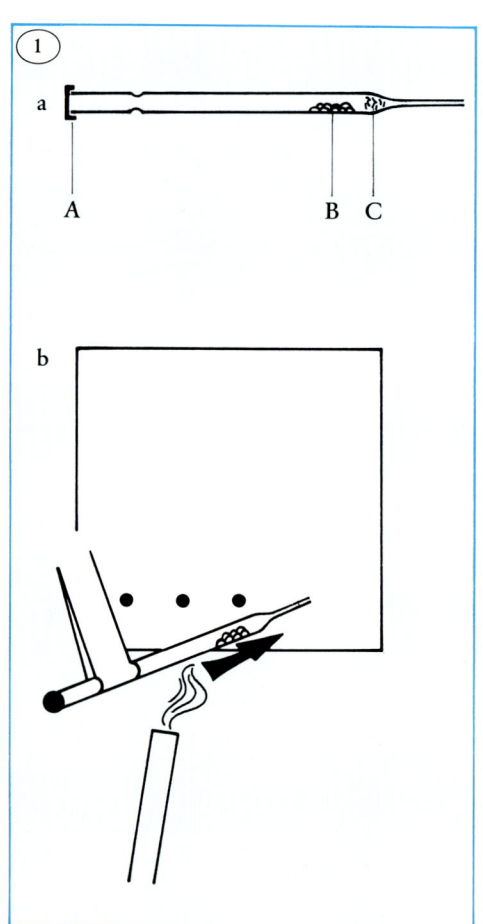

Abb. 1. a) Pasteur-Pipette mit Verschluß (A), Analysengut (B) und Glaswolle-Pfropf (C). b) Vereinfachtes Verfahren zur Direktauftragung flüchtiger Verbindungen: Mit der Bunsenflamme wird solange erwärmt, bis die flüchtigen Komponenten übergehen und sich auf der DC-Platte niederschlagen.

Vertreter einer definierten Art erkennen können. Für die Kennzeichnung und Abgrenzung dieser Pflanze werden – abgesehen vielleicht von der Blütenfarbe – in erster Linie morphologische und/oder anatomische Merkmale herangezogen, die innerhalb gewisser Schwankungsbreiten in ihrer Gesamtheit eben nur auf eine bestimmte Spezies zutreffen. Zumindest für die Geländepraxis hat sich dieses Verfahren weitgehend bewährt.

Neben Merkmalen der Gestalt und des Aussehens können für eine exaktere Unterscheidung grundsätzlich auch noch cytologische, biogeographische und chemische Merkmale angegeben werden. Insbesondere das Vorkommen bestimmter Inhaltsstoffe (z.B. Alkaloide, Glykoside, ätherische Öle) kann für eine zusätzliche taxonomische Diagnose verwendet werden und gewinnt besondere Bedeutung etwa bei der Charakterisierung von Pflanzen, die als Arzneilieferanten und Drogen genutzt werden.

Die Merkmale von Größe, Form und Aussehen einer Pflanze bewegen sich innerhalb bestimmter, aber kaum festlegbarer Grenzen. In dieser Feststellung drückt sich die Tatsache aus, daß nicht verwechselbare, identische Einzelexemplare, sondern Angehörige differenzierter Populationen eine Art konstituieren, die nicht in *sämtlichen*, sondern nur in einigen für wesentlich gehaltenen Merkmalen übereinstimmen. Nichts anderes sagt auch der Begriff der infraspezifischen Variabilität aus.

Aufgrund intensiver phytochemischer Forschung zeigt es sich nun immer mehr, daß bei einer Reihe von Pflanzen, die wegen ihrer besonderen Inhaltsstoffe von Bedeutung sind, gewisse infraspezifische Sippen gefunden werden können, die sich durch *qualitativ* verschiedene Inhaltsstoffmuster auszeichnen – ein interessanter Befund, daß einzelne Ver-

treter innerhalb einer definierten Art nach dem Vorkommen oder Fehlen bestimmter sekundärer Pflanzenstoffe chemisch unterscheidbar sind. Etwas vorschnell hat man die daraus ableitbaren infraspezifischen Gruppierungen als sogenannte „Chemische Rassen" in die Literatur eingeführt, ohne daß zunächst auch genetische Befunde vorlagen. Unterdessen zeigte es sich jedoch in Kreuzungsexperimenten, daß die jeweiligen Inhaltsstoffvarianten der vorsichtiger als *Chemotypen* bezeichneten Sippen genetisch fixiert sind.

Diesem Problemfeld chemisch unterscheidbarer infraspezifischer Sippen im Pflanzenreich ist unser Experiment entnommen, das auch ohne die oft mühsamen und aufwendigen Techniken der eleganten Originalarbeiten (vgl. Literaturhinweise) den prinzipiellen Befund reproduzieren und Anregungen für die Diskussion der sich daraus ergebenden Fragen geben kann.

2. Pflanzenmaterial

Für einen ersten Versuch werden die Früchte gewöhnlicher Gartenpetersilie (*Petroselinum crispum*) möglichst vieler verschiedener Herkünfte benötigt. Die weltweit angebaute Petersilie gehört zu den am meisten verwendeten Küchengewürzen und wird je nach Zuchtziel als Blatt- bzw. Schnittpetersilie (*var. foliosum*) oder als Wurzelpetersilie (*var. tuberosum*) gehandelt. Von Interesse ist der recht hohe Gehalt an ätherischem Öl, dessen Zusammensetzung in einem einfachen qualitativen Experiment überprüft werden soll.
Für weitere Versuche eignen sich die Blütenstände des Rainfarns (*Chrysanthemum vulgare*), die im Spätsommer an verschiedenen Standorten gesammelt und bis zur Verwendung tiefgefroren aufbewahrt werden. Auch hier interessiert die Zusammensetzung des ätherischen Öls.

3. Versuchsdurchführung

Die genauere Untersuchung des ätherischen Öls erforderte lange Zeit die umständliche Wasserdampfdestillation großer Mengen an Ausgangsmaterial. Schnelles und rationelles Arbeiten ist nach dem ebenso einfachen wie genialen TAS-Verfahren (=Thermomikro-Abtrenn- und Auftrageverfahren nach Stahl) [4] möglich. Dabei wird ein Glasröhrchen mit dem Untersuchungsgut in einen aufgeheizten, durchbohrten Metallblock geschoben. Die flüchtigen Bestandteile verlassen das Glasröhrchen über dessen zugespitzte Öffnung und schlagen sich an einer unmittelbar dahinter angebrachten Dünnschichtplatte als Startfleck nieder. Für diesen Arbeitsgang ist ein entsprechendes Gerät zu einem respektablen Preis im Handel. Man kann sich die Apparatur aus einem in Längsrichtung durchbohrten Aluminium- oder Messingblock, der über eine elektrische Lötkolbenpatrone beheizt wird, auch selbst bauen. Das Verfahren kann aber auch noch weiter vereinfacht werden, indem man eine normale Pasteur-Pipette nach Abbildung 1 mit dem Analysengut beschickt, an der größeren Öffnung abdichtet und mit der Spitze vor eine DC-Platte bringt. Anschließend wird mit einer Bunsenflamme durch mehrfaches Entlangstreichen vorsichtig erwärmt, bis man den Übergang der flüchtigen Bestandteile beobachten kann. Sobald sich ein erkennbarer Startfleck niedergeschlagen hat, kann aus einer neuen Pipette eine weitere Probe direkt aufgetragen werden.

Für die chromatographische Trennung verwenden wir grundsätzlich Kieselgel-Platten (am besten Fertigplatten, z.B. Merck 5721 oder 5724). Die Tabelle gibt in Kurzform die weiteren Arbeitsschritte an.

4. Ergebnisse und Auswertung

Auf den entwickelten und angefärbten DC-Platten ergibt sich für jede aufgetragene Probe ein charakteristisches Fleckenbild, das sich als vereinfachtes Inhaltsstoffmuster verstehen läßt. Die entstehende Fleckengröße kann als relatives Maß für den Mengenanteil der beteiligten Komponenten gelten.

Das ätherische Öl der Umbelliferenfrüchte kann aus einer oder aus mehreren Verbindungen bestehen. Petersilienfrüchte enthalten in der Hauptsache die Phenylpropanderivate Myristicin, Apiol und Allyltetramethoxy-

Tabelle 1. Chromatographische Untersuchung des ätherischen Öls aus Petersilienfrüchten und Rainfarnblütenköpfen.

	Petersilienfrüchte	Rainfarnblütenköpfe
Materialmenge in der Aufdampf-Kapillare	20–30 Einzelfrüchte	ca. 5 Blütenköpfe
Dünnschicht	Kieselgel 60-Platte	Kieselgel 60-Platte
Laufmittel	Benzol	Benzol oder Chloroform-Benzol 3:1
Sprühreagenz	Molybdatophosphorsäure 20%ig in Äthanol	Anisaldehyd-Schwefelsäure 0,5 ml Anisaldehyd, 10 ml Essigsäure, 85 ml Methanol, 5 ml konz. H_2SO_4
Nachweise	DC-Platte 5 min auf 100°C	DC-Platte 10 min auf 100°C
	Phenylpropane als schwarz-blaue Flecken auf zitronengelbem Hintergrund	Thujon rötlich, Chrysanthenylacetat bläulich, Campher graugrün auf hellgrauem Hintergrund

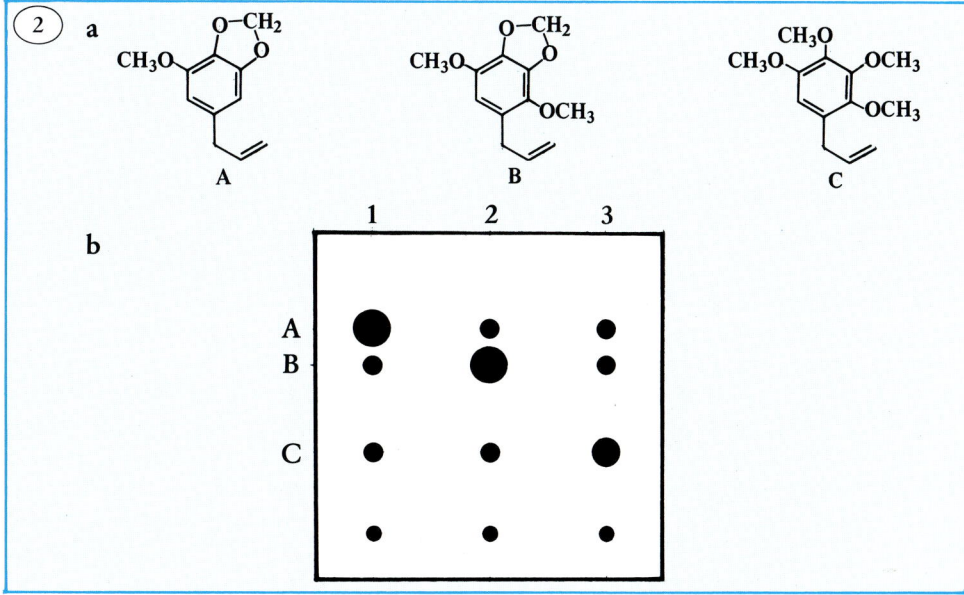

Abb. 2. a) Bestandteile im ätherischen Öl der Petersilienfrüchte A = Myristicin, B = Apiol, C = Allyltetramethoxybenzol (Phenylpropane). b) Schema zur Lage und Identifizierung dieser Komponenten nach Entwicklung der DC-Platte; 1,2,3 = je ein Vertreter der Myristicin-, Apiol- und Allyltetramethoxybenzol-Rasse.

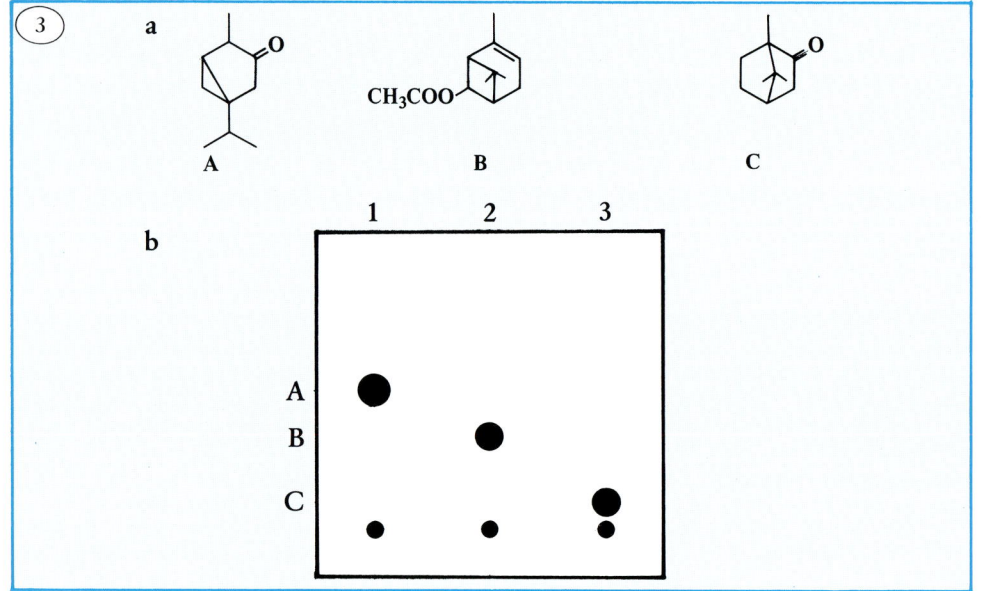

Abb. 3. a) Bestandteile im ätherischen Öl des Rainfarns: A = Thujon, B = Chrysanthenylacetat, C = Campfer (Bicyklische Monoterpene). b) Schema zur Lage und Identifizierung dieser Komponenten nach Entwicklung der DC-Platte; 1,2,3 = je ein Vertreter der Thujon-, Chrysanthenylacetat- und Campher-Rasse.

benzol (vgl. Formelbilder in Abbildung 2a). Da authentische Substanzen für eine Cochromatographie in der Regel nur schwer beschaffbar sind, werden diese Verbindungen nach dem Schema in Abbilung 2b angesprochen. Vergleicht man die gewonnenen Inhaltsstoffmuster, so werden die wenigsten Petersilienherkünfte alle drei Komponenten zu gleichen Anteilen aufweisen. In den meisten Fällen werden Myristicin oder Apiol (mit jeweils 60 %) überwiegen, und nur relativ selten dürfte Allyltetramethoxybenzol den größten Substanzfleck stellen. Stellt man die Myristicin- und Apiolvorkommen nach der Sortenzugehörigkeit der verwendeten Petersilien zusammen, so zeigen die Schnittpetersilien meist ein myristicinreiches Öl, während in Wurzelpetersilien regelmäßig ein höherer Apiolgehalt zu erwarten ist [5].

Das ätherische Öl aus den Rainfarn-Blütenköpfen enthält verschiedene Terpenderivate (vgl. Formelbilder in Abbildung 3a). Aufgrund der unterschiedlichen Verteilung der Hauptkomponenten, die jeweils in Mengenanteilen um 80 % auftreten, können verschiedene Chemotypen unterschieden werden. Am häufigsten wird mit dem sogenannten Thujon-Typ zu rechnen sein, daneben aber auch mit einem Campher-Typ. Beide enthalten noch ca. 15–20 flüchtige Nebenbestandteile [6, 2]. Außer diesen beiden häufigeren sind noch weitere Chemotypen, z. B. ein Chrysanthenylacetat-, Artemisiaketon-, Umbellulon- oder Borneol-Typ bekannt.

5. Diskussion

Wirkliche chemische Rassen im engsten Sinne liegen nur dann vor, wenn hochgradig homozygote Stammpflanzen Individuen hervorbringen, die bei gleichen morphologischen und anatomischen Merkmalen unter gleichen Umweltbedingungen unterschiedliche Substanzen (oder die gleiche Substanz in beträchtlich verschiedenen Mengen) synthetisieren. Die Einschränkung morphologisch-anatomischer Einheitlichkeit gilt für die verschiedenen Petersiliensorten nicht, denn die schon äußerlich trennbaren Schnitt- und Wurzelpetersilien unterscheiden sich eben nur zusätzlich auch in ihren Inhaltsstoffen. Hier bestätigen die chemischen Befunde nur die morphologische Unterscheidbarkeit. Anders stellt sich die Problematik beim morphologisch sehr einheitlichen Rainfarn, wo infraspezifische Formenkreise wirklich nur anhand des Inhaltsstoffmusters unterscheidbar sind – zumindest ist zur Zeit kein Ordnungsprinzip der morphologisch-anatomischen Merkmalsklasse bekannt, mit dessen Hilfe infraspezifische Taxa des Rainfarns umschrieben werden könnten.

Für eine Anschlußdiskussion an die hier nur kurz dargestellten Zusammenhänge läßt sich die Frage stellen, inwieweit die taxonomische Verselbständigung chemisch definierter infraspezifischer Sippen sinnvoll ist [3], warum die Charakterisierung chemischer Typen im Pflanzenreich auch von eminent praktischer

Bedeutung sein kann, und welchen Stellenwert man der Differenzierung von Inhaltsstoffmustern für die Evolution der Pflanzen zumessen mag [1].

Literatur

[1] Briggs, D. und M. Walters: Plant Variation and Evolution. Cambridge Univ. Press, London 1976.

[2] Forsén, K. und M. v. Schantz in: Chemistry in Botanical Classification (G. Bendz und J. Santesson, Hrsg.) Academic Press, New York und London 1974.

[3] Schratz, E.: Planta medica **8**, 282 (1960).

[4] Stahl, E. und J. Fuchs: Dtsch. Apotheker-Z. **108**, 1272 (1968).

[5] Stahl, E. und H. Jork: Arch. Pharm. **297**, 237 (1964).

[6] Stahl, E. und G. Schmitt: Arch. Pharm. **297**, 385 (1964).

Biologie in unserer Zeit **1978**, 8, 92–94.

Bruno P. Kremer

27. Darstellung von Flechtenstoffen

1

Abb. 1. *Pseudevernia furfuracea,* eine unserer häufigsten Flechtenarten, enthält Physodsäure oder (alternativ) Olivetorsäure.

Vorbemerkung

Die Einteilung der Organismen und ihre Zuweisung zu über- und untergeordneten Kategorien (Sippen) ist das spezielle Aufgabengebiet der Taxonomie. Zur Gliederung und Einordnung werden vielfach Merkmale verwendet, die von der Anatomie, Morphologie oder Cytologie, aber auch von der Ökologie und der Genetik erarbeitet werden. Neben diesen klassischen Merkmalsbereichen kommt jedoch auch den nieder- und hochmolekularen Inhaltsstoffen eine um so größere Bedeutung als Merkmalsklasse zu, je genauer der Stoffbestand der Organismen oder das jeweilige Verbreitungsmuster bestimmter Verbindungen bekannt sind. Vorkommen und Verbreitung spezieller Inhaltsstoffe innerhalb verschiedener Taxa werden neben morphologischen oder entwicklungsgeschichtlichen Daten zunehmend als taxonomisch relevante Merkmale herangezogen. Die Chemotaxonomie versucht daher, die Ergebnisse aus Biochemie, Naturstoffchemie oder Physiologie ebenfalls auf taxonomische Fragestellungen anzuwenden, um gerade in solchen Fällen Ähnlichkeitsbeziehungen aufzuzeigen, wo dies auf der Basis anderer Merkmale nicht oder nicht eindeutig möglich ist.

Bei den höheren Pflanzen ist eine große Anzahl sekundärer Inhaltsstoffe wie Alkaloide, Glykoside, Phenylpropane oder Terpenoide u. ä. bekannt, die bezeichnenderweise nicht einheitlich in allen Vertretern vorkommen, sondern Schwerpunktverbreitung zeigen und daher für die zusätzliche Kennzeichnung übergeordneter Taxa geeignet sind. Es gibt ferner eine ganze Reihe infraspezifischer Taxa, die sich nur in Merkmalen ihres Stoffbestandes unterscheiden und daher chemische Rassen bilden (vgl. BIUZ 8 (1978) S. 92).

Von vielen Organismengruppen sind die typischen Inhaltsstoffe nur ungenügend oder punktuell bekannt. Eine bemerkenswerte Ausnahme stellen die Flechten dar, die ihrer eigenartigen Doppelnatur wegen nicht so recht in das übrige System der Pflanzen passen wollen und daher als Sonderformen wohl dem Organismenreich Pilze zuzuweisen sind. Unter den Bedingungen der Symbiose, die eine ganze Reihe von Gemeinschaftsleistungen bei Pilzpartner und Algenpartner inszeniert, bilden die Flechten recht ausgefallene Inhaltsstoffe, die bei den isolierten Partnern nicht vorkommen. Bereits im letzten Jahrhundert wurden sie entdeckt und haben wegen ihres Typenreichtums seither immer wieder das Interesse der Naturstoffchemiker gefunden [1, 4]. Einige hundert verschiedene Verbindungen sind bis jetzt bekannt.

Flechtenstoffe

Die meisten dieser Flechtensubstanzen stellen phenolische Säuren dar, die früher auch einfach als Flechtensäuren bezeichnet wurden. Es sind typische sekundäre Inhaltsstoffe, die – soweit erkennbar – im Primärstoffwechsel keine Funktion ausüben, sondern über Einbahn-Syntheseketten aufgebaut und dann einfach akkumuliert werden. Sie finden sich in den Flechten immer im extrazellulären Raum, meist in Gestalt kristalliner Depots auf den Oberflächen der Pilzhyphen. Darin unterscheiden sie sich von den Sekundärstoffen der höheren Pflanzen, die in den meisten Fällen intrazellulär gespeichert werden. Von

alternativen Möglichkeiten der Stoffspeicherung (z. B. Harz- oder Sekretgänge) soll in diesem Zusammenhang abgesehen werden. Flechtenstoffe sind wasserunlösliche Verbindungen von gewöhnlich sehr bitterem, unangenehmem Geschmack. Sie sind der Grund dafür, daß die an sich recht kohlenhydratreichen Flechten nur in Fällen großer Entschlossenheit (z. B. zum Bierbrauen in sibirischen Klöstern) für die menschliche Ernährung genutzt wurden. Chemisch wird die große Zahl der sekundären Flechtenstoffe nach ihren jeweiligen Synthesewegen eingeteilt, wobei mehrere Hauptgruppen mit jeweils mehreren Untergruppen unterschieden werden können [2, 3]. Bei den in Abbildung 5 zusammengestellten Formelbeispielen handelt es sich um Verbindungen, deren Bausteine über den Acetat-Malonat-Weg angeliefert werden. Ihre Struktur weist sie als umgebaute Phenylcarbonsäuren aus. Darunter stellen die Depside (Abbildung 5 a–g) eine recht umfangreiche Gruppe dar. Sie entstehen durch Veresterung zweier einfacher Phenylcarbonsäuren. Durch eine weitere Sauerstoffbrücke zwischen den beiden aromatischen Ringen gehen die Depside in die Depsidone über. Aus dem Depsid Olivetorsäure kann somit das Depsidon Physodsäure entstehen; beide Flechtenstoffe kommen nicht selten nebeneinander vor. Andererseits kann ein bestimmter Flechtenstoff durch schrittweise Veränderung einer oder mehrerer Struktureigenheiten zu sehr typenreichen Stoffserien abgewandelt werden [4, 5]. Der stofflichen Mannigfaltigkeit sind hier kaum Grenzen gesetzt.

Abb. 2. Die Vertreter der Gattung *Parmelia* (im Bild *Parmelia sulcata*) bieten ein besonders variantenreiches Untersuchungsmaterial.

Abb. 3. Die früher offizinelle Lungenflechte (*Lobaria pulmonaria*) kommt in Mitteleuropa in drei chemischen Rassen vor.

Abb. 4. Auch die auffällige Pigmentierung vieler Flechten, etwa der Schönflechte (*Caloplaca thallincola*), geht auf bestimmte Sekundärstoffe (Anthrachinone oder Xanthone) zurück.

5

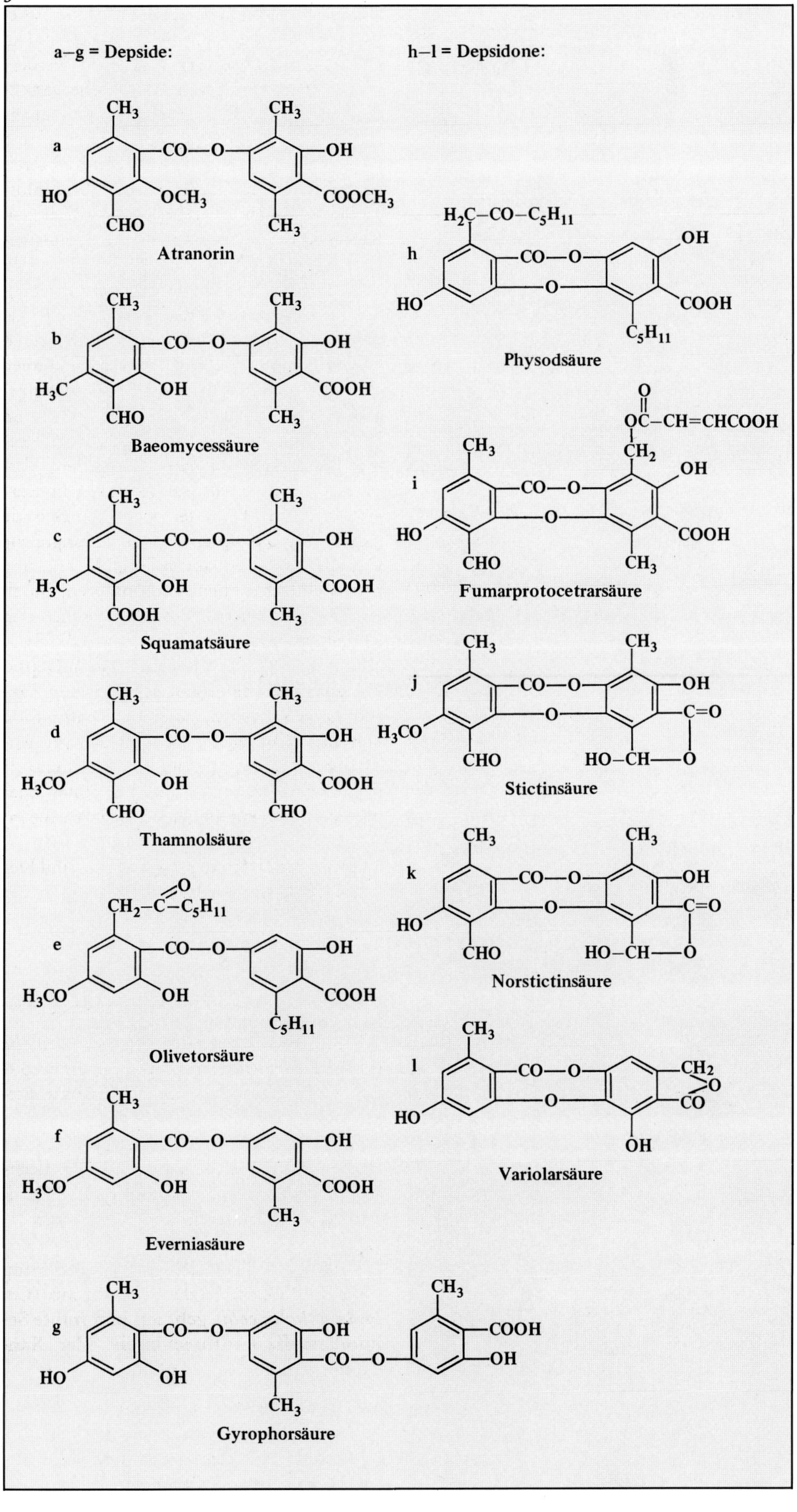

a–g = Depside: h–l = Depsidone:

a Atranorin

b Baeomycessäure

c Squamatsäure

d Thamnolsäure

e Olivetorsäure

f Everniasäure

g Gyrophorsäure

h Physodsäure

i Fumarprotocetrarsäure

j Stictinsäure

k Norstictinsäure

l Variolarsäure

6

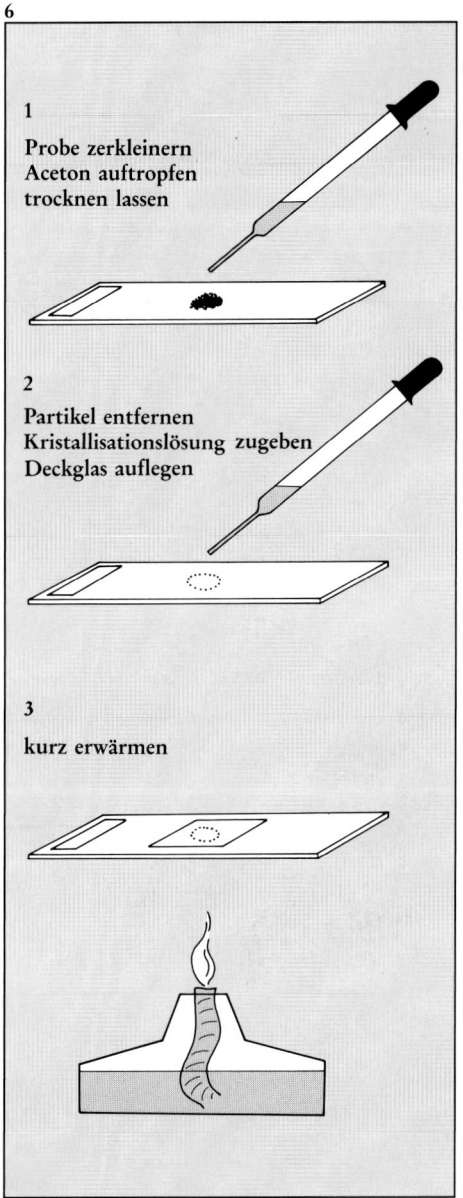

1 Probe zerkleinern
Aceton auftropfen
trocknen lassen

2 Partikel entfernen
Kristallisationslösung zugeben
Deckglas auflegen

3 kurz erwärmen

Abb. 5. Formelbeispiele für einige vom Orcin abgeleiteten sekundären Flechtenstoffe (Flechtensäuren). a–g = Depside, h–l = Depsidone.

Abb. 6. Mikrochemische Untersuchungen von Flechtenproben: Arbeitsschritte zum Umkristallisieren von Flechtensäuren auf einem Objektträger.

Abb. 7. Strauchförmige Kristalle (in GE) der Everniasäure aus *Evernia prunastri*. Aufnahme im polarisierten Licht, Vergr. ca. 100:1.

Abb. 8. Physodsäure aus *Hypogymnia physodes* bildet in GAW dichte Büschel stark doppelbrechender Kristalle. Vergr. ca. 150:1.

Abb. 9. Die Kristalle der Olivetorsäure aus *Pseudevernia furfuracea* sind leicht geschwungene Nadeln. Vergr. ca. 150:1.

Abb. 10. Die Lecanorsäure aus *Parmelia tiliacea* kristallisiert in GE zu bäumchenförmigen Gebilden aus.

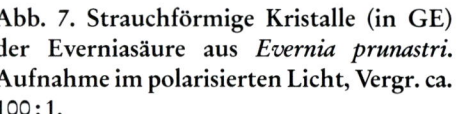

Mikrochemische Tests

Für die genauere Evaluation der Flechteninhaltsstoffe und ihrer Verbreitungsmuster ist das technische Arsenal moderner Naturstoffanalytik sicher unentbehrlich und mit Erfolg einzusetzen. Ein paar interessante Facetten der Flechten und ihrer Inhaltsstoffe lassen sich jedoch auch mit eingeschränkter Technik gewinnen. Man benötigt dazu außer einigen Flechtenproben lediglich ein paar Reagenzien und ein Mikroskop.

Mit bestimmten Testreagenzien geben die Flechtenstoffe charakteristische Farbreaktionen. Solche Farbtests wurden um 1866 durch Nylander eingeführt. Bis heute dienen sie bei Bestimmungsgängen als wichtiges diagnostisches Hilfsmittel. Anfangs wurde nur Kali-

lauge (KOH, abgekürzt K, 10 %ige wäßrige Lösung, haltbar) und Calciumhypochlorit (Ca(OCl)$_2$, abgekürzt C, gesättigte wäßrige Lösung, ca. 2 Tage haltbar) verwendet. Später kam p-Phenylendiamin (abgekürzt P, 5 %ige ethanolische Lösung, nur ein Tag lang haltbar, toxisch!) als drittes Testreagenz hinzu. Folgende Farbreaktionen (+) sind möglich: K+: gelb, gelb-rötlich; C+: rot, rosa, orangenrot (grün); KC+: rot oder rosa; P+: ziegelrot, orange oder gelb.

Bis zu einem gewissen Grade sind anhand der erhaltenen Reaktionen Rückschlüsse auf die beteiligten Flechtensubstanzen möglich [2, 3]. Eine gelb-rote Färbung mit K ergeben beispielsweise die Depsidone Protocetrarsäure, Fumarprotocetrarsäure oder Stictinsäure. Der C-Test fällt positiv aus bei Flechtenstoffen mit zwei OH-Gruppen in meta-Stellung (etwa bei Olivetorsäure, Gyrophorsäure, Lecanorsäure). Selbst wenn der K- und der C-Test getrennt negativ ausfallen, kann die Kombination (erst K, dann C) eine rötliche Farbreaktion hervorrufen. In diesem Fall wird zunächst eine Esterbindung hydrolysiert, so daß eventuell zwei freie meta-Hydroxyle zustandekommen, die mit C weiterreagieren (Alectoronsäure, Physodsäure). Der P-Test erfaßt Depside und Depsidone mit freier Aldehyd-Grupe (z. B. Atranorin, Thamnolsäure).

Von besonderer Bedeutung für die mikrochemische Analytik ist die ausgezeichnete Kristallisierbarkeit der Flechtenstoffe. Vor rund 50 Jahren entwickelte der japanische Lichenologe Asahina einige einfache Testverfahren, die heute weitgehend standardisiert sind und leicht auf einem Objektträger durchgeführt werden können. Die dazu notwendigen Arbeitsschritte erfordern einen minimalen technischen Aufwand.

Zunächst wird eine kleine Probe der zu untersuchenden Flechte (etwa 0,5 cm² einer lufttrockenen Krustenflechte oder ein Mengenäquivalent Blatt- oder Strauchflechte mechanisch zerkleinert. Das erhaltene Gebrösel gibt man auf einen Objektträger (Abbildung 6) und tropft vorsichtig etwas Aceton oder Chloroform auf. Mit diesen beiden Lösungsmitteln lassen sich die wasserunlöslichen Flechtenstoffe sehr rasch extrahieren. Meist bilden sie nach dem Verdampfen des Lösungsmittels einen farblosen Ring um das Probengut. Flechten enthalten bis zu 10 % ihres Trockengewichtes sekundäre Stoffwechselprodukte, so daß bereis ein einmaliger Ex-

traktionsschritt auf dem Objektträger eine genügende Ausgangsmenge anliefert. Eventuell kann aber auch ein zweiter oder dritter Extraktionsgang angeschlossen werden. Der ringförmige Niederschlag wird an der Luft gründlich getrocknet (ca. 5–10 min). Anschließend werden die extrahierten Thallusfragmente mit einem Pinsel entfernt.

Im nächsten Arbeitsschritt wird nun etwas Kristallisations-Lösung zum trockenen Extrakt gegeben, in der der Belag auf dem Objektträger umkristallisiert wird. Dazu bieten sich folgende Gemische an (Mischungsverhältnisse auf Volumenbasis):

GE: Glycerin-Essigsäure (konz.) = 1 : 3; GAW: Glycerin-Ethanol (96 %ig)-Wasser = 1 : 1 : 1; GAT: Glycerin-Ethanol (96 %ig)-o-Toluidin = 2 : 2 : 1; GAA: Glycerin-Ethanol (96 %ig)-Anilin = 2 : 2 : 1.

Von einer dieser Lösungen tropft man etwas auf den extrahierten Niederschlag, deckt mit einem Deckglas ab und erwärmt über der Spiritusflamme vorsichtig bis zum Siedepunkt der Kristallisationslösung. In der Wärme bilden sich Gemische, aus denen die Flechtenstoffe beim Wiedererkalten in sehr charakteristischen Formen auskristallisieren (Abbildung 7–10). Diese Kristalle werden mikroskopisch untersucht. Besonders hilfreich ist dabei die Beobachtung im polarisierten Licht. Fast alle kristallisierten Flechtenstoffe sind stark doppelbrechend und leuchten daher bei gekreuzter Stellung von Polarisator und Analysator in prächtigen Farben auf.

Verschiedene Flechtenstoffe kristallisieren in verschiedenen Kristallisationslösungen unterschiedlich gut aus. Bei unbekanntem Material sollten hier jeweils mehrere Möglichkeiten durchprobiert werden. Häufig bilden die Flechtenstoffe plattige oder nadelförmige Kristalle. Oft finden sich jedoch auch strauch- oder bäumchenartige Gebilde. Seltener bilden sich große Einzelkristalle oder durchwachsene Mehrlingssysteme. Auch an den isolierten Kristallen kann man die sonst am intakten Thallus- oder Flechtenfragment vorgenommenen K-, C- und P-Tests ausführen. Dazu wird zunächst die Kristallisationslösung nach der bekannten Durchziehtechnik durch Wasser und anschließend durch das betreffende Testreagenz ersetzt. Die Identifizierung der erhaltenen Flechtenstoffe, die jeweils nur die Hauptkomponente(n) der untersuchten Thallusproben repräsentieren, erfolgt durch Bildvergleich mit be-

kanntem Material (vgl. [2]) oder anhand der Angaben in Tabelle 1, die gleichzeitig eine Vorschlagsliste relativ leicht beschaffbarer Flechtenarten und ihrer wichtigsten Sekundärstoffe bietet.

Auswertung und Diskussion

Ebenso wie bei den höheren Pflanzen können die Sekundärstoffe der Flechten entweder als akkumulierte Einzelverbindungen ohne biogenetisch verwandte Begleitsubstanzen oder als Hauptkomponenten mit einer Reihe von Begleitverbindungen vorliegen. Solitär verbreitet ist beispielsweise die Variolarsäure oder auch die Usninsäure. Oft finden sich aber auch komplexe Stoffgemische, die treffend als Chemosyndrome bezeichnet werden. Selbst in solchen Fällen läßt sich jedoch fast immer eine Hauptkomponente angeben und von ihren in geringeren Mengenanteilen vorhandenen Nebenkomponenten abheben [4, 5].

Von besonderem Interesse ist das Auftreten morphologisch kaum, naturstoffchemisch jedoch recht gut unterscheidbarer Rassen bei vielen Flechten. Nach bisheriger Kenntnis treten die beteiligten Flechtenstoffe in sehr charakteristischen Stoffmustertypen auf. Bei etwa 75 % aller zur Bildung chemischer Rassen neigenden Flechten-Arten oder -Gattungen vertreten sich die betreffenden Sekundärstoffe jeweils gegenseitig. Das zugrundeliegende Stoffmuster könnte dann mit A/B/C.../X (je nach Anzahl der erkannten Rassen) wiedergegeben werden. Ein Beispiel für diesen offenbar recht häufigen substitutiven Typ ist die in nebelfeuchten Bergwäldern gewöhnlich massenhaft auftretende Flechte *Pseudevernia furfuracea* (Abbildung 1), die als „mousse des arbres" zudem ein wichtiger Duftstofflieferant für die Parfumindustrie ist.

Sie kommt in Europa mit einer Olivetor- und einer Physodsäure-Rasse vor. In Nordamerika gibt es hingegen nur Vertreter der Lecanorsäure-Rasse. Fast 80 % aller *Pseudevernia*-Exemplare aus der Bundesrepublik Deutschland gehören zur Physodsäure-Rasse. Nach Norden verringert sich dieser Anteil deutlich. In Norwegen beträgt der Anteil dieser chemischen Rasse an der Gesamtpopulation nur noch etwa 30 %. Bemerkenswert ist auch der Stoffmustertyp A/B+C, wie er etwa in *Thamnolia vermicularis* vorkommt. In Mitteleuropa gehören rund 65 % aller Flechten dieser Art zur Rasse A (mit Thamnolsäure als Hauptkomponente), während auf den Briti-

Tabelle 1. Vorkommen einiger Flechtenstoffe (Depside/Depsidone).

Verbindung	Flechte	Kristallisation in
Atranorin	*Physcia stellaris*	GE
Divaricatsäure	*Haematomma ventosum*	GE
Everniasäure	*Evernia prunastri*	GE
Fumarprotocetrarsäure	*Cetraria islandica* *Cladonia rangiferina*	GAT
Gyrophorsäure	*Parmelia revoluta* *Umbilicaria* spp.	GE
Lecanorsäure	*Parmelia tiliacea*	GE
Norstictinsäure	*Parmelia acetabulum*	GAT
Olivetorsäure	*Pseudevernia furfuracea*	GAW
Physodsäure	*Hypogymnia physodes* *Pseudevernia furfuracea*	GAW
Protocetrarsäure	*Parmelia caperata*	GAT
Psoromsäure	*Rhizocarpon geographicum*	GE
Squamatsäure	*Parmelia saxatilis*	GAT
Usninsäure	*Parmelia conspersa* *Ramalina* spp. *Usnea* spp.	GE

Literatur

[1] C. F. Culberson (1977) Chemical and Botanical Guide to Lichen Products. University of North Carolina Press, Chapel Hill.

[2] M. E. Hale (1977) The Biology of Lichens. Arnold London.

[3] A. Henssen, H. M. Jahns, J. Santesson (1974) Lichenes. Eine Einführung in die Flechtenkunde. Thieme, Stuttgart.

[4] C. Leuckert (1984) Die Identifizierung von Flechtenstoffen im Rahmen chemotaxonomischer Routineanalysen. Beih. Nova Hedwigia 79, 839–869.

[5] C. Leuckert (1985) Probleme der Flechten-Chemotaxonomie – Stoffkombinationen und ihre taxonomische Wertung. Ber.Dtsch. Bot.Ges. 98, 401–408.

[6] V. Wirth (1980) Flechtenflora. Ulmer, Stuttgart.

Biologie in unserer Zeit **1987**, *17*, 21–26.

schen Inseln an die 75 % auf die zweite Rasse (mit B = Squamatsäure und C = Baeomycessäure) entfallen.

An Stelle der erwähnten substitutiven Stoffmuster sind auch additive Sekundärstoffverteilungen bekannt. Verbreitet ist beispielsweise der Typ A/A+B, wie ihn die Flechte *Parmelia conspersa* zeigt. In dieser Art steht A für Stictinsäure, B für Norstictinsäure. Schließlich können substitutive und additive Stoffverteilungsmuster auch gemischt im gleichen Verwandtschaftskreis auftreten. Dieser Fall wird bei der heute seltenen Lungenflechte (*Lobaria pulmonaria*) angetroffen, von der es in Mitteleuropa drei chemische Rassen (A; B; A+B) gibt. A und B stehen wiederum für Stictinsäure und Norstictinsäure. Beide Flechtenstoffe kristallisieren in sehr unter-

schiedlichen Formen und sind trotz geringfügiger Strukturunterschiede leicht zu trennen.

Die vergleichende mikrochemische Untersuchung zur Kennzeichnung chemischer Rassen setzt eine gewisse Auswahl von Probenmaterial möglichst verschiedener Herkunft voraus. Andererseits ist aber auch in enger umschriebenen Gebieten mit dem simultanen Auftreten verschiedener Rassen zu rechnen.

In vielen Fällen ist die genauere geographische Verbreitung unterschiedlicher chemischer Rassen (Chemotypen) auch noch nicht bekannt. Insofern bieten die vorgeschlagenen Tests nicht nur einen ersten orientierenden Einstieg in die Sekundärstoffe der Flechten, sondern könnten auch zum genaueren Hinsehen anregen.

Joseph Lengeler

28. Chemotaxis bei Bakterien

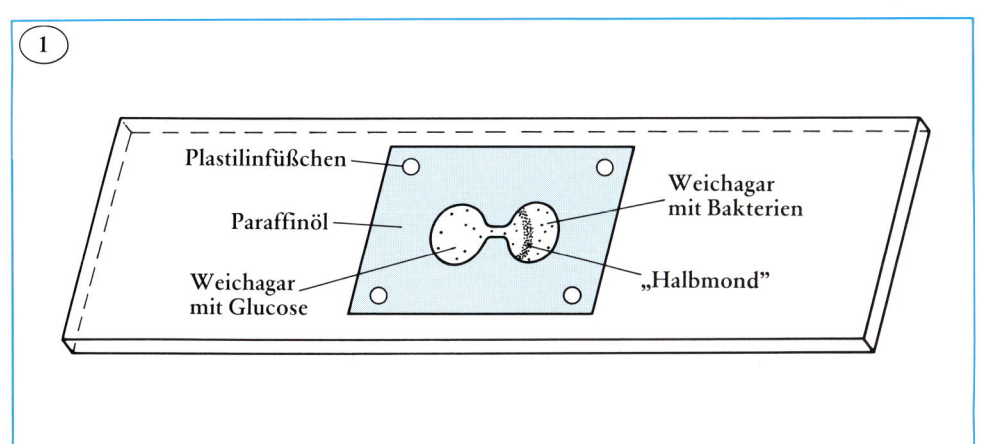

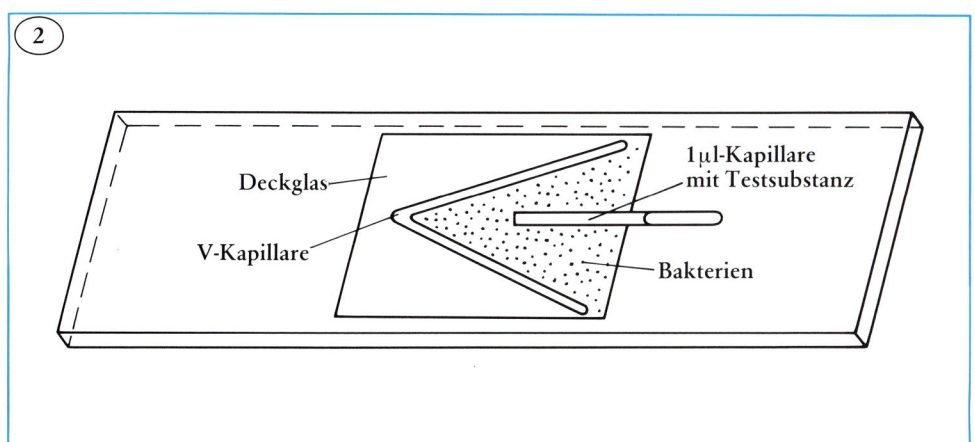

Abb. 1. Kultur im Hängenden Tropfen

Abb. 2. Pfefferscher Kapillartest

matischen Abbildungen über das Verhalten von Bakterien im Pfefferschen Kapillartest bzw. von Spermatozoiden der Archegoniaten am Archegonium in vielen gängigen Lehrbüchern erinnern. Umso erstaunlicher ist, daß kaum jemals Versuche zur Chemotaxis im Unterricht durchgeführt werden. Im folgenden sollen deshalb einige einfache Versuche beschrieben werden, die sich als Einstieg in dieses hochaktuelle und interessante Gebiet der Sinnesphysiologie eignen. Zur theoretischen Einführung sei auf den im gleichen Heft erscheinenden Artikel über „Chemotaxis bei Bakterien" verwiesen [4].

1. Herstellung einer Kultur beweglicher Zellen

Für die Versuche eignet sich jeder Stamm des nicht-pathogenen Bakteriums *Escherichia coli K12* und von diesem insbesondere Stämme, die außer Vitamin B_1, Zuckern und Salzen nichts zum Wachstum benötigen, z.B. CA 8000, Hfr H, KL-16 u.ä. (bei den meisten mikrobiologischen oder genetischen Universitäts- und Max-Planck-Instituten bzw. beim Verfasser erhältlich).

Aus einer Kultur im Vollmedium (s. u.) werden 0.1 ml in 10 ml Minimalmedium angeimpft, welches 5 µg/ml Vitamin B_1 und 0.2 % Glyzerin enthält. Falls möglich, wird diese Kultur langsam (~ 60 Upm) bei 30° C geschüttelt. Bei schnellerem Schütteln brechen die Geißeln ab, bei höheren Temperaturen werden sie nicht synthetisiert, und ohne Schütteln bleibt die Beweglichkeit der Zellen gering. Notfalls füllt man die 10 ml Kultur in einen 1 l Erlenmeyer mit großer Oberfläche und inkubiert in der Nähe eines Heizkörpers. Nach ca. 12 h ist die Kultur leicht trüb (OD_{590}* ~ 0.1, entspr. 6×10^7

Die Abbildungen 1 und 2 zeigen sche-

In kaum einem Lehr- oder Schulbuch der Biologie fehlt eine Beschreibung der *Taxien*, also der gerichteten Bewegung freibeweglicher Organismen relativ zu einem Reiz. Sie werden, nicht zu Unrecht, als wichtige Klasse sinnesphysiologischer Leistungen einfach gebauter Vertreter des Pflanzen- und Tierreiches betrachtet, wobei meist ihr Modellcharakter hervorgehoben wird. Neben der Phototaxis gilt die Chemotaxis als häufigste und wichtigste Taxie. Fast jedem Leser dürfte der klassische Versuch von Engelmann zum Nachweis des bei der Photosynthese freiwerdenden Sauerstoffes aus einzelligen oder fädigen Algen mit Hilfe von Bakterien geläufig sein. Ebenso wird fast jeder sich an die mehr oder weniger sche-

---

*OD_{590}: Optische Dichte (= Extinktion) bei der Wellenlänge 590 nm und 1 cm Schichtdicke.

Bakterien/ml) und sollte zu 80 % schwimmende Bakterien enthalten. Diese lassen sich bei 200–400facher Vergrößerung im Phasenkontrast oder bei Dunkelfeldbeleuchtung gut beobachten. Die Kultur kann 2–3 Tage zum Wiederanimpfen benutzt werden.

Falls nur schwimmende Bakterien für qualitative Beobachtungen gebraucht werden, reicht es, 0.1 ml Bakterien aus einer Vollmedium- oder Minimalmedium-Kultur in die Mitte einer Trypton (0.1 %)-Chemotaxis-Platte (s. u.) zu bringen und diese bei 30° C zu inkubieren. Je nach der Zahl der angeimpften Bakterien wird bald ein Ring von Bakterien sichtbar, der (später gefolgt von einem zweiten und dritten) zum Plattenrand abwandert. Aus den Ringen lassen sich durch Aufsaugen des Agars schwimmende Bakterien erhalten. Die Platte kann nach Gebrauch bei 4° C aufbewahrt werden. Da die Bakterien zwar eine Zeitlang weiter in Bewegung bleiben, aber nicht mehr chemotaktisch reagieren, „friert" der Ring ein. Bei Bedarf wird er durch 2–3stündiges „Auftauen" bei 30° C wieder aktiviert. Das Spiel kann öfter wiederholt werden, bis der erste Ring den Plattenrand erreicht hat.

2. Versuche zur Chemotaxis

2.1 Beobachtung der Lauf- und Taumelbewegungen

Zur Beobachtung bringt man aus einer Kultur mit vielen schwimmenden Bakterien oder aus einem Ring einer Chemotaxisplatte einen Tropfen auf ein gesäubertes Deckglas. Dieses wird vorsichtig umgestülpt, auf Glassplitter von Deckgläsern oder Plastilin-Gummifüßchen aufgesetzt. Das Präparat wird mit flüssigem, durchsichtigem Paraffinöl umschlossen (Hängender Tropfen), um ein vorzeitiges Austrocknen zu verhindern.

2.2 Beobachtung der Chemotaxis

Je nach Ausstattung läßt sich mit Bakterien im Weichagar oder aber mit Bakterien in Chemotaxispuffer die chemotaktische Anlockung beobachten.

Wieder gibt man zunächst einen Tropfen Bakterien aus dem äußeren Ring einer Trypton-Chemotaxisplatte auf ein Deckglas und 2–3 mm davon entfernt einen Tropfen Weichagar mit 10^{-6}–10^{-5} M D-Glucose. Das Ganze wird, wie oben beschrieben, in einen „Hängenden Tropfen" umgewandelt und mit Öl eingeschlossen. Nun werden die beiden Tropfen sehr vorsichtig mit einer gebogenen Nadel oder Kapillare durch eine schmale Brücke von Agar verbunden und das nachfolgende Verhalten der Bakterien beobachtet, wobei besonders die langen Läufe auffallen. Nach 45–120 min haben die Bakterien die kleine Menge Glucose, die beim Zusammenschluß der Tropfen überlief, aufgebraucht und beginnen sich in einer halbmondförmigen Formation in der Nähe der Verbindungsbrücke zu sammeln (Abbildung 1) und später in sie einzudringen. Als Kontrolle werden Tropfen aus Weichagar ohne Zucker verwendet.

Steht eine Zentrifuge zur Verfügung (z.B. Hettich, Modell EBA 3S; DM 380,–), so werden 5 ml der Minimalmedium-Glyzerin-Kultur (vgl. 1.) bei 4500 Upm während 10–15 min zentrifugiert. Der Überstand wird abgegossen und 5 ml Chemotaxismedium zugegeben. Der Niederschlag wird vorsichtig resuspendiert (z.B. durch Schlagen mit dem Finger gegen das untere, seitliche Ende des Zentrifugenglases) und danach weitere 4 ml Chemotaxismedium zugegeben. Nach erneutem Zentrifugieren wird die Prozedur wiederholt, wobei nun die Trübung der Suspension (Optische Dichte bei 590 nm) auf 0.2 entsprechend ca. 1×10^8 Bakt/ml eingestellt wird. Aus einem gesäuberten Objektträger, einigen U- oder V-förmig gebogenen (Schmelzpunkt-)Kapillaren u.ä. und einigen Deckgläsern werden kleine Kammern hergestellt (Abbildung 2). In diese werden 0.2 ml der obigen Bakteriensuspension eingebracht (notfalls auch 0.2 ml Bakterien aus dem äußeren Ring einer Trypton-Chemotaxisplatte) und nach Möglichkeit bei 30° C gehalten.

Inzwischen wird aus einer Pasteurpipettenspitze eine Kapillare gezogen und mit dem gewünschten Anlockungs- oder Abstoßungsstoff gefüllt. Dazu wird sie auf ca. 3 cm Länge durch Zuschmelzen an einem Ende verkürzt und noch heiß mit dem offenen Ende in die gewünschte Lösung gestellt, wobei in Äthanol sterilisierte Pinzetten benützt werden. Nach dem Erkalten sollte etwa 1 cm hoch Flüssigkeit eingezogen sein.

Die so gefüllte Kapillare wird nun, wie in Abbildung 2 gezeigt, in die Chemotaxiskammer eingeführt und das Verhalten der Bakterien in der Nähe der Öffnung verfolgt.

Für den Versuch eignen sich 0.1–1 mM D-Glucose, L-Serin oder L-Asparaginsäure und Na-Acetat. Andere Zucker, z.B. D-Mannitol, ergeben nur dann eine Reaktion, wenn die Zellen durch Zugabe des Zuckers (0.5 mM) zur Wachstumskultur präinduziert wurden. Als Kontrolle dienen mit Wasser gefüllte Kapillaren.

2.3 Quantitative Messung der Chemotaxis

Eine quantitative Auswertung des Versuches ist möglich, wenn pro Meßpunkt 4 gleiche Kapillaren mit 1 µl Volumen (z.B. Fa. K. Hecht, D-8741 Sondheim/Rhön) eingesetzt werden und mehrere verschiedene Konzentrationen (zwischen 10^{-6} und 10^{-2} M, einschließlich einer Kontrolle ohne Substanz) verwendet werden. Die Zahl der nach 1 h in der Kapillare vorhandenen Bakterien läßt sich feststellen, wenn die Kapillare nach 1 h aus der Kammer gezogen, mit sterilem Medium abgespült, am zugeschmolzenen Ende abgebrochen und der Inhalt in 1 ml Chemotaxismedium geblasen wird (Gummihütchen). Hiervon wird nach 10 bis 100facher Verdünnung auf Tryptonplatten plattiert und nach Bebrütung die Zahl der Kolonien bestimmt.

2.4 Versuche mit Chemotaxis-Platten

Die Beobachtung der Ringbildung auf Trypton-Chemotaxisplatten wurde bereits erwähnt. Sie läßt sich auch sehr schön beobachten, wenn im Agar nur 0.2 mM Aminosäuren oder Zucker (und Vitamin B_1) vorhanden sind, bzw. ein Gemisch aus 0.2 mM L-Serin + L-Asparaginsäure oder D-Glucose und D-Galactose (D-Fructose, D-Mannitol u.a.). *E. coli* verbraucht zunächst nur L-Serin bzw. D-Glucose. Erst wenn diese Substanzen aufgebraucht sind, beginnen andere Bakterien mit dem Verbrauch der zweiten Substanz, wodurch die aufeinanderfolgenden Ringe entstehen.

Sehr einfach lassen sich schließlich auf Chemotaxis-Platten Mutanten mit verändertem Verhalten isolieren. Um unbewegliche Stämme, sog. fla^- oder mot^-, ohne funktionierende Geißeln zu erhalten, bringt man 10^8 Bakterien einer mutagenisierten Kultur (s.3.6) auf eine Trypton-Chemotaxis-Platte und inkubiert bei 30° C. Nachdem 3 Ringe von der Mitte abgewandert sind, nimmt man aus dem Zentrum der Platte 0.1 ml Weichagar und überträgt ihn in die Mitte einer neuen Platte. Nach mehrmaligem Wiederholen (10x) sammeln sich unbewegliche Zellen bzw. solche, die zwar noch schwimmen, aber keine Chemotaxis mehr ausführen können (*che⁻*). Es werden auf Trypton-Platten Einzelkolonien durch Ausstreichen der mutmaßlichen Mutanten isoliert und wieder auf Chemotaxis-Platten getestet. Die *fla⁻*- oder *mot⁻*-Mutanten bewegen sich nicht mehr, wie leicht im Mikroskop festgestellt werden kann, während *che⁻* nur Läufe oder nur Taumelbewegungen ausführen. Erstere geben auf Chemotaxis-Platten scharfe Einstichstellen, während letztere diffuse Höfe bilden.

Auch spezifisch negative Mutanten lassen sich isolieren, falls die Selektion auf Platten mit ~ 10^{-4} M Zuckern oder Aminosäuren (+B₁) durchgeführt wird. Unbewegliche Mutanten werden in diesem Fall ausgeschaltet, indem man nach der letzten Selektion die Bakterien auf eine Platte mit einem anderen Zucker oder mit Trypton bringt und aus dem entstehenden Ring Einzelkolonien isoliert.

3. Arbeitsmittel und deren Vorbereitung [1–5]

3.1 Glassachen
werden mit Aluminium-Steckkappen oder mit Alufolie verschlossen (Erlenmeyerkolben, Reagenzgläser, Preßglasflachen) bzw. in Pipettenbüchsen oder Alufolie eingewickelt (Pipetten, Pasteurpipetten, Glasstäbe) und 4–5 h bei 160–200°C im Sterilisator oder in der Bratröhre sterilisiert.

3.2 Zucker-, Aminosäuren- und Vitaminlösungen
werden im Dampftopf (Schnellkochtöpfe; Flaschen im Wasserbad unter umgestülpten Bechergläsern) zweimal im Abstand von 24 h je 1 h sterilisiert. Dadurch werden auskeimende Sporen, die beim ersten Sterilisieren überlebten, abgetötet. Diese Lösungen dürfen nicht autoklaviert werden und sollten nach Möglichkeit steril filtriert werden. Sie halten sich bei 4°C jahrelang, falls keine Verunreinigung hineingelangt.

3.3 Lösungen
[Bestellnummern: Sigma GmbH München, D-8014 Neubiberg; sinnvolle oder kleinste Menge; Preis in DM]

0.1 M	K₂HPO₄	[P 5504; 200 g; 9.90]
0.1 M	KH₂PO₄	[P 5379; 100 g; 4.95]
0.1 M	MgSO₄·H₂O	[M 7506; 500 g; 17.49]
0.1 M	(NH₄)₂SO₄	[A 6387; 500 g; 6.60]
0.1 mM	FeSO₄·H₂O	[F 7002; 100 g; 4.15]
0.01 M	Na₃–EDTA	[ED 355; 100 g; 4.13]
1 M	D-Glucose (~18%)	[G 5000; 100 g; 6.27]
1 M	D-Galactose (~18%)	[G 0625; 100 g; 9.74]
1 M	D-Mannitol (~18%)	[M4125; 100 g; 5.28]
2.17 M	D-Glyzerin (~20%)	[G7757; 500 ml; 9.08]
0.1 M	L-Serin (105 mg/10 ml)	[S 4500; 1 g; 3.30]
0.1 M	Asparaginsäure (150 mg/10 ml)	[A 9256; 5 g; 3.30]
50 mg	B₁ (Thiamin-HCl)/100 ml H₂O	[T 4625; 5 g; 3.30]

Alle Lösungen und Medien (3.4) müssen unbedingt mit destilliertem Wasser und p.a.-Substanzen angesetzt werden, da Schwermetalle die Bewegung der Bakterien irreversibel hemmen. Nicht sterilisierte Lösungen halten sich längere Zeit pilzfrei, wenn sie in Glasflaschen zusammen mit CHCl₃ (0.5 ml) verschlossen aufbewahrt werden.

3.4 Medien und Platten
3.4.1 Minimalmedium zum Wachstum

11.2 g K₂HPO₄; 4.8 g KH₂PO₄; 2.0 g (NH₄)₂SO₄; 10 ml MgSO₄ (0.1 M); 1 ml FeSO₄ (0.1 mM); 1000 ml H₂O dest.

3.4.2 Chemotaxis-Medium

61 ml K₂HPO₄ 0.1 M; 39 ml KH₂PO₄ 0.1 M; 10 ml Na₃-EDTA 0.01 M; 900 ml H₂O dest.

Alle Medien werden in Glasflaschen oder Kolben (höchstens bis zur Hälfte gefüllt!) mit lose aufgesetzten Deckeln oder Alufolie verschlossen und 15 min bei 1.2 atü und 121°C autoklaviert oder im Dampftopf zweimal im Abstand von 24 h je 1 h sterilisiert.

3.4.3 Trypton-Platten

10 g Trypton (oder Pepton z.B. Sigma P 7750; 100 g; DM 14,03); 5 g NaCl; 12 g Agar-Agar (z.B. Serva Feinbiochemica, Heidelberg; Nr. 11396; 100 g DM 18,–); 1000 ml H₂O.

3.4.4 Chemotaxis-Platten

61 ml K₂HPO₄ 0.1 M; 39 ml KH₂PO₄ 0.1 M; 10 ml MgSO₄ 0.1 M; 10 ml (NH₄)₂SO₄ 0.1 M; 10 ml Na₃-EDTA 0.01 M; 2 g Agar-Agar; 900 ml H₂O dest.

Das Gemisch wird 15 min bei 121°C autoklaviert oder notfalls 2 h im Dampftopf sterilisiert, und zwar am besten in 2 l-Erlenmeyerkolben, die mit Alufolie verschlossen sind. Nach dem Sterilisieren werden zu den Chemotaxis-Platten zugegeben 0.2 ml der sterilen, 18% Zuckerlösungen, 2 ml der sterilen, 0.1 M Aminosäurelösungen und 10 ml der sterilen Vitamin-B₁-Lösung. Zur Herstellung von Trypton-Chemotaxis-Platten wird 1 g/l Trypton (s. 3.4.4) mit eingewogen und sterilisiert und vor dem Gießen 10 ml sterile Vit.-B₁-Lösung zugegeben. Zum Gießen von Platten wird das gesamte Gemisch gründlich umgeschwenkt. Dann werden die Kolben unten mit einem Handtuch, das zu einer Art Halter gerafft wird, umfaßt und vorher mit dem Deckel nach oben aufgestellte sterile Plastik-Petrischalen (z.B. Fa. Greiner, 7440 Nürtingen) bis etwa 3 mm unter den Rand gefüllt. Der Agar sollte mindestens 80°C heiß sein, damit Luftblasen von selbst verschwinden. Trypton-Platten werden nach dem Erstarren (2–3 h) umgedreht (damit kein Kondenswasser auftropft!) und nach einem Tag Lagerung (oder 8 h bei 37°) benutzt. Chemotaxis-Platten bleiben natürlich mit dem Deckel nach oben stehen, da der weiche Agar sofort ausläuft.

3.5 Stammkulturen

Der Stamm wird in 10 ml Vollmedium (z.B. 10 g/l Trypton + 5 g/l Hefeextrakt; z.B. Serva Feinbiochemica, Heidelberg; Nr. 24540; 25 g DM 12,–) ohne Salz anwachsen gelassen bis zur stationären Phase. Die Zellen werden anschließend durch Zentrifugieren und Wiederaufnehmen in 1 ml Vollmedium konzentriert oder notfalls unverdünnt zum Einfrieren (bei –20°C im Gefrierfach) benutzt, nachdem 1 ml steriles 100%iges Glycerin zugesetzt wurde. Dieses Röhrchen darf nie auftauen; es hält dann bis 4 Jahre. Bei Bedarf wird mit einer sterilen Pipette wenig Material entnommen.

3.6 Mutagenese einer Bakterienkultur

Die Bakterien werden in Minimalmedium
+ 0.5 mM Glucose exponentiell wachsen
gelassen. Zu 2 ml der Kultur werden 0.03 ml
Äthyl-Methansulfonat (Sigma MO880; 1 g
4,95 DM) zugegeben (Vorsicht! Nicht mit
dem Mund pipettieren, nicht auf die Haut
bringen, da ÄMS ein Mutagen und Can-
cerogen ist) Nach 2 h weiterer Inkubation
bei 37° C wird die Kultur in 18 ml Vollmedium verdünnt und auswachsen gelassen.
Vollmedium inaktiviert ÄMS weitgehend.
0.2 ml der Kultur wird schließlich in 20 ml
Minimalmedium + Glucose + Vitamin B_1
verdünnt und auswachsen gelassen, um
Mutanten, welche in diesem Medium nicht
wachsen können, auszuverdünnen.

3.7 Reinigungslösung für Objektträger u.ä.

12 g NaOH-Plätzchen
12 ml H_2O zum Lösen
ad 100 ml mit 95 % Äthanol auffüllen.
Diese stark ätzende Lösung wird in Kunst-
stoffflaschen aufbewahrt und ist trotz Braun-
werdens monatelang brauchbar. 5 min
Einweichen der Glassachen reicht zum
Säubern, mehrmaliges Waschen mit Lei-
tungs- bzw. ent-ionisiertem Wasser zum
Entfernen der Lösung.

Literatur

[1] Adler, J.: A Method for measuring
chemotaxis and use of the method to
determine optimum conditions for chemotaxis by *Escherichia coli*. J. Gen. Microbiol.
74, 77–91 (1973).

[2] Dawid, W.: Experimentelle Mikrobiologie. Quelle und Meyer, Heidelberg 1969.

[3] Kollmann, A. und R. Simon.: Das Experiment: Lysogenie und Hitzeinduktion beim
Phagen Lambda. Biuz **5**, 180–188 (1975).

[4] Lengeler, J.: Chemotaxis bei gram-nega-
tiven Bakterien. Dieses Heft, S. 15–20.

[5] Schlösser, K.: Experimentelle Genetik.
Eine Einführung in die Arbeiten mit *Drosophila*, Bakterien und Phagen für die Schul-
praxis. Quelle und Meyer, Heidelberg 1971.

Biologie in unserer Zeit **1977**, 7, 28–30.

Eckhard Lieb

29. Geschlechtsbestimmung und Chromosomentheorie der Vererbung

1. Nondisjunction und die Chromosomentheorie der Vererbung

Der hier beschriebene Versuch ist eine auf L. Morgan [6] zurückgehende Variante der klassischen Experimente von C. Bridges [2, 3]. Bridges, ein Schüler von T. H. Morgan, fand in Kreuzungen weißäugiger *Drosophila* – ♀♀ mit Wildtyp-(mattrot-äugigen) ♂♂ (w/w−♀♀ × w⁺/Y♂♂) nicht nur, wie aufgrund der Experimente T. H. Morgans [7] und der Chromosomentheorie der Vererbung für diesen geschlechtsgebundenen Erbgang zu erwarten war, rotäugige (w/w⁺) ♀♀ und weißäugige (w/Y)♂♂, sondern auch, wenn auch nur als seltene Ausnahmetiere, patrokline Wildtyp-♂♂ und matrokline (weißäugige) ♀♀. Bridges löste diesen scheinbaren Widerspruch zur Chromosomentheorie der Vererbung durch die Annahme, daß die matroklinen Ausnahme-♀♀ beide X-Chromosomen von der Mutter erhalten haben. Durch einen als Nondisjunction (Nichttrennen) bezeichne-

ten seltenen Fehler in der ersten meiotischen Teilung in den w/w-♀♀ entstehen gelegentlich Eizellen, die zwei, aber auch solche, die kein X-Chromosom erhalten haben. Hinsichtlich der Autosomen sind diese Eizellen

normal. Je nachdem, ob sie von einem Y-Spermium oder von einem X-Spermium befruchtet werden, sollten weißäugige XXY-oder mattrot-äugige (Wildtyp-)Tiere entstehen. Wenn diese Erklärung für die aufgetre-

Abb. 1. Kreuzungsschema der hier beschriebenen Kreuzung zur genetischen und cytologischen Analyse von Nondisjunction in *Drosophila*-♂♂. Das freie X-Chromosom der ♂♂ ist mit den rezessiven Genen y *(yellow = gelbe Körperfarbe)*, w *(white = weiße Augen)* markiert (das in der in Tabelle 1 beschriebenen Kreuzung noch auf dem freien X vorhandene rezessive sn-Gen ist hier im Kreuzungsschema nicht berücksichtigt). An das Y-Chromosom dieser♂♂ ist ein kleines Stück X-chromosomalen Materials transloziert, auf dem u.a. das Wildtypallel y⁺ des y-Locus sitzt. Dadurch läßt sich das Y-Chromosom in dieser Kreuzung auch genetisch erkennen. Das attached-X Chromosom der ♀♀ trägt auf jedem Teil die rezessiven Mutationen y und v *(vermilion = leuchtend rote Augen)*. Die genaue Bezeichnung dieses Chromosoms ist C(1) RM, y v.

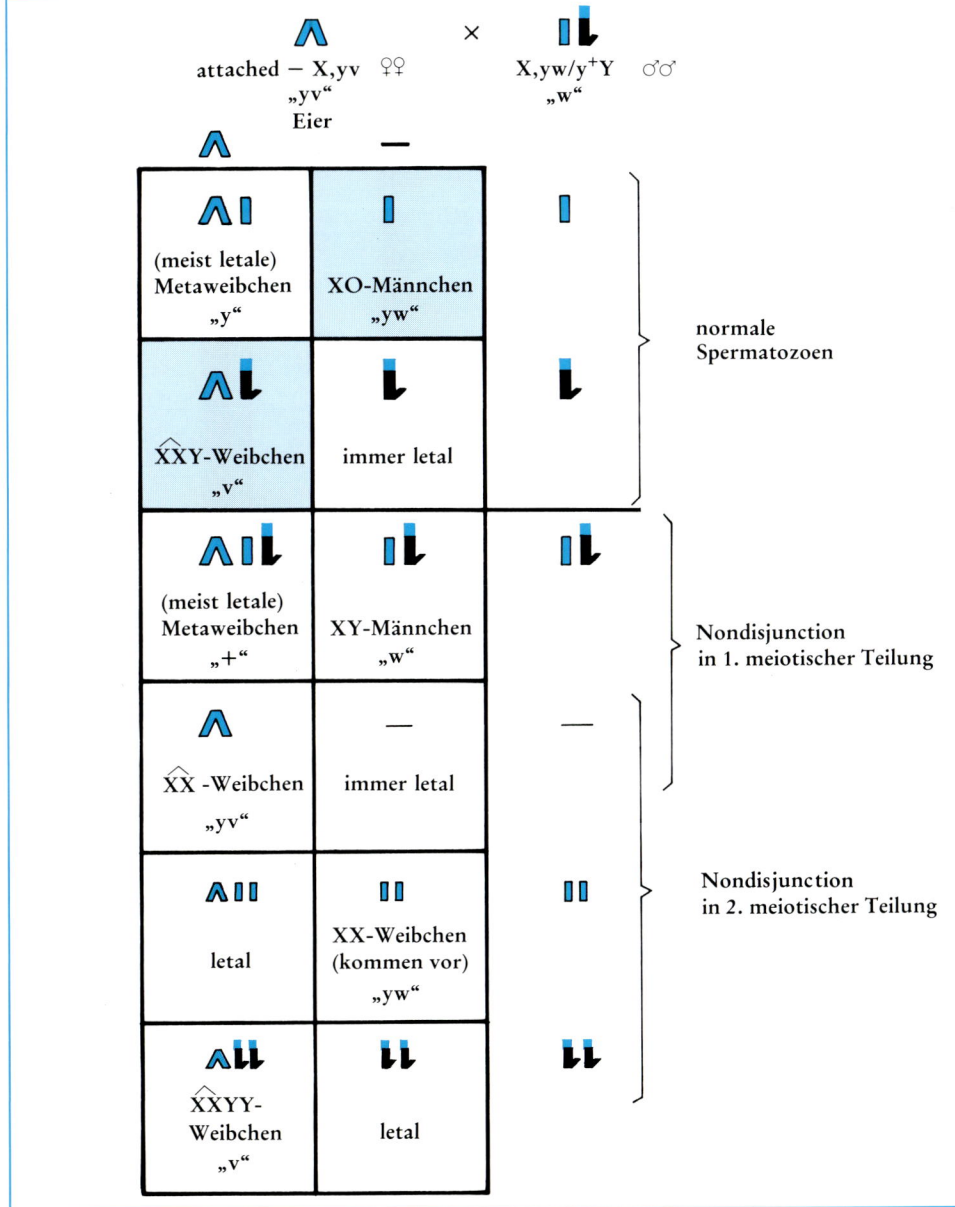

tenen Ausnahmetiere richtig ist, so sollten die patroklinen Ausnahme-♂♂ nur ein Geschlechtschromosom, nämlich das väterliche X mit dem w⁺-Gen, besitzen, die matroklinen Ausnahme-♀♀ hingegen zusätzlich zu den beiden mütterlichen, mit dem mutierten w-Allel markierten X-Chromosomen noch ein vom Vater stammendes Y-Chromosom.

Diese Erwartung konnte Bridges sowohl cytologisch als auch – im Falle der Ausnahme-♀♀ – genetisch durch Weiterkreuzen bestätigen. Damit hatte er eine über die bloße Analogie zwischen Chromosomenverhalten und Erbgang hinausgehende Bestätigung für die Richtigkeit der Chromosomentheorie der Vererbung geliefert.

Ein Nichttrennen der Geschlechtschromosomen kommt nun nicht nur in ♀♀ vor, sondern auch in der Meiose von *Drosophila*-♂♂. Ein solches Nondisjunction von X und Y-Chromosomen läßt sich bei geeigneter genetischer Markierung der Chromosomen cytologisch und auch genetisch beobachten, wie in dem hier beschriebenen Versuch gezeigt wird.

2. Das Kreuzungsschema

(vgl. Abbildung 1) unterscheidet sich von den Kreuzungen Bridges' insofern, als hier X/Y-♂♂ mit attached-X ♀♀ gekreuzt werden. Bei diesen ♀♀ sind die beiden X-Chromosomen, die normalerweise in *Drosophila*-♀♀ als freie Chromosomen jeweils ein eigenes Centromer besitzen, an ein gemeinsames Centromer geheftet und verhalten sich bei Teilungen wie *ein* Chromosom, d.h. sie gelangen immer gemeinsam zu demselben Pol einer Teilung. In der ersten meiotischen Teilung führt dies dazu, daß der eine Teilungspol beide an demselben Centromer hängenden X-Chromosomen erhält und der andere Teilungspol kein Geschlechtschromosom bekommt. Der Grund, daß hier eine solche Kreuzung von normalen ♂♂ mit attached-X ♀♀ angesetzt wird, ist ein praktischer. Während man sich bei einer Kreuzung von ♀♀ mit zwei freien X-Chromosomen auf die seltenen Fälle von Nondisjunction der freien X-Chromosomen oder des X- und des Y-Chromosoms (in den ♂♂) verlassen muß, um XXY-♀♀ und XO-♂♂ zu erhalten, ist bei Verwendung von attached-X ♀♀ das Auftreten von XXY-♀♀ und XO-♂♂ in der F₁ die Regel. Die seltenen Fälle von Nondisjunction der freien Geschlechtschromosomen in

den ♂♂ führen hier ja gerade zu XX-♀♀ und X/Y-♂♂. So ist es ohne Schwierigkeiten möglich, diese beiden für die Untersuchung der Geschlechtsbestimmung wichtigen Genotypen XXY und XO auch cytologisch zu erkennen.

3. Material und Methoden

Die folgenden Fliegenstämme werden benötigt: (a) *Drosophila melanogaster* Wildstamm („+") als Referenztiere zur Untersuchung der normalen Anatomie von ♂♂ und ♀♀; (b) ein Stamm mit markiertem Y-Chromosom: y w/y w ♀♀ und y w/y⁺Y ♂♂; (c) ein Stamm mit attached-X Chromosom: C(1) RM,y v ♀♀ und XYˢ Yᴸ, y w spl ♂♂.

Weitere Angaben zu diesen Stämmen finden sich in der Legende zur Abbildung 1. *Die Stämme sind bei einer Lieferzeit von ca. 14 Tagen vom Autor erhältlich.* Die ♂♂ des zweiten Stammes (b) werden mit virginellen ♀♀ des Stammes (c) in der weiter unten beschriebenen Weise angesetzt. Virginelle (jungfräuliche) ♀♀ sind noch nicht von ♂♂ begattet, sie legen unbefruchtete Eier. Solche ♀♀ erhält man, indem man aus einem Zuchtröhrchen mit schlüpfbereiten Puppen (die an den zusammengefalteten, durch die Puppenhülle dunkel erscheinenden Flügeln erkennbar sind) alle bereits geschlüpften Fliegen verwirft. Sammelt man jetzt die innerhalb der nächsten sechs bis acht Stunden frischgeschlüpften ♀♀ aus diesem Glas ab und trennt sie von den ♂♂, so kann man sicher sein, daß diese ♀♀ noch virginell, also nicht von ♂♂ begattet sind; denn ♂♂ von *Drosophila melanogaster* sind frühestens acht Stunden nach dem Schlüpfen fertil. Die Stämme und Kreuzungen werden auf dem handelsüblichen *Drosophila*-Instant-Futter (Schlüter-Biologie, Gerberstraße 11, D-7507 Winnenden) in 100 ml Plastikröhrchen (C. A. Greiner & Söhne, D-7440 Nürtingen) weitergezogen.

Die Präparation von Mitosen erfolgt aus Neuroblastzellen des Gehirns von Larven des 3. Larvenstadiums. Das Gehirn wird in 0,95%iger Kochsalzlösung in einem Hohlschliffobjektträger unter dem Binokular präpariert, 10 Minuten in hypotone (0,5%ige) Natriumcitrat-Lösung in einen Hohlschliffobjektträger mit kleinerer Vertiefung gebracht, dann mindestens drei Minuten in absolutem Ethanol/Eisessig (3:1) fixiert, unter dem Binokular mit einer Pasteurpipette in 60%iger Essigsäure aufgenommen und auf

einen Objektträger aufgetropft, der auf einer Streckbank auf ca. 43°C vorgewärmt wurde. Wenn die Essigsäure verdunstet ist, läßt sich das Präparat z.B. mit Orcein-Essigsäure anfärben und unter dem Phasenkontrastmikroskop auswerten.

Zur Untersuchung der Beweglichkeit der Spermatozoen werden mindestens zwei Tage alte ♂♂ betäubt und in einem Hohlschliff-Objektträger in 0,95%iger Kochsalzlösung unter dem Binokular präpariert. Die Hoden werden herauspräpariert, indem man mit einer Dumontpinzette das Tier am hinteren Ende des Abdomens festhält und mit einer zweiten Pinzette Analplatte und Genitalplatte erfaßt und vom Abdomen abzieht. In der Regel bleibt der gesamte innere Genitalapparat mit den Hoden an der Genitalplatte (d.h. den äußeren Geschlechtsorganen) hängen und läßt sich in einem Tropfen NaCl-Lösung zwischen Objektträger und Deckglas leicht quetschen und bei 10-facher Objektivvergrößerung in Phasenkontrast oder Dunkelfeld untersuchen. Eine ausführliche Beschreibung der Anzucht- und Präparationsmethoden findet sind an anderer Stelle [5].

4. Vorbereitungen

Die in dem Kreuzungsschema (Abbildung 1) beschriebene Kreuzung

$$\widehat{XX}, y\ v\ ♀♀ \times y\ w/y^+Y♂♂,$$
$$\text{je Ansatz } 5\text{–}10\ ♀♀ \text{ und } 7\text{–}12♂♂,$$

sollte ca. 14 Tage (bei optimalen Bedingungen, d.h. bei 25°C und etwa 70% relativer Luftfeuchtigkeit, reduziert sich diese Zeit auf 10 bis 12 Tage) vor der ersten Auswertung angesetzt werden, so daß die F₁-Tiere in den Zuchtröhrchen des Ansatzes einen Tag vor dem Auszählen zu schlüpfen beginnen. Je Ansatz sollten zwei bis drei Subkulturen gemacht werden, d.h. die Elterntiere eines Ansatzes werden nach etwa drei Tagen in ein Zuchtröhrchen mit frischem Futter umgesetzt (1. Subkultur) und nach weiteren zwei bis drei Tagen erneut in ein frisches Futterröhrchen gebracht (2. Subkultur) usw. Auf diese Weise stellt man sicher, daß genügend Larven für die cytologischen Präparationen zur Verfügung stehen. Die Elterntiere der Kreuzung sollten so lange in der letzten Subkultur aufbewahrt werden, bis die ersten Fliegen der F₁ schlüpfen, damit man die Phänotypen von P- und F₁-Tieren vergleichen kann. Für die histologische Analyse der Beweglichkeit der Spermatozoen sollten jeweils einige F₁-♂♂ aus der Kreuzung ca. zwei bis drei Tage von ♀♀ getrennt aufbewahrt werden. Zu diesem Zweck sind einige Zuchtröhrchen mit frischem Futter bereitzuhalten.

5. Ergebnis der Kreuzung

Als Ergebnis dieser Kreuzung wird man gemäß dem Kreuzungsschema der Abbildung 1 ♀♀ erhalten, die nur leuchtend rote Augen haben („v") und sonst vom Wildtyp sind („y⁺"), während die ♂♂ phänotypisch beide Markierungsgene des väterlichen X-Chromosoms zeigen, also „y w" (von gelber Körperfarbe und weißäugig) sind.

Die Interpretation dieser Kreuzung macht dem Anfänger zunächst einige Schwierigkeiten. Hier zeigen die ♂♂ wie die ♀♀ der F₁ im Unterschied zu Kreuzungen, mit denen der geschlechtschromosomengebundene Erbgang von w oder y demonstriert wird, eine Kombination von Phänotypen, die weder in dem einen noch in dem anderen Elterntyp zu beobachten war. Daß jedes der benutzten Merkmale geschlechtsgebunden vererbt wird, läßt sich aufgrund der unterschiedlichen Phänotypen der ♂♂ und der ♀♀ in der F₁ dieser Kreuzung vermuten. Der Hinweis, daß eine genetische Markierung des Y-Chromosoms (mit y⁺) vorliegen könne, hilft zunächst auch nicht weiter.

An dieser Stelle erweist es sich als zweckmäßig, die männlichen und weiblichen Larven aus einer Subkultur dieser Kreuzung auf ihre Chromosomenkonstitution hin zu untersuchen. Ferner sollte man einige Männchen der F₁ und alle möglicherweise aufgetretenen Ausnahmetiere (seltene Phänotypen) nach Geschlechtern getrennt in Zuchtröhrchen mit Futter aufheben.

6. Cytologische Analyse und Lösung des kreuzungsgenetischen Problems

Das Ergebnis dieser Präparationen liefert die Lösung des kreuzungsgenetischen Problems, also eine Erklärung für die einzelnen Phänotypen der F₁, und läßt darüber hinaus Aussagen über die Rolle des Y-Chromosoms bei der Geschlechtsbestimmung und -differenzierung zu. Die weiblichen Larven dieser Kreuzungen (Abbildung 2d) zeigen normale Autosomenkonstitution und zwei strukturverschiedene Geschlechtschromosomen, von denen eines ohne Schwierigkeiten als Y-

Chromosom anzusprechen ist. Das andere läßt sich im Vergleich mit dem Karyogramm normaler Weibchen (Abbildung 2a) als attached-X-Chromosom identifizieren. Die männlichen Larven in diesen Kreuzungen zeigen ebenfalls eine Besonderheit (Abbildung 2c) in der Geschlechtschromosomenkonstitution: sie besitzen nur ein X-, aber kein Y-Chromosom. Aufgrund dieser cytologischen Beobachtungen läßt sich jetzt das dieser Kreuzung zugrundeliegende Kreuzungsschema aufstellen, das in der Tat eine Erklärung für die Phänotypen der Imagines der F₁ bietet (Abbildung 1).

7. Die Rolle des Y-Chromosoms von *Drosophila* bei der Geschlechtsbestimmung

Die kreuzungsgenetischen Befunde, die durch die cytologischen Präparationen bestätigt wurden, zeigen, daß das Y-Chromosom von *Drosophila* keine Rolle bei der Geschlechtsbestimmung spielt: Taufliegen haben auch dann noch weiblichen Phänotyp, wenn sie in ihren Zellen neben zwei X-Chromosomen (in diesem Fall den zu einem Compound-X zusammengehefteten X-Chromosomen) ein Y-Chromosom besitzen. Kreuzt man diese XXY-♀♀ mit normalen (XY-)♂♂ weiter, so zeigt sich in einem solchen Ansatz nach einigen Tagen am Auftreten von Larven, daß diese ♀♀ fertil sind.

Tiere, die nur ein X-Chromosom und kein weiteres Geschlechtschromosom, also weder ein zweites X- noch ein Y-Chromosom in ihren Zellen besitzen, sind phänotypisch hinsichtlich ihrer äußeren und inneren Geschlechtsmerkmale ununterscheidbar von ♂♂ mit einem X- und einem Y-Chromosom. Damit stellt sich die Frage, welche Funktion das Y-Chromosom denn überhaupt bei *Drosophila melanogaster* hat.

Einen ersten Aufschluß über die Funktion des Y-Chromosoms kann man aus der Tatsache erhalten, daß die XO-♂♂ der F₁ der hier beschriebenen Kreuzung – trotz normalen männlichen Sexualverhaltens (Balz und Kopulation) – offenbar ihre XXY-Schwestern nicht besamt haben. Zumindest treten keine Larven (keine befruchteten Eier) in den Zuchtröhrchen auf, wenn man die XO-♂♂ mit ihren XXY-Schwestern oder auch normalen (virginellen) Weibchen ansetzt. Über die histologischen Ursachen dieser Sterilität der XO-♂♂ gibt eine einfache Präparation Auskunft, bei der die *Spermien* auf Beweg-

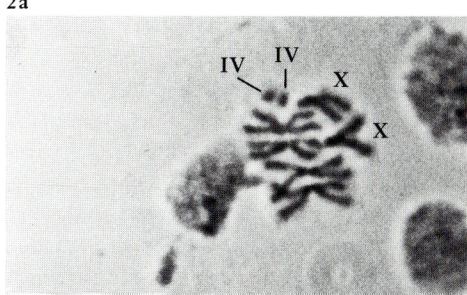

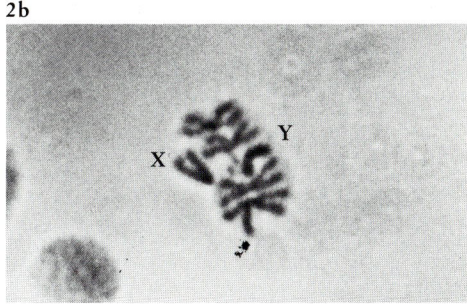

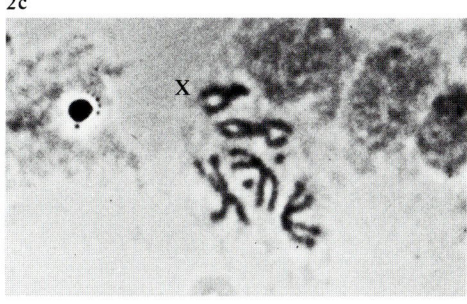

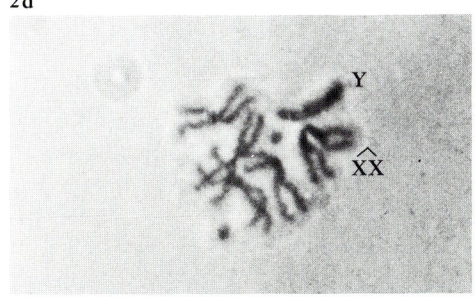

Abb. 2. Metaphasen aus Neuroblasten-Mitosen von Larven unterschiedlicher Geschlechtschromosomenkonstitution. Vergrößerung: 2000fach, Phasenkontrast. a: Metaphase aus einer Neuroblasten-Mitose einer normalen weiblichen Larve mit zwei freien X-Chromosomen. b: Normale männliche Zelle mit freiem X- und Y-Chromosom. c: Metaphase aus einer Neuroblasten-Mitose einer männlichen Larve der Geschlechtschromosomenkonstitution XO (d.h. es ist nur ein Geschlechtschromosom, und zwar ein X, vorhanden). d: Zelle mit zwei X-Chromosomen, die mit den Spitzen (im Centromerbereich) zu einem Compound-X (X̂X̂) verschmolzen sind, und einem Y-Chromosom aus einer weiblichen Larve.

lichkeit hin untersucht werden: es zeigt sich nämlich (vgl. Abbildung 3), daß diese XO-♂♂ zwar normale innere Geschlechtsorgane besitzen, und auch Spermatozoen ausbilden, daß diese Spermien aber auch in mehrere Tage alten ♂♂ nicht beweglich werden, sondern ähnlich aussehen wie die Spermien frischgeschlüpfter XY-♂♂ (für diese Präparation hat man einige der XO-♂♂ aufgehoben). Damit ergibt sich aus diesen Untersuchungen: *Das Y-Chromosom hat bei Drosophila melanogaster offenbar keinen Einfluß auf die Ausprägung der männlichen oder weiblichen Geschlechtsmerkmale.* Vielmehr scheint die Anwesenheit oder das Fehlen des Y in einem Tier, das in seinen Zellen (neben den Autoso-

men) nur ein Geschlechtschromosom, und zwar ein X-Chromosom, besitzt und männlichen Phänotyp zeigt, darüber zu entscheiden, ob dieses Männchen *bewegliche Spermien* bildet und fertil ist (XY-♂♂) oder aufgrund der Unbeweglichkeit der Spermien infertil ist (XO-♂♂). Man beachte, daß in den ♂♂ nicht der (haploide) Genotyp der Spermatozoen selbst ausschlaggebend für die Beweglichkeit ist. Denn auch in normalen XY-♂♂ besitzen die Hälfte aller Spermien ja ebenfalls kein Y-Chromosom mehr (sondern nur noch ein X und einen haploiden Autosomensatz) und sind trotzdem beweglich und zur Befruchtung einer Eizelle genauso gut in der Lage wie Y-Spermatozoen. Wie sich aus den

weiter unten zu besprechenden Ausnahmetieren der hier ausgewerteten Kreuzung ergibt, sind Spermien selbst dann noch funktionsfähig, wenn sie überhaupt kein Geschlechtschromosom besitzen (siehe unten). Die Entscheidung darüber, ob die Spermatozoen eines ♂♂ beweglich und funktionsfähig sind, fällt somit noch vor der Bildung der Spermatozoen.

8. Ergebnis der Kreuzungen: Ausnahmetiere – Nondisjunction

Neben den XXY-♀♀, die leuchtend rote („*vermilion*") Augen haben und aufgrund der Markierung des Y-Chromosoms mit

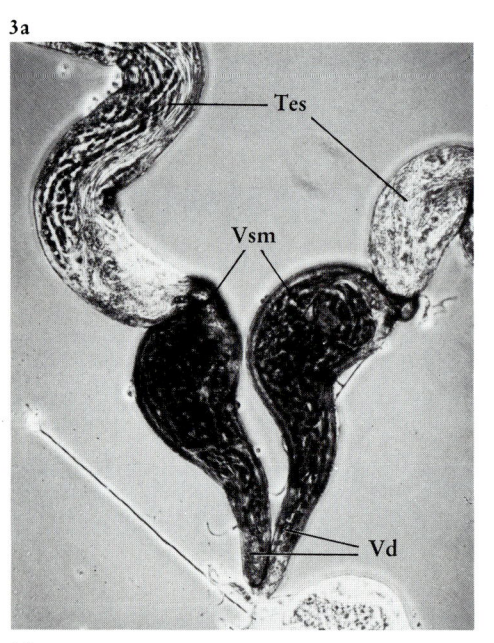
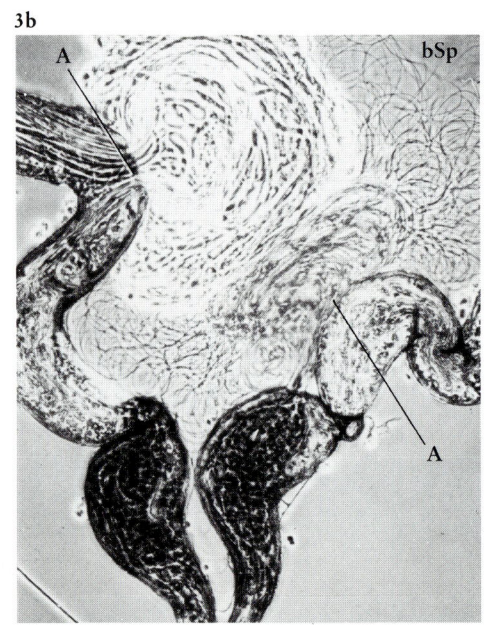
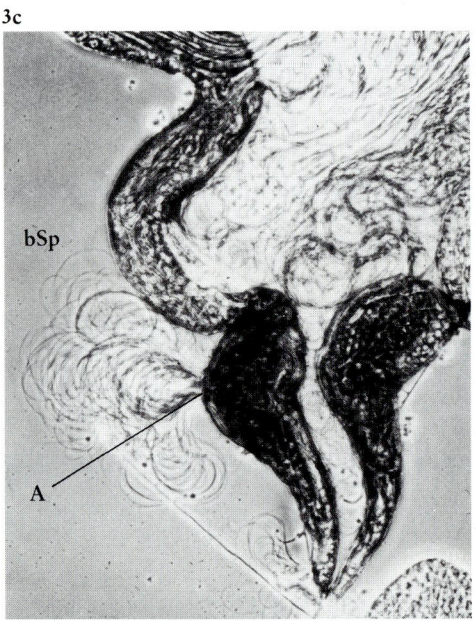
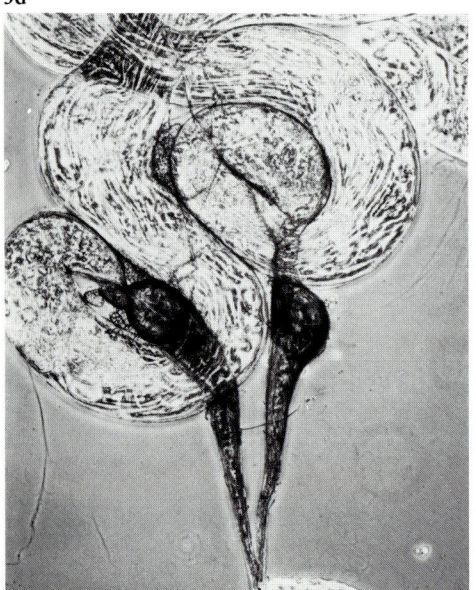
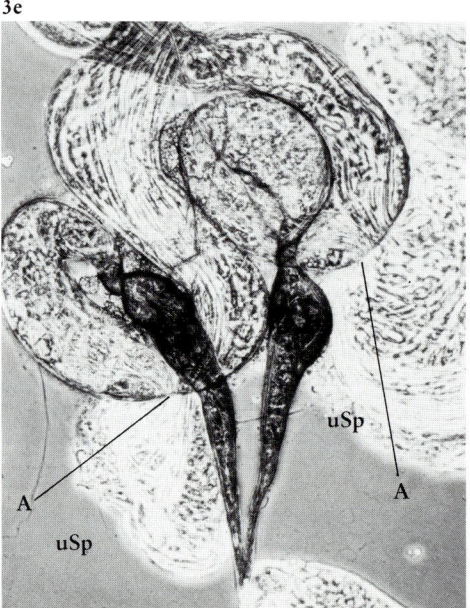

Abb. 3. Hoden zweier jeweils mindestens 50 Stunden alter ♂♂, die vom Schlüpfen an von ♀♀ getrennt gehalten wurden. a – c: X/Y-♂♂, d und e: XO- ♂♂. a und d: Hoden vor dem Quetschen; b und e: Hoden nach leichtem Quetschen durch Druck mit der Pinzette auf das Deckglas. c: Hoden nach erneutem Quetschen, Vergr. 120fach, Phasenkontrast. Tes, *Testis* (Hoden); Vsm, *Vesiculum seminale* (Samenblase); Vd, *Vas deferens* (Samenkanal); A, Austrittsstelle der Spermatozoen aus den geplatzten Hoden; bSp, bewegliche Spermatozoen; uSp, unbewegliche Spermatozoen.

y^+ als ♀♀ von normaler Körperfarbe erkennbar sind, treten gelegentlich auch einige ♀♀ auf, die wie die P-♀♀ dieser Kreuzung gelbe Körperfarbe und leuchtend rote Augen besitzen. Und unter den ♂♂ findet man gelegentlich eines, das nicht wie die übrigen ♂♂ „y" und „w" ist, sondern nur – wie die Parental-♂♂ dieser Kreuzung auch – weißäugig. Es sollte aufgrund der genetischen und cytologischen Analyse der F_1 dieser Kreuzung klargeworden sein, daß die hier beschriebenen Ausnahmetiere (matrokline ♀♀ und patrokline ♂♂) nicht nur denselben Phänotyp, sondern auch denselben Genotyp wie die Elterntiere haben müssen. Die Ausnahme-♀♀ haben das attached-X von der Mutter bekommen, vom Vater aber offenbar kein Geschlechtschromosom; die Ausnahme-♂♂ hingegen haben, wie die anderen ♂♂ in dieser Kreuzung ja auch, ihr X-Chromosom vom Vater erhalten und kein Geschlechtschromosom von der Mutter. Da sie phänotypisch wie die Väter normale Körperfarbe haben und das einzige y^+-Allel in diesem Ansatz auf dem Y-Chromosom der Väter sitzt, bietet sich als Erklärungsmöglichkeit für diese Ausnahme-♂♂ die Annahme, daß sie auch das Y-Chromosom vom Vater erhalten haben.

Präparation der Hoden dieser Ausnahmemännchen und Untersuchungen ihrer Spermatozoen auf Beweglichkeit zeigt, daß die Spermien beweglich sind wie bei einem XY-Tier. Offenbar haben diese Ausnahme-♂♂ aufgrund eines Nichttrennens der Geschlechtschromosomen in den Vätern beide, das X- wie das Y-Chromosom, vom Vater erhalten. Bei einem solchen Nondisjunction von X- und Y-Chromosom in der 1. meiotischen Teilung sollten nicht nur XY-Spermatozoen entstehen, die bei Befruchtung von Eizellen ohne Geschlechtschromosom, wie sie in den attached-X Müttern ja regelmäßig auftreten, zu einem XY-♂♂ (vom Phänotyp „y^+w") führen. Vielmehr sind auch Spermatozoen zu erwarten, die überhaupt kein Geschlechtschromosom erhalten. Diese entstehen in der Tat und führen, wenn sie eine XX-Eizelle befruchten, zu matroklinen ♀♀ . Daneben kann man sehr selten auch noch „y w" ♀♀ finden, die ihr Entstehen einem Nondisjunction der beiden Tochterchromatiden des freien X-Chromosoms in der 2. meiotischen Teilung in einem Parental-♂ verdanken.

Tabelle 1. Nondisjunction in Männchen von *Drosophila melanogaster*.

„y w sn"♂♂	„w sn"♂♂	„v"♀♀	„y v"♀♀	„y"-Metaweibchen	Σ
993	3	928	9	3	1936
51,29	0,15	47,93	0,46	0,15	%

Die obigen Werte wurden von einem Schüler im Rahmen einer Facharbeit ermittelt.

Angesetzt wurde die folgende Kreuzung:

$\widehat{XX}$, y v ♀♀ × X·Y^S, y w sn/y^+ Y ♂♂
(„y v" ♀♀ × „w sn"♂♂)

Kreuzungsschema: Vgl. Abbildung 1. Die Verwendung eines freien X-Chromosoms in den ♂♂ dieser Kreuzung, an das der kurze Arm des Y (Y^S) transloziert ist, erklärt sich aus der etwas weitergehenden Fragestellung dieser Facharbeit. (Übrigens: Welche Fragestellung war das wohl?)

9. Ergebnis der Kreuzungen: Zahlenwerte

Die Tabelle 1 nennt die einzelnen Phänotypen, die in der F_1 einer Kreuzung von attached-X ♀♀ mit XY-♂♂ beobachtet wurden. Diese Werte stammen aus der Facharbeit eines Kollegiaten. Das X-Chromosom der P-♂♂ dieser Kreuzung trug hier noch eine weitere rezessive Mutation (sn – *singed:* gewellte Borsten), was allerdings für die Auswertung ohne Belang ist. Außerdem war an das freie X-Chromosom in diesem Falle noch der kurze Arm des Y-Chromosoms transloziert. Dies ist ohne Einfluß auf das Ergebnis der Kreuzung, wenn man von einer geringfügigen Erhöhung der Nondisjunctionrate in den ♂♂ mit diesem X·Y^S-Chromosom einmal absieht. ♀♀ , die auf Nondisjunction in der 2. meiotischen Teilung zurückgehen, wurden in dieser Kreuzung nicht gefunden.

10. Ergebnis der Kreuzungen: Ausnahmetiere – Metaweibchen

Bei der Auswertung der Kreuzungsergebnisse wird man zunächst die aufgrund des Kreuzungsschemas als möglich erscheinenden Tiere der Chromosomenkonstitution Y 2A, aber auch die des Genotyps $\widehat{XX}$ X 2A als letal bezeichnen und nicht weiter berücksichtigen. Bei sorgfältiger Beobachtung wird aber auffallen, daß unter den Larven der F_1 dieser Kreuzung solche sind, die Gonaden mittlerer Größe besitzen, Gonaden, die zumindest

nicht eindeutig als weiblich klassifiziert werden können (vgl. [5]). Diese Larven zeichnen sich überdies noch durch eine stärkere Gelbfärbung der Malpighigefäße aus, als sie bei Wildtyplarven beobachtet werden kann. Wenn man Neuroblastenmitosen dieser Larven präpariert, so stellt man fest, daß es sich hierbei um Tiere handelt, die statt eines Y-Chromosoms neben dem attached-X noch ein weiteres, also ein drittes X-Chromosom besitzen (Abbildung 4a).

Gelegentlich wird man auch unter den geschlüpften F_1-Tieren Ausnahmetiere eines Typs finden, der sich mit diesem cytologischen Befund erklären läßt. Es treten – allerdings noch seltener als die Nondisjunction-Tiere – unter den Weibchen der F_1 solche auf, die weder (wie die meisten anderen ♀♀) nur *„vermilion"* sind, noch (wie die auf Nondisjunction zurückgehenden ♀♀) sowohl „y" als auch „v" sind. Vielmehr haben sie gelbe Körperfarbe („y") und mattrote Wildtyp-Augen. Bei der Kombination von Markierungsgenen auf dem mütterlichen Compound-X und auf dem väterlichen X-Chromosom müssen diese Tiere vom Geschlechtschromosomentyp $\widehat{XX}$ X sein, also sog. *Metaweibchen*. Eine Reihe weiterer phänotypischer Besonderheiten lassen sich bei diesen Metaweibchen feststellen, die offenbar unabhängig von den spezifischen Genen, mit denen die X-Chromosomen markiert sind, auftreten. Zur Erklärung dieser

4a

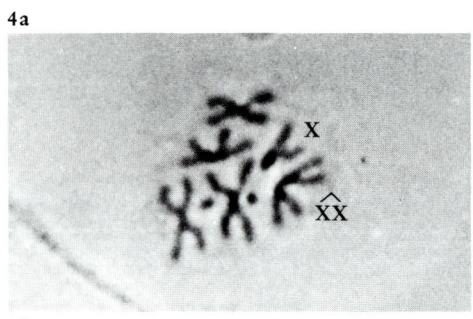

4b

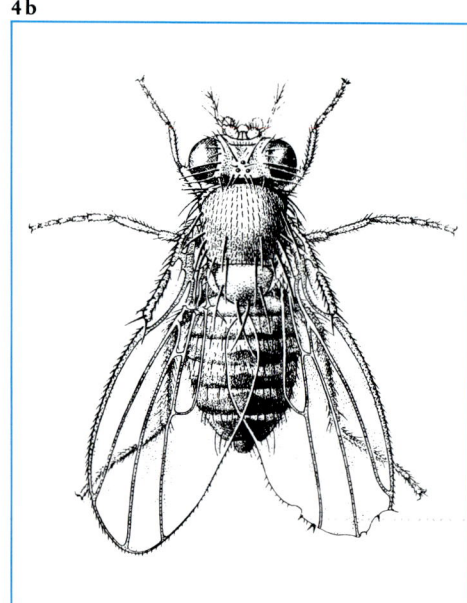

Abb. 4. Chromosomenkonstitution und Phänotyp eines Metaweibchens. a: Metaphase aus einer Neuroblasten-Mitose eines larvalen Metaweibchens mit drei X-Chromosomen, von denen zwei zu einem attached-X verbunden sind, und zwei normalen Autosomensätzen. Vergrößerung: 2000fach, Phasenkontrast. b: Phänotyp eines Metaweibchens. Die 3 X 2 A-Tiere sterben meist als Puppe. Nur selten überleben Tiere dieses Genotyps bis in das Imaginalstadium, wo sie dann als sterile ♀♀ mit Mißbildungen unterschiedlicher Stärke relativ bald sterben.

Die hier von W. Söllner (Bayreuth) nach dem Leben angefertigte Originalzeichnung stellt ein Metaweibchen mit typischen, vor allem die Flügelstellung und Äderung betreffenden Mißbildungen dar. Dieses Tier hatte aufgrund der besonderen genetischen Markierung der verwendeten Chromosomen gelbe Körperfarbe („y"), aber normale Augenfarbe und Borstenstruktur. Vergrößerung: 20fach.

genetischer Daten mit cytologischen Untersuchungen im Sinne der Chromosomentheorie der Vererbung die Chromosomen als die materiellen Träger der Vererbung im Kern erschlossen werden können. Eine Beschreibung der entwicklungsgenetischen Mechanismen der Geschlechtsbestimmung bei *Drosophila*, die über die Genbalancetheorie von Bridges (1922) [4] hinausgeht, ist mit diesen einfachen Versuchen nicht möglich und ist auch heute, mehr als ein halbes Jahrhundert nach Bridges' Arbeit, erst in Ansätzen bekannt ([1], [8]).

Literatur

[1] Baker, B. S. und K. A. Ridge: Genetics **94**, 383–423 (1980).

[2] Bridges, C.: Science **40**, 106–109 (1914).

[3] Bridges, C.: Genetics **1**, 1–52 u. 107–163 (1916).

[4] Bridges, C.: Am. Nat. **56**, 51–63 (1922).

[5] Lieb, E.: Unterricht Biologie, H. **45**, 35–45 (1980).

[6] Morgan, L.: Biol. Bull. **42**, 267–274 (1922).

[7] Morgan, T.: Science **32**, 120–122 (1910).

[8] Bownes, M. und R. Nöthiger: Mol. Gen. Genet. **182**, 222–228 (1981).

„Mißbildungen" der Metaweibchen wird man geneigt sein, auf die gestörte Balance auch in den Genen hinzuweisen, die nicht die Differenzierung des Geschlechts kontrollieren. Allerdings ist diese Erklärung unbefriedigend, solange man keine genauen Vorstellungen von der Natur dieser „Genbalance" hat.

11. Genbalancetheorie der Geschlechtsbestimmung

Die Untersuchungen, die hier beschrieben werden, geben Auskunft über die Rolle des Y-Chromosoms bei der Differenzierung des männlichen Geschlechts der Taufliegen und zeigen, wie aus der Kombination kreuzungs-

Biologie in unserer Zeit **1983**, *13*, 120–125.

Volker Neuhoff

30. Die Tüpfelprobe als einfaches Verfahren zur Proteinbestimmung

1. Einleitung

Ein zentrales Problem im weiten Feld experimenteller biochemischer Forschungen ist ein vernünftiger *Bezugspunkt* für erhaltene Meßwerte, die meist erst durch die Korrelation zum Bezugspunkt sinnvoll oder auch untereinander von Experiment zu Experiment vergleichbar werden. So kann z.B. irgendein Meßwert pro Gramm Gewebe angegeben oder auch auf den Gehalt an DNA (Desoxyribonucleinsäure) als einen Parameter der Zellzahl bezogen werden. Gramm Gewebe sind leicht, auch relativ genau zu bestimmen, sind aber als Bezugspunkt oft unzulänglich, weil verschiedene Gewebe sehr unterschiedlichen Wassergehalt haben können und obendrein der Wassergehalt, der in der Regel um die 80% liegt, aus ein und demselben Gewebe Schwankungen unterliegen kann. Wenn zudem nicht sehr schnell gewogen wird, ist gut zu beobachten, wie allein schon während des Wiegevorganges das Gewebestückchen ständig durch Wasserverdunstung „leichter" wird. Der Ausweg der Trockengewichtsbestimmung hat unabhängig von dem zeitraubenden Trocknen bis zur Gewichtskonstanz auch seine Tücken und wird nur für spezielle Fragestellungen eingesetzt. Die Bestimmung der DNA als Bezugspunkt ist einerseits mit allen derzeitig verfügbaren Methoden immer noch sehr aufwendig und benötigt andererseits reichlich Ausgangsmaterial, da der DNA-Gehalt des Gewebes mit ca. 0,5% recht niedrig ist.

Der international als Bezugspunkt am meisten verwandte Parameter ist der *Proteingehalt* einer Lösung oder eines Gewebes. Im Schnitt enthalten die meisten biologischen Gewebe um die 10% Protein, so daß wenigstens das Mengenproblem nicht so kritisch ist. Kritisch ist hingegen die Proteinbestimmung selber – und dies weniger wegen methodischer Schwierigkeiten als vielmehr deshalb, weil es nicht „das Protein" gibt, dafür aber Tausende verschiedener Proteine, die obendrein von Gewebe zu Gewebe in ihrer Zusammensetzung und Zusammenmischung variieren. Die Proteine unterscheiden sich voneinander nicht nur in ihrer Primärstruktur, d.h. der eindimensionalen Sequenz der miteinander verknüpften Aminosäuren, und ihrer Sekundärstruktur, also deren räumlicher Anordnung, sondern auch in ihrer Tertiärstruktur, der dreidimensionalen Faltung der einzelnen Aminosäureketten, und der Quartärstruktur, d.h. der Zusammenlagerung mehrerer Polypeptidketten.

2. Klassische Proteinbestimmungsmethoden

Das einzig genaue Verfahren einer Proteinbestimmung wäre demnach die hundertprozentige Reinigung des interessierenden Proteins, seine vollständige Zerlegung in die Bausteine und anschließende Bestimmung der Anzahl der enthaltenen Aminosäuren. Für Routinebestimmungen ist dieses Verfahren auch mit den modernen Analysenmethoden noch viel zu aufwendig, abgesehen davon, daß bei der Zerlegung des Proteins in seine Aminosäuren auch noch sichergestellt sein muß, daß die Zerlegung wirklich vollständig ist und dabei auch keine Aminosäuren völlig zerstört oder chemisch so verändert worden sind, daß sie nicht mehr bestimmt werden können.

1883 hat der dänische Chemiker J. Kjeldahl [2] eine „neue Methode zur Bestimmung des Stickstoffgehalts in organischen Körpern" beschrieben, die eigentlich bis zu den 50er Jahren unseres Jahrhunderts „die" Standardmethode zur Proteinbestimmung war. Im Prinzip beruht sie auf der vollständigen Veraschung von Proteinen in Anwesenheit eines Katalysators mit Schwefelsäure in einem „Kjeldahl-Kolben", wobei der Stickstoff, den ja alle Aminosäuren enthalten, quantitativ in Ammonsulfat überführt wird. Mit konzentrierter Lauge wird anschließend aus dem Ammonsulfat der Ammoniak ausgetrieben und in eine definierte Säurevorlage eingeleitet. Die überschüssige, nicht neutralisierte Säure wird abschließend mit Lauge rücktitriert und so schließlich der Stickstoffgehalt der eingesetzten Proben recht zeitaufwendig und mühsam, aber auch recht genau ermittelt.

Da die Proteine im Mittel um die 16% Stickstoff enthalten und die große Zahl der in einem Protein eingebauten Aminosäuren die Unterschiede im Stickstoffgehalt der einzelnen Aminosäuren weitgehend ausgleicht, hat sich dieses klassische Verfahren als lästige, aber brauchbare Methode auch gegen aufkommende, einfachere Farbstoffbindungsmethoden durchgesetzt. Aber auch hier war natürlich klar, daß eine saubere Proteinbestimmung immer nur mit einem sauberen Protein durchgeführt werden konnte, denn je nach Anzahl und Art der eingebauten Aminosäuren hat eben jedes spezifische Protein seinen spezifischen Stickstoffgehalt.

Die 1951 von Lowry, Rosebrough, Farr und Randall [3] veröffentlichte Methode: *"Protein measurements with the folin phenol reagent"* ist heute die in der ganzen Welt am meisten zitierte wissenschaftliche Publikation, wird doch diese Methode in fast allen biochemisch arbeitenden Laboratorien zur Proteinbestimmung eingesetzt. Seit Einführung dieser Methode hat sich auch eingebürgert, die experimentell gefundenen Werte auf einen Standard zu beziehen, um damit die oben skizzierten Probleme zu umgehen, und weil aus biologischem Material in aller Regel nur Proteinmischungen gewonnen werden können. Als Standard dient dabei üblicherweise Serumalbumin vom Rind, das inzwischen in höchster Reinheit als gut lösliches Trockenpulver erhältlich ist.

Die von Lowry beschriebene Methode ist im wesentlichen eine erweiterte Biuret-Reaktion. Sie basiert auf der Beobachtung, daß Peptidbindungen in Gegenwart von zweiwertigem Kupfer in alkalischer Lösung eine charakteristische Blaufärbung erzeugen, die durch eine koordinative (also nicht kovalente oder ionische) Bindung zwischen $Cu^{2\oplus}$ und den 4 Stickstoffatomen von 4 Peptidbindungen hervorgerufen wird (Biuret-Reaktion). Zur Intensivierung dieser Farbreaktion wird ein Phosphormolybdat-Phosphorwolframat-Salz (Folin-Reagenz) zugegeben, das in Gegenwart der in Proteinen eingebauten Aminosäuren Tyrosin und/oder Tryptophan reduziert wird. Das Reduktionsprodukt ist intensiv blau und kann im Photometer (bei 750 nm) gemessen werden.

Bei der praktischen Durchführung dieser Methode, die zwar einfacher ist als die von Kjeldahl, warum sich wohl „der Lowry" auch so schnell durchgesetzt hat, sind recht genaue Vorschriften einzuhalten und außerdem gibt es zahlreiche Komponenten, die häufig in biologischem Material vorkommen, die eine quantitative Bestimmung stören können. Viele der ersten Arbeit von Lowry nachfolgende Publikationen beschreiben allerlei Modifikationen, um diese Probleme zu umgehen. Außerdem zeigen auch die zahlreichen Publikationen anderer Proteinbestimmungsmethoden, daß man auch mit dieser Methode noch nicht so recht glücklich ist und immer noch nach einem Verfahren sucht, das einfach und schnell durchführbar ist, möglichst wenig störanfällig und natürlich auch reproduzierbar.

3. Tüpfelprobe

Die im folgenden beschriebene Methode [4] erfüllt so weitgehend diese Forderung, daß sie auch für Schulversuche geeignet ist. Im Prinzip ist sie eine Tüpfelanalyse und damit ein Analysenverfahren, das erstmals 1859 von H. Schiff (vgl. [1]) eingesetzt wurde. Er hatte seinerzeit berichtet, daß Harnsäure dadurch nachgewiesen werden kann, daß man einen Tropfen der wäßrigen Harnsäurelösung auf ein Filtrierpapier bringt, das zuvor mit Silberkarbonat imprägniert wurde. Infolge einer Redoxreaktion scheidet sich Silber ab, das als fein verteiltes Metall auf dem weißen Papier als grau-schwarzer Fleck sichtbar wird. Die Tüpfelanalyse hatte ihre Blütezeit vor etwa 40–50 Jahren und ist trotz ihrer vielseitigen Anwendungsmöglichkeit [1] und Vorzüge heute weitgehend in Vergessenheit geraten. Dabei ist sie in der Regel um mindestens einen Faktor 10 empfindlicher gegenüber einer gleichen Reaktion im Reagenzglas und benötigt zudem auch weit weniger Untersuchungsmaterial, was immer dann ein wichtiger Gesichtspunkt ist, wenn, wie so oft bei der Untersuchung biologischer Proben,

aus wenig Ausgangsmaterial möglichst viele wissenschaftliche Daten gewonnen werden sollen.

3.1 Versuchsanordnung

Zur praktischen Durchführung der Methode werden folgende Reagenzien benötigt: Amidoschwarz 10 B, 0,5% in Methanol/Eisessig (9:1) zum gleichzeitigen Färben und Fixieren des Proteins. Methanol/Eisessig (9:1) zum Auswaschen nicht an Protein gebundenen Farbstoffs. Rinderserumalbumin zum Herstellen einer Eichkurve. 1 µl, 2 µl oder 5 µl-Kapillaren. Sauberes Filtrierpapier oder wesentlich besser Zelluloseacetatfolien und einige Petrischalen bzw. Bechergläser.

Amidoschwarz 10 B ist ein saurer Diazofarbstoff mit folgender Strukturformel:

Als histologischer Farbstoff ist er unter dem Namen Naptholblauschwarz bekannt und wird seit vielen Jahren zum Färben von elektrophoretischen Proteintrennungen (z.B. in der Klinik zur Blut-Protein-Untersuchung) eingesetzt. Da er mit seinen beiden sauren Gruppen an die basischen Aminogruppen der Proteine bindet, ist es wenig verwunderlich, daß die mit der Kjeldahl-Methode bestimmten Werte sehr gut mit den durch Amidoschwarzfärbung gefundenen übereinstimmen.

3.2 Bestimmung von wasserlöslichen Proteinen

Die zu bestimmenden Proteinlösungen müssen klar, d.h. alles Protein muß gelöst sein. Ungelöste Partikel, gleich ob Proteinpartikel oder anderes Material, müssen also abzentrifugiert werden. Auf die Bestimmung auch schwer löslicher Proteine wird weiter unten eingegangen. In die klare Proteinlösung wird eine 1 µl, 2 µl oder 5 µl-Kapillare eingedippt, die sich dabei durch Kapillarattraktion vollständig füllt, was durch leicht schräges Eindippen noch gefördert wird. Auf vollständige Füllung ist zu achten und ebenfalls auch darauf, daß keine Reste der Proteinlösung außen an der Kapillarwand haften. Deshalb soll auch die Kapillare nicht in die Lösung eingetaucht, sondern nur eingedippt werden. Bei Verwendung von 2 µl-Kapillaren ist die Re-

produzierbarkeit am größten und die Streuung der Meßwerte am geringsten.

Die gefüllte Kapillare wird dann auf ein ca. 1 cm² großes Stückchen des Filtrierpapiers bzw. der Acetatfolie senkrecht in der Mitte aufgesetzt (nicht aufgepreßt [!], weil sie dann nicht auslaufen kann), solange, bis das ganze Kapillarvolumen vom Papier bzw. der Folie aufgesogen ist. Normalerweise wird die Folie unmittelbar danach mit einer Pinzette in eine Petrischale oder ein Becherglas mit der Amidoschwarzlösung überführt. Dabei wird das Protein in der Folie gleichzeitig fixiert und gefärbt. Im Färbebad bleibt die Folie mindestens 5 Minuten. Längere Färbedauer ist nicht erforderlich, aber völlig bedenkenlos. Nach Abgießen der Farblösung werden die Folienstückchen mit Methanol/Eisessig (9+1) solange gewaschen, bis der Untergrund völlig weiß ist. Das Auswaschen der nicht an Protein gebundenen Farbe wird durch Wechsel der Waschlösung und Schütteln beschleunigt. In der Regel genügen 3 x 5 Minuten Auswaschzeit, wobei die letzte Waschlösung immer frisch sein sollte.

Auch das Auswaschen der überschüssigen Farbe ist völlig unproblematisch, können doch die Tüpfelproben im vorletzten, also noch schwach blau gefärbten Waschbad beliebig lange unter Verschluß (um Methanolverdunstung zu vermeiden) aufgehoben werden. Auch im letzten, frischen Entfärbebad tritt nach 2 Stunden noch kein Verlust der an Protein gebundenen Farbe ein. Erst nach 4 Stunden im letzten Bad gehen 19%, nach 12 Stunden 20% und nach 24 Stunden 28% der gebundenen Farbe in die Waschlösung, was andererseits für eine recht stabile Farbstoff-Protein-Bindung spricht.

Je nach der Qualität des für die Tüpfelprobe eingesetzten Filtrierpapieres wird der Untergrund mehr oder weniger hell sein und die überschüssige Farbe sich mehr oder weniger schnell auswaschen lassen. Bei Verwendung der Acetatfolie entfallen diese Probleme, denn sie läßt sich immer vollständig und schnell auswaschen. Wenn Acetatfolie für die Tüpfelprobe eingesetzt wird, was sehr zu empfehlen ist, sollte sie vor Gebrauch für einige Stunden in einer feuchten Kammer gehalten werden, um das Aufbringen der Tüpfelprobe zu erleichtern. Abbildung 1 zeigt, wie man sich leicht aus einer Petrischale und zwei Bechergläsern eine feuchte Kammer herstellen kann.

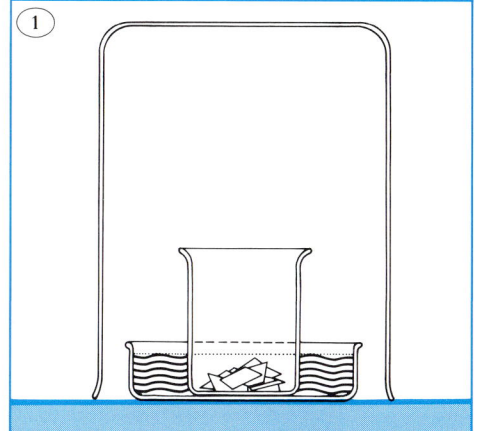

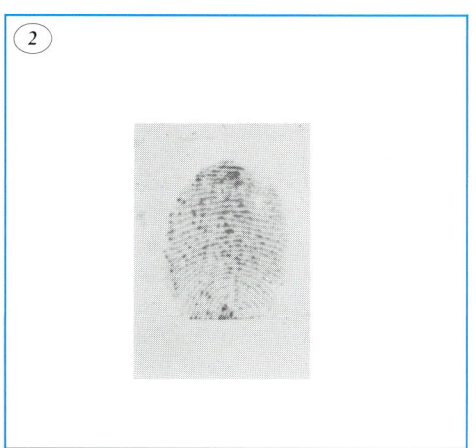

Abb. 1. Einfacher Aufbau einer feuchten Kammer aus einer Petrischale und zwei Bechergläsern.

Abb. 2. Fingerabdruck des Autors (nach Eintauchen in Bier) auf Acetat-Folie, mit Amidoschwarz gefärbt.

Im Grunde ist es selbstverständlich, aber dennoch sollte darauf hingewiesen werden, daß beim Zuschneiden der ca. 1 cm² großen Folienstückchen keine Fingerabdrücke aufgebracht werden, weil dadurch Proteine vom Finger auf die Folie übertragen werden (Abbildung 2). Auch beim Umgang mit der Farbstofflösung ist Vorsicht geboten, weil die Fingerhaut sich „wunderschön" blau färben läßt und verspritzte Lösung häßliche Flecken in der Kleidung hinterläßt.

Wenn Lösungen so wenig Protein enthalten, daß nach der Färbung der Tüpfelprobe die Auswertung problematisch wird, können nacheinander auf das gleiche Folienstückchen wiederholt 2 µl aufgetragen werden, wenn zwischen jedem Auftragen getrocknet wird. Dadurch läßt sich leicht eine Konzentrierung auf kleinem Fleck erreichen. Durch das Trocknen (mit einem Fön oder auch an der Luft) verliert das Protein nicht an Färbbarkeit, hingegen läßt sich ein Protein, das einmal sauer fixiert, d.h. denaturiert wurde, nicht mehr vollständig anfärben. Sollen verschiedene Proben gleichzeitig analysiert werden, können die Folienstückchen durch Abschneiden der Ecken bzw. Einschneiden kleiner Kerben vor dem Auftüpfeln der Proben markiert werden.

3.3 Auswertung

Zur Auswertung der Tüpfelprobe gibt es mehrere Möglichkeiten, die sich je nach der vorhandenen Ausrüstung richten können. Das allereinfachste Verfahren beruht darauf, daß man sich eine genau definierte Verdünnungsreihe aus Rinderserumalbumin (z.B. beginnend mit 5 mg/ml gelöst in 0,9 % NaCl) herstellt, von jeder Konzentration einige Tüpfelproben anfertigt und rein visuell die Farbintensität der unbekannten Probe mit der definierter Proben vergleicht. Mit einiger Übung läßt sich so schon eine recht gute Abschätzung erreichen. Dafür können die Proben auf Filtrierpapier einfach aus der letzten Waschlösung genommen und an der Luft getrocknet werden. Werden Acetatfolien zur Tüpfelprobe eingesetzt, muß die Folie noch kurz in reinem Methanol oder Wasser gewaschen werden, um die Essigsäure auszuwaschen, da beim Trocknen direkt aus Methanol/Eisessig das Methanol schneller verdunstet als die Essigsäure, die dadurch so konzentriert wird, daß sie beginnt, die Folie zu lösen.

Dieser Lösungseffekt ist andererseits sehr erwünscht, denn die Folie kann mitsamt der Tüpfelprobe leicht in einem definierten Volumen (je nach Meßküvette in 1, 2 oder 3 ml) Eisessig vollständig gelöst und dann in einem Photometer oder Colorimeter möglichst bei 590 nm gemessen werden. Wenn so vorgegangen wird, sollte das kleine Becherglas mit dem Eisessig beim Einbringen der Folie, die direkt aus dem letzten Waschbad entnommen wird, etwas geschüttelt werden, damit die Folie nicht am Glas anklebt, was den Lösungsvorgang erheblich verzögert. Hat man sich eine Eichkurve mit den definierten Proteinlösungen in gleicher Weise hergestellt, kann aus dieser Eichkurve der Proteingehalt der undefinierten Lösung abgelesen werden. 1 µg (= 10⁻⁶g) Protein kann so (bei einem Meßvolumen von 3 ml) noch quantitativ bestimmt werden.

Sollen Proben, vor allem Dauerproben mit definierten Eichwerten länger aufgehoben werden, muß dies unbedingt im Dunkeln geschehen, da anderenfalls die Farbe langsam ausbleicht. Zum *Herstellen von Dauerproben* gibt es, abgesehen von den luftgetrockneten Folien, zwei weitere Möglichkeiten, die zugleich auch durch höheren Kontrast bessere Vergleiche erlauben. Die gefärbten und entfärbten Acetatfolien werden dafür längere Zeit, am besten über Nacht, in reines Paraffinöl *(Paraffinum liquidum)* eingebracht. Dabei behält die Folie ihre Form und Struktur und wird bis auf einen homogenen, schwach milchig erscheinenden Untergrund weitgehend transparent. In Paraffin könnte sie zwischen zwei Deckgläsern eingebettet im Dunkeln aufgehoben werden. Einbetten in Glycerin ist nicht zu empfehlen, da die Folie sehr milchig bleibt.

Wenn vollständige Transparenz und vorzügliche Haltbarkeit erreicht werden soll, müssen allerdings toxische Lösungsmittel eingesetzt werden, weshalb dieses Vorgehen nur unter dem Abzug vorgenommen werden darf. Dafür wird die gefärbte und vollständig entfärbte Acetatfolie direkt aus dem letzten Waschbad mit einem Reagenzglas auf einen sauberen Objektträger fest aufgewalzt und sofort danach (die Folien dürfen nicht durch Methanol-Verdunstung von der Essigsäure angelöst werden) in eine (immer abgedeckt zu haltende) Petrischale überführt, in der folgende Transparenzlösung enthalten ist: 72 Teile Dioxan (toxisch), plus 28 Teile Isobutanol. In diesem Transparenzbad dürfen die Folien keinesfalls länger als 3 bis 5 Minuten verbleiben. In dieser kurzen Zeit ist gut zu beobachten, wie die Folie vollständig transparent wird. Längere Verweildauer im Transparenzbad hat einen Farbstoffverlust zur Folge, der bereits nach 12 Minuten 7,9 % und nach 24 Minuten 12,5 % beträgt. Nach 5minütigem Transparenzbad werden die Objektträger sofort in einen bereits 90 bis 100°C warmen Trockenschrank überführt und dort

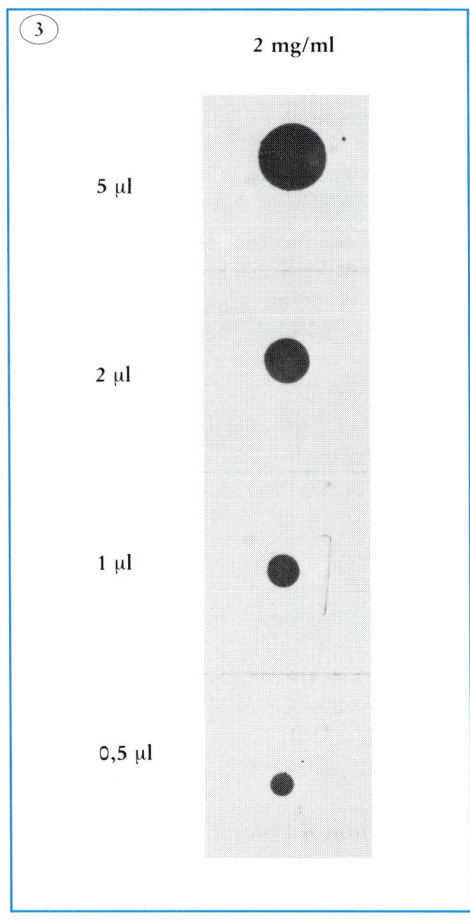

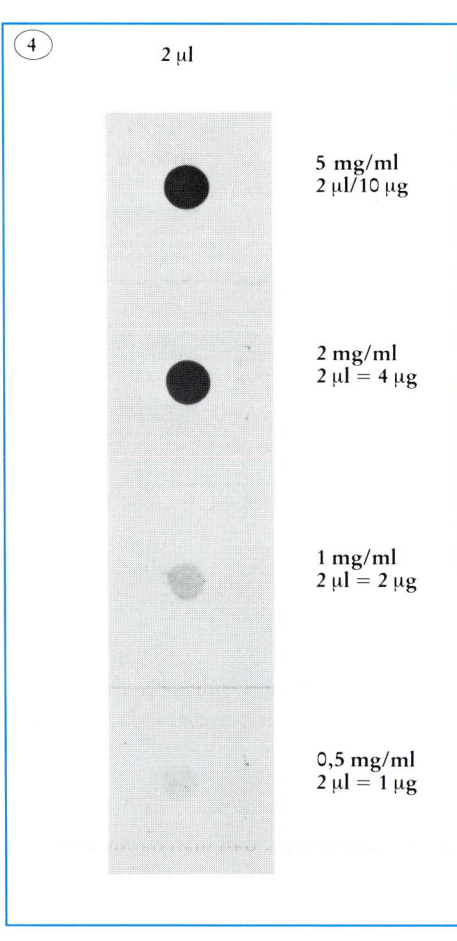

Abb. 3. Von einer Rinderserumalbuminlö-sung mit der Konzentration von 2 mg/ml wurden jeweils 5 µl, 2 µl, 1 µl und 0,5 µl auf Acetatfolien getüpfelt, mit Amidoschwarz gefärbt und anschließend auf Objektträgern transparent gemacht. Beachte die Abhängigkeit des Fleckdurchmessers von dem aufgetragenen Volumen bei gleichbleibender Proteinkonzentration.

Abb. 4. Jeweils 2 µl von Rinderalbuminlösungen mit unterschiedlicher Konzentration wurden auf Acetatfolie getüpfelt, Amidoschwarz-gefärbt und transparent gemacht. Beachte, daß trotz gleichen Auftragsvolumens der Fleckdurchmesser in Abhängigkeit von der Proteinkonzentration kleiner wird.

mindestens 10 Minuten getrocknet. Längere Trockenzeit ist unkritisch, kürzere führt dazu, daß die Folie langsam wieder weißlich wird. Das Resultat dieser Prozedur ist eine hauchdünne Acetatfolie, die ebenso durchsichtig ist wie der Objektträger und fest auf ihm haftet.

Da bei dem wiederholten Öffnen der Petrischale mit der Transparenzlösung zum Einlegen bzw. Herausnehmen der Objektträger immer etwas von dem leicht flüchtigen toxischen Dioxan verdunstet und das kritische, d.h. genau einzuhaltende Mischungsverhältnis Dioxan/Isobutanol dadurch verändert wird, führt dies bei längerem Gebrauch bzw. längerem Offenstehen-lassen dazu, daß die Folie nicht mehr bzw. zunehmend weniger transparent wird. Spätestens dann ist frisches Transparenzbad zu verwenden.

Transparente Dauerpräparate können wiederum auf mehreren Wegen ausgewertet werden. Sofern ein photographischer Vergrößerungsapparat vorhanden ist, können die transparenten Folien eingelegt und das scharf abgebildete Fleckenbild mit einem empfindlichen *Belichtungsmesser* (mit Photodiode) die Transmission im Fleck und im Vergleich zur farblosen Fleckumgebung gemessen werden. Dabei ergibt Meßwert : Leerwert x 100 = % Transmission und log (100 : % Transmission) = Extinktion. Dieser Wert wird für die Eichkurve im doppeltlogarithmischen Papier in die Y-Achse und die korrespondierenden µg Protein in die X-Achse eingetragen. Wenn ein guter Belichtungsmesser zur Verfügung steht, kann eine Eichkurve erstellt werden, die von 0,2 µg bis 10 µg Protein reicht. Höhere Werte sind nicht meßbar, denn einerseits kann nicht beliebig viel Protein von den Poren der Acetatfolie aufgenommen werden und andererseits verhindert eine zu dichte Packung des Proteins in der Folie eine vollständige Färbung. Dieser Effekt ist gut am Abknicken der sonst linearen Eichkurve erkennbar. Es ist auch zu empfehlen, die Eichkurve möglichst sorgfältig zu erstellen, d.h. mit ca. 5 Verdünnungsstufen (z.B. 10 mg/ml, 7,5 mg/ml, 5 mg/ml, 2,5 mg/ml, 1 mg/ml, 0,5 mg/ml) und ca. 5 bis 10 Einzelbestimmungen pro Konzentration, weil man nur dadurch einen Einblick in die Reproduzierbarkeit der Methode erhält und die späteren Meßwerte und deren Streuung auch von der Qualität der Eichkurve abhängt.

Wenn kein Photolabor mit Vergrößerungsapparat zur Verfügung steht, können die transparenten Proben in einen Diaprojektor gesteckt und im Dunkeln bei natürlich immer gleichem Abstand mit einem Belichtungsmesser die Transmission durch Messen an der Projektionswand oder direkt im Lichtstrahl des Projektors ermittelt werden.

Die genaue Auswertung der transparenten Folien ist mit einem *Densitometer* möglich, bei dem die Proben an einem Lichtspalt vorbeitransportiert und die Transmission direkt auf einem angeschlossenen Schreiber zur späteren Auswertung aufgezeichnet wird. Derartige Instrumente stehen sicher nicht in der Schule, aber möglicherweise im örtlichen Krankenhauslabor zur Verfügung.

3.4 Proteinbestimmung mit unbekanntem Volumen und unbekannter Konzentration

Die Tüpfelprobe erlaubt auch dann eine

quantitative Proteinbestimmung, wenn weder das Auftragsvolumen noch die Proteinkonzentration in diesem Volumen bekannt sind. Dem liegt die Beobachtung zugrunde, daß zwischen der Fläche bzw. dem Durchmesser eines Flecks auf der Acetatfolie und dem Auftragsvolumen im Bereich von 0,5 bis 5 μl eine lineare Korrelation besteht (Abbildung 3). Für diesen Versuch müssen die Acetatfolien vor dem Probenauftrag mindestens 1 1/2 Stunden in der feuchten Kammer (Abbildung 1) gehalten werden, um eine gleichmäßige Diffusion zu gewährleisten. Wenn die Folien länger als 6–8 Stunden in der feuchten Kammer waren, werden sie zu feucht, können aber nach dem Trocknen erneut verwendet werden. Der Fleckdurchmesser wird zusätzlich nur noch von der Proteinkonzentration dahingehend beeinflußt, daß er mit steigender Proteinkonzentration größer wird (Abbildung 4). Die Proteinkonzentration kann wie oben beschrieben durch Amidoschwarzfärbung ermittelt werden und der Fleckdurchmesser einfach durch Ausmessen. Wenn man sich also eine Eichkurvenschar mit definierten Volumina und definierten Konzentrationen einmal hergestellt hat, kann mit Hilfe eines einfachen iterativen Rechenverfahrens eine Proteinbestimmung auch dann durchgeführt werden, wenn sowohl das Probenvolumen als auch die Proteinkonzentration unbekannt sind.

Diese Art der Auswertung basiert auf einer Rechenvorschrift, die zunächst von einem Schätzwert des Ergebnisses ausgeht. Durch wiederholte Anwendung dieser Rechenvorschrift *(Iteration)* wird der Schätzwert solange verbessert, bis er sich nicht mehr nennenswert verändert. Dieser stabile Wert ist das gesuchte Ergebnis (Einzelheiten siehe bei [4]).

3.5 Proteinbestimmung wasserunlöslicher Proteine

Die Proteine von Zellmembranen sind in der Regel wasserunlöslich, können aber durch Zugabe von Harnstoff (6–8 Molar) bzw. nichtionischen Detergenzien wie z.B. 1–2% Triton X 100 (oder auch Pril) zum Teil in Lösung gebracht werden. Ionische Detergenzien wie Natriumdodecylsulfat (SDS) lösen noch mehr dieser Proteine, und vollständig bekommt man sie in Lösung mit 2% SDS in 12%igem NH_4OH. Harnstoff oder Triton beeinflussen die Amidoschwarzfärbung nicht (wohl aber den Fleckdurchmesser), da sie

beim Färben in Methanol/Eisessig bereits ausgewaschen werden. SDS hingegen ist sehr fest an Protein gebunden und erniedrigt die Amidoschwarzbindung, so daß also für die Bestimmung SDS-gelöster Proteine eine Eichkurve erstellt werden muß, für die das „Eich-Protein" in der gleichen SDS-Konzentration gelöst wurde wie die Probe. Es gibt einen fluoreszierenden Farbstoff, dessen Proteinbindung auch durch SDS nicht beeinflußt wird [4]. Da aber zur Auswertung dieser Tüpfelproben ein Fluorometer benötigt wird, soll hier nicht näher darauf eingegangen werden.

4. Diskussion

Unabhängig davon, daß die Tüpfelprobe das einzige Verfahren ist, das auf so einfache Weise eine gleichzeitige Konzentrations- und Volumenbestimmung erlaubt, liegt ihr entscheidender Vorteil weniger in den *kleinen Probenvolumen,* die für eine Analyse erforderlich sind, als vielmehr in ihrer *minimalen Störanfälligkeit.* Ausgenommen SDS, das die Amidoschwarzfärbung allerdings so genau definiert beeinflußt, daß man damit auch eine SDS-Konzentrationsbestimmung vornehmen könnte, stört keine Substanz, die in einem biochemischen Labor üblicherweise auch in Verbindung mit Proteinen eingesetzt wird, die Tüpfelprobe. Dies liegt ganz einfach daran, daß alle Substanzen, die nicht fest an Protein gebunden sind, beim Färbe- und Auswaschvorgang ebenfalls ausgewaschen werden, während sie bei den üblichen Proteinbestimmungen im Reagenzglas immer mit in der Lösung bleiben. Daß gleichzeitig eine so *hohe Nachweisempfindlichkeit* so einfach erreicht werden kann, liegt an der Konzentrierung der Probe auf einen kleinen Fleck.

Daß auch mit dieser einfachen Analysenmethode trotz all ihrer Vorzüge keine „absolute" Proteinbestimmung möglich ist, liegt nicht an der Methode, sondern an der Natur der Proteine, da jedes einzelne gemäß seiner Zusammensetzung ein spezifisches Farbstoffbindungsvermögen besitzt.

5. Bezugsquellennachweis

0,5 μl, 1 μl, 2 μl, 5 μl Kapillaren: Drummond Microcaps, 250 St. DM 32,–, z.B. zu beziehen durch Firma E. Schütt, Güterbahnhofstr. 11, D-3400 Göttingen.

Acetatfolie: Membranfilter SM 11200. 1 Packung enthält 50 Folien à 80 x 80 mm, DM 46,–, Firma Sartorius, Weender Landstr. 94–108, D-3400 Göttingen.

Serum-Albumin vom Rind: 250 mg DM 10,50. Firma Serva Feinbiochemika GmbH & Co., Postfach 105260, D-6900 Heidelberg – SDS: 500 g, DM 20,–, z.B. Firma E. Merck, Postfach 4119, D-6100 Darmstadt 1.

1 l Transparenzbad DM 22,–, Fa. Sartorius.
1 l Ammoniak (kg) DM 10,50, Fa. Merck.
1 l Dioxan DM 45,–, Fa. Merck.
1 l Essigsäure/Eisessig DM 20,–, Fa. Merck.
1 l iso-Butanol DM 24,25, Fa. Merck.
1 l Methanol DM 12,–, Fa. Merck.
25 g Amidoschwarz 10 B DM 9,75, Fa. Merck.
500 ml Triton X 100, Fa. Serva. Techn. DM 9,–, Rein 40,–.

Literatur

[1] Feigl, F.: Tüpfelanalyse. 4. Auflage, Bd. II, Organischer Teil, Akademische Verlagsgesellschaft mbH., Frankfurt, 1960.

[2] Kjeldahl, J.: Neue Methode zur Bestimmung des Stickstoffs in organischen Körpern. Fresenius Z. analyt. Chem. **22,** 366–372 (1883).

[3] Lowry, O. H., N. R. Rosebrough, A. L. Farr and R. J. Randall: Protein measurement with the folin phenol reagent. J. Biol. Chem. **193,** 265–275 (1951).

[4] Neuhoff, V., K. Philipp, H.-G. Zimmer and Senta Mesecke: A simple, versatile, sensitive and volume-independent method for quantitative protein determination which ist independent of other external influences. Hoppe-Seyler's Z. Physiol. Chem. **360,** 1657–1670 (1979).

Ekkehard Schönbohm

31. Versuche zum Geotropismus der Pflanzen

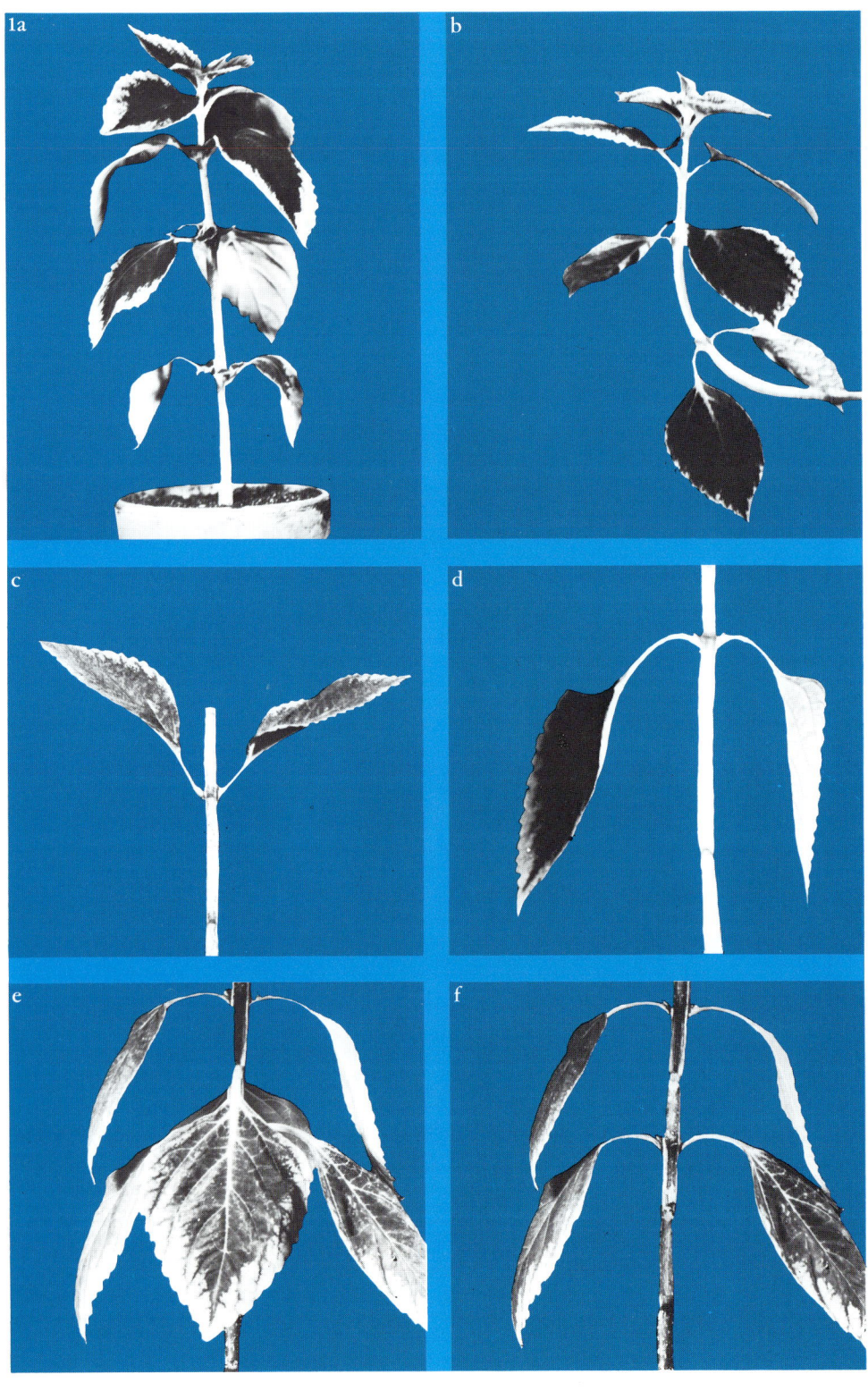

Über den derzeitigen Stand unserer Kenntnisse zum Problem des pflanzlichen *Geotropismus* haben wir in früheren Heften der biuz (**3/1**, 1—7 und **3/3**, 78—85) bereits berichtet. Der Leser wird bemerkt haben, daß sich eine ganze Reihe hierfür aufschlußreicher Ergebnisse mit relativ einfachen Experimenten ohne großen apparativen, d. h. finanziellen Aufwand gewinnen läßt. Eine unter diesem Gesichtspunkt getroffene Auswahl solcher Versuche möge dem an reizphysiologischen Fragen Interessierten im folgenden als Anregung zur Durchführung an die Hand gegeben sein. Wir haben auf eine Deutung der Ergebnisse aus Raumgründen verzichtet; wo es heißt: „zu erwarten:...", findet sich in den beiden vorangegangenen Artikeln (s. oben) die begründende Interpretation der jeweiligen Versuchsergebnisse.

Pflanzen und notwendiges Gerät

Mehrere einachsige *Coleus*-**Pflanzen von** ca. 25—35 cm Länge (vgl. Abbildung 1a). Sonnenblumenkerne *(Helianthus annuus).*
Mehrere kleine Tontöpfe für *Coleus*-Sprosse.
Mehrere Probengläschen von ca. 2,5 cm Durchmesser, der Höhe 5 bis 6 cm, für *Helianthus*-Keimlinge.

Ein Sand-Erde-Gemisch, ein Aquarium mittlerer Größe als „feuchte Kammer". Einige Petri-Schalen mit Filter- oder Fließpapier für die Quellung der Sonnenblumenkerne. Ein lichtdichter Kasten mit eingebauter Lichtquelle (evtl. Dunkelkammerleuchte) mit einer Öffnung ca. 4×4 cm mit Halterung zur Aufnahme eines Grünfilters vom Typ VG 9 (5×5 cm) von Schott & Gen., Mainz (= Sicherheitslicht). Ein kleiner Ständer aus Holz zur Aufnahme des Fotopapiers (z. B. Agfa/Gevaert Copyline P 90), Entwickler und Fixiersalz. Mehrere schwarzausgekleidete lichtdichte Kästchen (h×l×b=20×20×15 cm). Kleiner Holzkasten mit 25-Watt-Lampe und Fenster für ein weiteres VG 9-Filter 5×5 cm. Einige kleinere Stative mit Klemmen und diversen Haltern. Haushaltskühlschrank. Synchronmotor mit Getriebe für Klinostat (vgl. Abbildung 5a). Winkelmesser sowie einige Stäbe aus Holz oder Bambus, Blumenbast und Klebeband.

I. Versuche zum Ortho- und Plagiogeotropismus von Coleus-Sprossen

Bei *Coleus* reagiert die Achse des Hauptsprosses *negativ orthogeotrop,* wogegen die Seitensprosse 1. Ordnung sowie die Blattstiele mit der Blattmittelrippe ihre geische Ruhelage in einer Stellung finden, in der ihre Längsachse einen bestimmten Winkel zwischen der Vertikalen und der Horizontalen einnimmt (Abbildung 1a). Diese „plagiogeotrope" Ausrichtung eines Organes kann verstanden werden als eine Position, in der zwei einander entgegengesetzte Wachstumstendenzen sich im Gleichgewicht befinden. Beim negativen Plagiogeotropismus der Blattstiele und der Blattmittelrippen von *Coleus* sollen der negative Geotropismus mit der Epinastie (= stärkeres Wachstum der morphologischen Ober- gegenüber der morphologischen Unterseite) im physiologischen Gleichgewicht stehen. Die plagiogeotrope Orientierungsbewegung setzt eine permanente oder zumindest temporäre physiologische Dorsiventralität der betreffenden Organe voraus.

a) Zum Orthogeotropismus:

Nachweis des Orthogeotropismus: 4 einachsige, voll turgeszente *Coleus*-Topfpflanzen werden vor Versuchsbeginn noch einmal gut gegossen, dann werden die Töpfe mit Aluminium-Folie abgedeckt, damit die Erde auch bei Inversstellung nicht herausfallen kann. Pflanze „A" dient als Kontrolle und bleibt normal senkrecht. Pflanze „B" wird an einem Stativ in inverser Position fixiert. Pflanze „C" wird horizontal ausgerichtet und festgelegt. Pflanze „D" wird auf der vertikalen Scheibe (Achse horizontal) eines Klinostaten zunächst zentriert (Ausschalten der Unwucht) und dann darauf unverrückbar befestigt. (Rotation: 2 U/Minute).

Um phototropische Krümmungen der Achse auszuschließen, laufen die Versuche in einem verdunkelten Raum (auf ausreichende Luftfeuchtigkeit achten). Nach 2 bis 3 Tagen kann das Versuchsergebnis zeichnerisch

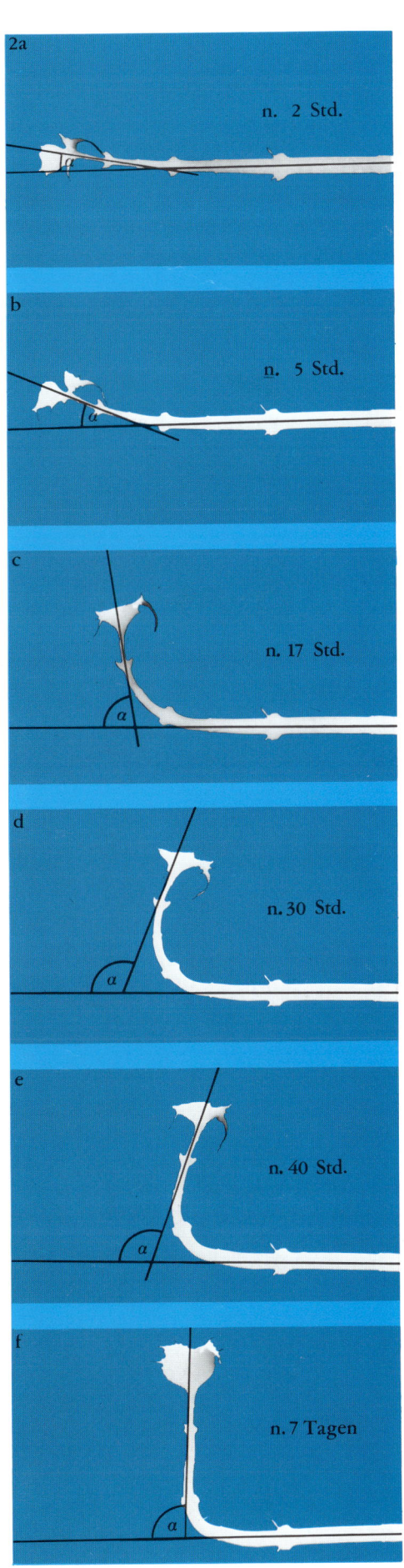

oder fotografisch festgehalten werden.

Zu erwartendes Ergebnis: Die Achsen der Pflanzen A (Abbildung 1a) und D (bei allseitiger geischer Reizung) haben sich nicht gekrümmt, wogegen die apikale Seite der Pflanze C sich um 90° (Abbildung 1b), bei Pflanze B um 180° gekrümmt hat. Auf die Blattstellung kommen wir später zu sprechen.

Registrierung des Krümmungsverlaufes: Der Krümmungsverlauf einer geisch gereizten *Coleus*-Sproßachse läßt sich am exaktesten verfolgen und registrieren, wenn man die dekussiert stehenden Blätter bis auf die jüngsten an der Sproß-Spitze entfernt; damit wird die Achse in ihrem Gesamtverlauf sichtbar. Da das für die geotropische Krümmung der Sproßachse wichtige Auxin (vgl. biuz 3/3, 79) vor allem aus den jüngsten Blättern stammt, verfügen die unmittelbar vor Versuchsbeginn entblätterten Sproßachsen (Abbildung 2 und 3) offenbar über genügend Auxin, um auf einen geischen Reiz mit einer entsprechenden Krümmung reagieren zu können.

Eine mehrfache Registrierung während der Krümmung kann über Schattenbilder der Sproßachsen erfolgen, die mit Hilfe einer Lichtquelle (grünes Sicherheitslicht) auf Fotopapier geworfen werden. Die Registrierung der im Dunkeln stehenden Pflanzen ist über einige Tage hin möglich, da die Wasserabgabe der Sprosse durch die Entblätterung stark vermindert ist und dadurch die Gewebe für mindestens eine Woche voll turgeszent bleiben. In Abbildung 2a-f sind einige wesentliche Stadien der orthogeotropischen Krümmung erfaßt: Schon 2 Stunden nach Beginn der geischen Reizung der entblätterten Sproßachse ist die Aufwärtskrümmung meßbar (Abbildung 2a). Bei „c" ist die „reizfreie" Lage der Sproßspitze (Ruhelage ~90°) nahezu erreicht, bei „d" läßt sich eine deutliche Überkrümmung feststellen, wogegen bei „e" die Rückkrümmung schon eingesetzt hat. Bei „f" ist schließlich die Einstellung der apikalen Zone nach dem Lot erreicht und gleichzeitig die Krümmung auf einen relativ kurzen Sproßabschnitt begrenzt (vgl. z. B. 2c mit 2f). Von a nach e fortschreitend werden weiter basalwärts gelegene Zonen von der Krümmung erfaßt. Es ist darauf zu achten, ob als Folge der Entblätterung die Krümmung weniger weit basalwärts fortschreitet als bei den beblätterten Sproßachsen (vgl. dazu z. B. Abbildung 1 b mit Abbildung 2 f!).

Geische Dauerreizung durch Fixierung der Sproßspitze: Wir haben schon über den Darwinschen Versuch berichtet (biuz 3/1, 3). Ein ganz entsprechendes Experiment läßt sich auch mit jungen *Coleus*-Sprossen durchführen, die wir kurz vorher wieder entblättern (Abbildung 3 oben). Man schneidet ca. 20 cm lange Sproßenden ab und fixiert die Sproßspitze in horizontaler Lage, wobei der freie, basalwärts gelegene Teil auch während der Krümmungsreaktion in seiner Bewegung nicht behindert werden darf (tritt bei Versuchen mit *beblätterten* Sproßachsen relativ leicht ein!). Man kann die Sproßspitze in eine Röhre mit feuchtem Sand stecken (hierzu eignen sich z. B. Pulverfläschchen aus Kunststoff oder Glas), die man oben mit Alu-Folie abdichtet und anschließend horizontal an einem Stativ anbringt. Wichtig ist auch hier, daß während des 5- bis 7tägigen Versuchs die Pflanzen durch den Rand der Pulverflasche nicht in ihrer Krümmung behindert werden und daß außerdem für genügend Feuchtigkeit gesorgt ist (z. B. Stativ in abgedecktes Aquarium stellen, das mit nassem Filterpapier ausgeschlagen ist). Bei dem in Abbildung 3 oben gezeigten Sproßende sind die Blätter entfernt worden; die Sproßspitze wurde in eine Schlauchkupplung (K) gesteckt, die über einen Schlauch aus einem Vorratsgefäß (medizinische Einweg-Spritze, 10 ml mit

Schlauchanschluß) dem Sproß fortlaufend Wasser zuführte; allerdings muß die angeschnittene Sproßspitze ohne Luftblase mit dem Vorratsgefäß verbunden sein! Das zu erwartende Ergebnis ist in Abbildung 3 b, c (bzw. b', c') wiedergegeben: Die Überkrümmung als Folge permanenter Spitzenreizung kann hier einen Winkel von 45° bis 70° (über das Lot) erreichen und ist nicht mit jener in Abbildung 2 vergleichbar. Die stärkste Krümmung wird auch hier nicht von den basal gelegenen Sproßzonen, sondern von dem apexnahen Bereich erwartet.

b) Zum Plagiogeotropismus der Blattstiele und Blattmittelrippen

Zum Nachweis der Epinastie sowie der geotropen Komponente am Zustandekommen der plagiogeotropen Orientierung der Blattstiele von *Coleus*-Sprossen werden eingetopfte, unverzweigte Pflanzen, wie oben beschrieben, vorbereitet. Jede Sproßachse wird vor allem im apikalen Bereich an einem möglichst wenig flexiblen Stab (Holz, Bambus oder Glas) mit Blumenbast oder Klebeband befestigt und so an einer geotropischen Eigenkrümmung gehindert. Bei jeder Pflanze werden dann die Winkel gemessen, die die Blattstiele (basale Zone!) mit der Sproßachse bilden; die Blattpaare werden numeriert, „links" und „rechts" wird durch eine entsprechende Markierung am Blumentopf unverwechselbar festgelegt. Eine Skizze der jeweiligen Blattstellung ist zu empfehlen! Die 4 Pflanzen werden dann wie unter Abschnitt a) in 4 verschiedene Positionen gebracht, wobei darauf zu achten ist, daß die horizontal fixierte Pflanze so orientiert wird, daß die Blattstielebene eines Blattpaares entweder vertikal oder horizontal, jedoch nicht schräg ausgerichtet ist. Auch dieser Versuch läuft bei Dunkelheit ab und dauert ca. 2—4 Tage.

Als Ergebnis ist zu erwarten, daß sich die Winkel bei der Kontrollpflanze nicht verändert haben (Abbildung 1 c). Bei der Pflanze in Inversstellung wirken negativer Geotropismus und Epinastie gleichsinnig, da die Epinastie, solange die physiologische Dorsiventralität vorliegt, von der Orientierung eines Organes im Raum unabhängig ist, der Geotropismus jedoch nicht. Es ist daher eine stärkere Abwärtskrümmung der Blattstiele sowie der Blätter zu erwar

ten (Abbildung 1d) als bei der Pflanze auf dem Klinostaten (Abbildung 1 e, f), bei welcher die negativ geotropische Reaktion aufgehoben ist, nicht jedoch die epinastische Krümmung. Bei dem horizontal festgelegten Sproß ist zu erwarten, daß die einzelnen Blattpaare ganz unterschiedlich reagieren, je nachdem, ob die Blattstiele (nicht die Blattspreiten!) eines Blattpaares zu Versuchsbeginn gemeinsam in einer horizontalen oder aber in einer vertikalen Ebene lagen. Die Blattstiele der Blattpaare mit horizontaler Position reagieren im Gegensatz zu den um 90° versetzt am Sproß ansetzenden Blättern beide gleichsinnig: Aufgrund der durch die Dorsiventralität der Blattstiele bestimmten Epinastie und der auf die Schwerkraft bezogenen negativen geotropischen Krümmungsbewegung resultiert als Reaktion eine Torsion der Blattstiele, wie dies z. B. auch das untere Blattpaar in Abbildung 1 b erkennen läßt. Von den um 90° versetzt am Sproß inserierten Blattpaaren (Blattstiele liegen in einer vertikal stehenden Ebene) ist zu erwarten, daß sich die Blattstiele der physikalischen Oberseite durch teilweise Addition der Effekte von negativem Geotropismus und Epinastie aufwärts krümmen (= Vergrößerung des Anstellwinkels!), wogegen sich die Blattstiele der physikalischen Unterseite meist nicht wesentlich krümmen; hier kommt es zumindest teilweise zu einem Rivalisieren zwischen Epinastie und negativer Krümmungstendenz (Krümmung in Richtung Sproßachse).

Läßt man eine *Coleus*-Pflanze über mehrere Tage invers exponiert, so kommt es zu starken Überkrümmungen und zunehmend zu Torsionen der Blattstiele; beides zusammen kann dazu führen, daß die morphologische Oberseite schließlich wieder nach „oben" zeigt. Der zeitliche Verlauf der Krümmung der verschieden alten Blattstiele läßt sich bei einer invers gestellten Pflanze grafisch darstellen (Diagramm: Winkel α_{1-n} gegen die Zeit, je eine Kurve für ein Blattpaar! Hierzu sind am 1. Tag Messungen im Abstand von ca. 6 Stunden zu empfehlen, später können die Messungen in größeren Abständen vorgenommen werden). Zu erwarten ist u. a., daß die apexnahen jüngeren Blattpaare sich anfangs rascher krümmen als die mehr basalwärts gelegenen älteren Blätter.

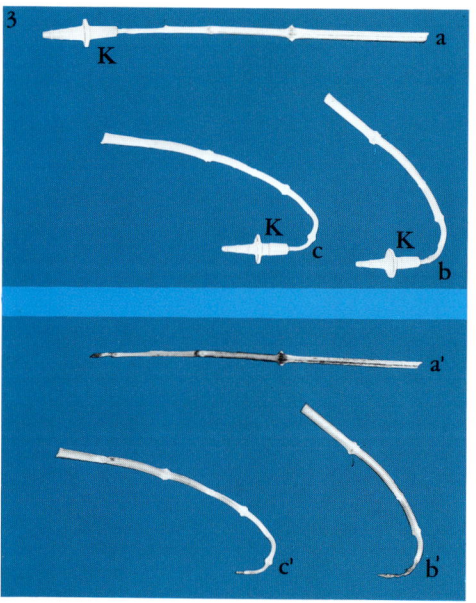

II. Versuche mit Sonnenblumenkeimlingen zum Orthogeotropismus der Hypokotyle

4 bis 7 Tage alte Keimlinge von *Helianthus annuus* eignen sich besonders gut für die Durchführung einer Reihe interessanter Experimente zum Geotropismus der Hypokotyle; die Keimlinge lassen sich zu jeder Zeit recht einfach (z. B. in einem Sand-Erde-Gemisch) im Licht-Dunkel-Wechsel von z. B. 14 : 10 Std. anziehen. Mißerfolge bei den Experimenten können leicht vermieden werden, wenn man zunächst die Reaktionsgeschwindigkeit und die geische Empfindlichkeit der Versuchspflänzchen testet. Die Reaktion hängt nämlich sehr stark vom erreichten Entwicklungsstadium ab.

Die jeweilige Krümmung der Hypokotyle kann wie bei *Coleus* durch fotografische Registrierung der Schattenbilder festgehalten werden (grünes Sicherheitslicht!), wobei darauf zu achten ist, daß das gegen Grünlicht empfindliche Fotopapier nur während der eigentlichen Registrierung exponiert wird.

a) Reaktionsgeschwindigkeit bei Keimlingen unterschiedlicher Entwicklungsstadien

Aus dem angezogenen Versuchsmaterial werden gerade gewachsene Pflanzen für 3 Versuchsgruppen ausgewählt; als Kriterien für die Zuordnung zu einer bestimmten Gruppe soll der Entwicklungszustand der ergrünten Keimblätter sowie die Entwicklung der Primärblätter gelten. Die Anzuchttöpfchen oder -gläschen werden so numeriert, daß die einzelnen Pflänzchen nicht nur nicht verwechselt werden können, sondern daß aus der Markierung auch später sicher auf die Reizlage geschlossen werden kann. Die Keimlinge sollen in der geischen Reizlage so orientiert sein, daß eine durch die beiden Keimblätter und die Hypokotyl-Achse gelegte Ebene vertikal orientiert ist; senkrecht zu dieser Ebene erfolgt die fotografische Registrierung der Krümmung. Zunächst werden alle Pflänzchen für ca. 2 Stunden senkrecht im Dunkeln aufgestellt, dann folgt die erste fotografische Registrierung; daran anschließend werden sie so in die Horizontale geschwenkt, daß die Keimblätter sofort richtig orientiert liegen (keine zusätzliche Drehung des Keimlings um seine Achse).

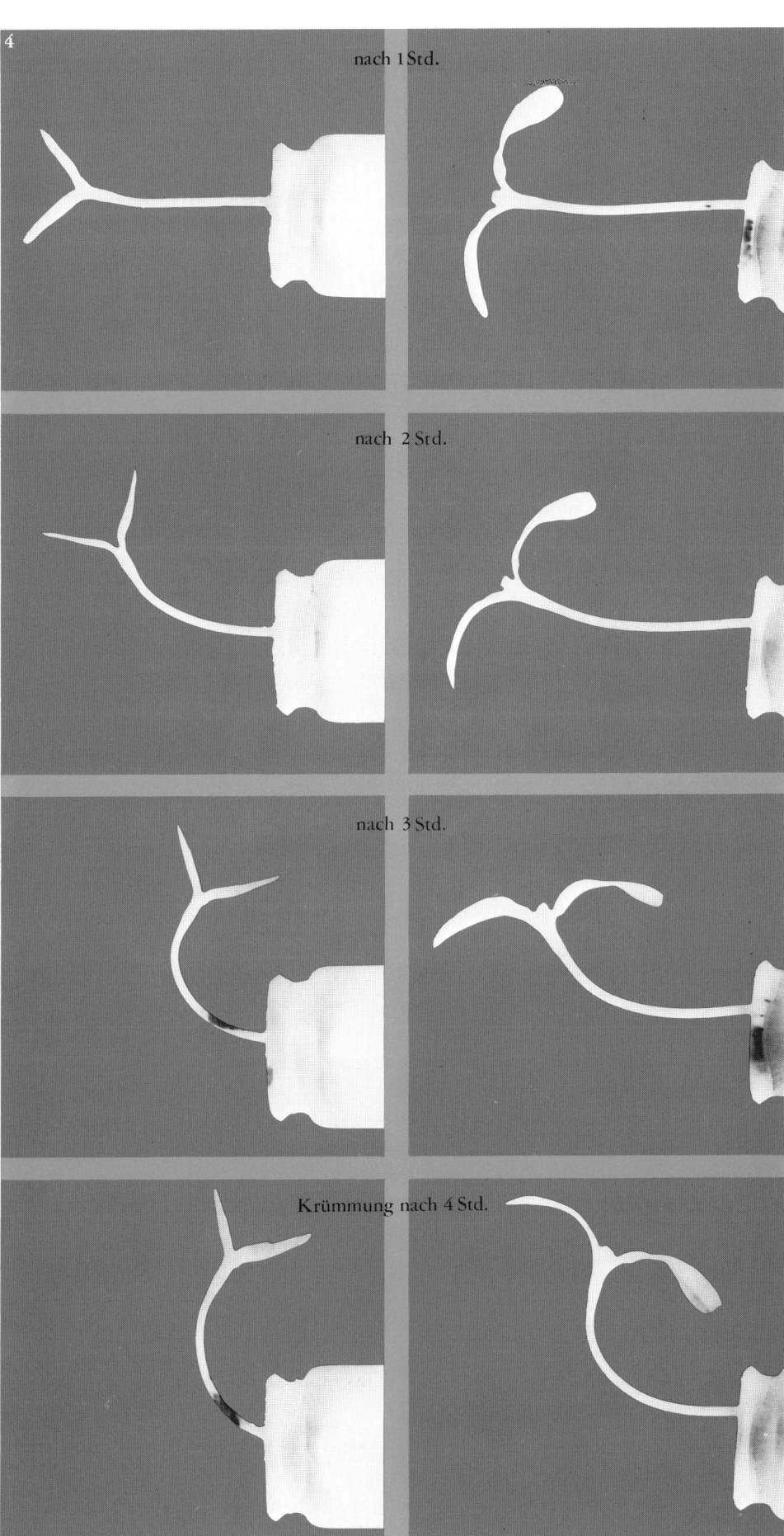

nach 1 Std.

nach 2 Std.

nach 3 Std.

Krümmung nach 4 Std.

Für die Festlegung der Keimpflanzen in der Horizontalen gibt es zahlreiche Möglichkeiten; man sollte jedoch darauf achten, daß die fotografische Registrierung der einzelnen Hypokotyle durch die Methode der Festlegung nicht unnötig erschwert wird. Der Verlauf der Krümmung der Hypokotyle wird stündlich registriert.

Als Ergebnis ist zu erwarten, daß die Reaktionsgeschwindigkeit bei horizontal gelegten Keimlingen mit relativ wenig vergrößerten Keimblättern (Abbildung 4, linke Reihe) höher ist als bei Keimlingen, deren Keimblätter sich schon stark vergrößert haben (Abbildung 4, rechte Reihe). Die zeitliche Phasenverschiebung beträgt in unserem Fall ca. 1 Stunde. Bei älteren Keimlingen mit deutlich ausgebildeten Primärblättern kann die Phasenverschiebung noch wesentlich größer sein. Auf die Lage der Krümmungszone während der verschiedenen Bewegungsphasen ist zu achten (s. dazu auch Abbildung 5c).

b) Einseitige geische Reizung und Rotation am Klinostaten

Zur Ausschaltung der einseitigen geischen Reizung eines Organs dreht man es kontinuierlich in der Horizontalen um seine Längsachse. Für nicht allzu schwere Objekte kann ein kleiner Synchronmotor mit Getriebe (Abbildung 5 a) recht gut als Klinostat verwendet werden. Die Wirkung einseitiger Dauerreizung durch Festlegung eines Keimpflänzchens in der Horizontalen soll verglichen werden mit der Wirkung allseitiger geischer Reizung am Klinostaten (Abbildung 5 a). Auch hier werden die Keimpflanzen für ca. 2 Stunden im Dunkeln vertikal gestellt (am Stativ bzw. zentrisch fixiert am Klinostaten), es folgt die erste fotografische Registrierung, an die sich die Schwenkung der Pflanzen bzw. des Klinostaten in die Horizontale anschließt (= Beginn der Rotation, ca. 2 U/Minute).

Die Auswertung erfolgt nach etwa 24 Stunden.

Als Ergebnis ist zu erwarten, daß sich die auf dem Klinostaten gedrehte Pflanze geisch nicht krümmt (Abbildung 5 b), wogegen die einseitig geisch gereizte Pflanze sich aufrichtet, wobei die Krümmungszone den **basalen Bereich des Hypokotyls erreicht** (Abbildung 5 c).

c) Nachweis des geotropischen Gedächtnisses („Mneme")

Wie wir schon erfahren haben (biuz **3/3**, 80), kann ein Organ bei niederen Temperaturen (z. B. +2 bis +4° C) einen geischen Reiz wohl perzipieren, für die Reizbeantwortung, also für die geische Krümmung sind dagegen höhere Temperaturen erforderlich. Hier sollen Experimente durchgeführt werden, die Aufschluß darüber geben können, wie lange ein geischer Reiz in der Kälte gespeichert wird. Wir wählen aus dem Versuchsmaterial eine Reihe von gerade gewachsenen Keimlingen aus, die sich für geotropische Experimente im optimalen Entwicklungszustand befin-

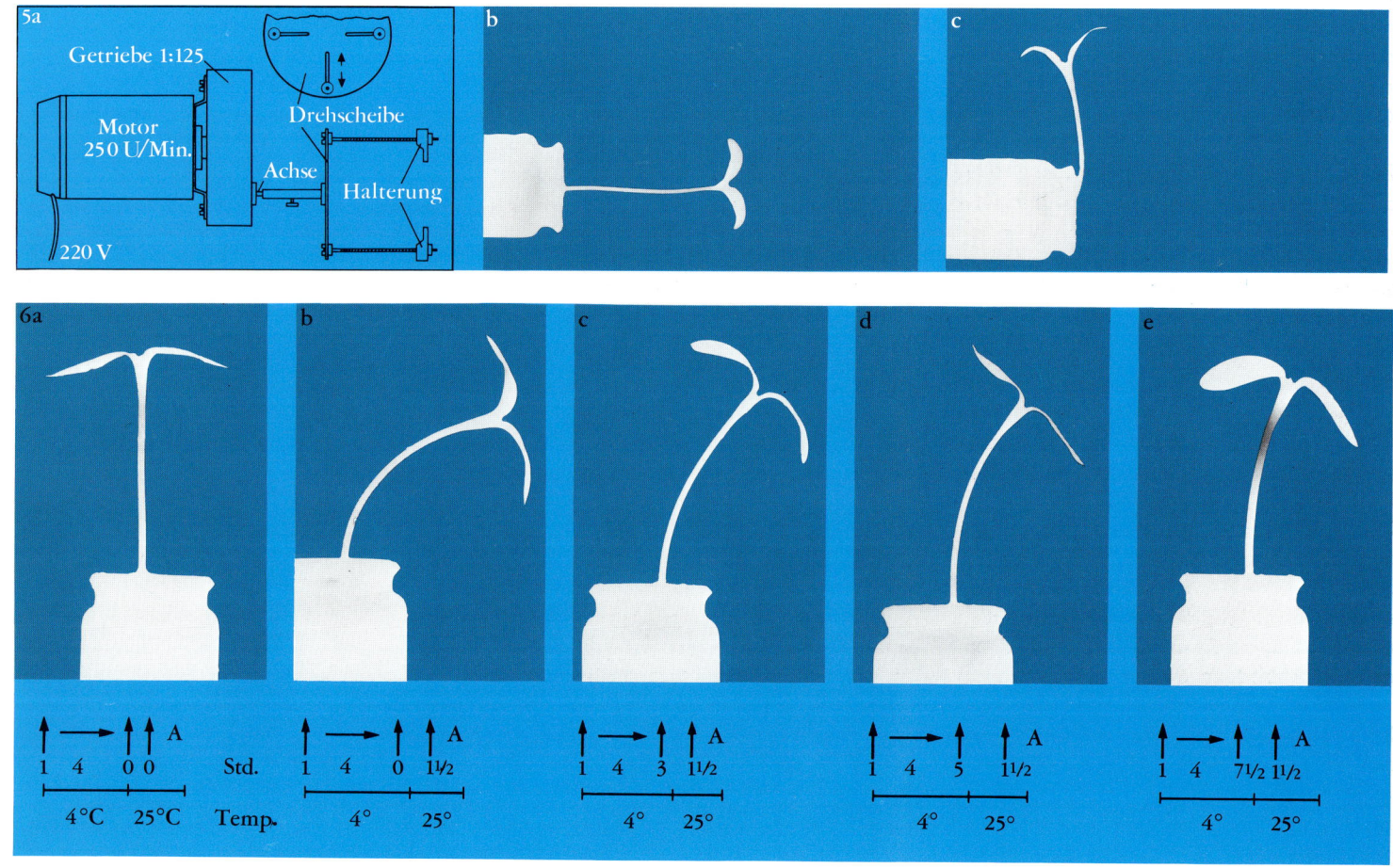

den (s. o.). Die Keimlinge müssen auf 5 **lichtdichte Kästen** (aus Holz, Metall, Kunststoff oder Pappe) verteilt und so fixiert werden, daß sie sich beim Verkanten der Kästchen um 90° nicht lockern und verlagern können (z. B. Einklemmen mit Hilfe von Styroporstückchen). Zur Temperaturangleichung werden alle Kästchen so in einem Kühlschrank (+2 bis +4° C) aufgestellt, daß die Hypokotyle vertikal orientiert sind. Nach einer Stunde dreht man die Kästchen um 90° und bringt damit die Pflänzchen in die geische Reizlage (Horizontale!). Nach ca. 4 Stunden dreht man im Kühlschrank alle Kästchen wieder in die Ausgangsposition zurück und bringt 2 Kästchen in die Dunkelkammer (Temperatur 25° C), entnimmt jedoch nur aus Kasten 1 nacheinander die Keimlinge zur fotografischen Registrierung des Hypokotylverlaufes (Schattenbilder — Grünlicht). Aus Kasten 2 werden eineinhalb Stunden später die Keimlinge zur Registrierung entnommen. Die Kästchen 3, 4 und 5 werden aus dem Kühlschrank in die Dunkelkammer gebracht, wenn ihre Keimlinge im **Anschluß an die geische Reizung für ca. 3 bzw. 5 bzw. 7 Stunden** vertikal orientiert bei +2 bis +4° C gehalten wurden. Auch hier erfolgt die Registrierung der Krümmung eineinhalb Stunden nach Überführung der Keimlinge ·in die Dunkelkammer (25° C!).

Zu erwarten ist folgendes Ergebnis: Erfolgt die fotografische Registrierung unmittelbar nach der Rückkehr der Pflänzchen in die vertikale Position, so haben sich die Hypokotyle **noch nicht gekrümmt** (Abbildung 6a), eineinhalb Stunden später (bei 25° C) müßten die Keimlinge aus Kasten 2 den geischen Reiz mit einer starken Krümmung des Hypokotyls beantwortet haben (Abbildung 6 b). Werden zwischen die Induktionsphase (+2 bis +4°C/horizontal) und die Reaktionsphase (eineinhalb Stunden bei 25°C) Zwischenphasen von unterschiedlicher Dauer eingefügt, in der die Keimlinge bei +2 bis +4°C normal aufrecht stehen, so ist zu erwarten, daß die Reaktionsgröße mit der Dauer dieser Zwischenphase abnimmt. (Abbildung 6 c bis e).

Es ist bemerkenswert, daß ein ca. 7 Stunden zurückliegender geischer Reiz bei Anhebung der Temperatur noch zu einer signifikanten Krümmung führen kann (Abbildung 6 e).

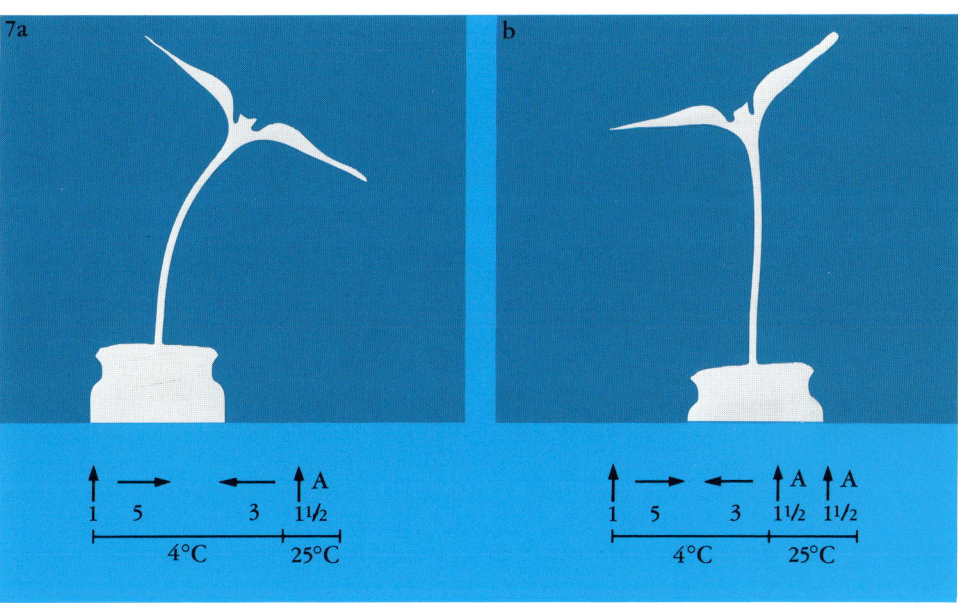

d) Antagonistische Reizung und deren Beantwortung

Der experimentelle Nachweis des geotropischen Gedächtnisses bei *Helianthus*-Keimlingen hat den Anstoß zu weiteren Experimenten an diesem Objekt gegeben, so auch zu den Versuchen der antagonistischen Reizung (biuz 3/3, 80 f). Ein mit Keimlingen bestücktes Kästchen wird wie bei den Versuchen zum geotropischen Gedächtnis vorbereitet und in den Kühlschrank gebracht. Von Wichtigkeit ist nun, daß sich an die erste geische Reizung (5 Stunden) gleich eine antagonistische 2. Reizung (3 Stunden) anschließt; dazu bringt man das Kästchen nicht in die Ausgangsstellung zurück, sondern dreht es um 180° weiter, so daß die Keimlinge kopfüber wieder in die Horizontale zu liegen kommen.

Man könnte als Ergebnis erwarten, daß sich entweder beide Induktionen gegenseitig aufheben, womit bei Temperaturerhöhung in der Dunkelkammer die Krümmung ausbliebe, oder daß nur eine schwache Krümmung, bezogen auf die erste, längere Reizung erfolgt. Tatsächlich ist jedoch innerhalb der ersten eineinhalb Stunden (25° C, dunkel) eine starke Krümmung zu beobachten, die auf die erste Reizlage bezogen ist (Abbildung 7 a); dieser Krümmung folgt eine Rückkrümmung und schließlich Krümmung nach der Gegenseite als Antwort auf den 2. Reiz (Abbildung 7 b).

Sämtliche fotografisch registrierten Krümmungen werden am Schluß der Experimente ausgemessen und anschließend ausgewertet.

Literatur

Brauner, L., und A. Hager: Planta 51, 115—147 (1958).
F. Darwin: Ann. Bot. 13, 567—574 (1899). Für weitere Versuche siehe auch L. Brauner und W. Rau: Pflanzenphysiologische Praktika Band 3: Versuche zur Bewegungsphysiologie der Pflanzen, Springer-Verlag Berlin · Heidelberg · New York 1966.

Biologie in unserer Zeit **1973**, *3*, 155–160.

Peter Schopfer

32. Zur Effektivität der Photosynthese bei C_3- und C_4-Pflanzen

Führt eine Pflanze bei sättigender Belichtung in einem abgeschlossenen Luftraum Photosynthese durch, so stellt sich nach einiger Zeit ein Fließgleichgewicht zwischen der photosynthetischen CO_2-Aufnahme und der gleichzeitig ablaufenden, respiratorischen CO_2-Abgabe ein (vgl. Abbildung 2, S. 172). Die unter diesen Bedingungen im Luftraum resultierende Konzentration von Kohlendioxid wird als CO_2-Kompensationskonzentration (abgekürzt: $[CO_2]_c$) bezeichnet. Sie ist ein Maß für die Effektivität, mit der die Pflanze das CO_2 der Luft photosynthetisch zu binden vermag, und damit ein gutes Kriterium für die photosynthetische Leistungsfähigkeit einer bestimmten Pflanzenart. Bei den meisten Pflanzen („C_3-Pflanzen") liegt der $[CO_2]_c$-Wert bei ca. 0.005—0.01 Vol %, also bei ca. $1/6$ bis $1/3$ der normalen CO_2-Konzentration der Luft. Einige Photosynthesespezialisten (die „C_4-Pflanzen", deren physiologische und anatomische Besonderheiten in diesem Heft auf S. 172—183 ausführlich dargestellt sind) zeichnen sich durch eine wesentlich höhere Effektivität aus; bei ihnen mißt man einen $[CO_2]_c$-Wert nahe bei Null (weniger als 0.0005 Vol %). Diese Pflanzen reißen also CO_2 besonders begierig an sich und können daher den CO_2-Vorrat eines begrenzten Luftvolumens viel besser ausnutzen, eine Eigenschaft, die große Bedeutung für die pflanzliche Stoffproduktion haben kann.

Ein einfaches, qualitatives Experiment vermag den Unterschied im $[CO_2]_c$-Wert bei C_3- und C_4-Pflanzen recht eindrucksvoll zu demonstrieren. Wir benötigen dazu typische C_3- und C_4-Pflanzen, z. B. Bohnen, Sonnenblumen (C_3) bzw. Mais oder Amaranthus (C_4; vgl. auch Tabelle 1, S. 174). Besonders leicht zu beschaffen sind junge Pflanzen von *Phaseolus vulgaris* (Buschbohne) und *Zea mays* (Mais), welche daher auch zur Ausarbeitung der folgenden Vorschrift verwendet wurden. Diese beiden Ar-

ten können leicht in Blumentöpfen am hellen Fenster aus Samen angezogen werden. Nach etwa 2 Wochen haben sie die für unsere Zwecke günstige Höhe von ca. 20 cm erreicht. Außerdem benötigen wir für dieses Experiment lediglich eine kleine Menge Kalium- oder Natriumhydrogenkarbonat, eine konzentrierte Lösung des pH-Indikators Bromthymolblau (eine Spatelspitze in 1 ml Äthanol lösen), destilliertes Wasser, vier (für eventuelle Parallelansätze mehr) 500 ml-Weithals-Erlenmeyerkolben mit eingeklebtem (z. B. mit UHU PLUS o. ä.) Glasfläschchen (vgl. Abbildung 1) und etwas Klarsichtfolie nebst dünnem Gummiband.

Prinzip der Methode

1. Die CO_2-Konzentration der Gasphase (Luft) über einer wäßrigen Lösung strebt einen Gleichgewichtszustand an:

$$CO_2 \text{ Wasser} \rightleftharpoons CO_2 \text{ Luft}$$

$$\frac{[CO_2] \text{ Luft}}{[CO_2] \text{ Wasser}} = \text{konstant}$$

2. Das im Wasser gelöste CO_2 steht im Gleichgewicht zur Kohlensäure (H_2CO_3):

$$H_2O + CO_2 \rightleftharpoons H_2CO_3$$

$$\frac{[H_2CO_3]}{[H_2O] \cdot [CO_2]} = \text{konstant}$$

3. H_2CO_3 dissoziiert reversibel:

$$H_2CO_3 \rightleftharpoons HCO_3^\ominus + H^\oplus$$

$$\frac{[HCO_3^\ominus] \cdot [H^\oplus]}{[H_2CO_3]} = \text{konstant}$$

4. In einem geschlossenen Gefäß, das Luft und eine Hydrogenkarbonatlösung enthält, stellt sich also folgendes Gleichgewichtssystem ein:

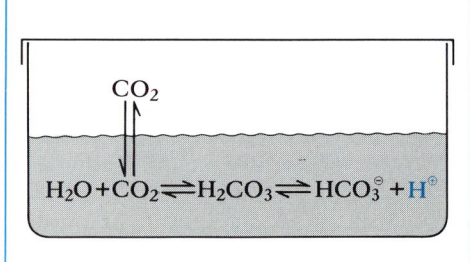

Stört man dieses Gleichgewicht durch Zugabe von weiterem Hydrogenkarbonat, so wird mehr H_2CO_3 und daraus CO_2 und H_2O gebildet, und zwar so lange, bis wieder dieselbe Gleichgewichtslage eingestellt ist. Die absoluten Konzentrationen der beteiligten Komponenten haben sich jedoch verändert: $[H^\oplus]$ wurde erniedrigt und $[CO_2]_{Wasser}$ bzw. $[CO_2]_{Luft}$ wurde erhöht. In entsprechender Weise kann das Gleichgewicht auch durch eine Veränderung von $[CO_2]_{Luft}$ gestört werden. Man kann sich an der obigen Zeichnung leicht klar machen, daß eine Erhöhung von $[CO_2]_{Luft}$ zu einer Erhöhung der $H^\oplus$-Konzentration führen muß, während im umgekehrten Fall das Gegenteil eintritt. In diesem System können also Änderungen der CO_2-Konzentration der Luft an der Änderung der $H^\oplus$-Konzentration der Lösung abgelesen werden: Verminderung des CO_2-Gehaltes der Luft führt zu einer Erniedrigung der Azidität der Lösung (= Anstieg des pH-Wertes) und umgekehrt. Diese pH-Änderung kann mit einer Indikatorsubstanz geeigneten Umschlagbereiches leicht nachgewiesen werden. (Die Messung der pH-Änderung in der Lösung mittels Glaselektrode ist wegen der niedrigen Ionenkonzentration nicht sehr zuverlässig.)

Durchführung

1. Die vier Erlenmeyerkolben werden gründlich gereinigt und mit destilliertem Wasser ausgespült. Zwei Bohnen- und zwei Maispflanzen werden in passender

Höhe abgeschnitten und rasch mit der Schnittfläche in die mit Wasser gefüllten Einsätze der Kolben gestellt (vgl. Abbildung 1). Die Pflanzen dürfen auf keinen Fall ihre Turgeszenz verlieren, sonst tritt Verschluß der Spaltöffnungen ein!

2. In jeden Kolben werden 10 ml einer 10^{-4} molaren Hydrogenkarbonatlösung (10 mg $KHCO_3$ bzw. 8 mg $NaHCO_3$ in 1 l destilliertem Wasser lösen oder eine konzentrierter angesetzte Stammlösung entsprechend verdünnen) vorsichtig auf den Boden pipettiert und 1—3 Tropfen Indikatorlösung zugeben. Die Lösung soll kräftig gelb gefärbt erscheinen. Falls sofort eine grüne oder blaue Verfärbung auftritt, kann diese durch Einblasen von Atemluft mittels einer Pipette rückgängig gemacht werden. Dann werden die Kolben mit Klarsichtfolie und Gummiband luftdicht verschlossen.

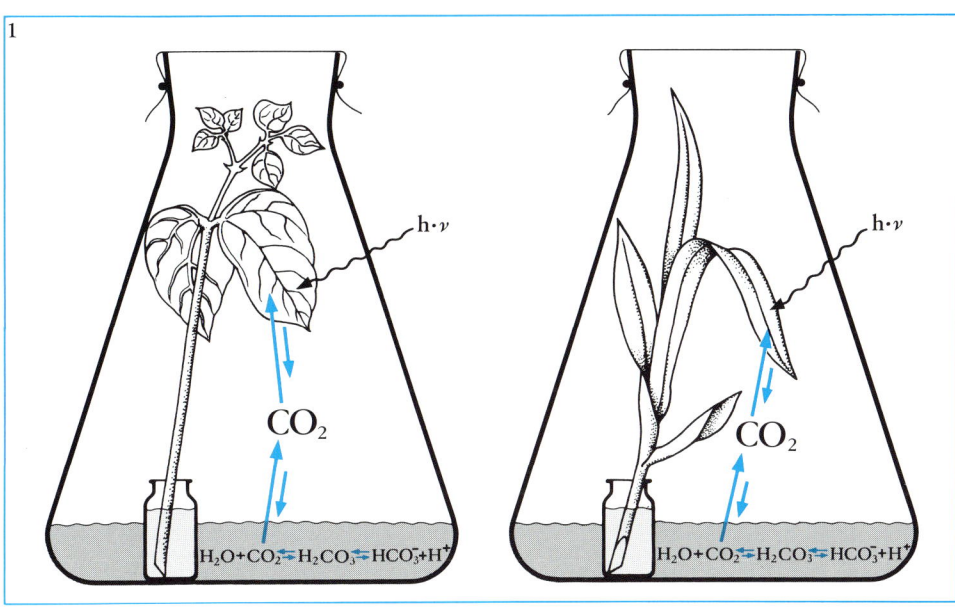

3. Je ein Kolben mit Mais und Bohne wird ins Licht gestellt, die zwei anderen dienen als Dunkelkontrollen und werden daher in schwarzes Tuch gehüllt. Die Belichtung kann am hellen, sonnenbeschienenen Fenster oder im Freien bei hellem Sonnenschein erfolgen. Kunstlichtquellen sind ebenfalls brauchbar, wenn sie mindestens 5000 Lux abgeben.

Ergebnis

Hat man einige Zeit belichtet, so verfärbt sich der Indikator beim Mais tiefblau, bei der Bohne dagegen gelb-grün. Die Dunkelkontrollen zeigen keine Verfärbung. Wie lange es dauert, bis der Gleichgewichtszustand erreicht ist, hängt von der Größe und Art der Pflanze, der Menge an Hydrogenkarbonat und der Lichtintensität ab. Unter optimalen Bedingungen (Mais, Bohne) kann der Beginn des Farbumschlages bereits nach 10—20 Minuten Belichtung beobachtet werden und ist nach 60—90 Minuten vollständig. Bei niedrigerer Hydrogenkarbonatkonzentration verläuft der Farbumschlag rascher, ist aber weniger ausgeprägt. Die Reaktion ist voll reversibel, wenn die Kolben für kurze Zeit ins Dunkle gestellt werden. Das Experiment kann daher mit den verschlossen gehaltenen Kolben mehrfach wiederholt werden.

In Abbildung 1 ist schematisch dargestellt, was bei diesem Versuch im einzelnen passiert: In den belichteten Ansätzen stellt sich ein Gleichgewicht zwischen Photosynthese und Atmung ein. Das $CO_2 \rightleftharpoons$ Karbonat $\rightleftharpoons$ Hydrogenkarbonat-System folgt der Erniedrigung von $[CO_2]_{Luft}$; der pH-Wert der Lösung nimmt zu. Der Umschlagsbereich (gelb $\rightleftharpoons$ blau) des Bromthymolblau liegt bei pH 6.0—7.6. Der teilweise Farbumschlag nach Grün bei der Bohne deutet auf einen pH-Wert in der Nähe von 7.0, während der vollständige Umschlag beim Mais pH $\geqq 7.6$ anzeigt. Dieser Unterschied kommt dadurch zustande, daß die Maispflanze dank ihres speziellen Photosynthese-Apparates der Luft energischer CO_2 entziehen kann und dadurch eine wesentlich niedrigere CO_2-Kompensationskonzentration in ihrer Umgebung einstellt als die Bohne.

Im Dunkeln wird die CO_2-Konzentration im Kolben lediglich durch die Atmung bestimmt. $[CO_2]_{Luft}$ steigt beständig an und führt über die Nachstellung der drei Gleichgewichte zu einer Erniedrigung der $H^{\oplus}$-Konzentration unter pH 6.

Diese durch ihren geringen experimentellen Aufwand bestechende Methode wurde vor kurzem von einer kanadischen Arbeitsgruppe beschrieben (E. B. Tregunna, B. N. Smith, J. A. Berry und W. J. S. Downton: Some methods for studying the photosynthetic taxonomy of the angiosperms. Canad. Jour. Botany **48**, 1209—1214 [1970]). Die Autoren konnten in dieser Arbeit zeigen, daß bei den Blütenpflanzen der Kranztyp der Blattanatomie, die rasche Markierung von C_4-Säuren bei $^{14}CO_2$-Fütterung im Licht und eine vom üblichen Wert abweichende $^{13}C/^{12}C$-Isotopendiskriminierung (vgl. dazu: dieses Heft, S. 174) stets mit einem niedrigen $[CO_2]_c$-Wert gekoppelt ist. Diese Korrelation gilt quer durch das System der Blütenpflanzen. Ein entscheidender Vorteil der beschriebenen Methode ist ihre Anwendbarkeit im Freiland. Sie ermöglicht im Feldversuch eine rasche Orientierung über die photosynthetische Leistungsfähigkeit intakter Pflanzen oder Pflanzenteile (Blätter) und kann daher z. B. zur frühzeitigen Erkennung und Selektion günstiger Genotypen in der pflanzlichen Züchtungsforschung dienen.

Biologie in unserer Zeit **1973**, *3*, 191—192.

G. Sextl
R. Schwankner
M. Eiswirth

33. Abiogene Bildung von Aminosäuren

1. Einleitung

„Sie haben recht, Eisenlohr. Es bewegt sich. Vielleicht..., es könnte vielleicht..."
„Was könnte es sein?" fiel ihm Eisenlohr ins Wort.
Bruck zuckte die Achseln. „Man kann noch nichts sagen. Wir wissen noch nicht genug..."
„Wenn es die Urzeugung wäre, Bruck? Wenn der tote Stoff unter unserer Strahlung wirklich Leben gewonnen hätte?...Wenn wir tatsächlich dem Geheimnis der Urzeugung auf der Spur wären?"

Liest man heute in dem Zukunftsroman „Lebensstrahlen" von Hans Dominik [2] – dem die oben aufgeführten Zeilen entnommen sind – so ist es beinahe verwunderlich, daß die berühmte Arbeit von S. L. Miller, "Production of Some Organic Compounds under Possible Primitive Earth Conditions" [9] „erst" im Jahre 1955 erschien. Der Miller-Versuch, inzwischen hinsichtlich der Zusammensetzung der Atmosphäre, der Versuchsdauer und der Energiequellen vielfach variiert, war der Auftakt zu einer ganzen Serie von interessanten Experimenten auf dem Gebiet der chemischen Evolution [10]. Es folgten Untersuchungen an Bläschen mit primitiven Stoffwechselfunktionen [4, 14] und „knospenden" Proteinoid-Mikrosphären [4]. Bald begannen sich auch Theoretiker für das komplexe Puzzle der Entstehung des Lebens zu interessieren. Zur entscheidenden Frage, wie ein komplexes hochorganisiertes System „aus sich selbst heraus" entstehen kann, gibt es unterschiedliche Lösungsansätze [3, 8]. Derzeit ist es Gegenstand theoretischer Untersuchungen, inwieweit thermodynamisch offene Systeme, wenn sie autokatalytische Eigenschaften besitzen, zur Evolution befähigt sind [13, 16].

2. Vorstellungen über die Zusammensetzungen der Uratmosphäre der Erde

Mit der „Rotverschiebung der Spektrallinien" findet die Astrophysik Hinweise dafür, daß vor etwa 16 Mrd. Jahren die gesamte Materie (Energie) unseres Universums auf einem Punkt konzentriert war und durch die dabei aufgetretenen Drucke auseinandergetrieben wurde (Big-Bang-Theorie). Anschließende Kondensation und Aggregation der Materie des dadurch gebildeten Urnebels sind im Rahmen neuerer Theorien für die Entstehung von Sternen und Planeten verantwortlich. Auf diese Weise bildete sich wahrscheinlich auch unser Sonnensystem mit seinen Planeten, u.a. die Erde. Die damaligen Atmosphären der Planeten setzten sich, wie man annimmt, aus den Gasen des Urnebels (hauptsächlich Wasserstoff und Helium) zusammen. Größere Planeten unseres Sonnensystems besitzen auch heute noch eine Atmosphäre, die relativ viel Wasserstoff enthält. Sie sind durch ihr stärkeres Gravitationsfeld befähigt, leichtere Elemente, wie Wasserstoff, in ihrer Atmosphäre zu halten, während kleinere Planeten, wie unsere Erde, dies nur relativ kurze Zeit tun konnten („H_2-Flucht"). Zum Teil durch diese H_2-Flucht bedingt, bildeten sich auf der Erde im Laufe ihrer Entwicklung vier Atmosphären unterschiedlicher Zusammensetzung aus.

Die erste Atmosphäre, die noch hauptsächlich aus den Gasen des Urnebels bestand, entwickelte sich durch den Zustrom vulkanischer Gase zur zweiten Atmosphäre. Auch diese war noch sehr wasserstoffreich, und es bildeten sich deshalb Hydride [6]:

Reaktionen		K	
O_2	$+ 2\,H_2 \rightleftharpoons 2\,H_2O$	$4 \cdot 10^{41}$	(1)
CO_2	$+ 4\,H_2 \rightleftharpoons CH_4 + 2\,H_2O$	$7 \cdot 10^{21}$	(2)
C	$+ 2\,H_2 \rightleftharpoons CH_4$	$8 \cdot 10^{8}$	(3)
N_2	$+ 3\,H_2 \rightleftharpoons 2\,NH_3$	$7 \cdot 10^{5}$	(4)

Der reduzierende Charakter der zweiten Erdatmosphäre begünstigte vor etwa 3,5 bis 4 Mrd. Jahren den Aufbau höherer CHON-Verbindungen; damit lagen auf der Urerde Bedingungen vor, wie sie S. L. Miller im Laboratorium zu simulieren suchte.

Das langsame Schwinden des Wasserstoffs kennzeichnet den Übergang von der zweiten zur dritten Erdatmosphäre, welche sich vornehmlich aus CO_2, N_2 und Spuren von photolytisch gebildetem O_2 zusammensetzte.

Durch die H_2-Flucht „weichen" die Reaktionssysteme (1) bis (4) – vom thermodynamischen Standpunkt aus betrachtet – sozusagen auf die linken Seiten der Gleichungen aus.

Mit dem allmählichen Schwinden des reduzierenden Wasserstoffs hörte die abiogene Bildung höherer C-Verbindungen auf; bereits zu dieser Zeit wurde die Chemo- von der Bioevolution abgelöst. Der Übergang zur vierten, stark oxidierenden Atmosphäre durch O_2-Produzenten (Photosynthese) erfolgte sehr langsam. Er läßt sich wie folgt datieren: In archaischen Sedimenten (Alter: etwa 1,8 Mrd. Jahre) sind Metallsulfide (z.B. FeS_2) enthalten, welche leicht oxidierbar sind und aufgrund ihrer Schichtenlage sicher dem Einfluß der damaligen Atmosphäre ausgesetzt waren, was darauf hinweist, daß diese reduzierend gewesen ist. Andererseits finden sich ca. 1,8 Mrd. Jahre alte Roteisensedimente (Fe_2O_3), welche nur in einer oxidierenden Atmosphäre gebildet werden konnten. Weiter ist zu bemerken, daß nach diesem Wechsel anoxische/oxidierende Atmosphäre hoch- und mittelenergetische UV-Strahlung, die bisher ungehindert auf die Erdoberfläche vordringen konnte, mit dem sich bildenden O_2/O_3-Schutzgürtel nun ein geschlossenes „UV-Fenster" vorfand.

3. Millers vereinfachte Versuchsbedingungen

Miller verwendete aufgrund der Erkenntnisse über die Zusammensetzung der zweiten Atmosphäre für seine Experimente ein Gasgemisch aus Methan, Ammoniak, Wasserdampf und Wasserstoff. Dabei stellte sich heraus, daß es nicht unbedingt notwendig ist, freien Wasserstoff dem Gasgemisch zuzugeben, da dieser durch Zerlegung (Radikalbildung) der übrigen Ausgangsstoffe in der Hochspannungsentladungsstrecke der Millerschen Apparatur (Abbildung 1) z.B. nach Gleichung (5) gebildet wird [1]:

$$2 \, CH_4 \xrightarrow{\text{//}} 2 \, H_3C\bullet + 2 \, H\bullet \rightarrow C_2H_6 + H_2\uparrow \quad (5)$$

Infolge abwechselnder Wiederholung der Vorgänge Radikalbildung und Rekombination können sich mit zunehmender Versuchsdauer höhermolekulare Alkane und Olefine bilden, die unter dem Einfluß von Hydroxyl-Radikalen wahrscheinlich zu Alkoholen und bei nochmaliger Hydroxylierung zu Aldehyden oder Ketonen abreagieren [1]:

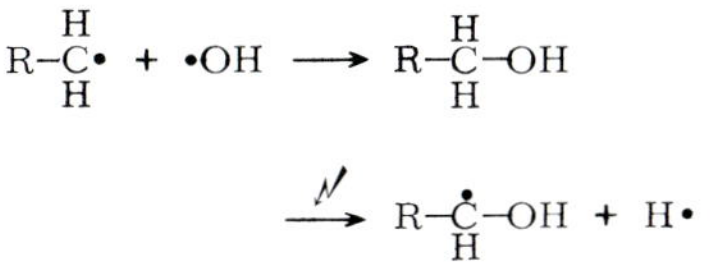

$$R\overset{H}{\underset{H}{-C}}\bullet + \bullet OH \longrightarrow R\overset{H}{\underset{H}{-C}}-OH$$

$$\xrightarrow{\text{//}} R\overset{\bullet}{\underset{H}{-C}}-OH + H\bullet \quad (6)$$

$$R\overset{\bullet}{\underset{H}{-C}}-OH + \bullet OH \longrightarrow \left[R\overset{OH}{\underset{H}{-C}}-OH \right]$$

$$\longrightarrow R-C{=}O + H_2O \quad (7)$$

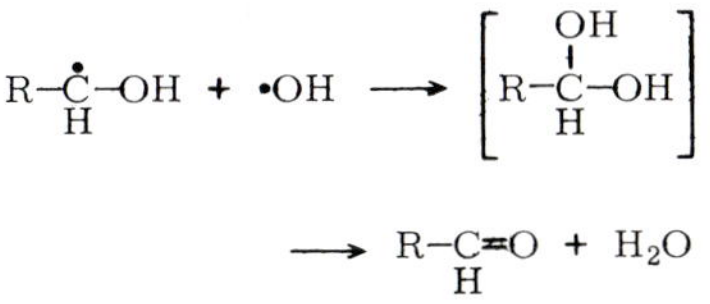

Bereits nach kurzer Zeit ließen sich in der Millerschen „Ursuppe" u.a. Cyanwasserstoff und Aldehyde nachweisen. Dieses Resultat und eine Reihe weiterer Befunde, die bei Versuchsreihen erhalten wurden, welche systematisch das ganze Spektrum denkbarer und möglicher Atmosphärenzusammensetzungen abtasteten, deuten darauf hin, daß die Aminosäurebildung in der Versuchsanordnung mit dem Reaktionsschema der Strecker-Synthese beschrieben werden kann (Abbildung 2).

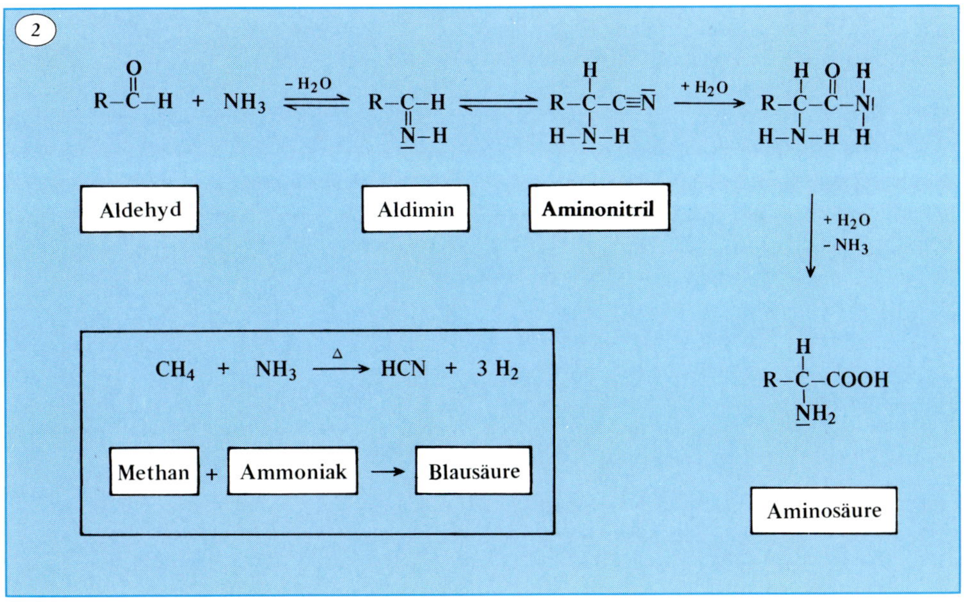

Abb. 2. Strecker-Synthese (1850): Durch Umsetzung mit einem Gemisch von Blausäure und Ammoniak werden Aldehyde in die entsprechenden α-Aminonitrile umgewandelt, die sich zu α-Aminosäuren hydrolysieren lassen.

Diese Befunde lassen sich mit der hier beschriebenen vereinfachten Apparatur nachvollziehen [18]. Da die Oberflächentemperatur der Erde während der zweiten Atmosphäre mit der heutigen vergleichbar war [7], wird auf den relativ umständlichen Wasserdampfkreislauf verzichtet und ein Gastransport der lokalen Konvektion im Bereich der Entladungsstrecke überlassen.

4. Versuchsanordnung und Versuchsmaterial

Abbildung 3 zeigt die bei den Versuchen verwendete Glasapparatur. Der Reaktionsraum für die Experimente besteht aus einem 2 l-Weithals-Rundkolben mit Planschliff. Dieser ist verschlossen mit einem passenden Planschliffdeckel, der über fünf Normalschliff- (NS-) Hülsen unterschiedlicher Weite verfügt. Vier dieser Hülsen dienen der Aufnahme von zwei Wolfram-Elektroden (350 mm Länge, ⌀ 6 mm; s. Bezugsquellenverzeichnis), eines Hochvakuumhahnes und eines Thermometers bzw. einer Thermosonde. Im Handel befindliche Schliffverbindungen mit Schraubkappen ermöglichen es, den oft recht unterschiedlichen Durchmesser der Elektroden bzw. der Glasröhren den NS-Hülsen des Planschliffdeckels anzupassen. Die fünfte NS-Hülse, die etwas weiter als die restlichen sein sollte, ermöglicht es, z.B. auch eine UV-Lampe als ergänzende oder alternative Energiequelle für die Experimente in das Gefäß einzuführen (z.B. UV-Tauchlampe). Unbenützte NS-Hülsen werden verschlossen. Durch die NS-Verbindungen ist es möglich, eine imitierte Atmosphäre einige Zeit (nicht

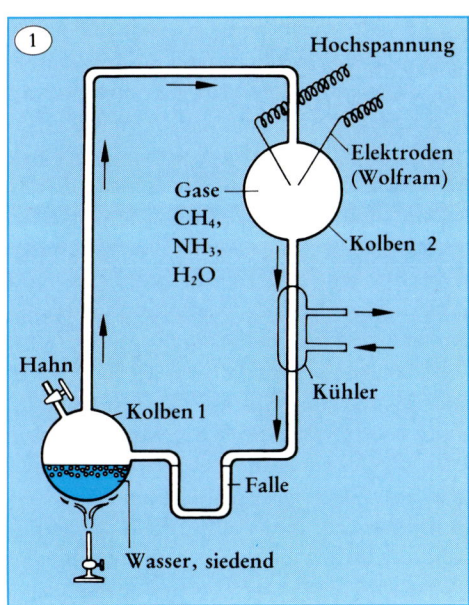

Abb. 1. Miller-Apparatur zur Bildung von Aminosäuren in imitierten Planeten-Uratmosphären.

länger als eine Woche!) zu erhalten. Bei der Zusammenstellung der NS-Teile ist in diesem Zusammenhang darauf zu achten, daß die verwendeten Glasteile – insbesondere die Normalschliffe – keine Leckstellen besitzen, durch die Luft in das Gefäß eindringen kann (Methan-Luft-Gemische sind *explosiv*!).

Zur Erzeugung der Spannung für elektrische Entladungsstrecken verwendet man am besten einen Funkeninduktor, der über zwei räumlich getrennte Hochspannungskabel an die Wolfram-Elektroden angeschlossen wird.

Der Elektrodenabstand ist der Spannung anzupassen. Die Funkenstrecke darf nicht zu klein gewählt werden, da sich während des Versuches erfahrungsgemäß Kohlenstoff an den Elektroden abscheidet, der diese kurzschließen und damit zur Zerstörung des Induktors führen kann [18]. Um oftmals weitreichende, lästige Hochfrequenzstörungen zu vermeiden, empfiehlt es sich, die gesamte Hochspannungsanlage und das Versuchsgerät in einem geerdeten Faradayschen Käfig aufzubauen und zu betreiben (z.B. Abzug mit Alu-Folie auskleiden). Zur Vermeidung eventuell auftretender Schäden an der Anlage als Folge der Belastung durch Dauerbetrieb kann man diese mit einer Zeitschaltuhr stundenweise ein- bzw. ausschalten. Weiterhin sollte man den mechanischen Unterbrecher des Funkeninduktors (Wagnerscher Hammer) durch einen elektronischen ersetzen (Bezugsquellenverzeichnis).

5. Versuchsvorbereitung und Versuchsablauf

Vor Versuchsbeginn müssen alle Teile der Glasapparatur gründlich gereinigt werden (s. unten). Nach der Reinigung darf kein organisches Material mehr in das Gefäß gelangen. Zweckmäßigerweise berührt man die Glasteile deshalb nur mit „Einweg-Kunststoffhandschuhen", die öfter gewechselt werden, und legt die gesamte Arbeitsfläche mit Alu-Folie aus. Bakterielle Kontamination wird durch Beleuchtung der Arbeitsfläche mit UV-Licht weitgehend ausgeschlossen.

Um Verunreinigungen vollständig zu entfernen, werden alle Glasteile zuerst mechanisch gereinigt, anschließend einige Minuten in heiße Chromschwefelsäure gelegt und zuletzt mit sterilisiertem, bidestilliertem Wasser

Abb. 4. Füllung der Versuchsanordnung mit Methan. Schritt 1: Über Hahn 2 werden die Versuchsapparatur und die Füllvorrichtung evakuiert (s. Text). Schritt 2: Hahn 2 wird so gestellt, daß alle drei Wege versperrt sind. Schritt 3: Flaschenventil öffnen und über Hahn 1 Luftballon mit Methan füllen. Schritt 4: Hahn 1 schließen – über Hahn 2 wird der Luftballoninhalt in die Versuchsapparatur gedrückt, bis hierin annähernd Atmosphärendruck herrscht. Schritt 5: Um den Luftgehalt im Reaktionsgefäß weitestgehend zu reduzieren, werden die Schritte 1–4 ggf. wiederholt.

solange ausgespült, bis alle Reste des Reinigungsmittels entfernt sind. Anschließend wird das Reaktionsgefäß zusammengesetzt, ohne es innen zu berühren. Als Schliff-Fett verwendet man Hochvakuum-Silicon-Fett, das so aufgetragen wird, daß nichts davon ins Innere des Gefäßes gelangen kann (nur die außenliegenden Ränder der Schliffe leicht einfetten). Dabei wird *eine* NS-Hülse vorerst noch nicht verschlossen, durch diese werden mit Hilfe eines gereinigten Glastrichters die Ausgangsstoffe für die Experimente: 100 ml sterilisiertes, bidestilliertes Wasser und ca. 25 ml 25-prozentige Ammoniaklösung (p.a.) eingefüllt.

Jetzt erst wird das Gefäß ganz verschlossen. Im nächsten Schritt wird die Luftatmosphäre gegen eine solche aus Methan ersetzt. Dazu wird die Anordnung, die Abbildung 4 schematisch wiedergibt, aufgebaut. Über Hahn 2 wird das System – über eine dazwischengeschaltete Waschflasche – mit einer Vakuumpumpe verbunden. Vor dem Evakuieren wird der Dreiweghahn 2 so gestellt, daß das Reaktionsgefäß und der Luftballon ausgepumpt werden. Daraufhin wird so lange evakuiert, bis Ammoniak aus der Lösung im Gefäß zu entweichen beginnt (sobald die Flüssigkeit „zu kochen" beginnt, wartet man noch mindestens 15 sec. ab!). Jetzt schließt man Hahn 2 und läßt nach Öffnen von Hahn 1 Methangas möglichst hoher Reinheit in den Luftballon strömen. Verbindet man durch Öffnen von Hahn 2 den Ballon mit dem Reaktionsgefäß, so wird das Methan in dieses gedrückt, ohne daß sich ein Überdruck auf-

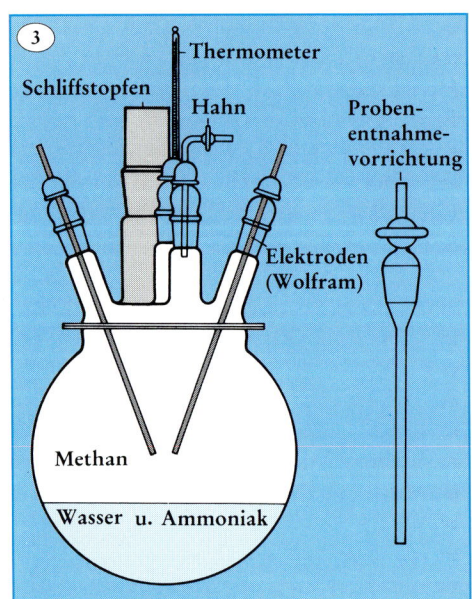

Abb. 3. Modifizierte Miller-Apparatur: Zwischen zwei Wolframelektroden wird ein kontinuierlicher Funkenüberschlag erzeugt. Mit Hilfe der Entnahmevorrichtung können Proben in regelmäßigen Zeitabständen der Untersuchung zugeführt werden. Der NS 34/35 Schliffstopfen kann durch eine UV-Tauchlampe mit Quarzhülle – alternative Energiequelle – ersetzt werden.

bauen kann. Gegebenenfalls ist das Füllen des Ballons zu wiederholen, bis in der Apparatur Atmosphärendruck herrscht. Mit Hilfe von Rundkolben unterschiedlichen Volumens, die über den Luftballon gestülpt werden, kann man die Gasmenge dosieren.

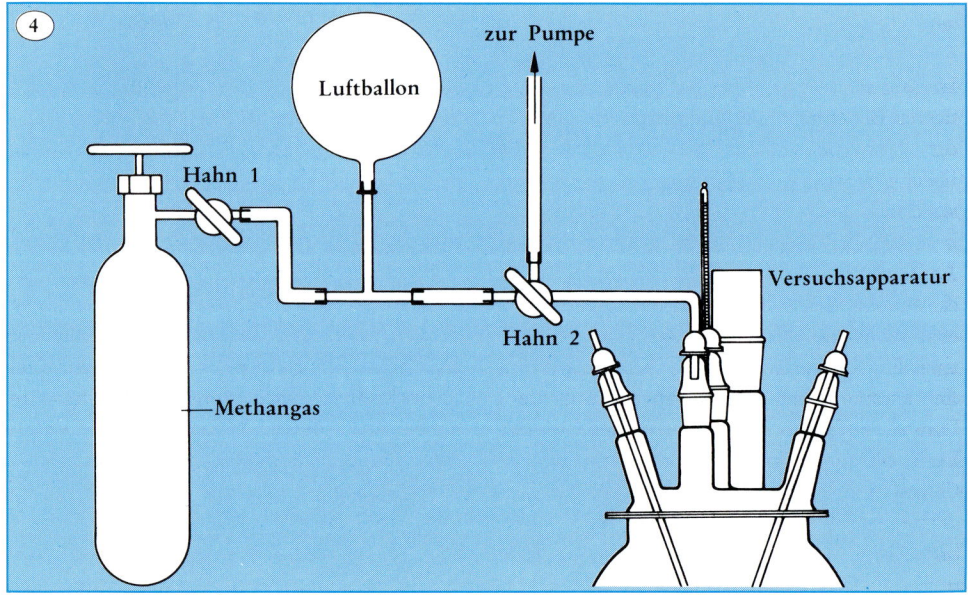

Danach wird die Anordnung mit dem Induktorium verbunden. Beim Einschalten der Hochspannung muß im Gefäß ein kräftiger Funke zwischen den Elektroden überspringen. Durch Umdrehen der Schliffhülsen (bei abgeschalteter Spannung!) kann man den Elektrodenabstand variieren. Dieser sollte jedoch so groß wie möglich sein [18].

Nach einigen Stunden Reaktionsdauer verfärbt sich die „Ursuppe" zunehmend gelb, und an den Wandungen des Kolbens und an den Elektroden scheiden sich braune bis schwarze, meist teerige Stoffe ab. Bereits nach einem Tag ist die wäßrige Phase im Reaktionsgefäß mit einer Art „Kahmhaut" [10] bedeckt, welche sich vermutlich aus verschiedenen höheren Kohlenwasserstoffen zusammensetzt. In entnommenen Proben können schon nach kurzer Zeit (mindestens 12 Stunden) Aminosäuren nachgewiesen werden [18]. Proben von einigen ml können mit Hilfe der Probeentnahmevorrichtung (Abbildung 3) durch Ansaugen mittels Kolbenprober (Abbildung 6) entnommen werden. Zweckmäßigerweise erfolgt die Entnahme in vorher festgelegten Zeitintervallen, um anschließend Aussagen über den zeitlichen Verlauf der Reaktion machen zu können. Bei allen Versuchsreihen ist es *unerläßlich*, zu Beginn und Ende je einen Blindversuch mit Reaktionsfüllung (CH₄; NH₃; H₂O) ohne Energiezufuhr im Dunkeln über mindestens 3 Tage durchzuführen.

6. Chromatographischer Nachweis von Aminosäuren

6.1. Fluoreszenzmarkierung von Aminosäuren

Im folgenden wird eine Methode zur qualitativen Bestimmung von Aminosäuren, die in der „Ursuppe" gelöst sind, dargestellt. Die übliche Methode der Papier- bzw. Dünnschichtchromatographie mit 2,2-Dihydroxyindandion-(1,3) (=Ninhydrin) als ein für α-Aminosäuren spezifisches Reagenz bringt in diesem Fall nicht den gewünschten Erfolg, da es in ammoniakalischem Milieu keine eindeutigen Ergebnisse liefert [20]. Deshalb werden die entstandenen Aminosäuren mit dem Dansyl-Verfahren identifiziert. Die aus der Reaktion von Aminosäuren mit Dansyl-Chlorid (1-di-methylamino-naphthalin-5-sulfonyl-chlorid) gebildeten Produkte (Abbildung 5) zeigen unter UV-Licht (254-366 nm) eine intensive gelb-grüne Fluoreszenz,

die es ermöglicht, die so markierten Aminosäuren von anderen gebildeten Stoffen zu unterscheiden. Die Dansyl-Aminosäuren können auf Mikropolyamidfolien chromatographisch (zweidimensional) getrennt und mit Hilfe von käuflichen dansylierten Vergleichsaminosäuren identifiziert werden [11, 12, 15, 18].

6.2. Durchführung der Dansylierung (vgl. Abbildung 6)

Vor der Dansylierung ist es notwendig, daß aus 10 ml der aminosäurehaltigen Probe der gelöste Ammoniak möglichst vollständig ausgetrieben wird (z.B. durch gelindes Erhitzen im Vakuum; allerdings werden dabei eventuell vorhandene flüchtige Substanzen, wie Amine, mit ausgetrieben). Jetzt werden 2 ml der Probe in ein sorgfältig gereinigtes Reagenzglas pipettiert und 0,5 ml einer Pufferlösung (pH 10.05), die 1,6 g Natriumcarbonat und 0,8 g Natriumhydrogencarbonat auf 200 ml bidestilliertes Wasser enthält, zugegeben (bindet den bei der Reaktion freiwerdenden Chlorwasserstoff). Zuletzt pipettiert man 0,6 ml einer heißgesättigten Lösung von Dansylchlorid in Aceton (2,7 mg/ml) zu. Nach Verschließen des Reagenzglases wird der Inhalt durch mehrmaliges Umschwenken gemischt. Anschließend stellt man die Probe in einen Wärmeschrank (am besten ein vorbereitetes Wasserbad, dazu eignen sich „Babyflaschenwärmer") und hält sie 30 Minuten lang bei genau 37°C. Da Licht den Ablauf der Reaktion stört, vermeidet man während der Dansylierung jegliche Lichteinwirkung auf die Proben.

6.3. Chromatographische Trennung

Die dansylierten Proben können sofort chromatographisch getrennt werden. Dazu schneidet man käufliche Mikropolyamidfolien der Größe 15×15 cm² auf die Größe 3×3 cm² zu (Beschichtung der Folie nicht berühren!). In einer Ecke der Folie, jeweils mindestens 4 mm vom Rand entfernt, wird mit Hilfe einer Kapillare so viel der dansylierten Probe aufgetragen, daß der Auftragepunkt den Durchmesser von 1 mm nicht überschreitet. Nach dem Eintrocknen der Probe wird dieser Vorgang gegebenenfalls noch einige Male wiederholt, je nach der Aminosäureausbeute bei dem jeweiligen Experiment (die geeignete Menge muß durch Probieren ermittelt werden). Nachdem man den Startfleck mit Bleistift markiert hat, wird

die Chromatographiefolie in einem 100 ml-Becherglas möglichst senkrecht aufgestellt, ohne jedoch den Rand des Glases zu berühren (mit geeigneter, zurechtgebogener Klammer fixieren). Das Becherglas enthält maximal 2 mm hoch das Laufmittel für die erste Dimension, das aus 1,5 Volumteilen Ameisensäure und 100 Volumteilen Wasser be-

Rechts:
Abb. 5. Fluoreszenzmarkierung von Aminosäuren mit Dansylchlorid.

Abb. 6. Flußdiagramm der Probenverarbeitung: Die Probenentnahmevorrichtung (s. Abbildung 5) wird mit der „Probenvorlage" verbunden, nachdem letztere mit Methan gespült wurde. Mittels Kolbenprober wird bei geöffneter Entnahmevorrichtung, geöffnetem Hahn 1 und geeigneter Stellung von 2 die Probe vorsichtig in die Vorlage gesaugt. Zur Entfernung des störenden Ammoniaks wird 1 geschlossen, ebenso die Probenentnahmevorrichtung. Hahn 2 wird so gestellt, daß die Pumpe mit der Vorlage verbunden ist; es wird ca. 5 min evakuiert, bis der gesamte Ammoniak ausgetrieben ist. Das HM-Reagenzglas wird der Gaswaschflasche vorsichtig (Handschuhe) entnommen, mit Puffer und Dansylchlorid versetzt, verschlossen und umgeschüttelt. Im Dunkeln wird 30 Min. bei 37°C im Wasserbad dansyliert. Die dansylierte Probe wird mittels einer Kapillare auf die – vorher zugeschnittene (3×3 cm²) – Mikropolyamidfolie aufgetragen. In zwei Bechergläsern wird zweidimensional chromatographiert und nach vorsichtigem Trocknen erfolgt die Auswertung unter der UV-Lampe.

Abb. 7. Lage von wichtigen Dansylaminosäuren mit Nebenprodukten: 1 = Dansyl-OH (aus der Reaktion von Dansylchlorid mit Wasser), 2 = Dansyl-Cystein, 3 = di-Dansyl-Lysin, 4 = di-Dansyl-Ornithin, 5 = di-Dansyl-Tyrosin, 6 = Dansyl-Methionin, 7 = di-Dansyl-Phenylalanin, 8 = di-Dansyl-Histidin, 9 = Dansyl-Leucin, 10 = Dansyl-Isoleucin, 11 = Dansyl-Prolin, 12 = Dansyl-Valin, 13 = Dansyl-Alanin, 14 = Dansyl-NH₂ (aus der Reaktion von Dansylchlorid mit Ammoniak), 15 = Dansyl-Glycin, 16 = Dansyl-Glutaminsäure, 17 = Dansyl-Asparaginsäure, 18 = Dansyl-Threonin, 19 = Dansyl-Serin, 20 = Dansyl-Cystin.

steht. Um eine Verdunstung des Lösungsmittels zu verhindern, wird das Becherglas mit Petrischale oder Uhrglas verschlossen. Nach etwa 3 Minuten das Chromatogramm aus dem Fließmittel nehmen und mit einem Föhn oder im Trockenschrank bei 40°C trocknen. Dann wird es um 90° gedreht in ein Becherglas mit dem Laufmittel für die zweite Dimension gestellt, das sich aus 9 Volumteilen Benzol und 1 Volumteil Eisessig zusammensetzt. Das Becherglas wird auch jetzt wieder gut verschlossen (s. oben). Nach 5 Minuten kann das Chromatogramm herausgenommen und getrocknet werden.

6.4. Auswertung der Chromatogramme

Abbildung 7 zeigt die Lage der wichtigsten auffindbaren Aminosäuren (für andere Aminosäuren vgl. [15]). Da bei den käuflichen Mikropolyamidfolien Vorderseite *und* Rückseite beschichtet sind, können auf letzterer dansylierte Vergleichsaminosäuren aufgetragen werden (wichtig: gleicher Auftragspunkt; gleiche Aminosäuren kommen dann übereinander zu liegen).

Neben den *gelb-grün* fluoreszierenden Dansyl-Aminosäuren entdeckt man bei der Auswertung oft noch einen *blau* fluoreszierenden Fleck in der Nähe des Auftragepunktes; er stammt von einem Nebenprodukt der Dansylierung (Dans-OH [12]). Wenn aus

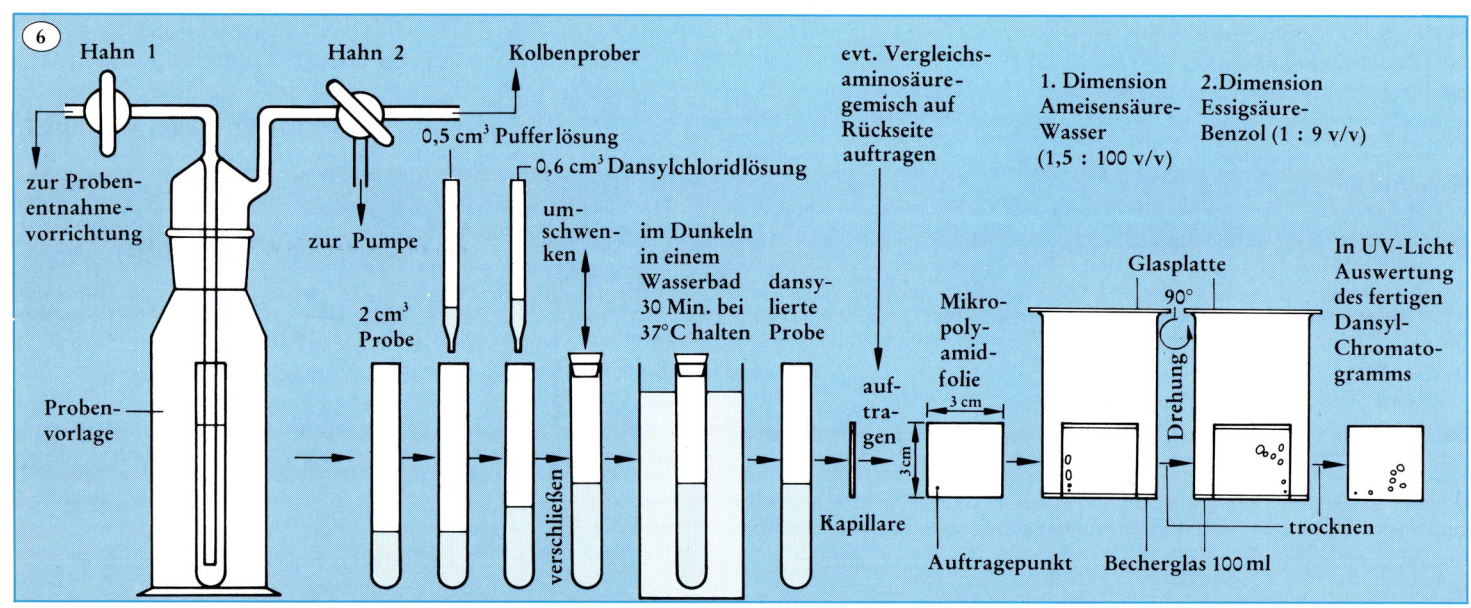

den Proben der Ammoniak nicht sorgfältig genug ausgetrieben wurde, findet man etwa in der Höhe von Dansyl-Alanin (Abbildung 7) einen Fleck von Dans-NH₂, der, besonders wenn noch viel Ammoniak in der Probe vorhanden war, die Trennung von Aminosäuren stören kann [18] (eventuell noch 3. Dimension, vgl. [15]).

7. Ausblick

Engt man die nach längerer Bestrahlung erhaltene „Ursuppe" ein – Exsikkator-Trocknung – und unterzieht sie polarimetrischen bzw. laserpolarimetrischen [17] Untersuchungen, so stellt man fest, daß die Lösung die Schwingungsebene polarisierten Lichtes nicht dreht; es liegt ein racemisches Gemisch vor. β⊖-Teilchen regen bei der Wechselwir-

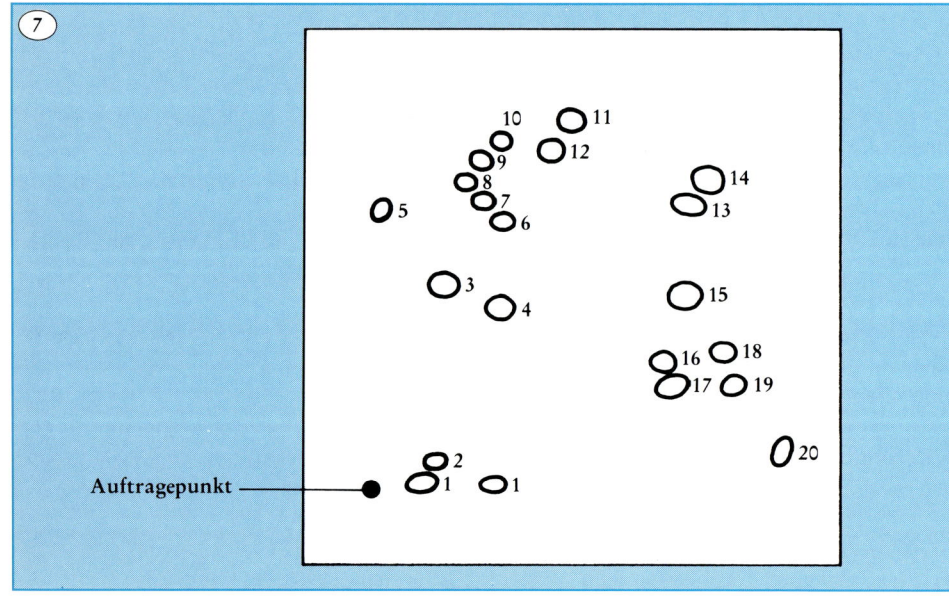

kung mit Materie die Emission anders circular polarisierten Lichts an als $\beta^{\oplus}$-Teilchen [19]. Durch Negatronenüberschuß entsteht bevorzugt nur eine Sorte zirkular polarisierter Bremsstrahlung, welche bereits im racemischen Urozean eines der Enantiomere selektiv diskriminiert haben könnte. Damit wäre eine mögliche Erklärung dafür gefunden, warum sich das Leben ausschließlich auf der Basis von L-Aminosäuren entwickelte. In letzter Zeit zeichnen sich auf diesem Gebiet immer neue interessante experimentelle Ergebnisse ab [5], und auch mit der beschriebenen Apparatur kann versucht werden, diese Stereo-Selektion durch Verwendung circular polarisierter UV-Strahlung als Energiequelle nachzuweisen. Zur Erweiterung der Experimente sei besonders auf die Verwendung einer UV-Tauchlampe hingewiesen. Auch Untersuchungen mit abgeänderter Atmosphäre (Zugabe von SO_2, CO_2, N_2) können interessante Ergebnisse liefern.

Bezugsquellenverzeichnis

Geräte:

1. Reaktionsgefäß: Corning Glas GmbH, Quickfit Laborglas, Hagenauer Str. 47, D-6200 Wiesbaden 12.

Genaue Bezeichnung der Einzelteile:

a) Weithals-Reaktionskolben 2 l mit Planschliff (Best.-Nr. Fr 2 LF); b) Planschliffdeckel mit 5 NS-Hülsen (3 Hülsen mit NS 19/26, 1 Hülse NS 24/29 und eine Hülse NS 34/35 (Best.-Nr. MAF 3/52); c) Klemme (zur Befestigung des Deckels auf dem Kolben) (Best.-Nr. JC100F); d) NS-Stopfen, Kern NS 34/35 (Best.-Nr. SB 34); e) Schliffverbindungen mit Schraubkappe, Kern NS 19/26, 6 mm Schraubkappenweite (Best.-Nr. ST 52/13) (3 Stück); f) Schliffverbindung mit Schraubkappen, Kern NS 24/29, 6 mm Schraubkappenweite (Best.-Nr. ST 53/13); g) Hochvakuumhahn, 6 mm Rohrdurchmesser.

2. Wolframelektroden: Wolframindustrie Traunstein, Permanederstr. 34, D-8220 Traunstein. 2 Stäbe; Länge 350 mm, Durchmesser 6 mm.

3. Funkeninduktor mit elektronischem Unterbrecher: Neva Dr. Vatter KG, D-7340 Geislingen (Steige). a) Funkeninduktor 60 kV (Best.-Nr. 7591); b) Elektronischer Unterbrecher für Funkeninduktor (Best.-Nr. 7290).

4. UV-Labor-Tauchlampe: (254 nm) mit Quarzrohr, Kern NS 29/32, Eintauchtiefe 220 mm (Best.-Nr. 665636); Maey-Lehrmittelbau, Gerhard-Domagk-Str. 2, D-5300 Bonn 1.

5. Übergangsstück für UV-Tauchlampe: (Anstelle NS-Stopfen, Kern NS 34/35); Corning Glas GmbH, Quickfit-Laborglas; Übergangsstück (kleine Hülse auf großem Kern) Hülse NS 29/32, Kern NS 34/35 (Best.-Nr. DA 45).

6. Einen kompletten Geräte- und Chemikaliensatz für das Experiment liefert die Fa. Maey-Lehrmittelbau, vgl. 4.

Chemikalien:

7. Methan: aus Reinheitsgründen *nicht* aus Aluminiumcarbid herstellen! Fa. Linde AG, z.B. Minican Laborgase in Dosen.

8. Mikropolyamidfolien: Fa. Schleicher & Schüll, Postfach 4, D-3354 Dassel. Selekta-DC-Fertigfolien, Mikropolyamid, beidseitig beschichtet (Best.-Nr. F 1700).

9. Vergleichsaminosäuren: a) dansylierte Aminosäuren: Fa. Serva, Karl-Benz-Str. 7, D-6900 Heidelberg 1; wegen Kostenersparnis ist es empfehlenswert, die Dansyl-Aminosäuren für Vergleichszwecke selbst herzustellen. b) Aminosäuren für chromatographische Vergleichszwecke, Fa. Merck AG, Darmstadt (nicht dansylierte Aminosäuren zur Herstellung der Referenzsubstanzen).

10. Dansylchlorid: Aldrich Europe Division, Janssen Pharmaceutica N.V., B-2340 Beerse Belgium; Merck AG.

Literatur

[1] Cordes, J. F.: Chemie und ihre Grenzgebiete – Extraterrestrisches Leben? S. 145–165. Bibliographisches Institut, Mannheim/Wien/Zürich 1970.

[2] Dominik, H.: Lebensstrahlen. (Vgl. S. 10 f.), Hevne, München 1972.

[3] Eigen, M., P. Schuster: Naturwiss. **64**, 541–565 (1977), **65**, 7–41 u. 341–369 (1978).

[4] Fox, S. W.: Naturwiss. **56**, 1–9 (1969).

[5] Garay, A. S.: Nature **219**, 338–340 (1968).

[6] Kaplan, R. W.: Der Ursprung des Lebens. 2. Aufl., Georg Thieme Verlag, Stuttgart 1978.

[7] Knauth, L. P., S. Epstein: Geochim. Cosmochim. Acta **40**, 1095 (1976).

[8] Kuhn, H.: Physikal. Blätter **34**, 208–217 u. 255–263 (1978).

[9] Miller, S. L.: Chem. Soc. **9**, 2351–2361 (1955).

[10] Miller, S. L., L. E. Orgel: The Origins of Life on the Earth. Prentice-Hall, Inc., Englewood Cliffs, New Jersey 1974.

[11] Neadle, D. J., R. J. Pollitt: Biochem. J., **97**, 607 (1965).

[12] Neuhoff, V.: Hoppe-Seyler's Zeitschr. Physiol. Chem. **350**, 121 (1969).

[13] Nicolis, G., I. Prigogine: Self Organization in Nonequilibrium Systems. Wiley Interscience, New York 1977.

[14] Oparin, A. J.: Genesis and Evolutionary Development of Life. Academic Press, New York 1968.

[15] Osborn, N. N.: Progr. Neurobiol. **1**, 299–309 (1973).

[16] Prigogine, I.: Angew. Chem. **90**, 704–715 (1978).

[17] Schwankner, R.: Laseranwendungen in der Experimentalchemie – Ein Praktikum. Carl Hanser Verlag, München – Wien 1978.

[18] Sextl, G., R. Schwankner: Praxis (Chemie) **26**, 309–321 (1977).

[19] Vester, F.: bild der wissenschaft **11**, 68–80 (1974).

[20] Wilk, M.: Organische Chemie. S. 250. Bibliographisches Institut, Mannheim/Wien/Zürich 1970.

Biologie in unserer Zeit **1980**, *10*, 23–28.

Peter Sitte

34. Vitalfärbung nach dem Ionenfallen-Prinzip

Seit der Einführung der Phasenkontrast-Mikroskopie ist die ehemals beträchtliche Bedeutung der Färbung lebender Zellen zurückgegangen. Diese „Vitalfärbung" ist jedoch auch heute noch in speziellen Fällen wichtig, z. B. beim Studium von *Transportprozessen* an Membranen lebender Zellen. Der große Vorteil gegenüber analogen Untersuchungen nach anderen Verfahren (etwa unter Verwendung von Isotopen) liegt dabei vor allem darin, daß Vitalfärbung auch ohne apparativen Aufwand zu sehr eindrucksvollen Ergebnissen führen kann. Wir bringen hier als Beispiel dafür die Vitalfärbung von Zellsafträumen in Pflanzenzellen mit *Neutralrot* (Abbildung 1).

1. Versuch: Eine Küchenzwiebel wird längs geviertelt. Nach Entfernung der innersten Blätter („Schuppen") eines Viertels wird die innen liegende (morphologisch obere) Epidermis einer mittleren Schuppe mit einer Rasierklinge in Quadrate von etwa 5 x 5 mm² zerteilt. Einige solche Quadrate werden mit einer Pinzette abgehoben und in die Färbelösung übertragen. Nach 20 Min. mikroskopische Beobachtung in Färbelösung zwischen Objektträger und Deckglas bei 100- bis 600facher Vergrößerung und weit geöffneter Kondensorblende. Man überzeugt sich besonders am Rand des Epidermis-Stückchens leicht davon, daß der Farbstoff in den Vacuolen der langgestreckten Zellen

gegenüber der umgebenden Farblösung stark *konzentriert* ist (Abbildung 2). Zellwände und die dünnen, in Zellecken aber erkennbaren Plasmasäume sind ungefärbt — sie färben sich nur, wenn eine Zelle abgestorben ist.

Färbelösung: Haltbare Stammlösung von 0,1 g Neutralrot (z. B. von Merck/Darmstadt, Katalog Nr. 1369, Preis z. Z. DM 5,50 pro 25 g) in 100 ml H_2O dest. wird unmittelbar vor Gebrauch 1:10 mit Leitungswasser (!) verdünnt. Endkonzentration also 1:10 000.

2. Versuch: Wir beweisen durch Plasmolyse, daß die gefärbten Zellen noch leben. Durchsaugen einer 1 M KSCN-Lösung (9,72 g in 100 ml H_2O dest.) zwischen Objektträger und Deckglas löst Konvexplasmolyse aus. Die Neutralrot-Konzentration in den Vacuolen steigt durch die Exosmose von Wasser weiter an, was an einer Vertiefung der kirschroten Färbung erkennbar ist (Abbildung 3). Das stark quellende Kaliumthiozyanat (= Kaliumrhodanid) dringt jedoch bald in das Plasma ein und bringt es zum Quellen. Schließlich sterben die Zellen ab: Auch die Vacuolenhaut, der Tonoplast, wird permeabel, im Zellsaftraum bildet sich ein violett getönter Krümelniederschlag (Abbildung 3).

Wie kommt es zur Neutralrot-Speicherung in den Vacuolen der Epidermiszellen? Man denkt angesichts der eindrucksvollen Konzentrierung des Farbstoffes zunächst an aktiven Transport. Doch erfolgt die Speicherung *passiv* nach dem Prinzip der „Ionenfalle", so daß hier ein sehr eindrucksvolles Beispiel dafür vorliegt, daß Stoffakkumulation nicht unbedingt aktiven Transport voraussetzt. Das Neutralrot liegt in alkalischen Lösungen vorwiegend als ungeladenes Molekül vor (Abbildung 1a). Es ist als solches lipophil und kann daher — trotz seines relativ großen Molekulargewichtes

---

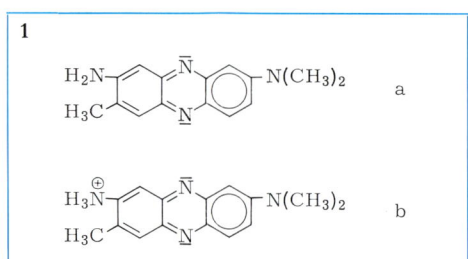

Abb. 1. Neutralrot-Molekül (a) und Neutralrot-Kation (b).

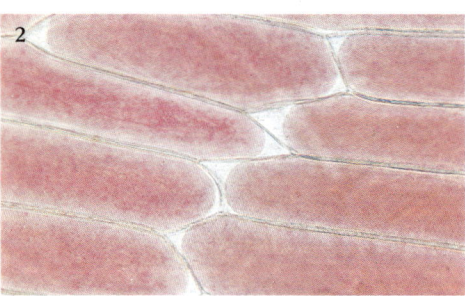

Abb. 2. Vacuolenfärbung nach Versuch 1.

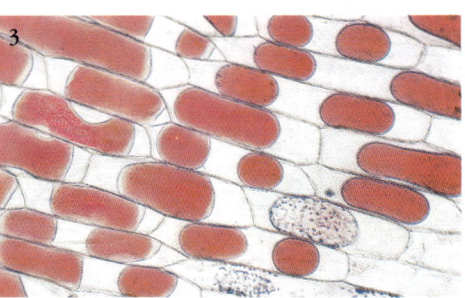

Abb. 3. Plasmolyse vitalgefärbter Zellen in 1 M KSCN (Versuch 2).

von 252 dalt — leicht permeieren, d. h. durch die lipidischen Biomembranen hindurchdiffundieren. Das steht in Einklang mit der altbekannten *Lipid-Filter-Theorie* der passiven Permeation: Biomembranen — so auch Plasmalemma und Tonoplast — lassen hydrophile Partikel nur dann hindurch, wenn sie besonders klein sind (Mol.-Gew. unter 70 dalt); dagegen können sich lipophile Teilchen auch bei wesentlich größeren Molekülgewichten und -durchmessern noch durch die flüssigen Lipidfilme der Membranen „hindurchlösen" (Abbildung 4; vgl. auch biuz **2**, 1972, S. 64). Das Neutralrot-Molekül vermag nun in saurer Lösung H$^{\oplus}$-Ionen zu addieren und wird dadurch zum hydrophilen *Farbkation* (Abbildung 1b). Elektrische Ladungen vermindern ja allgemein die Fettlöslichkeit und erhöhen die Löslichkeit im stark polaren Wasser. In der durch Verdünnen mit schwach alkalischem Leitungswasser hergestellten Färbelösung überwiegen also die ungeladenen Neutralrot-Moleküle bei weitem. Sie können leicht durch Plasmalemma und Tonoplast bis in den Zellsaftraum diffundieren. Der Zellsaft ist nun aber sauer, sein pH-Wert liegt bei etwa 5,8. Bei diesem pH ist das Gleichgewicht zwischen Farbmolekül und Farbion ganz auf die Seite der Ionen verschoben. Mit anderen Worten: Die in die Vacuole eindiffundierten Neutralrot-Moleküle verwandeln sich dort zum größten Teil in *Ionen* und können in dieser Form nicht wieder aus der Vacuole heraus, sie bleiben als

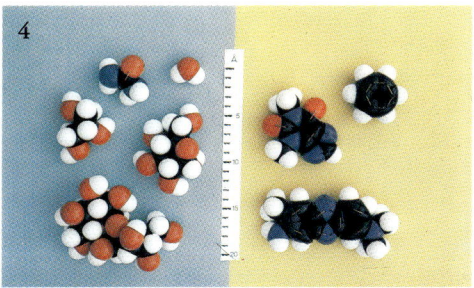

Abb. 4. Hydrophile (links) und lipophile Moleküle (rechts). Hydrophile, nach der Größe geordnet: Wasser, Harnstoff, Glycerin, Glucose, Saccharose; Wasser permeiert leicht, Harnstoff meist gut, Glycerin gewöhnlich nicht; die beiden Zucker können nicht permeieren und werden daher von den Zellen aktiv aufgenommen. Rechts: Benzol, Coffein, Neutralrot-Molekül; diese lipophilen Moleküle permeieren leicht.

hydrophile Teilchen in der „Ionenfalle" eingeschlossen. Durch diese fortwährende Umwandlung aller von außen her eindringenden Moleküle in Ionen bleibt aber die Konzentration der Farbmoleküle in der Vacuole gering, so daß ständig neue Moleküle eindiffundieren und sich in der Vacuole in Ionenform anhäufen. Man vergleiche dazu das Umschlagbild dieses Heftes. Dieses Spiel setzt sich fort, bis *bezüglich der Farbmoleküle* kein Konzentrationsunterschied zwischen „außen" und „innen" mehr besteht. Dieser Endzustand ist erst dann erreicht, wenn bereits eine massive Neutralrot-Speicherung in Ionenform erfolgt ist

Seitens der Zelle mußte dazu keine chemische Energie investiert werden, die Akkumulation kommt also *ohne aktiven Transport* zustande. Tatsächlich kann man den Effekt auch mit einem geeigneten leblosen Modell erzielen (1).

3. Versuch: Die Vacuolenfärbung sollte unterbleiben, wenn die Neutralrot-Lösung selbst sauer ist. Denn die treibende Kraft für die Farbstoff-Akkumulation resultiert letztlich aus der pH-Differenz zwischen Zellsaft und Färbelösung. Das bestätigt sich, wenn die Verdünnung der Stammlösung nicht mit Leitungswasser vorgenommen wird, das wegen seines Gehaltes an Calciumsalzen meist pH-Werte über 8 aufweist, sondern mit destilliertem Wasser, das — vor allem wegen seines CO_2-Gehaltes — sauer reagiert (pH unter 6). Während bei Verdünnung mit Leitungswasser der Farbton nach Braunrot umschlägt, der Farbe des Neutralrot-Moleküls, bleibt bei Verdünnen mit H_2O dest. die kirschrote Farbe der Stammlösung erhalten. Dieser Farbton — er entspricht dem Neutralrot-Ion — ist es denn auch, der in den nach Versuch 1 vitalgefärbten Vacuolen beobachtet wird. Zellen der oberen Zwiebelschuppen-Epidermis vermögen aus dieser Farblösung *keine* Farbionen zu akkumulieren. Stattdessen färben sich die Zellwände, zumal die Mittellamellen, die als Gelstrukturen aus sauren Polysacchariden (Pektine!) das Farbkation adsorptiv zu binden vermögen.

Man kann übrigens auf diese Weise den *pH-Wert von Zellsäften* intravital ermitteln. Die Ionenfalle funktioniert ja nur dann, wenn die Farblösung einen höheren pH besitzt als der Zellsaft („absolute Färbeschwelle", vgl. [2, 3]). Das Verfahren hat

sich auch bewährt, doch sind gewisse Vorsichtsmaßregeln zu beachten. Vor allem müssen die Färbezeiten erheblich verlängert werden. Denn eine saure Farblösung enthält ja praktisch nur Farbionen, die natürlich ebensowenig in die Vacuole hinein zu permeieren vermögen, wie sie aus ihr herauskommen können. Wenn man also eine Reihe von Farbbädern mit abgestuften pH-Werten herstellt und jenen pH-Wert ermittelt, bei dem innerhalb von 20 Min. Vitalfärbung gerade noch oder gerade nicht mehr eintritt, hat man damit nur die „relative Färbeschwelle" bestimmt. Aus ihr läßt sich keine Aussage über den Zellsaft-pH ableiten, da sie lediglich aus der Gleichgewichtslage Farbmolekül/Farbion in der Färbelösung resultiert.

Andere Komplikationen können hinzukommen. Beispielsweise speichern viele Zellsäfte Neutralrot nicht (nur) nach dem Ionenfallen-Prinzip, sondern durch die Bildung von Adsorptionsverbindungen mit bestimmten Vacuolen-Inhaltsstoffen (u. a. Flavonglycoside). Man spricht in solchen Fällen mit Höfler (4) von *„vollen"* Zellsäften im Gegensatz zu *„leeren"*, zu welch letzteren auch jene der oberen Schuppenepidermen der Küchenzwiebel gehören. Aber schon die Zellen der unteren Epidermen besitzen volle Zellsäfte und speichern daher auch aus einer mit H_2O dest. verdünnten Färbelösung!

4. Versuch: Im Gegensatz zum Ammonium-ion (NH$_4^{\oplus}$) permeiert das ungeladene Ammoniak (NH$_3$, bzw. das wenig dissoziierte NH$_4$OH) leicht. Bekannt ist die Demonstration des Farbumschlages in Zellen, die durch Anthocyane rot gefärbt sind, nach blau unter der Einwirkung von verdünnter NH$_3$-Lösung. Dementsprechend entfärben sich nach Versuch 1 gefärbte Zwiebelepidermen bei Durchsaugen von 0,01—0,1 % NH$_3$, weil die pH-Differenz zwischen Zellsaft und Färbelösung durch die Neutralisation des Zellsaftes nivelliert wird. Auch bei dieser Mißhandlung bleiben übrigens die Zellen am Leben, wie durch nachfolgende Plasmolyse bewiesen werden kann.

5. Versuch: Oben wurde behauptet, das Neutralrot-Molekül sei lipophil, das Neutralrot-Kation dagegen hydrophil. Um das zu demonstrieren, überschichten wir in zwei Reagenzgläsern einmal die mit Leitungswasser (I), zum andern die mit H_2O dest.

(II) verdünnte Stammlösung mit gleichen Volumina Benzol und schütteln kräftig. Bei I entfärbt sich die wäßrige, untere Flüssigkeitsschichte, das Benzol nimmt eine tiefgelbe Farbe an, die Farbe des Neutralrot-Moleküls im lipophilen Milieu. Bei II färbt sich zwar ebenfalls das Benzol gelb, doch bleibt auch die wäßrige Phase kirschrot gefärbt. Ein wesentlicher Teil des Neutralrotes liegt hier also — wegen des niederen pH-Wertes der Färbelösung — in Ionenform vor. Schütteln wir I nach Zugabe von ein wenig 1n HCl nochmals kräftig durch (wir senken dadurch den pH-Wert und verwandeln alle Farbmoleküle in Farbionen, wie das bei Versuch 1 im Zellsaft geschah), dann entfärbt sich das Benzol, dafür färbt sich jetzt die wäßrige Phase tief-purpurn.

Literatur

(1) H. Drawert und U. Bock: Ber. Dtsch. Bot. Ges. **74**, 321—323 (1961).
(2) H. Kinzel: Protoplasma **44**, 52—72 (1954).
(3) — und R. Imb: Protoplasma **53**, 422—437 (1961).
(4) K. Höfler: Mikroskopie **2**, 13—29 (1947).
Man vergleiche allenfalls auch die folgenden, zusammenfassenden Darstellungen:

H. Drawert: Vitalfärbung und Vitalfluorochromierung pflanzlicher Zellen und Gewebe. Protoplasmatologia **II/D3.** Springer-Verlag, Wien 1968.

P. Bartels und H.-O. Schwantes: Planta **50**, 1—24 (1957).
H.-O. Schwantes: Mikroskopie **20**, 291—327 (1965).
H. Kinzel: Ber. Dtsch. Bot. Ges. **72**, 253—261 (1959).

Biologie in unserer Zeit 1972, 2, 192–194.

Hans-Jürgen Voß
Hans Machemer

35. Können Einzeller lernen?

Prüfung am klassischen Konditionierungsexperiment

Zu den höchsten Leistungen tierischer Organisation zählt das Lernen, das sich in einer erworbenen Verhaltensleistung darstellt. Die Stammesgeschichte des Lernvermögens läßt sich bis zu einfachen Metazoen zurückverfolgen [1], doch war es stets umstritten, ob auch der einzellige Organismus über Lernleistungen verfügt [2]. Seit Smith (1908) die „Grenzen der Trainierbarkeit von *Paramecium*" untersuchte [3], hat es bis in die jüngste Zeit [4, 5] wiederholt Versuche gegeben, die Lernfähigkeit von Einzellern experimentell nachzuweisen. Der kritischen Überprüfung langzeitlicher Verhaltensänderungen einzelner Zellen kommt eine grundsätzliche Bedeutung zu, da heute die physiologischen Grundlagen des Lernens auf zelluläre Prozesse zurückgeführt werden [6].

Zu Beginn des hier vorgestellten Experiments steht die Frage, welche Form des Lernens geprüft werden soll. Wir gehen vom klassischen Konditionierungsschema aus, das einen „bedingten Reflex" hervorbringen soll. Zwei Reize werden gleichzeitig und wiederholt dem Versuchstier geboten: ein unbedingter Reiz, der eine eindeutige Verhaltensreaktion hervorbringt, und ein bedingter Reiz, der vom Tier wahrgenommen wird, jedoch kein direkt erkennbares Antwortverhalten nach sich zieht. Nach einer Trainingsperiode mit beiden Reizen wird in einem Test nur der bedingte Reiz geboten und geprüft, ob für eine gewisse Zeit ein dem unbedingten Reiz entsprechendes Verhalten auftritt. Das Verhalten im Test wird verglichen mit dem Normalverhalten gegenüber dem bedingten Reiz (Kontrollversuch). Der Kontrollversuch und der Test müssen, abgesehen von der Darbietung des unbedingten Reizes, die Randbedingungen des Trainings enthalten. Bei der Erfüllung dieser Forderung lassen sich methodische Fehler vermeiden, etwa jenen berühmten Fehler, der darin bestand, daß der Experimentator das *Paramecium* auf die physikalisch-chemischen Eigenschaften des Versuchstropfens, nicht aber auf eine Assoziation eines bedingten Reizes mit einer unbedingten Antwort „dressiert" hatte [7, 8].

Für ein Konditionierungsexperiment an einem Einzeller spielt die Wahl geeigneter Reize eine entscheidende Rolle. So hat sich z. B. gezeigt, daß Wärme zwar als ein unbedingter Reiz wirken kann (ein Einzeller meidet eine stark erwärmte Zone eines Tropfens), andererseits sich aber die Konzentrationen gelöster Gase, z. B. des CO_2, bei verschiedenen Temperaturen ändern und Konvektionsströmungen zwischen warmen und kalten Tropfenzonen auftreten [7, 8]. Elektrische Pulse, die als unbedingte Reize über einen Spannungsgradienten auf die Zelle einwirken, können durch die elektrolytische Zersetzung unerwünschte chemische Nebenwirkungen entfalten. Der Experimentator muß durch Vorversuche sich davon überzeugen, daß die von ihm gewählten Reize für das Versuchstier wirksam, aber unschädlich sind und daß die übrigen Bedingungen des Experimentes überschaubar bleiben.

Vorkehrungen für den Versuch

Kulturen. Als Versuchstiere wählen wir *Paramecium caudatum* aus der exponentiellen Wachstumsphase. Unsere Kulturen wurden bei 18 °C und künstlichem Tag/Nachtwechsel (z. B. 16:8 h) in geschlossenen Kulturröhrchen in einer Cerophyl-Lösung mit *Pseudomonas aeroginosa** als Futterbakterium herangezogen. Da Cerophyl, ein Trockengraspräparat (Cerophyl-Laboratories, Kansas City MO, USA) nicht immer mit gleichbleibender Qualität erhältlich ist, empfehlen wir eine Infusion aus gutem Heu (siehe Box).

Übertragung der Zellen in die Experimentierlösung. Vor Beginn eines Versuches werden bis zu 5 ml einer dichten Zellsuspension mit einer Pasteurpipette vorsichtig auf den Boden

Heuinfusion. 10 g gehäckseltes Heu werden in 100 ml Aqua dest. 10 min im abgedeckten Gefäß vorsichtig gekocht. Der Heuextrakt wird filtriert und verschlossen im Kühlschrank aufbewahrt. Eine geeignete Heuinfusion erhält man durch Zugabe von 5 ml Heuextrakt zu den Lösungen A, B und C und Auffüllen mit Aqua dest. zu 500 ml. A. KH_2PO_4 0,05 M 1,5 ml; B. NaH_2PO_4 0,05 M 3,5 ml; C. Stigmasterol (0,5 %) 0,5 ml. Die Lösungen A und B sollen einen pH-Wert von 7,2–7,4 erzielen. Lösung C ist verzichtbar, fördert aber das Wachstum der Zellen. 6 ml der fertigen Infusion werden in 12-ml-Kulturröhrchen (gegebenenfalls auch Reagenzgläser) übertragen und bakterisiert. Das Kulturgefäß wird verschlossen und nach 24 Stunden mit höchstens 1,5 ml einer florierenden *Paramecium*-Kultur beimpft. Zellen für den Versuch werden zwei Tage nach Kulturansatz verwendet. Es empfiehlt sich, täglich neue Kulturen anzusetzen.

eines 50-ml-Meßkölbchens übertragen. Der Kolben wird mit Experimentierlösung (1 mM $CaCl_2$ + 1 mM KCl + 1 mM Tris-HCL, pH 7,4) bis zum Rande aufgefüllt. Nach wenigen Minuten haben sich die Zellen negativ geotaktisch am oberen Flüssigkeitsrand des Meßkolbens angesammelt, wo sie behutsam mit wenig Flüssigkeit in eine saubere Pasteurpipette aufgenommen und in ein Blockschälchen übertragen werden. Im abgedeckten Blockschälchen sollen die Zellen wenigstens 5 min verweilen, damit die Erregung abklingt. Bis zu einer Stunde nach Übertragung in die Experimentierlösung können die Zellen für Versuche verwendet werden.

Versuchsgefäß. Auf einem Objektträger werden zwei chlorierte Silberelektroden* im

---

*Auch *Enterobacter aerogenes* kann verwendet werden. Stehen keine monoxenischen Kulturbedingungen zur Verfügung, ist eine Kultur mit zufällig bakterisierten Heuinfusionen zu versuchen.

---

*Durch Überzug mit Silberchlorid wird die Silberelektrode unpolarisierbar, sie kann den Strom in beiden Richtungen ohne Aufbau einer der angelegten Spannung entgegenwirkenden Polarisationsspannung leiten [9].

Abstand von 2 cm befestigt (Abbildung 1a). Zwischen den Elektroden wird eine Agarschicht (2 % Agar in Exp.-Lösung) maximal 2 mm hoch aufgegossen und symmetrisch zwischen den Elektroden ein 5 mm (bzw. 16 mm) großes Loch sauber ausgestanzt. Ein innen angeschliffenes Rohr aus Kunststoff, Aluminium oder Messing ist zum Ausstanzen geeignet. Der Boden des Versuchsgefäßes soll frei von Agar sein. In das Versuchsgefäß werden Zellen in Exp.-Lösung (beim Austritt aus der Pipettenspitze) eingezählt. Der umgebende Agar soll verhindern, daß an den Elektroden auftretende Elektrolyseprodukte unverzüg-

lich in das Experimentierfeld diffundieren. Das Versuchsgefäß wird in eine feuchte Kammer übertragen, deren Boden ebenfalls mit Exp.-Lösung bedeckt wurde (Abbildung 1c). Auf diese Weise kann einer Verdunstung des Versuchstropfen und so einer Änderung des ionalen Milieus vorgebeugt werden.

Beobachtung einzelner Zellen. Das 5-mm-Versuchsfeld wird durch die gläserne Abdeckung der feuchten Kammer hindurch bei 25-facher Vergrößerung (z. B. mit x2,5 Lupenobjektiv; x10 Okular) im Mikroskop abgebildet. Die zentrale Innenseite des Glasdek-

kels ist durch Aufreiben einer dünnen Glycerinschicht gegen „Beschlagen" zu schützen. Beim Schließen der Aperturblende des Mikroskops kann auch im Durchlicht-Hellfeld ein hinreichender Kontrast erzielt werden. Zur Vermeidung von seitlichem Streulicht empfiehlt sich das Arbeiten im abgedunkelten Raum.

Photographische Registrierung. Die Verteilung einer Population von 50–200 Zellen auf einem schachbrettartigen Hell-Dunkel-Raster von 16 mm Durchmesser wird über eine Kamera mit Balgen im Maßstab 1:1 im Blitzlicht aufgenommen. Das Licht tritt von unten in die feuchte Kammer ein. Die Gesamtzahl der untersuchten Zellen im 16-mm-Feld erhält man durch eine „Zählaufnahme" ohne Raster. Durch Vorversuche ist die geeignete Objektivblende für die Belichtung zu bestimmen. Die Auswertung der Negative erfolgt entweder direkt unter einem Vergrößerungsgerät, mit einem Diaprojektor oder nach Vergrößerung auf Photopapier.

1

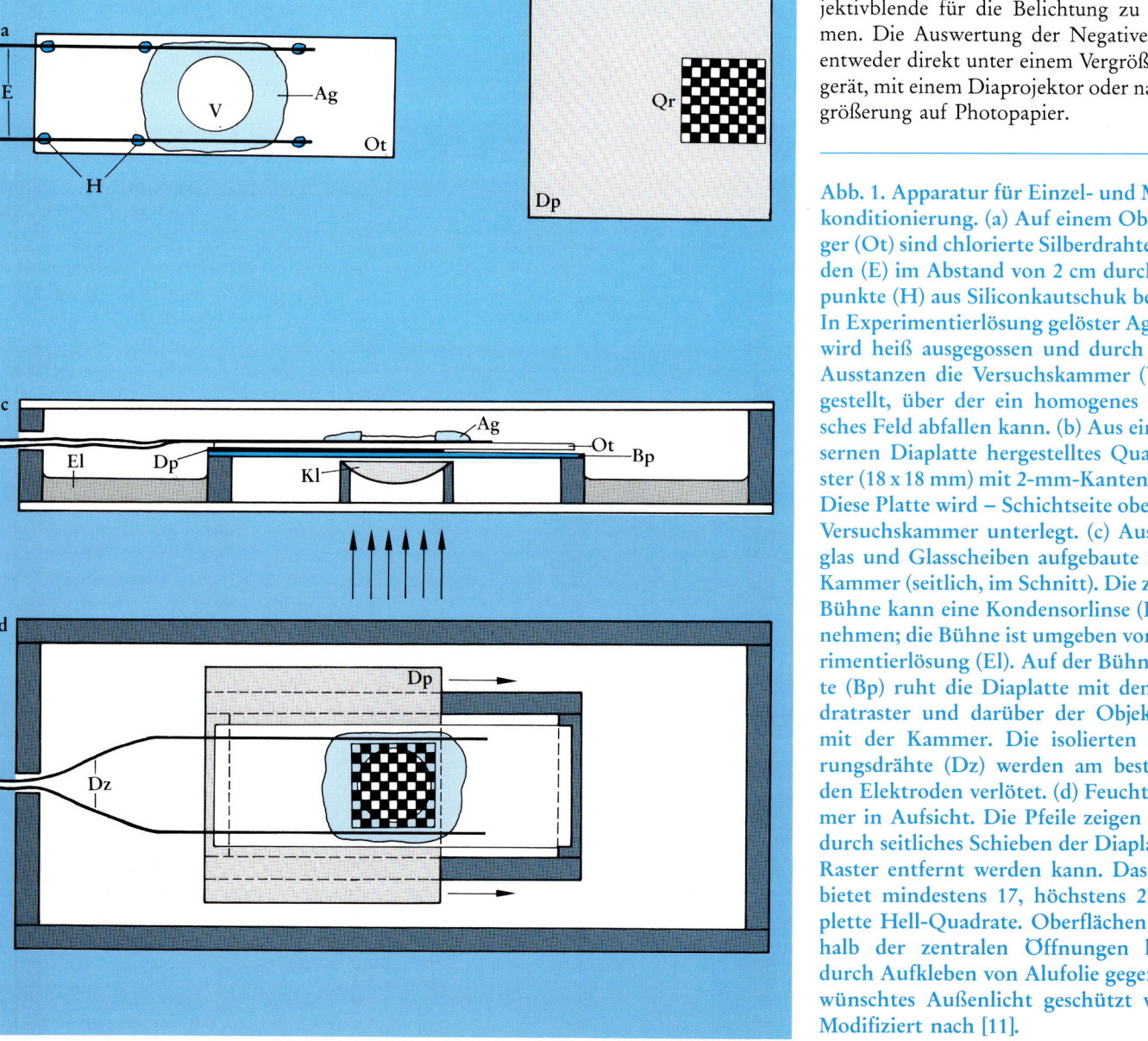

Abb. 1. Apparatur für Einzel- und Massenkonditionierung. (a) Auf einem Objektträger (Ot) sind chlorierte Silberdrahtelektroden (E) im Abstand von 2 cm durch Haftpunkte (H) aus Siliconkautschuk befestigt. In Experimentierlösung gelöster Agar (Ag) wird heiß ausgegossen und durch rundes Ausstanzen die Versuchskammer (V) hergestellt, über der ein homogenes elektrisches Feld abfallen kann. (b) Aus einer gläsernen Diaplatte hergestelltes Quadratraster (18 x 18 mm) mit 2-mm-Kantenlängen. Diese Platte wird – Schichtseite oben – der Versuchskammer unterlegt. (c) Aus Plexiglas und Glasscheiben aufgebaute feuchte Kammer (seitlich, im Schnitt). Die zentrale Bühne kann eine Kondensorlinse (Kl) aufnehmen; die Bühne ist umgeben von Experimentierlösung (El). Auf der Bühnenplatte (Bp) ruht die Diaplatte mit dem Quadratraster und darüber der Objektträger mit der Kammer. Die isolierten Zuführungsdrähte (Dz) werden am besten mit den Elektroden verlötet. (d) Feuchte Kammer in Aufsicht. Die Pfeile zeigen an, wie durch seitliches Schieben der Diaplatte das Raster entfernt werden kann. Das Raster bietet mindestens 17, höchstens 21 komplette Hell-Quadrate. Oberflächen außerhalb der zentralen Öffnungen können durch Aufkleben von Alufolie gegen unerwünschtes Außenlicht geschützt werden. Modifiziert nach [11].

Reize. Im vorliegenden Experiment dient ein kurzer Rechteckpuls, der über dem Tropfen zwischen zwei Elektroden abfällt, als der unbedingte Reiz (Abbildung 1d). Die Reizdauer und -amplitude sind so zu bemessen, daß die Zelle eine schwache, aber doch deutlich erkennbare Bewegungsreaktion hervorbringt*. Als ein bedingter Reiz wirkt das über ein Wärmeschutzfilter geleitete Licht einer Mikroskopierleuchte von unten auf das Versuchsfeld, wo eine Leuchtstärke von etwa 1000 lx herrscht. Auch der registrierende Elektronenblitz kann als bedingter Reiz dienen. Der Lichtreiz wird durch Unterlegen eines schachbrettartigen Lichtrasters örtlich „abgeschaltet" (Abbildung 1d). Ein solches Raster wird mit hoher Präzision durch die photographische Abbildung eines in Tusche ausgeführten Schwarz-Weiß-Rasters auf eine 5 x 5 cm Diaplatte hergestellt (Abbildung 1b). Für die Versuche ist ein Quadratraster mit 2-mm-Kantenlängen geeignet. Auf dem Boden des 5 mm großen Versuchsgefäßes erscheinen somit zwei beleuchtete und zwei unbeleuchtete Felder. Für den Massenversuch im 16 mm großen Versuchsgefäß wird das gleiche Schachbrettmuster verwendet.

Versuchsprozeduren

Einzelversuch. Eine Zelle wird behutsam mit der Pipette in das 5-mm-Versuchsgefäß übertragen. Man wartet 5 min, während der die mechanisch bedingte, erhöhte Schwimmbewegung der Zelle weitgehend abklingt. Anschließend werden nach einem vorbereiteten Zeitschema die Übergänge der Zelle von dunklen in beleuchtete Felder über 10 min gezählt *(Kontrollversuch)*. Unvollständige oder zweifelhafte Übergänge, z.B. Parallelschwimmen zur Lichtgrenze, bleiben unberücksichtigt. Während der folgenden 10 min des *Trainings* erhält die Zelle nach jedem Übergang von Dunkel nach Hell einen elektrischen Reiz**, der über einen Taster ausgelöst wird. Dem Training schließt sich unmittelbar ein *Test* über 10 min an, während dessen die elektrische Reizung beim Übertritt der Zelle in ein helles Feld unterbleibt. Sollte das Versuchstier während des Trainings den Lichtreiz mit dem elektrischen Schock (als einem schwachen Strafreiz) assoziiert haben, so ist eine Abnahme der Übergänge in 10 min zu erwarten. Der Beobachter stellt jedoch weder in der Trainingsphase, noch im Test eine Änderung in der Häufigkeit der Übergänge fest (Tabelle 1). Auch kann er in der späten Trainingsphase und während des Tests nicht über Auffälligkeiten im Verhalten der Versuchszelle, z.B. einem „Zögern" beim Eintritt in das beleuchtete Feld [7], berichten.

Tabelle 1. Verhalten von jeweils 6 Paramecien auf dem Hell-Dunkel-Raster. Die Zahlenwerte bezeichnen Übergänge von einem dunklen in ein helles Feld, die im Training von einem elektrischen Reiz begleitet werden. Die Lichtstärke auf dem hellen Rasterfeld beträgt 1000 lx. (a) Standardversuch. (b) Mittelwerte eines Versuchs mit verstärkter elektrischer Reizung. (c) Mittelwerte eines Versuchs mit verdoppelter Beobachtungszeit. Mittelwerte (X), Standardabweichungen (SA) und Prozente gerundet.

(a) Reizgradient 2V/cm, 40ms; Beobachtungszeit je 10 min.

Zelle #	Kontrolle	Training	Test
1	115	104	117
2	111	118	108
3	113	115	113
4	121	124	116
5	114	108	122
6	102	116	118
X ± SA	113 ± 6	114 ± 7	116 ± 5
%	100	101	103

(b) Reizgradient 2,5V/cm, 60 ms; Beobachtungszeit je 10 min.

	Kontrolle	Training	Test
X ± SA	113 ± 3	111 ± 4	111 ± 6
%	100	98	98

(c) Reizgradient 2V/cm, 40 ms; Beobachtungszeit je 20 min.

	Kontrolle	Training	Test
X ± SA	217 ± 13	217 ± 13	217 ± 12
%	100	100	100

*Der Mechanismus jeder extrazellulären elektrischen Reizung beruht auf der Spannungsteilung zwischen den Reizelektroden. Wegen des vergleichsweise großen Widerstandes der Membran beim Stromeintritt in die Zelle und beim Stromaustritt kommt es zu lokalen Membranspannungsänderungen, die an der kathodischen Seite eine Depolarisation, an der anodischen Seite eine Hyperpolarisation darstellen [9]. Die ciliäre Bewegungsantwort der Zelle wird durch das Membranpotential gesteuert [10].

**Es hat sich bewährt, zwischen den im Abstand von 2 cm plazierten Elektroden eine 40 ms Rechteckspannung von 4 Volt abfallen zu lassen, was einem Spannungsgradienten von 2 V/cm entspricht. Als Folge der elektrischen Reizung wird die kontinuierliche Schwimmbewegung momentan unterbrochen.

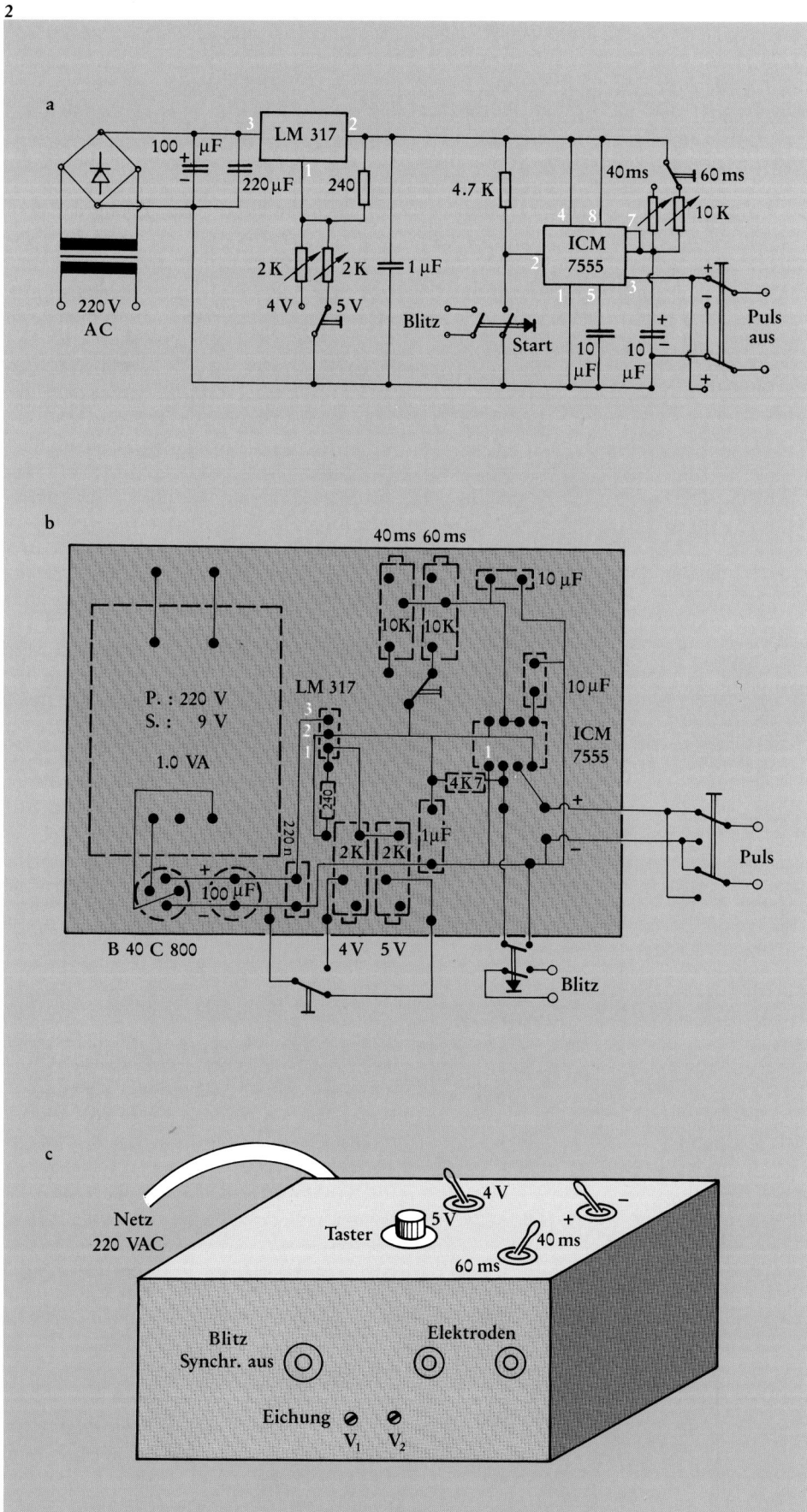

Der Experimentator muß sich die Frage stellen, ob er seine Reize mit der geeigneten Intensität, Reizqualität und Dauer dargeboten hat. Er kann die Stärke und spektrale Zusammensetzung des Reizlichtes variieren. Der elektrische Reiz könnte zu schwach oder zu kurz gewesen sein. Die Konditionierungsbox (Abbildung 2) erlaubt die Einstellung von je zwei Reizintensitäten und Pulszeiten. Schließlich könnte die Trainingszeit von 10 min zu kurz gewählt worden sein. Verschiedene Varianten des Einzelversuchs sind von den Autoren geprüft worden, ohne das in Tabelle 1 dargestellte Ergebnis zu verändern. Es besagt, daß die Übergangshäufigkeiten und – bei konstanter Fortbewegung – die Übergangswahrscheinlichkeit durch die Kombination des Lichtreizes mit dem elektrischen Reiz nicht verändert worden sind.

Massenversuch. Versuche mit wenigen Zellen vermitteln einen unmittelbaren Eindruck des Verhaltens, doch ihre Ergebnisse lassen sich nicht leicht verallgemeinern. Die Kombination des elektrischen Reizes mit Licht eignet sich auch für einen Massenversuch: Im homogenen Versuchsfeld sich aufhaltende Zellen erhalten in regelmäßigen Abständen einen Lichtblitz gleichzeitig mit einem elektrischen Reiz. Eine geeignete Populationsgröße für den Versuch im 16-mm-Gefäß sind 100–200 Zellen. Kleinere Populationen können unter Umständen zu fehlerhaften Beurteilungen führen (Tabellen 2, 3). Das für die Kontrolle und den Test von unten beleuchtete Quadratraster bietet im 16-mm-Rundgefäß mindestens 17 komplette Hellfelder; sie sind umgeben von lichtundurchlässigen bzw. von unvollständigen, an die Agarwand des Gefäßes grenzenden Quadraten. Der Anteil der 17 zentralen Hellfelder an der Gesamtfläche beträgt 33,82 %. Infolge schwer kontrollierbarer „Randbedingungen" empfiehlt es sich, nur Zellen der zentralen Felder für die Auswertung heranzuziehen.

Abb. 2. Konditionierungsbox für Einzel- und Massenversuche. (a) Schaltplan. (b) Layout für die Platine. (c) Möglicher Aufbau der Box. Der auslösende Taster sowie Umschalter für die Ausgangsspannung (4 V, 5 VDC), die Pulsdauer (40 ms, 60 ms) und die Polarität des Pulses befinden sich auf der Oberseite der Box. Die Ausgänge für die Elektroden und die Blitzsynchronisation, ferner die Zugänge zur Eichung von Pulsamplitude und -dauer sind seitlich angebracht.

Eine „Zählaufnahme" aller in das Versuchsgefäß pipettierten Zellen leitet jeden Versuch ein. Wie im Einzelversuch bleiben die Zellen zunächst 5 min ungestört. Nach dem Einfügen des Rasters (Abbildung 1d) und dem Einschalten der Beleuchtung (etwa 1000 lx) beginnt der Kontrollversuch (11 x Lichtblitze im Abstand von 1 min). Es schließt sich die 10-min-Trainingsperiode auf dem rasterfreien, beleuchteten Versuchsfeld an, während der ein elektrischer Reizpuls mit dem registrierenden Lichtblitz zeitlich gekoppelt ist (21 x im Abstand von 30 sec). Für den folgenden Test wird wieder das beleuchtete Raster verwendet; während der Registrierblitze unterbleibt der elektrische Reiz (21 x im Abstand von 30 sec; Tabelle 2). Der Versuch endet mit einer weiteren Zählaufnahme. Methodisch wichtig für die Testbewertung kann ein Kontrollversuch sein, der die Wirkung des Lichtblitzes auf das Verhalten im Hell-Dunkel-Raster prüft; hier findet auf rasterfreiem Untergrund ein Pseudotraining in Abwesenheit des elektrischen Reizes statt (21 Registrierblitze im Abstand von 30 sec). Der Test dieses Kontrollversuchs entspricht dem des Trainings (Tabelle 4).

Tabelle 2. Versuchsbeispiel einer Massenkonditionierung von *Paramecium* (n = 203). Kontrolle, Training und Test folgen unmittelbar aufeinander. Die Prozentwerte bezeichnen den relativen Aufenthalt auf Hellfeldern. Rundung aller Werte auf ganze Zahlen.

Anzahl der Zellen auf 17 Hellfeldern

Zeit (min)	0	1	2	3	4	5	6	7	8	9	10	X ± SA
Kontrolle	64	60	61	70	67	67	67	68	65	95	82	70 ± 10
%	47	44	44	51	49	49	49	50	47	69	60	51

10 min Training (ohne Raster): Reizkombination alle 30 sec

Zeit (min)	0	1	2	3	4	5	6	7	8	9	10	X ± SA
Test	67	62	77	55	76	53	81	71	78	75	78	70 ± 10
%	49	45	56	40	55	39	59	52	57	55	57	51

Tabelle 3. Beispiel des Einflusses der Zahl trainierter Individuen (n = 48) auf das Versuchsergebnis bei der Massenkonditionierung. Vergleiche mit Tabelle 5.

Anzahl der Zellen auf 17 Hellfeldern

Zeit (min)	0	1	2	3	4	5	6	7	8	9	10	X ± SA
Kontrolle	13	10	15	19	18	11	17	12	15	16	14	15 ± 3
%	40	31	46	59	55	34	52	37	46	49	43	45

10 min Training (ohne Raster): Reizkombination alle 30 sec

Zeit (min)	0	1	2	3	4	5	6	7	8	9	10	X ± SA
Test	9	8	12	13	19	11	10	16	14	15	13	13 ± 3
%	28	25	37	40	59	34	31	49	43	46	40	39

Ergebnisdiskussion

Die Einzelversuche zeigen, daß vor, während und nach dem Training die Häufigkeiten des Übertritts einer Zelle in ein helles Quadratraster sich nicht verändern (Tabelle 1a). Weder durch die Verstärkung des Strafreizes (Tabelle 1b), noch durch die Verdopplung der Trainingszeit (Tabelle 1c) war dieses Ergebnis modifiziert worden. Während die Einzelversuche das Verhalten einer Zelle über längere Zeit registrierten, ließ sich im Massenversuch zu einer bestimmten Zeit die Wahrscheinlichkeit eines Aufenthalts auf hellem Untergrund prüfen. Die Ergebnisse weisen übereinstimmend eine zufällige Verteilung auf dem Quadratraster nach (Tabelle 5). Eine in den Tabellen 3 und 4 sich andeutende schwache Lichtmeidung von *Paramecium* ist aus den vorliegenden Daten statistisch nicht sicherbar. Wichtig ist vor allem, daß die Kombination des starken Lichtblitzes mit dem unbedingt wirksamen elektrischen Reiz die Verteilung der Zellen auf dem Quadratraster nicht beeinflussen konnte (Tabelle 5; vergleiche Testwerte mit Kontrollwerten). Eine scheinbare, trainingsbedingte Zunahme der Hellmeidung von *Paramecium* bei Verwendung einer kleineren Zellpopulation (Tabelle 3) wurde in weiteren Versuchen nicht bestätigt (Tabelle 5). Die Ergebnisse des Pseudotrainings (Tabellen 4, 5) konnten im vorliegenden Fall („Konditionierung von *Paramecium* erfolglos") keine neuen Erkenntnisse liefern. Für den Fall eines „Erfolges" würde das Ergebnis des Pseudotraining ein wichtiges Urteilskriterium darstellen. Die vorliegenden Ergebnisse lassen den allgemeinen Schluß zu, daß Einzeller wahrscheinlich nicht konditionierbar sind. Im einzelnen lehren sie, daß bei sorgfältiger methodischer Vorbereitung, Auswahl der Reize und Durchführung der Experimente eine Konditionierung bei *Paramecium* nicht eintrat. Dieses Resultat steht im Einklang mit anderen kritischen Laboruntersuchungen [11] und stützt eine heute überwiegende Auffassung über das Lernen bei Protozoen [2].

Mit Unterstützung der Deutschen Forschungsgemeinschaft.

Literatur

[1] B. Rensch (1973) Gedächtnis, Begriffsbildung und Planhandlungen bei Tieren. Parey, Berlin, 274 pp.

[2] P. B. Applewhite (1979) In: Biochemistry

Tabelle 4. Beispiel eines Pseudotrainings ohne Darbietung des elektrischen Reizes (n = 59).

Anzahl der Zellen auf 17 Hellfeldern

Zeit (min)	0	1	2	3	4	5	6	7	8	9	10	X ± SA
Kontrolle	14	17	15	21	19	25	28	17	19	20	21	20 ± 4
%	35	43	38	53	48	63	70	43	48	50	53	49

10 min Pseudotraining (ohne Raster): Lichtblitz alle 30 sec

Test	21	22	19	14	19	25	21	13	20	14	23	19 ± 4
%	53	55	48	35	48	63	53	33	50	35	58	48

Tabelle 5. Gesamtvergleich der Ergebnisse aller Massenversuche. Die Prozentzahlen geben gerundete Mittelwerte des Aufenthaltes von *Paramecium* auf hellen Rasterfeldern an.

Versuchstyp	Training	Training	Pseudotraining
Anzahl Versuche	1	4	2
n/Versuch	203	48–60	48–59

Aufenthalt von Zellen auf Hellfeldern

Kontrolle (%)	51	51	50
Test (%)	51	52	51

and Physiology of Protozoa (M. Levandowski, S. H. Hutner, Hrsg.), Vol. 1, Academic Press, New York, pp. 341–355.

[3] S. Smith (1908) The limits of educability of *Paramaecium*. J. Comp. Neurol. Psychol. **18**, 499–510.

[4] S. R. Bergström (1969) Amount of induced aviodance behaviour to light in the protozoan *Tetrahymena* as a function of time after training and cell fission. Scand. J. Psychol. **10**, 16–20. – (1970) Lernen bei Einzellern. Bild der Wissenschaft **7**, 687–692.

[5] T. M. Hennessey, W. B. Rucker, C. G. McDiamid (1979) Classical conditioning in paramecia. Animal Learning & Behavior **7**, 417–423.

[6] E. R. Kandel (1979) Small systems of neurons. Scientific American **241**, 60–70.

[7] F. Bramstedt (1935) Dressurversuche mit *Paramecium caudatum* und *Stylonychia mytilus*. Z. Vergl. Physiol. **22**, 490–516.

[8] U. Grabowski (1939) Experimentelle Untersuchungen über das angebliche Lernvermögen von *Paramaecium*. Z. Tierpsychol. **2**, 265–282.

[9] H. Machemer (1987) Übungen zur Elektrophysiologie tierischer Zellen und Gewebe. VCH Edition Medizin, Weinheim (im Druck).

[10] H. Machemer (1986) Electromotor coupling in cilia. In: Membrane Control of Cellular Activity (H. C. Lüttgau, Hrsg.) Progr. Zool./Fortschr. Zool. **33**, 205–250.

[11] H. Machemer (1966) Versuche zur Frage nach der Dressierbarkeit hypotricher Ciliaten unter Einsatz hoher Individuenzahlen. Z. Tierpsychol. **6**, 641–654.

Biologie in unserer Zeit **1987**, *17*, 122–127.

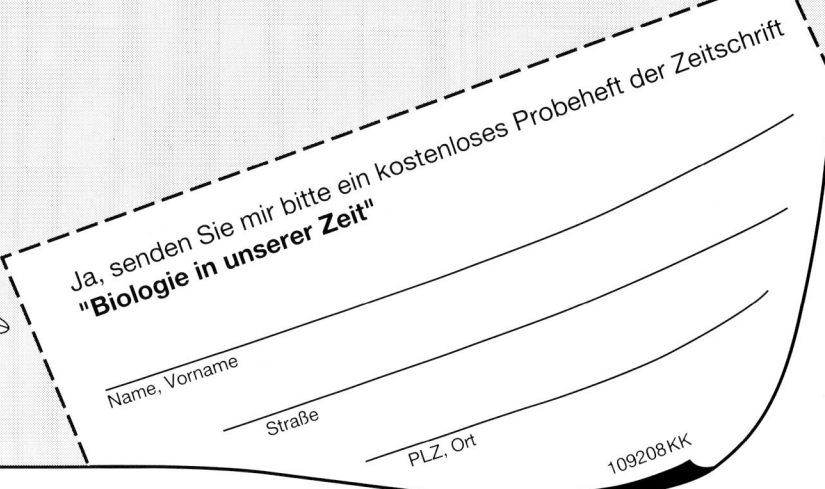

Biologie-Lehrbücher von VCH

umfassend - anschaulich - informativ

Suzuki, D.T. et al.
Genetik
1991. XIII, 695 Seiten mit 745 Abbildungen davon 30 in Farbe und 82 Tabellen. Gebunden.
DM 98.00. ISBN 3-527-28030-8

Lewin, B.
Gene
Zweite Auflage
1991. XVI, 926 Seiten mit 725 Abbildungen und 125 Tabellen. Gebunden.
DM 118.00. ISBN 3-527-28052-9

Klein, J.
Immunologie
1991. XVI, 534 Seiten mit 440 Abbildungen davon 426 in Farbe und 50 Tabellen. Gebunden.
DM 98.00. ISBN 3-527-28071-5

Klämbt, D. /Kreiskott, H. /Streit, B. (Hrsg.)
Angewandte Biologie
1991. XXVI, 582 Seiten mit 138 Abbildungen und 40 Tabellen. Gebunden.
DM 88.00. ISBN 3-527-28170-3

McFarland, D.
Biologie des Verhaltens
Evolution, Physiologie, Psychobiologie
1989. XXI, 533 Seiten mit 357 Abbildungen und 12 Tabellen. Gebunden.
DM 78.00. ISBN 3-527-26479-5

Lüttge, U. /Kluge, M. /Bauer, G.
Botanik
Ein grundlegendes Lehrbuch
1. korrigierter Nachdruck.
1989. XVI, 577 Seiten mit 375 Abbildungen und 16 Tabellen. Gebunden.
DM 68.00. ISBN 3-527-26119-2

Ibelgaufts, H.
Gentechnologie von A bis Z
Studienausgabe
1. korrigierter Nachdruck.
1993. VIII, 486 Seiten mit 290 Abbildungen und 15 Tabellen. Broschur.
DM 68.00. ISBN 3-527-30008-2

Erweiterte Ausgabe mit Literaturanhang
1990. VIII, 658 Seiten mit 290 Abbildungen und 15 Tabellen. Gebunden.
DM 178.00. ISBN 3-527-26610-0

Alberts, B.
Molekularbiologie der Zelle
Zweite Auflage
1990. XLVIII, 1490 Seiten mit 1401 Abbildungen davon 1087 in Farbe und 47 Tabellen. Gebunden.
DM 138.00. ISBN 3-527-27983-0

 ## ZEITSCHRIFT

Das "lebende" Lehrbuch:
Biologie in unserer Zeit
23. Jahrgang 1993. Jahresbezugspreis für Inlandsbezieher DM 88.00 inklusive Porto- und Versandkosten. Erscheinungsweise: 6 Hefte jährlich. ISSN 0045-205X

Preisänderungen vorbehalten.
Bitte bestellen Sie bei Ihrer Buchhandlung oder bei:
VCH, Postfach 10 11 61, D-6940 Weinheim
VCH, Hardstrasse 10, Postfach, CH-4020 Basel
VCH, 8 Wellington Court, Cambridge CB1 1HZ, UK
VCH, 220 East 23rd Street, New York, NY 10010-4606, USA